電機機械原理精析

第五版

Electric Machinery Fundamentals, 5e

Stephen J. Chapman

著

王順忠

編譯

國家圖書館出版品預行編目(CIP)資料

電機機械原理精析 ／ Stephen J. Chapman 著；王順忠編譯.
-- 五版. -- 臺北市：麥格羅希爾，臺灣東華, 2015. 01
　　面；公分
譯自：Electric machinery fundamentals, 5th ed.
ISBN　978-986-341-155-0（平裝）

1. CST: 電機工程

448.2　　　　　　　　　　　　　103025747

電機機械原理精析 第五版

繁體中文版© 2015 年，美商麥格羅希爾國際股份有限公司台灣分公司版權所有。本書所有內容，未經本公司事前書面授權，不得以任何方式（包括儲存於資料庫或任何存取系統內）作全部或局部之翻印、仿製或轉載。

Traditional Chinese abridged copyright © 2015 by McGraw-Hill International Enterprises LLC Taiwan Branch
Original title: Electric Machinery Fundamentals, 5e (ISBN: 978-0-07-352954-7)
Original title copyright © 2008, 2005, 1999, 1991, 1985 by McGraw Hill LLC
All rights reserved.

作　　　者	Stephen J. Chapman
編 譯 者	王順忠
合 作 出 版暨 發 行 所	美商麥格羅希爾國際股份有限公司台灣分公司 台北市 104105 中山區南京東路三段 168 號 15 樓之 2
	臺灣東華書局股份有限公司 100004 臺北市重慶南路一段 147 號 4 樓 TEL: (02) 2311-4027　　FAX: (02) 2311-6615 劃撥帳號：00064813 網址：www.tunghua.com.tw 讀者服務：service@tunghua.com.tw
總 經 銷	臺灣東華書局股份有限公司
出 版 日 期	西元 2025 年 1 月 五版三刷

ISBN：978-986-341-155-0

譯者序

本書第一章介紹基本電機概念,並將此概念應用到最簡單的線性直流機上;第二章介紹變壓器,變壓器雖不是旋轉電機,但它有許多操作原理與旋轉電機類似。自第三章起分交流機、直流機,以及單相及特殊用途電機三部分。交流機包含基本原理介紹 (第三章)、同步發電機 (第四章)、同步電動機 (第五章),以及感應電動機 (第六章);直流機包含直流機原理介紹 (第七章) 和直流電動機與發電機 (第八章);最後介紹單相及特殊用途電機 (第九章),如泛用馬達、步進馬達、無刷直流馬達,以及磁阻馬達等。

因應課程時數壓縮,為使學生能在一學期課程中,學習到電機機械之基本知識與操作原理,本書濃縮原本之《電機機械基本原理 5e》為《電機機械原理精析 5e》,節錄原書各章節精要,旨在方便教師與學生,可在有限的教與學時間內,傳授與學習到電機機械必備的知識和原理。另外,保留部分例題和習題給同學作練習,以達精熟學習與應用的目的,並提供報考研究所學生之重點整理。本書在編譯上若有疏漏或錯誤,盼請讀者先進給予指正,以期能作最正確的知識傳遞。

王順忠 謹識
2014 年 12 月

目 次

譯者序 ·· iii

第 1 章　電機機械原理簡介 ·· 1
1.1　電機機械、變壓器與日常生活 ·· 1
1.2　旋轉運動、牛頓定理與功率關係 ·· 2
1.3　磁　場 ·· 5
1.4　法拉第定律──從一時變磁場感應電壓 ··· 23
1.5　導線感應力的產生 ··· 26
1.6　磁場中運動導體的感應電壓 ··· 27
1.7　一個簡單例子──線性直流機 ·· 29
習　題 ·· 37

第 2 章　變壓器 ·· 43
2.1　變壓器的型式及結構 ··· 44
2.2　理想變壓器 ··· 45
2.3　實際單相變壓器的操作理論 ··· 48
2.4　變壓器的等效電路 ··· 56
2.5　標么系統 ··· 63
2.6　變壓器的電壓調整率及效率 ··· 66
2.7　自耦變壓器 ··· 73
2.8　三相變壓器 ··· 78
2.9　以兩單相變壓器作三相電壓轉換 ·· 83

  2.10 變壓器的額定及一些相關問題 ················ 89
  習 題 ·· 92

第 3 章　交流電機基本原理 ································ **97**

  3.1 置於均勻磁場內之單一匝線圈 ················ 97
  3.2 旋轉磁場 ·· 103
  3.3 交流電機內的磁力和磁通分佈 ················ 110
  3.4 交流電機的感應電壓 ································ 113
  3.5 交流電機的感應轉矩 ································ 118
  3.6 交流機的功率潮流與損失 ························ 121
  3.7 電壓調整率與速度調整率 ························ 122
  習 題 ·· 124

第 4 章　同步發電機 ·· **125**

  4.1 同步發電機之結構 ···································· 125
  4.2 同步發電機的轉速 ···································· 126
  4.3 同步發電機內部所產生的電壓 ················ 127
  4.4 同步發電機之等效電路 ···························· 128
  4.5 同步發電機之相量圖 ································ 133
  4.6 同步發電機之功率及轉矩 ························ 134
  4.7 同步發電機模型之參數量測 ···················· 137
  4.8 單獨運轉之同步發電機 ···························· 142
  4.9 交流發電機之並聯運轉 ···························· 149
  習 題 ·· 164

第 5 章　同步電動機 ·· **169**

  5.1 電動機之基本運轉原理 ···························· 169
  5.2 同步電動機穩態運轉 ································ 172
  習 題 ·· 186

第 6 章　感應電動機 ·· **191**

  6.1 感應電動機的構造 ···································· 191

6.2 感應電動機的基本觀念 194
6.3 感應電動機的等效電路 198
6.4 感應電動機的功率與轉矩 202
6.5 感應電動機的轉矩-速度特性 210
6.6 感應電動機轉矩-速度特性曲線的變化 223
6.7 感應電動機的啟動 228
6.8 決定電路模型的參數 232
習題 240

第 7 章 直流電機原理 243

7.1 曲線極面間之簡單旋轉迴圈 243
7.2 簡單之四迴圈直流電機之換向 254
7.3 實際直流電機之換向和電樞構造 258
7.4 實際電機之換向問題 266
7.5 實際直流電機之內生電壓及感應轉矩方程式 273
7.6 直流電機之電力潮流及損失 278
習題 280

第 8 章 直流電動機與發電機 283

8.1 直流電動機簡介 283
8.2 直流電動機的等效電路 284
8.3 直流機的磁化曲線 285
8.4 外激和分激式直流電動機 286
8.5 永磁式直流電動機 300
8.6 直流串激電動機 301
8.7 複激式直流電動機 306
8.8 直流電動機啟動器 310
8.9 直流電動機效率之計算 314
8.10 直流發電機簡介 316
8.11 他激式發電機 317
8.12 分激式直流發電機 323
8.13 串激式直流發電機 326
8.14 積複激直流發電機 327

8.15 差複激直流發電機 ·· 329
習　題 ·· 331

第 9 章　單相及特殊用途電動機 ·· **339**

9.1　萬用電動機 ·· 339
9.2　單相感應電動機之簡介 ·· 341
9.3　單相感應電動機的啟動 ·· 344
9.4　單相感應電動機之電路模型 ·· 350
9.5　其他型式的電動機 ·· 358
習　題 ·· 364

索　引 ·· **365**

CHAPTER 1

電機機械原理簡介

學習目標

- 學習旋轉電機基本原理：角速度、角加速度、轉矩與旋轉牛頓定理。
- 學習磁場如何產生。
- 瞭解磁路。
- 瞭解鐵磁性材料特性行為。
- 瞭解鐵磁性材料之磁滯現象。
- 瞭解法拉第定律。
- 瞭解載流導線如何產生感應力。
- 瞭解於磁場中運動的導線如何產生感應電壓。
- 瞭解簡單線性電機之操作。
- 認識實功率、虛功率與視在功率之定義。

1.1 電機機械、變壓器與日常生活

電機機械 (electrical machine) 是把機械能轉成電能，或把電能轉成機械能的裝置。當這種裝置用來把機械能轉換成電能時，稱為**發電機** (generator)；用來把電能轉換成機械能時，稱為**電動機** (motor)。任何能轉換成上述兩種能量的電機機械，便可以當發電機或電動機使用。幾乎所有實用上的電動機和發電機，都是經由磁場的作用來完成能量的轉換，而本書也僅討論那些利用磁場的作用來完成能量轉換的電機機械。

為什麼電動機和發電機會如此普遍？答案非常簡單：電能是一種乾淨而且有效率的能源，它容易作長途傳送且容易控制，電動機不像內燃機，需要有良好的通風和燃料的供應，所以在不希望有因燃燒而引起污染的環境中非常適合使用。相反地，我們可以在一個地方把熱能或機械能轉成電能的型式，再利用電線把電能傳送到使用的地點去，如此一來，便可以在家中、辦公室或工廠中乾淨地使用這些能量了。在電能的傳送過程中，我們使用變壓器來減少在產生及使用電能的兩地之間，因傳送而產生的能量損失。

1.2 旋轉運動、牛頓定理與功率關係

通常，要完全描述一個在空間中旋轉的物體需要三次元的向量，但正常的電機均在一個固定的軸上旋轉，因此僅需一個角的次元來描述。對於一已知的軸端而言，旋轉的方向可以用順時針方向 (clockwise, CW) 及逆時針方向 (counterclockwise, CCW) 來描述，為了描述的方便，一個逆時針方向的角或旋轉，我們假設為正值，順時針方向的角或旋轉，我們假設為負值。在本節的觀念裡，沿固定軸的旋轉均簡化成純量。

角位置 θ

物體的角位置 θ 係從某一任意參考點所量得的角度，通常以弳度 (radians) 或度 (degrees) 為單位，角位置對應於直線運動中的距離。

角速度 ω

角速度係角位置對時間的變化率，如果逆時針方向旋轉，則角速度設為正值。角速度對應於直線運動中的速度，如同一維空間中的線性速度被定義為沿直線 (r) 對時間之位移變化率

$$v = \frac{dr}{dt} \tag{1-1}$$

同理，角速度 ω 之定義為角位移 θ 對時間的變化率

$$\omega = \frac{d\theta}{dt} \tag{1-2}$$

如果角位置的單位是弳度，則角速度的單位是弳度／秒。

下面所列是本書用來表示角速度的符號：

ω_m 以弳度／秒為單位的角速度

f_m 以轉數／秒為單位的角速度

n_m 以轉數／分為單位的角速度

下標 m 表示上述的符號是代表機械的量。

這幾個角速度之間的關係如下所示：

$$n_m = 60 f_m \tag{1-3a}$$

$$f_m = \frac{\omega_m}{2\pi} \tag{1-3b}$$

角加速度 α

　　角加速度是角速度對時間的變化率,以數學的觀點來看,如果角速度漸增,則角加速度設為正值。角加速度對應於直線運動中的加速度,如同在一度空間的直線加速度可以下式定義為

$$a = \frac{dv}{dt} \tag{1-4}$$

角加速度亦可用下式所定義為

$$\alpha = \frac{d\omega}{dt} \tag{1-5}$$

如果角速度以弳度／秒為單位,則角加速度以弳度／秒平方為單位。

轉矩 τ

　　在直線運動中,一力 (force) 作用在物體上時,會改變該物體的速度,如果作用在物體上的淨力為零,其速度保持不變,而作用力愈大,則物體速度的變化也愈快。

　　在旋轉運動中,當一物體在旋轉時,除非存在一**轉矩** (torque),否則物體將以等角速度旋轉,而且轉矩愈大,物體角速度的變化也愈快。

　　轉矩是什麼?大致上我們可以稱它是作用在物體上的「扭力」。

　　物體的轉矩定義為作用力與作用力延伸線至旋轉軸之最短距離的乘積。如果以 **r** 表示從轉軸指向施力點的向量,**F** 表示作用力,則轉矩可以描述如下:

$$\begin{aligned}\tau &= (\text{作用力})(\text{垂直距離}) \\ &= (F)(r\sin\theta) \\ &= rF\sin\theta\end{aligned} \tag{1-6}$$

其中 θ 表示向量 **r** 及 **F** 之間的夾角。如果轉矩引起順時針方向的旋轉,我們稱之為順時針力矩,反之則稱為逆時針力矩 (圖 1-1)。

　　轉矩的單位在 SI 單位系統為牛頓-米;在英制單位系統則為磅-呎。

牛頓旋轉定律

　　在直線運動中,牛頓定理描述作用在物體上的力和此物體加速度的關係,如下式所示:

$$F = ma \tag{1-7}$$

上式中,F = 作用在物體上的淨力
　　　　m = 物體質量

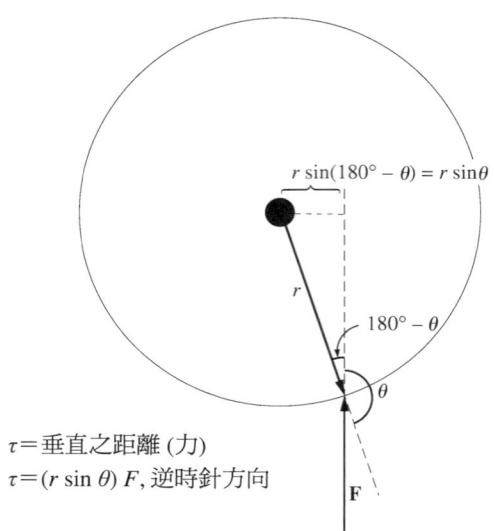

$\tau=$ 垂直之距離 (力)
$\tau=(r \sin \theta) F$，逆時針方向

圖 1-1 物體所受轉矩公式的推導。

$a\ =$ 所產生的加速度

在 SI 單位系統中，力的單位為牛頓，質量的單位為公斤，加速度的單位為米／秒平方。

類似上式的另一公式用來描述作用在物體上的轉矩和此物體角加速度之間的關係，此一關係稱為**牛頓旋轉定律** (Newton's law of rotation)，其公式如下：

$$\tau = J\alpha \qquad (1\text{-}8)$$

其中 τ 表示作用在物體上的淨力矩，單位為牛頓-米或磅-呎；α 表示所產生的角加速度，單位為弳度／秒平方；J 表示物體的**轉動慣量** (moment of inertia)，單位為公斤-米平方。

功 W

直線運動中，功的定義為經過一段**距離** (distance) 的**力** (force) 之作用，如下式所示：

$$W = \int F\, dr \qquad (1\text{-}9)$$

上式中，假設作用力的方向和運動的方向在同一線上，對於作用力的大小固定且方向和運動的方向在同一線上時，上式簡化成

$$W = Fr \qquad (1\text{-}10)$$

在 SI 單位系統中，功的單位為焦耳；在英制系統中為呎-磅。

旋轉運動中，功的定義為經過一**角度** (angle) 的**力矩** (torque) 之作用，如下式所示：

$$W = \int \tau \, d\theta \tag{1-11}$$

如果轉矩為常數，則

$$W = \tau\theta \tag{1-12}$$

功率 P

功率就是做功的比率，或單位時間內所增加的功，如下式所示：

$$P = \frac{dW}{dt} \tag{1-13}$$

通常功率的單位為焦耳／秒 (瓦特)，但也可使用呎-磅／秒或馬力。

根據功率的定義，同時假設作用力大小為常數且其方向和運動方向在同一線上，則功率可以表示如下：

$$P = \frac{dW}{dt} = \frac{d}{dt}(Fr) = F\left(\frac{dr}{dt}\right) = Fv \tag{1-14}$$

同理，假設轉矩為常數，則旋轉運動中的功率可以表示如下：

$$P = \frac{dW}{dt} = \frac{d}{dt}(\tau\theta) = \tau\left(\frac{d\theta}{dt}\right) = \tau\omega$$
$$P = \tau\omega \tag{1-15}$$

式 (1-15) 在電機機械的研究上十分重要，因為它可以描述電動機或發電機軸上的功率。

如果功率以瓦特為單位，轉矩以牛頓-米為單位，角速度以弳度／秒為單位，則式 (1-15) 正確地描述功率、轉矩、角速度之間的關係。

1.3 磁 場

磁場的產生

安培定律說明了電流如何產生磁場：

$$\oint \mathbf{H} \cdot d\mathbf{l} = I_{\text{net}} \tag{1-16}$$

上式中，**H** 表示由電流 I_{net} 所產生的磁場強度，dl 為沿積分路徑的長度之微分。在 SI 單

位系統中，I 的單位為安培，H 的單位為安-匝／米。為了瞭解上式的意義，我們以圖 1-2 為例子來說明。圖 1-2 為一腳繞著 N 匝線圈的鐵心，如果鐵心是由鐵或其他類似的金屬 [統稱為**鐵磁材料** (ferromagnetic materials)] 所製成，則由電流所產生的磁場會被限制在鐵心內，如此一來，安培定律中的積分路徑就等於鐵心的平均長度 l_c。因線圈有 N 匝，當其流有電流 i 時，穿越積分路徑的電流 I_{net} 為 Ni，因此安培定律變成

$$Hl_c = Ni \tag{1-17}$$

上式中，H 是磁場強度向量 **H** 的大小，因此在鐵心中由供應的電流所產生的磁場強度大小為

$$H = \frac{Ni}{l_c} \tag{1-18}$$

磁場強度 **H** 可以視為電流在建立磁場時其作用的大小，而磁通量的大小也和鐵心的材料有關。對一種材料而言，其磁場強度 **H** 和磁通密度 **B** 之間的關係為

$$\mathbf{B} = \mu \mathbf{H} \tag{1-19}$$

上式中，**H** ＝磁場強度
　　　　μ ＝材料的導磁係數
　　　　B ＝產生的總磁通密度

因此實際上所產生的磁通密度為下列兩項的乘積：

H：表示建立磁場時電流作用的大小
μ：表示某一材料中建立磁場的難易程度

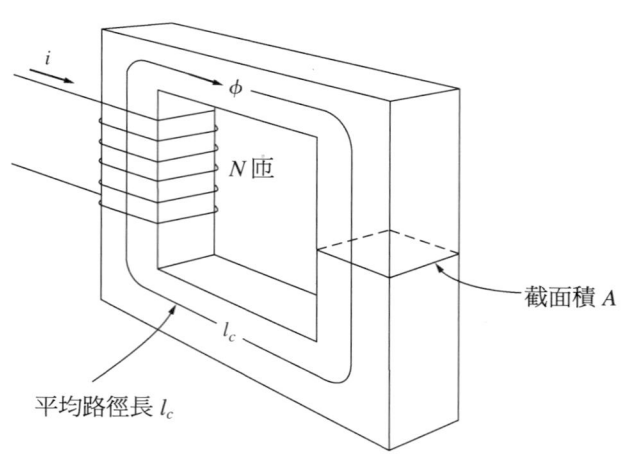

圖 1-2 簡單的鐵心。

磁場強度的單位為安-匝／米，導磁係數的單位為亨利／米，磁通密度的單位為韋伯／米平方 (webers per square meter)，稱為特士拉 (teslas, T)。

真空中的導磁係數以 μ_0 表示，其值為

$$\mu_0 = 4\pi \times 10^{-7} \text{ H/m} \tag{1-20}$$

其他各種材料的導磁係數和 μ_0 的比值，我們稱為**相對導磁係數** (relative permeability)：

$$\mu_r = \frac{\mu}{\mu_0} \tag{1-21}$$

利用相對導磁係數，我們可以很方便地比較各種不同材料的磁化能力。例如，現代電機常使用的鋼，其相對導磁係數為 2000 到 6000 或者更高，這表示，對一已知的電流而言，在鋼中產生的磁通可以為空氣中 2000 到 6000 倍 (空氣中和真空中的導磁係數大致上相等)。很明顯地，變壓器或電動機鐵心所使用的金屬，在加強和聚集磁場方面扮演著設備中重要的角色。

也因為鐵的導磁係數比空氣的高出很多，所以絕大部分的磁通會如同圖 1-2 中所示被限制在鐵心內，而不會脫離鐵心到導磁係數小很多的空氣中。那些脫離鐵心的少量漏磁通在決定變壓器或電動機中線圈之間的磁交鏈和線圈本身的自感時相當重要。

在如圖 1-2 所示的鐵心中，其磁通密度的大小為

$$B = \mu H = \frac{\mu N i}{l_c} \tag{1-22}$$

而對一已知的面積，其上的總磁通為

$$\phi = \int_A \mathbf{B} \cdot d\mathbf{A} \tag{1-23a}$$

上式中，$d\mathbf{A}$ 是此面積上的一微小單位。如果磁通密度向量垂直於面積 A，而且磁通密度在整個面積上均為常數，則上式可以簡化為

$$\phi = BA \tag{1-23b}$$

因此圖 1-2 中由電流 i 所產生的總磁通為

$$\phi = BA = \frac{\mu N i A}{l_c} \tag{1-24}$$

其中 A 表示鐵心的截面積。

磁 路

如圖 1-3a 為一簡單的電路，電壓源 V 推動電流 I 流經電阻 R，歐姆定律可以表示出它們之間的關係：

8 電機機械原理精析

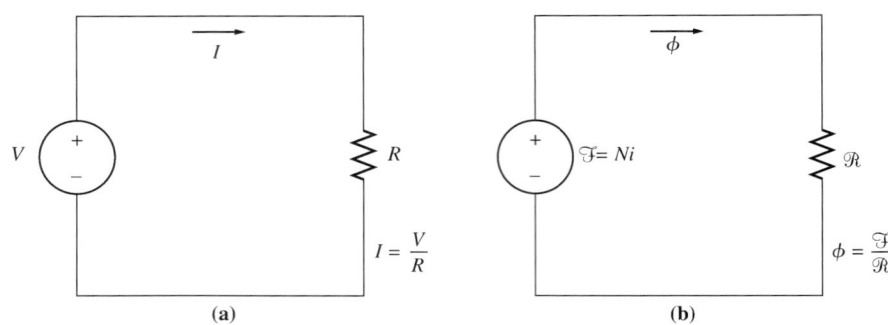

圖 1-3　(a) 簡單的電路；(b) 類似變壓器鐵心的磁路。

$$V = IR$$

在電路中，電壓或電動勢推動電流；同樣地，在磁路中其相對應的量稱為**磁動勢** (magnetomotive force, mmf)。磁路中的磁動勢等於供應給鐵心的有效電流：

$$\mathcal{F} = Ni \tag{1-25}$$

上式中，$\mathcal{F}$ 是磁動勢的符號，其單位為安-匝 (ampere-turns)。

　　由線圈所圍繞的鐵心的極性可由修改過的右手定則得到：如果右手四指順著線圈電流流動的方向，則拇指就指向磁動勢正端的方向 (見圖 1-4)。

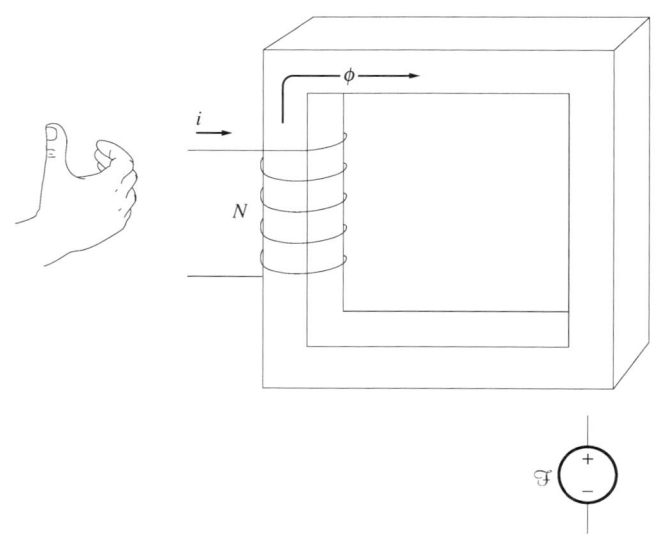

圖 1-4　決定磁路中磁動勢源的極性。

　　在電路中，電流 I 的流動是由供應的電壓所引起；同樣地，在磁路中，磁動勢產生了磁通 ϕ。電路中電壓和電流之間的關係為歐姆定律 ($V = IR$)；同樣地，磁動勢和磁通之間的關係為

$$\mathcal{F} = \phi \mathcal{R} \qquad (1\text{-}26)$$

上式中，$\mathcal{F}$ = 磁路中的磁動勢
ϕ = 磁路中的磁通量
$\mathcal{R}$ = 磁路中的磁阻

磁路中的磁阻對應於電路中的電阻，磁阻的單位為安-匝／韋伯 (ampere-turns per weber)。

電路中電導為電阻的倒數，同樣地在磁路亦定義——**磁導** $\mathcal{P}$ (permeance) 其為磁阻的倒數

$$\mathcal{P} = \frac{1}{\mathcal{R}} \qquad (1\text{-}27)$$

根據上式，磁動勢和磁通之間的關係亦可表示為

$$\phi = \mathcal{F}\mathcal{P} \qquad (1\text{-}28)$$

在某些情況下，使用磁導將比磁阻容易處理。

如何計算圖 1-2 中鐵心的磁阻呢？根據式 (1-24)，鐵心的總磁通為

$$\phi = BA = \frac{\mu NiA}{l_c} \qquad (1\text{-}24)$$

$$= Ni\left(\frac{\mu A}{l_c}\right)$$

$$\phi = \mathcal{F}\left(\frac{\mu A}{l_c}\right) \qquad (1\text{-}29)$$

比較式 (1-29) 和 (1-26)，可得鐵心的磁阻為

$$\mathcal{R} = \frac{l_c}{\mu A} \qquad (1\text{-}30)$$

磁路中的磁阻也遵守著電路中電阻的規則，數個串聯磁阻的等效磁阻就等於各個磁阻的總和：

$$\mathcal{R}_{eq} = \mathcal{R}_1 + \mathcal{R}_2 + \mathcal{R}_3 + \cdots \qquad (1\text{-}31)$$

同樣地，數個並聯磁阻的等效磁阻亦根據下式計算：

$$\frac{1}{\mathcal{R}_{eq}} = \frac{1}{\mathcal{R}_1} + \frac{1}{\mathcal{R}_2} + \frac{1}{\mathcal{R}_3} + \cdots \qquad (1\text{-}32)$$

磁導串並聯的計算亦和電導串並聯的計算方法相同。

例題 1-1

圖 1-5a 為一鐵磁性鐵心，此鐵心的三邊有相同的寬度，第四邊較窄，鐵心的深度 10 cm (深入紙內的方向)，其他的尺寸如圖中所示。鐵心的左邊纏繞著 200 匝的線圈，假設相對導磁係數 μ_r 為 2500，當輸入電流為 1A 時會產生多少磁通？

解：我們將解此問題二次：一次用手算，一次用 MATLAB 程式，並驗證這兩種方法所得結果是一樣的。

鐵心的三邊有相同的截面積，第四邊的截面積不同，所以把鐵心分成兩部分：(1) 較窄的一邊；(2) 其他三邊。相對於此鐵心的磁路如圖 1-5b 所示。

第一部分的平均路徑長度為 45 cm，截面積為 10 cm×10 cm＝100 cm^2，因此第一部分的磁阻為

$$\mathcal{R}_1 = \frac{l_1}{\mu A_1} = \frac{l_1}{\mu_r \mu_0 A_1} \tag{1-30}$$

$$= \frac{0.45 \text{ m}}{(2500)(4\pi \times 10^{-7})(0.01 \text{ m}^2)}$$

$$= 14{,}300 \text{ A} \cdot \text{turns/Wb}$$

第二部分的平均路徑長度為 130 cm，截面積為 15 cm×10 cm＝150 cm^2，因此第二部分的磁阻為

$$\mathcal{R}_2 = \frac{l_2}{\mu A_2} = \frac{l_2}{\mu_r \mu_0 A_2} \tag{1-30}$$

$$= \frac{1.3 \text{ m}}{(2500)(4\pi \times 10^{-7})(0.015 \text{ m}^2)}$$

$$= 27{,}600 \text{ A} \cdot \text{turns/Wb}$$

因此鐵心的總磁阻為

$$\mathcal{R}_{eq} = \mathcal{R}_1 + \mathcal{R}_2$$

$$= 14{,}300 \text{ A} \cdot \text{turns/Wb} + 27{,}600 \text{ A} \cdot \text{turns/Wb}$$

$$= 41{,}900 \text{ A} \cdot \text{turns/Wb}$$

總磁動勢為

$$\mathcal{F} = Ni = (200 \text{ turns})(1.0 \text{ A}) = 200 \text{ A} \cdot \text{turns}$$

鐵心的總磁通為

$$\phi = \frac{\mathcal{F}}{\mathcal{R}} = \frac{200 \text{ A} \cdot \text{turns}}{41{,}900 \text{ A} \cdot \text{turns/Wb}}$$

$$= 0.0048 \text{ Wb}$$

以上計算可用 MATLAB script 檔來執行，一計算鐵心磁通之簡單 script 如下所示：

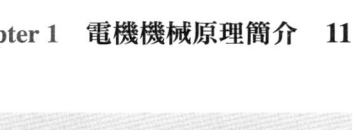

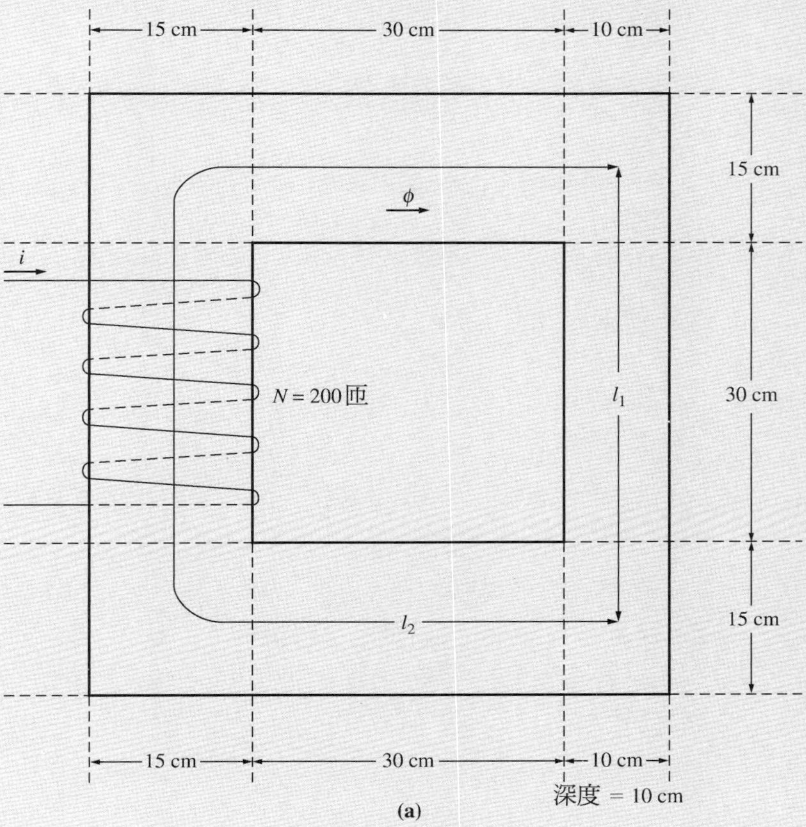

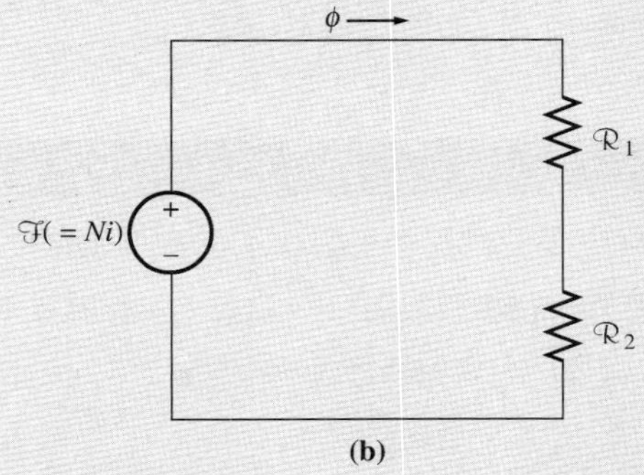

圖 1-5 (a) 例題 1-1 中的鐵心；(b) 相對於 (a) 所代表的磁路。

```
% M-file: ex1_1.m
% M-file to calculate the flux in Example 1-1.
l1 = 0.45;                     % Length of region 1
l2 = 1.3;                      % Length of region 2
a1 = 0.01;                     % Area of region 1
a2 = 0.015;                    % Area of region 2
ur = 2500;                     % Relative permeability
u0 = 4*pi*1E-7;                % Permeability of free space
n = 200;                       % Number of turns on core
i = 1;                         % Current in amps

% Calculate the first reluctance
r1 = l1 / (ur * u0 * a1);
disp (['r1 = ' num2str(r1)]);

% Calculate the second reluctance
r2 = l2 / (ur * u0 * a2);
disp (['r2 = ' num2str(r2)]);

% Calculate the total reluctance
rtot = r1 + r2;

% Calculate the mmf
mmf = n * i;

% Finally, get the flux in the core
flux = mmf / rtot;

% Display result
disp (['Flux = ' num2str(flux)]);
```

當程式完成，其結果是：

```
» ex1_1
r1 = 14323.9449
r2 = 27586.8568
Flux = 0.004772
```

此程式所得結果與手算結果一樣。◀

例題 1-2

圖 1-6a 為一鐵磁性鐵心，其平均路徑長度為 40 cm，在鐵心的結構中有一 0.05 cm 的氣隙，鐵心的截面積為 12 cm^2，相對導磁係數為 4000，鐵心上的線圈有 400 匝。假設氣隙的有效截面積較鐵心的截面積增加 5%，根據上面所給的資料，試計算：

(a) 整個磁通路徑的磁阻 (包括鐵心和氣隙)。
(b) 欲在氣隙中產生 0.5 T 的磁通密度需多少電流。

解：相對於此鐵心的磁路如圖 1-6b 所示。
(a) 鐵心的磁阻為

$$\mathcal{R}_c = \frac{l_c}{\mu A_c} = \frac{l_c}{\mu_r \mu_0 A_c} \tag{1-30}$$

$$= \frac{0.4 \text{ m}}{(4000)(4\pi \times 10^{-7})(0.002 \text{ m}^2)}$$

$$= 66{,}300 \text{ A} \cdot \text{turns/Wb}$$

氣隙的有效面積為 $1.05 \times 12 \text{ cm}^2 = 12.6 \text{ cm}^2$，所以氣隙的磁阻為

$$\mathcal{R}_a = \frac{l_a}{\mu_0 A_a} \tag{1-30}$$

$$= \frac{0.0005 \text{ m}}{(4\pi \times 10^{-7})(0.00126 \text{ m}^2)}$$

$$= 316{,}000 \text{ A} \cdot \text{turns/Wb}$$

因此磁通路徑的總磁阻為

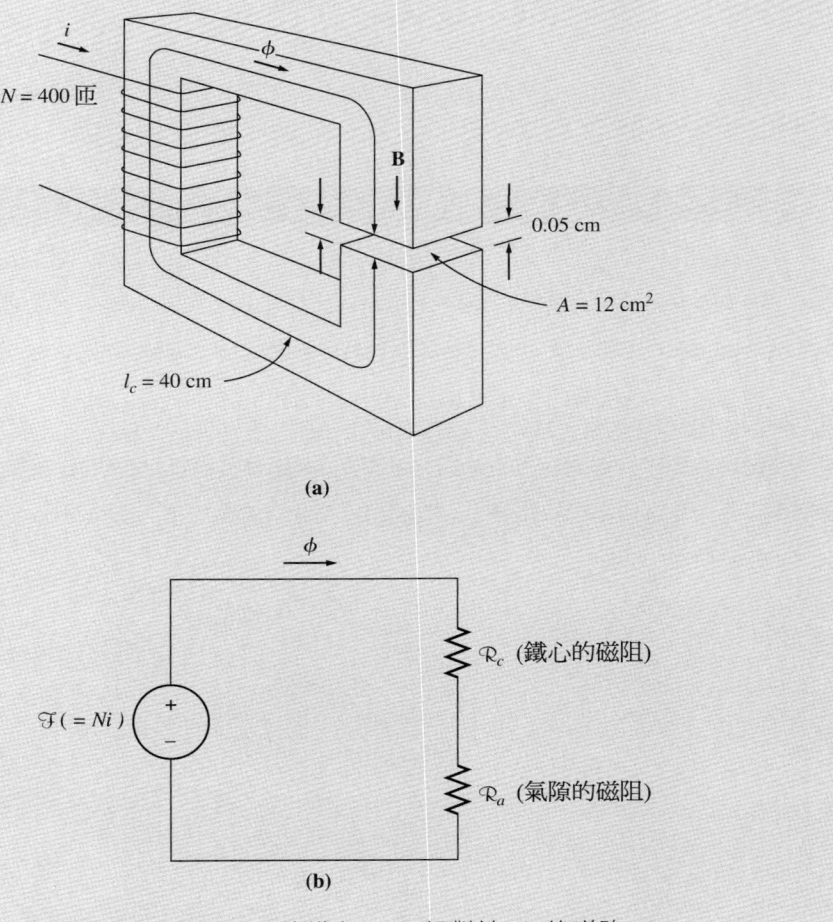

圖 1-6 (a) 例題 1-2 的鐵心；(b) 相對於 (a) 的磁路。

$$\mathcal{R}_{eq} = \mathcal{R}_c + \mathcal{R}_a$$
$$= 66{,}300 \text{ A·turns/Wb} + 316{,}000 \text{ A·turns/Wb}$$
$$= 382{,}300 \text{ A·turns/Wb}$$

雖然氣隙的長度較鐵心小 800 倍,但氣隙提供了大部分的磁阻。

(b) 根據式 (1-26),

$$\mathcal{F} = \phi \mathcal{R} \tag{1-26}$$

同時因為 $\phi = BA$ 和 $\mathcal{F} = Ni$,因此上式變成

$$Ni = BA\mathcal{R}$$

因此

$$i = \frac{BA\mathcal{R}}{N}$$
$$= \frac{(0.5 \text{ T})(0.00126 \text{ m}^2)(383{,}200 \text{ A·turns/Wb})}{400 \text{ turns}}$$
$$= 0.602 \text{ A}$$

必須注意的是,題目要求的是**氣隙** (air-gap) 的磁通,因此計算時使用氣隙的有效截面積。 ◂

例題 1-3

圖 1-7a 表示一直流電動機簡化後的轉子和定子,定子的平均路徑長度為 50 cm,截面積為 12 cm^2;轉子的平均路徑長度為 5 cm,截面積亦可假設為 12 cm^2。每一個在轉子和定子間的氣隙長度均為 0.05 cm,其截面積 (包括邊緣) 為 14 cm^2。鐵心的導磁係數為 2000,其上的線圈有 200 匝,如果線圈流有 1 A 的電流,試求建立在氣隙的磁通密度。

解:為了決定氣隙中的磁通密度,必須先計算出供應給鐵心的磁動勢和磁通路徑的總磁阻,利用這兩個資料可以算出鐵心的總磁通,最後利用已知氣隙的截面積,可以算出氣隙的磁通密度。

定子的磁阻為

$$\mathcal{R}_s = \frac{l_s}{\mu_r \mu_0 A_s}$$
$$= \frac{0.5 \text{ m}}{(2000)(4\pi \times 10^{-7})(0.0012 \text{ m}^2)}$$
$$= 166{,}000 \text{ A·turns/Wb}$$

轉子的磁阻為

$$\mathcal{R}_r = \frac{l_r}{\mu_r \mu_0 A_r}$$

$$= \frac{0.05 \text{ m}}{(2000)(4\pi \times 10^{-7})(0.0012 \text{ m}^2)}$$
$$= 16{,}600 \text{ A} \cdot \text{turns/Wb}$$

氣隙的磁阻為

$$\mathcal{R}_a = \frac{l_a}{\mu_r \mu_0 A_a}$$

$$= \frac{0.0005 \text{ m}}{(1)(4\pi \times 10^{-7})(0.0014 \text{ m}^2)}$$
$$= 284{,}000 \text{ A} \cdot \text{turns/Wb}$$

對應於此電機的磁路如圖 1-7b 所示。整個磁通路徑的總磁阻為

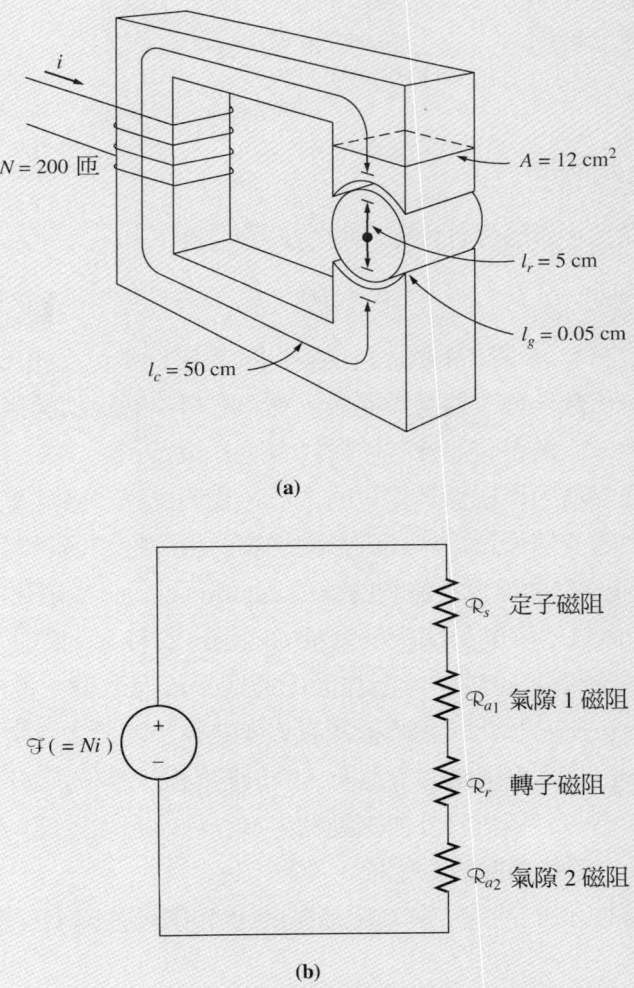

圖 **1-7** (a) 直流電動機定子和轉子的簡化圖；(b) 相對於 (a) 的磁路。

$$\mathcal{R}_{eq} = \mathcal{R}_s + \mathcal{R}_{a1} + \mathcal{R}_r + \mathcal{R}_{a2}$$
$$= 166{,}000 + 284{,}000 + 16{,}600 + 284{,}000 \text{ A·turns/Wb}$$
$$= 751{,}000 \text{ A·turns/Wb}$$

供應鐵心的淨磁動勢為

$$\mathcal{F} = Ni = (200 \text{ turns})(1.0 \text{ A}) = 200 \text{ A·turns}$$

因此鐵心的總磁通為

$$\phi = \frac{\mathcal{F}}{\mathcal{R}} = \frac{200 \text{ A·turns}}{751{,}000 \text{ A·turns/Wb}}$$
$$= 0.00266 \text{ Wb}$$

最後，電動機的氣隙磁通密度為

$$B = \frac{\phi}{A} = \frac{0.000266 \text{ Wb}}{0.0014 \text{ m}^2} = 0.19 \text{ T}$$

◀

鐵磁性材料的磁化特性

本節中稍早曾提到，導磁係數由下面的公式所定義

$$\mathbf{B} = \mu \mathbf{H} \tag{1-19}$$

而且曾說明了鐵磁性材料的導磁係數比自由空間的導磁係數可高出 6000 倍。在前面的討論和例題中，導磁係數均假設為常數而與供應到材料中的磁動勢無關。雖然自由空間中的導磁係數為常數，但鐵和其他鐵磁性材料中並非如此。

為了說明鐵磁性材料中導磁係數變化的情形，我們供應一直流電流到圖 1-2 中的鐵心，且電流的大小由零安培慢慢地增加到最大的容許值，把磁通量對磁動勢的值繪出，可得如圖 1-8a 的曲線，這曲線稱為**飽和曲線** (saturation curve) 或**磁化曲線** (magnetization curve)。起初，增加微量的磁動勢即產生大量的磁通，到後來，即使磁動勢大量增加，磁通的增量卻很少。最後，磁動勢再增加而磁通幾乎沒有改變，曲線上這個區域就稱為**飽和區** (saturation region)，此時我們稱鐵心已經飽和；磁通大量增加的區域稱為**未飽和區** (unsaturation region)，也稱鐵心未飽和，介於這兩區域間的部分有時稱為曲線的膝部。注意到在未飽和區內，相對於外加磁動勢，鐵心內所產生磁通為線性的，且不管磁動勢是否在飽和區，它最後會趨於一定值。

圖 1-8b 是另一個類似的曲線，其為磁通密度 **B** 和磁場強度 **H** 之間的關係。根據式 (1-18) 和 (1-23b)，

$$H = \frac{Ni}{l_c} = \frac{\mathcal{F}}{l_c} \tag{1-18}$$

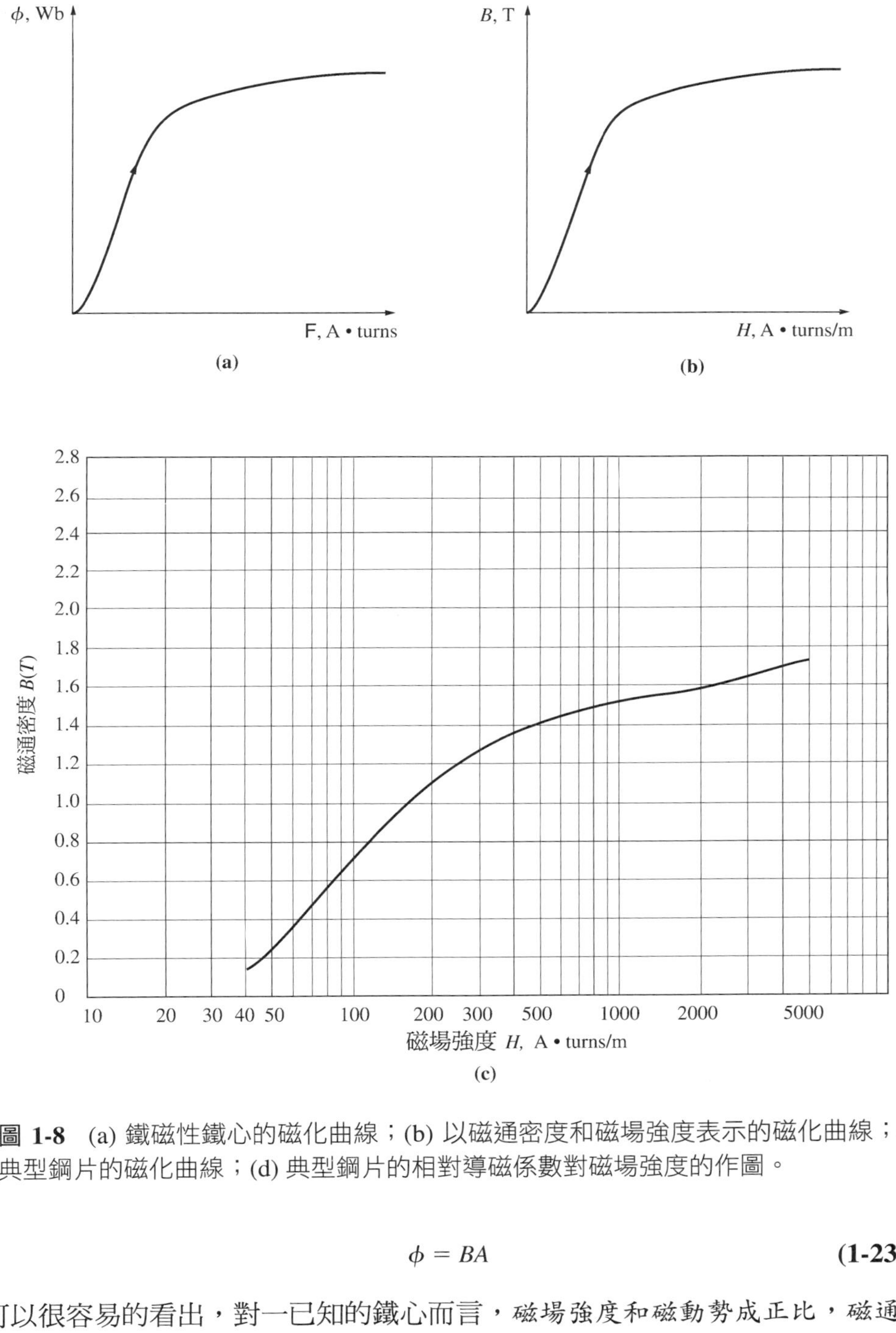

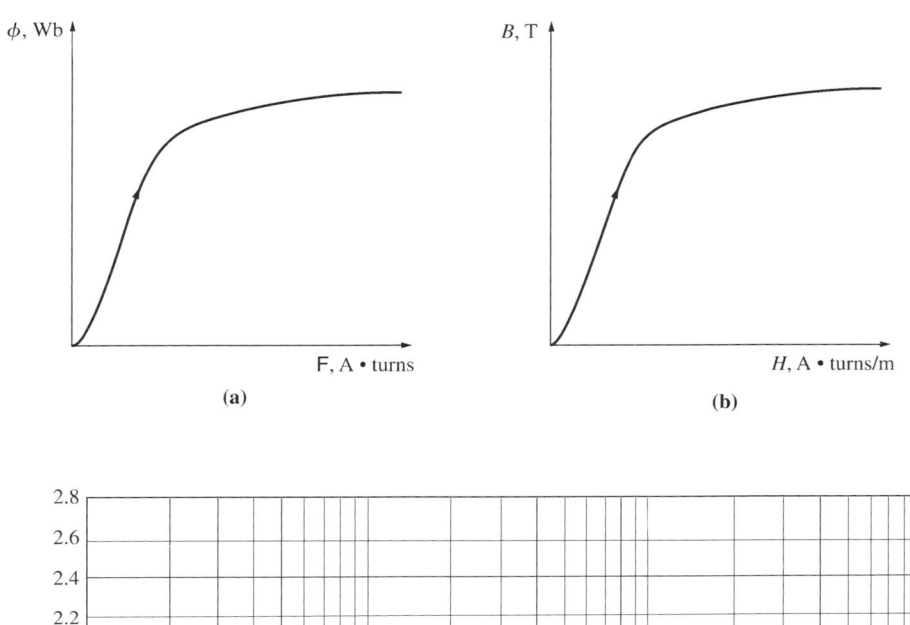

圖 1-8 (a) 鐵磁性鐵心的磁化曲線；(b) 以磁通密度和磁場強度表示的磁化曲線；(c) 典型鋼片的磁化曲線；(d) 典型鋼片的相對導磁係數對磁場強度的作圖。

$$\phi = BA \tag{1-23b}$$

我們可以很容易的看出，對一已知的鐵心而言，*磁場強度和磁動勢成正比，磁通密度和磁通量成正比*，因此 B 對 H 的曲線和磁通對磁動勢的曲線有相同的形狀。根據圖 1-8b

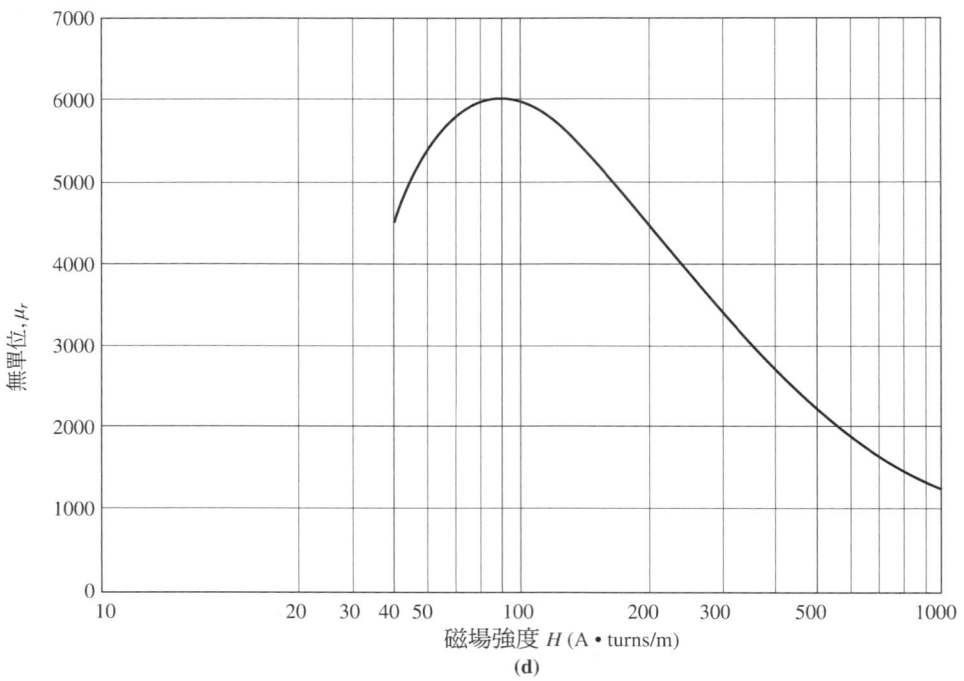

圖 1-8 （續）

中磁通密度對磁場強度的曲線，在任一點的斜率依照定義就是鐵心在該 H 值時的導磁係數。從曲線上可以看出，導磁係數在未飽和區時很大且幾乎保持常數，而當鐵心飽和時就降到一個很小的值。

電機機械中使用鐵磁性材料的優點在於對一已知的磁動勢而言，其所獲得的磁通量較空氣中高出很多。但如果所產生的磁通必須跟供應的磁動勢成比例關係，則鐵心僅能在曲線的未飽和區操作。因實際發電機與電動機要靠磁通以產生電壓和轉矩，所以它們被設計產生愈多磁通愈好。結果，大部分電機操作在接近磁化曲線膝部，而相對於產生它的磁動勢，鐵心內的磁通是非線性的。

例題 1-4

試求出圖 1-8c 中，對應於下列各磁場強度時的相對導磁係數：(a) $H=50$；(b) $H=100$；(c) $H=500$；(d) $H=1000$ A•turns/m。

解：材料的導磁係數的公式為

$$\mu = \frac{B}{H}$$

相對導磁係數的公式為

$$\mu_r = \frac{\mu}{\mu_0} \tag{1-21}$$

因此，對一已知的磁場強度可以求出其導磁係數。

(a) 當 $H=50$ A•turns/m，$B=0.25$ T，所以

$$\mu = \frac{B}{H} = \frac{0.25 \text{ T}}{50 \text{ A•turns/m}} = 0.0050 \text{ H/m}$$

以及

$$\mu_r = \frac{\mu}{\mu_0} = \frac{0.0050 \text{ H/m}}{4\pi \times 10^{-7} \text{ H/m}} = 3980$$

(b) 當 $H=100$ A•turns/m，$B=0.72$ T，所以

$$\mu = \frac{B}{H} = \frac{0.72 \text{ T}}{100 \text{ A•turns/m}} = 0.0072 \text{ H/m}$$

以及

$$\mu_r = \frac{\mu}{\mu_0} = \frac{0.0072 \text{ H/m}}{4\pi \times 10^{-7} \text{ H/m}} = 5730$$

(c) 當 $H=500$ A•turns/m，$B=1.40$ T，所以

$$\mu = \frac{B}{H} = \frac{1.40 \text{ T}}{500 \text{ A•turns/m}} = 0.0028 \text{ H/m}$$

以及

$$\mu_r = \frac{\mu}{\mu_0} = \frac{0.0028 \text{ H/m}}{4\pi \times 10^{-7} \text{ H/m}} = 2230$$

(d) 當 $H=1000$ A•turns/m，$B=1.51$ T，所以

$$\mu = \frac{B}{H} = \frac{1.51 \text{ T}}{1000 \text{ A•turns/m}} = 0.00151 \text{ H/m}$$

以及

$$\mu_r = \frac{\mu}{\mu_0} = \frac{0.00151 \text{ H/m}}{4\pi \times 10^{-7} \text{ H/m}} = 1200$$

值得注意的是，當磁場強度增加時，相對導磁係數先增加而後再減少。圖 1-8d 是上述材料其相對導磁係數對磁場強度的曲線，所有鐵磁性材料都有這種典型的曲線。由圖上的 μ_r 對 H，可看出，在例題 1-1 到 1-3 中相對導磁係數為常數的假設，只在一小段的範圍內適用。

下面的例子中，不再假設相對導磁係數為一常數，而 B 和 H 的關係則由一已給的曲線查得。

例題 1-5

一方型鐵心，其平均路徑長度為 55 cm，截面積為 150 cm^2，在鐵心的一側繞有 200 匝的線圈，鐵心的磁化曲線如圖 1-8c 所示。

(a) 欲在鐵心內產生 0.012 Wb 的磁通，須供應多少電流？
(b) 在此電流時，求鐵心的相對導磁係數？
(c) 鐵心的磁阻？

解：

(a) 所需的磁通密度為

$$B = \frac{\phi}{A} = \frac{1.012 \text{ Wb}}{0.015 \text{ m}^2} = 0.8 \text{ T}$$

從圖 1-8c 中查出所需的磁場強度為

$$H = 115 \text{ A} \cdot \text{turns/m}$$

根據式 (1-18)，產生此磁場強度所需的磁動勢為

$$\mathcal{F} = Ni = Hl_c$$
$$= (115 \text{ A} \cdot \text{turns/m})(0.55 \text{ m}) = 63.25 \text{ A} \cdot \text{turns}$$

因此所需的電流為

$$i = \frac{\mathcal{F}}{N} = \frac{63.25 \text{ A} \cdot \text{turns}}{200 \text{ turns}} = 0.316 \text{ A}$$

(b) 在此電流下，鐵心的導磁係數為

$$\mu = \frac{B}{H} = \frac{0.8 \text{ T}}{115 \text{ A} \cdot \text{turns/m}} = 0.00696 \text{ H/m}$$

因此，相對導磁係數為

$$\mu_r = \frac{\mu}{\mu_0} = \frac{0.00696 \text{ H/m}}{4\pi \times 10^{-7} \text{ H/m}} = 5540$$

(c) 鐵心的磁阻為

$$\mathcal{R} = \frac{\mathcal{F}}{\phi} = \frac{63.25 \text{ A} \cdot \text{turns}}{0.012 \text{ Wb}} = 5270 \text{ A} \cdot \text{turns/Wb}$$ ◀

鐵磁性鐵心中的能量損失

下面的討論中,不再使用直流電流,而以如圖 1-9a 所示的交流電流供應給鐵心使用。假設鐵心內起初沒有磁通,當電流第一次增加的過程中,磁通量沿著圖 1-9b 中路徑 *ab* 上升,這如同圖 1-8 中所示的磁化曲線。當電流再次減少時,磁通量卻不沿 *ab* 下降,而沿路徑 *bcd* 下降。當電流再次增加時,磁通量沿路徑 *deb* 上升。此時鐵心內的磁通不僅由供應的電流所決定,還必須考慮鐵心內原先所擁有的磁通。上述的現象稱為**磁滯** (hysteresis),圖 1-9b 中路徑 *bcdeb* 稱為**磁滯迴線** (hysteresis loop)。

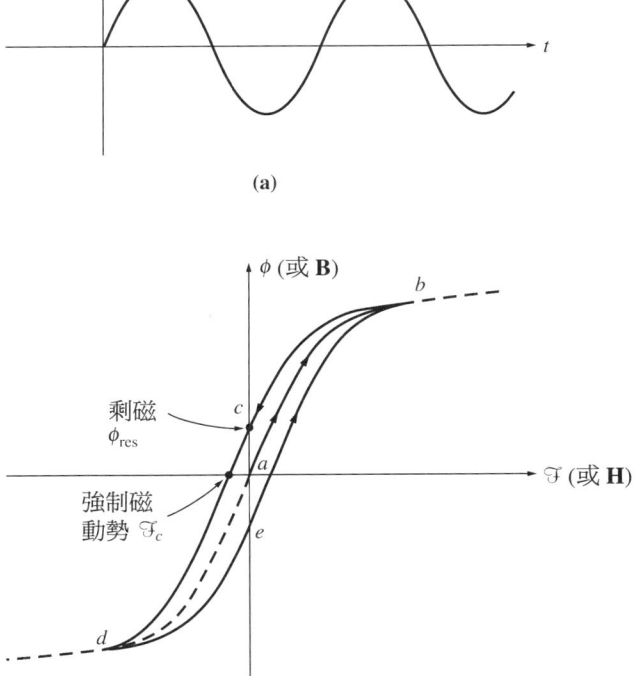

圖 1-9 由交流電流 *i(t)* 所形成鐵心的磁滯迴線。

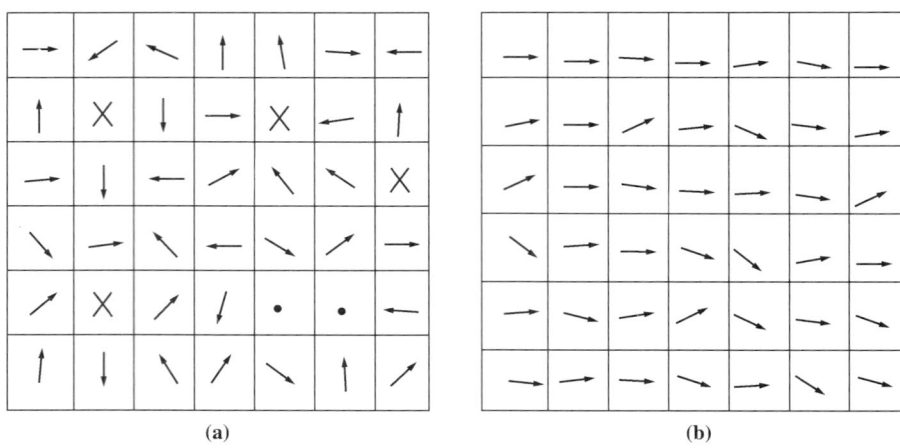

圖 1-10 (a) 原本雜亂排列的磁分域；(b) 受外部磁場影響而排列整齊的磁分域。

　　注意，如果有一很大的磁動勢供應給鐵心，然後把磁動勢移去，則磁動勢將沿路徑 abc 變化。當磁動勢移去後，鐵心內的磁通量並沒有降為零，而在鐵心內有磁場存在，這磁場稱為鐵心的**剩磁** (residual flux)，這正是永久磁鐵的製造方法。如欲將鐵心內的磁通降為零，必須對鐵心施予一反向的**強制磁動勢** (coercive magnet motive) $\mathcal{F}_c$。

　　磁滯是怎麼發生的？為了瞭解鐵磁性材料的行為，必須對鐵磁性材料的結構有一些瞭解。鐵和其他類似金屬 (鈷、鎳或其合金) 的原子易於擁有自己的磁場，而且原子間緊密的排列在一起。在這些金屬內有許多稱為**分域** (domains) 的小區域，每一個分域中的原子均沿著同一磁場方向排列，所以每一分域的作用就好像一個小的永久磁鐵。這許多細小的分域在材料中雜亂無章的排列著，因此整個鐵塊似乎沒有磁通存在。圖 1-10 是一鐵塊內分域結構的例子。

　　當一外部磁場供應給鐵塊時，會使得鐵塊中指向和外部磁場同向的分域擴大，擴大的原因乃是原子會自然改變方向而沿著外部磁場的方向排列。這些額外的原子排列使得鐵塊中的磁通增加，如此又使得更多的原子指向磁場的方向，又產生了更強的磁場，就是這正回授效應使得鐵塊的導磁係數遠大於空氣的導磁係數。

　　當外部磁場繼續增加，原先和外部磁場指向不同的分域，最後都將重新排列成和磁場有相同的方向。此時再增加外部的磁動勢所能增加的磁通量與在自由空間所能增加的量相同。(當所有原子均排列整齊後，就不再有回授效應來加強磁場。) 就這觀點而言，鐵塊已經飽和了，這也就是圖 1-8 曲線飽和的區域。

　　當外部磁場移去後，分域並不完全再重新雜亂的排列，這就是磁滯產生的關鍵。為什麼分域仍順序排列？此乃因轉動分域內的原子需要**能量** (energy)。原先完成排列的能量是由外部磁場供應，當外部磁場一移走，就再也沒有能量來源來供應給所有的分域重新恢復原先雜亂的排列，此時鐵塊已變成永久磁鐵了。

一旦分域因外加磁場而排列後，其中一些分域會保持這種排列狀態直到有外來的能量時才改變，例如不同方向的磁動勢、機械的撞擊或熱。上述的情形均會供應能量給分域以改變其排列方向。(這就是為什麼當永久磁鐵掉落、以鐵鎚敲打或加熱都會使永久磁鐵失去磁性的原因。)

由於改變鐵中分域的排列方向需要能量，使得所有電機機械和變壓器中會有一共同型式的能量損失，鐵心的**磁滯損失** (hysteresis loss) 就是每一外加交流電流週期中，分域重新定位所需的能量。對一已知的交流電流，我們可以證明磁滯迴線所包圍的面積和每一週期的能量損失成正比，供應到鐵心的磁動勢較小，則所形成磁滯迴線的面積就較小，所引起的損失也較小。圖 1-11 說明了這個觀點。

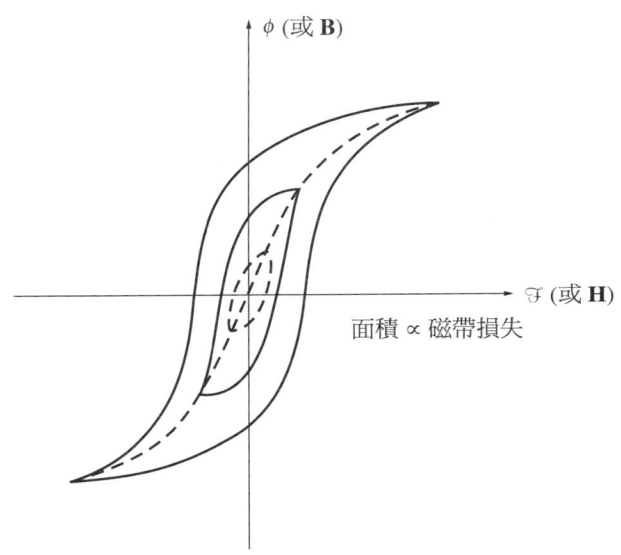

圖 1-11 磁動勢的大小影響磁滯迴線的面積。

渦流損失 (eddy current loss) 是另一種由於鐵心內磁場變化所引起的能量損失，我們將等介紹法拉第定律後再加以解釋。磁滯損失和渦流損失都會使鐵心產生熱，所以這兩種損失在設計電機機械或變壓器時均須加以考慮。由於上述兩種損失均發生於鐵心的金屬內，它們統稱為**鐵心損失** (core losses)。

1.4 法拉第定律——從一時變磁場感應電壓

接著我們來看看一個存在的磁場如何影響其周圍的環境。首先要考慮的主要影響是**法拉第定律** (Faraday's law)，其為變壓器操作的基本原理。法拉第定律的敘述如下：當磁通穿過一匝線圈繞組時，會使線圈感應出一正比於磁通時變率的電壓，寫成方程式的

型式：

$$e_{\text{ind}} = -\frac{d\phi}{dt} \tag{1-33}$$

上式中，e_{ind} 表示線圈的感應電壓，ϕ 是穿過線圈的磁通。如果線圈有 N 匝，而穿過每一匝線圈的磁通都相同時，線圈所感應出的全部電壓為

$$\boxed{e_{\text{ind}} = -N\frac{d\phi}{dt}} \tag{1-34}$$

上式中，e_{ind} ＝線圈的感應電壓
　　　　N ＝線圈匝數
　　　　ϕ ＝穿過線圈的磁通量

方程式中的負號稱為**冷次定律 (Lenz's law)**。冷次定律敘述如下：如果把線圈的兩端短路，則線圈中感應電壓所引起的電流將產生一反抗外加磁場變化的磁場，因為感應電壓反抗外在的改變，因此式 (1-34) 中加入一個負號。圖 1-12 可以幫助我們更瞭解這個觀念，如果圖中所示的磁通其強度隨時間增加，則線圈的感應電壓將會建立一磁通以反抗磁通的增加，圖 1-12b 中的電流會產生反對磁通增加的磁通，所以線圈感應電壓的極性須如圖 1-12b 中所示。由於感應電壓的極性可以由物理上的考慮來決定，式 (1-33) 和 (1-34) 中的負號常常不使用，往後本書在敘述法拉第定理時均不用此負號。

使用式 (1-34) 時牽涉到一個實用上的問題，此式假設穿過每一匝線圈的磁通均相同，事實上，會有少許的漏磁通脫離鐵心到周圍的空氣中。如果線圈緊密的結合在一起，絕大部分的磁通將通過每一匝線圈，則式 (1-34) 就可以有效的使用。但是當漏磁通

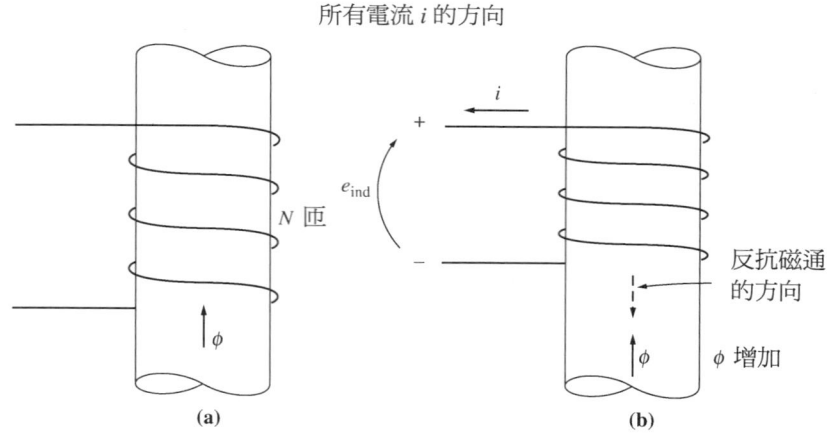

圖 1-12 冷次定律的意義：(a) 通過鐵心的磁通增加；(b) 感應電壓的極性。

量很大或須高準確度時，必須使用不作此假設的不同表示方法。線圈中第 i 匝的電壓大小為

$$e_i = \frac{d(\phi_i)}{dt} \tag{1-35}$$

如果線圈有 N 匝，則線圈的總電壓為

$$e_{\text{ind}} = \sum_{i=1}^{N} e_i \tag{1-36}$$

$$= \sum_{i=1}^{N} \frac{d(\phi_i)}{dt} \tag{1-37}$$

$$= \frac{d}{dt}\left(\sum_{i=1}^{N} \phi_i\right) \tag{1-38}$$

式 (1-38) 括號內的項稱為線圈的**磁交鏈** (flux linkage) λ，法拉第定律可重新以磁交鏈的方式表示

$$\boxed{e_{\text{ind}} = \frac{d\lambda}{dt}} \tag{1-39}$$

其中

$$\boxed{\lambda = \sum_{i=1}^{N} \phi_i} \tag{1-40}$$

磁交鏈的單位是韋伯-匝。

　　法拉第定律是變壓器操作的基本原理，而冷次定律可以預測變壓器線圈感應電壓的極性。

　　法拉第定律也可以說明前面所提到的渦流損失。如同鐵心外的線圈會因時變的磁通而感應出電壓一樣，鐵心內也會因時變的磁場而感應出電壓，此電壓會在鐵心內引起漩渦式的電流，因其形狀如同河流中的漩渦一樣，所以稱此電流為**渦流** (eddy current)。渦流流經具有電阻的鐵心，能量就消耗在鐵心中，而使鐵心變熱。

　　由於渦電流所造成的能量損失與電流漩渦 (swirl) 和鐵心電阻大小有關，漩渦愈大產生的感應電壓也愈大 (由於漩渦內磁通也愈大)；感應電壓愈大，會造成更大電流流過鐵心，而導致更大的 I^2R 損失。另一方面，在漩渦內一固定感應電壓下，鐵心的電阻愈大，其流過的電流愈小。

　　這些事實給予我們兩個減少變壓器或電機內磁性材料渦流損的方法，若一鐵磁性鐵心因交流磁通限制而被分解成許多小細片或稱為**疊片** (lamination)，則最大電流漩渦會減少，因而導致較小的感應電壓、較小的電流和較低的渦流損。渦流損的減少大約與疊

片的厚度成正比，所以疊片厚度愈薄愈好。許多鐵心是由薄疊片並排組疊而成，疊片間會塗佈絕緣樹脂，所以渦電流的路徑會被侷限於很小的區域內；另外，因絕緣層相當薄，所以利用並排組疊的疊片來減少渦流損對於鐵心的磁路特性影響很小。

第二種減少渦流損的方法為增加鐵心材質的電阻值，此種作法通常在鋼製鐵心材質內加入矽，使得鐵心的電阻變大，則對相同的磁通量而言，渦電流會變小，而使得 I^2R 損失也變小。

利用疊片或具高電阻鐵心材質都可有效抑制渦電流，在許多例子中，兩個方法會同時使用，使得鐵心的渦流損遠低於磁滯損。

1.5　導線感應力的產生

磁場會對在此磁場中帶有電流的導體感應一力量，這是磁場對其周圍環境的第二個影響。圖 1-13 說明了這個基本觀念，圖中導體放在磁通密度為 **B** 的固定磁場中，磁場的方向指向紙內，導體長度為 l 公尺，流過 i 安培的電流。導體所受力的大小為

$$\mathbf{F} = i(\mathbf{l} \times \mathbf{B}) \tag{1-41}$$

上式中，i ＝導線中電流的大小

　　　　l ＝導線的長度，為一向量，它的方向和電流流動的方向相同

　　　　B ＝磁通密度向量

力的方向由右手定則決定，也就是說，如果右手食指代表向量 **l**，中指代表向量 **B**，則拇指將指向導線受力的方向。此力的大小由下式表示

$$F = ilB \sin \theta \tag{1-42}$$

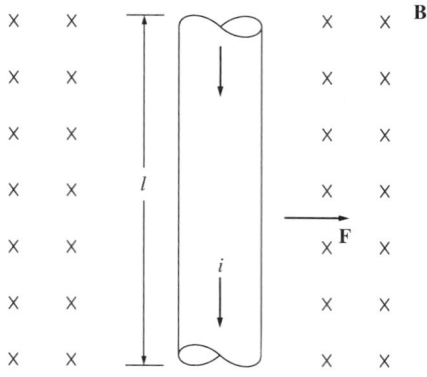

圖 1-13　磁場中一帶有電流的導線。

上式中，θ是導線和磁通密度之間的夾角。

例題 1-6

圖 1-13 所示為一帶有電流的導線置於一磁場中，磁通密度為 0.25 T，方向指向紙內，如果導體長度為 1.0 m，且由上端向下端流有 0.5 A 的電流，試求導線所受力的大小和方向？

解：作用力的方向由右手定則決定，其為向右。力的大小為

$$F = ilB \sin \theta \\ = (0.5\text{ A})(1.0\text{ m})(0.25\text{ T}) \sin 90° = 0.125\text{ N} \tag{1-42}$$

因此，

$$\mathbf{F} = 0.125\text{ N} \quad \text{向右}$$ ◀

磁場中帶有電流的導線會受一作用力，此為**電動機操作** (motor action) 的基本原理。

1.6 磁場中運動導體的感應電壓

下面將討論磁場對它周圍環境的第三種影響。如果導線以適當方向的移動通過磁場，在導線上將感應出一電壓，這觀念如圖 1-14 所示。導線感應的電壓如下式所示：

$$e_{\text{ind}} = (\mathbf{v} \times \mathbf{B}) \cdot \mathbf{l} \tag{1-43}$$

上式中，$\mathbf{v}$ = 導線的速度
$\mathbf{B}$ = 磁通密度向量
$\mathbf{l}$ = 導體在磁場中的長度

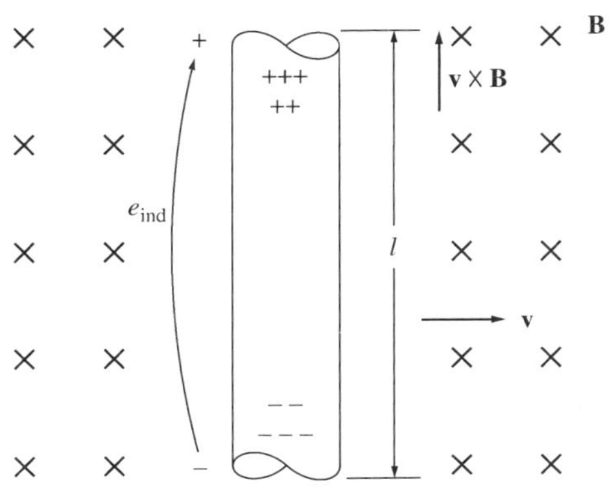

圖 1-14 在磁場中移動的導體。

28 電機機械原理精析

向量 l 為沿著導線的方向朝著相對於 v×B 向量使角度最小端,所建立電壓的正端將是向量 v×B 的方向,下面的例子將說明此一觀念。

例題 1-7

圖 1-14 所示為一導體以 5.0 m/s 的速度在磁場中向右移動,磁通密度為 0.5 T,方向指向紙內,導體長 1.0 m,試問感應電壓的大小及極性?

解:此例中 v×B 的方向為向上,所以導線的頂端將感應一相對於底端為正的電壓,向量 l 的方向必須選擇向上,所以使得它相對於 v×B 向量之角度為最小。

因為 v 和 B 垂直,且 v×B 和 l 平行,所以感應電壓的大小為

$$\begin{aligned} e_{ind} &= (\mathbf{v} \times \mathbf{B}) \cdot \mathbf{l} \\ &= (vB \sin 90°) \, l \cos 0° \\ &= vBl \\ &= (5.0 \text{ m/s})(0.5 \text{ T})(1.0 \text{ m}) \\ &= 2.5 \text{ V} \end{aligned}$$

(1-43)

因此感應電壓的大小為 2.5 V,導線的頂端為正端。 ◂

例題 1-8

圖 1-15 所示為一導體以 10 m/s 的速度在磁場中向右移動,磁通密度為 0.5 T,方向指向紙外,導體長 1.0 m,其方位如圖所示。試問感應電壓的大小和極性?

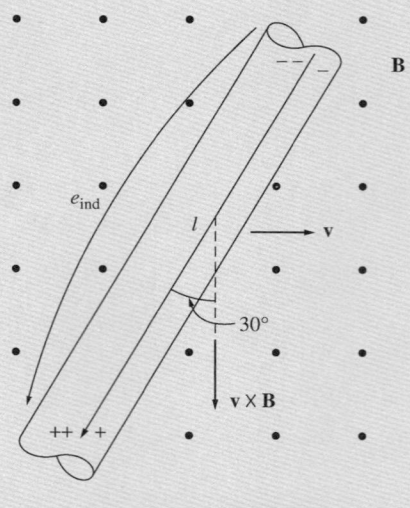

圖 1-15 例題 1-8 中的導體。

解：**v**×**B** 的方向為向下，因導線不是上下垂直的擺放，因此 **l** 的方向選擇如圖所示，以使 **l** 和 **v**×**B** 間有最小的夾角。導體的感應電壓是底端為正極，其大小為

$$\begin{aligned} e_{\text{ind}} &= (\mathbf{v} \times \mathbf{B}) \cdot \mathbf{l} \\ &= (vB \sin 90°)\, l \cos 30° \\ &= (10.0 \text{ m/s})(0.5 \text{ T})(1.0 \text{ m}) \cos 30° \\ &= 4.33 \text{ V} \end{aligned} \tag{1-43}$$

◀

在磁場中移動的導線會感應出一電壓，此為發電機操作的基本原理，所以稱此現象為**發電機操作** (generator action)。

1.7　一個簡單例子──線性直流機

圖 1-16 所示為一線性直流機，它由一蓄電池與一電阻透過一開關連接在一對平滑、無摩擦之軌道上。沿著軌床為固定強度之磁場，方向為進入紙面，而一導電金屬構置於軌道上。

1. 磁場內導體所受力之方程式：

$$\boxed{\mathbf{F} = i(\mathbf{l} \times \mathbf{B})} \tag{1-41}$$

其中　**F**＝導體所受之力
　　　i＝導體上電流大小
　　　l＝導體長度，**l** 方向定義為電流流向
　　　B＝磁通密度向量

2. 磁場內移動導體所產生感應電壓方程式：

$$\boxed{e_{\text{ind}} = (\mathbf{v} \times \mathbf{B}) \cdot \mathbf{l}} \tag{1-43}$$

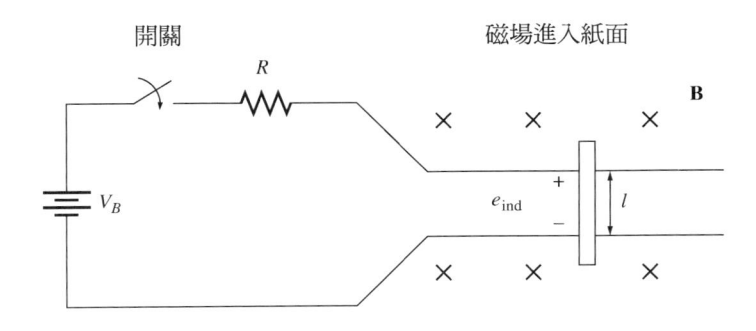

圖 1-16　線性直流機，磁場方向進入紙面。

其中 e_{ind} = 導體所感應電壓
　　　v = 導體移動速度
　　　B = 磁通密度向量
　　　l = 磁場內導體長度

3. 克希荷夫電壓定律。由圖 1-16 可得

$$V_B - iR - e_{ind} = 0$$

$$\boxed{V_B = e_{ind} + iR = 0} \tag{1-44}$$

4. 軌道上導體之牛頓定律：

$$\boxed{F_{net} = ma} \tag{1-7}$$

我們將利用這四個方程式來說明此線性直流機之基本特性。

啟動線性直流機

圖 1-17 為於啟動狀態下之線性直流機。只要閉合開關即可啟動直流機。開關閉合導體上會有電流流動，由克希荷夫電壓定律可得

$$i = \frac{V_B - e_{ind}}{R} \tag{1-45}$$

因為開始導體上之 $e_{ind} = 0$，所以 $i = V_B/R$。電流往下流過導體，但由式 (1-41)，磁場內導體有電流流過會在導線上感應一力，由此直流機之幾何形狀，可得

$$F_{ind} = ilB \quad \text{往右} \tag{1-46}$$

因此導體將往右移動 (根據牛頓定律)。然而，當導體速度增加時，導體上會感應一電壓，此電壓如式 (1-43) 所示，在此可簡化為

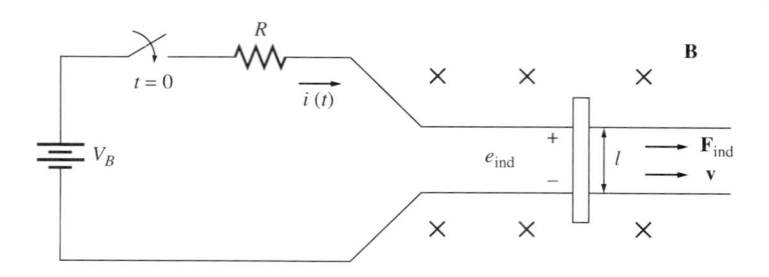

$$e_{ind} = vBl \quad \text{正端在上} \tag{1-47}$$

圖 1-17 啟動線性直流機。

此電壓會使流到導體之電流減少，因由克希荷夫電壓定律

$$i\downarrow = \frac{V_B - e_{\text{ind}}\uparrow}{R} \tag{1-45}$$

當 e_{ind} 增加，電流 i 會減少。

此動作使得導體會到達一固定的穩態速度，當導體上所受之淨力為零時。這發生在當 e_{ind} 增加到與 V_B 相等時。在這時候，導體之移動速度為

$$V_B = e_{\text{ind}} = v_{\text{ss}}Bl$$
$$v_{\text{ss}} = \frac{V_B}{Bl} \tag{1-48}$$

除非有外力干擾，否則此導體將永遠以無載速度滑行。當電動機被啟動後，其速度 v、感應電壓 e_{ind}、電流 i 與感應的力 F_{ind} 如圖 1-18 所示。

在啟動下，線性直流機之行為可說明如下：

1. 開關閉合產生一電流 $i = V_B/R$。
2. 電流在導體上產生一力為 $F = ilB$。
3. 導體往右加速，當它加速時會產生一感應電壓 e_{ind}。
4. 感應電壓使得電流 $i = (V_B - e_{\text{ind}}\uparrow)/R$ 減少。
5. 感應力因此減少 $(F = i\downarrow lB)$ 直到 $F = 0$，在此時，$e_{\text{ind}} = V_B$，$i = 0$，而導體以一固定的無載速度 $v_{\text{ss}} = V_B/Bl$ 運動。

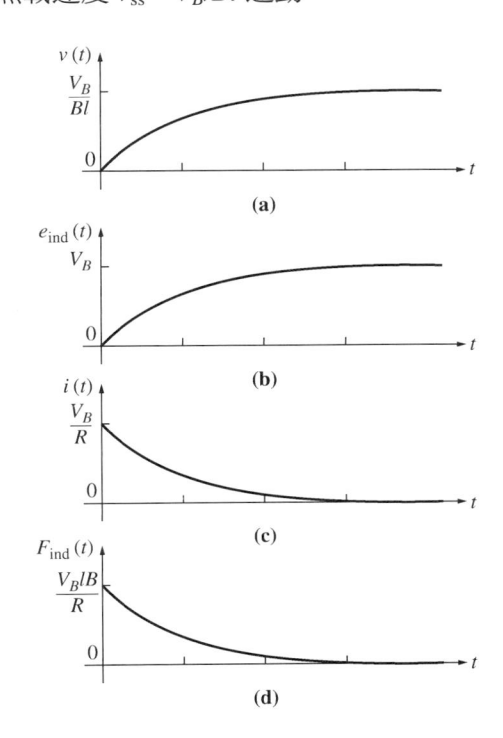

圖 1-18 啟動時之線性直流機。(a) 速度 $v(t)$；(b) 感應電壓 $e_{\text{ind}}(t)$；(c) 電流 $i(t)$；(d) 感應力 $F_{\text{ind}}(t)$。

當作電動機之線性直流機

圖 1-19，此處有一與運動反方向之力 $\mathbf{F}_{load}$ 加於導體上，因為導體原本在穩態下，當外加 $\mathbf{F}_{load}$ 後，將得到一與運動方向相反之淨力 ($\mathbf{F}_{net} = \mathbf{F}_{load} - \mathbf{F}_{ind}$)，此力將使導體速度變慢。但就在導體速度變慢瞬間，導體上之感應電壓也下降 ($e_{ind} = v \downarrow Bl$)。當感應電壓減少，導體上電流會上升：

$$i \uparrow = \frac{V_B - e_{ind} \downarrow}{R} \tag{1-45}$$

如此使得感應力也增加 ($F_{ind} = i \uparrow lB$)。這整個連鎖反應結果為感應力增加，直到與外加力相等且反向為止，而導體又以另一個穩態但較低速度運動。當有負載加於導體上時，其速度 v、感應電壓 e_{ind}、電流 i 與感應力 F_{ind}，如圖 1-20 所示。

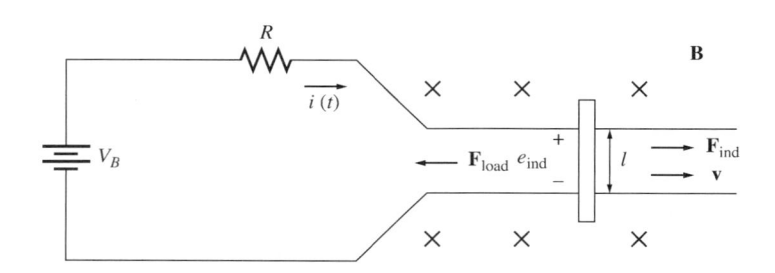

圖 1-19 當作電動機之線性直流機。

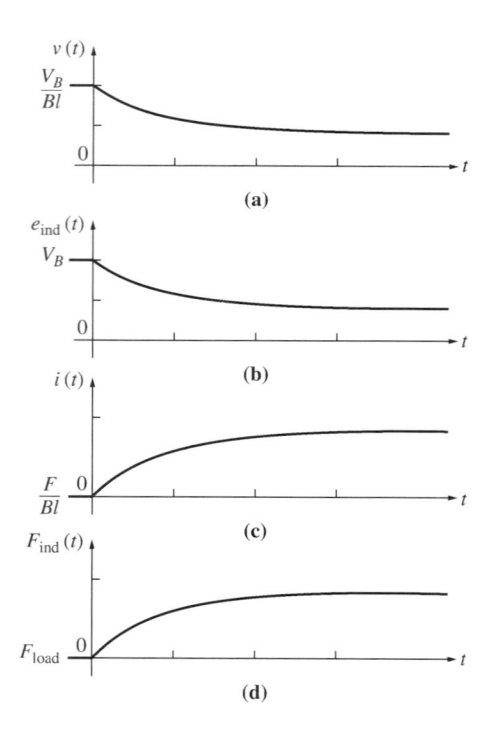

圖 1-20 線性直流機運轉於無載狀態與加載如一電動機。(a) 速度 $v(t)$；(b) 感應電壓 $e_{ind}(t)$；(c) 電流 $i(t)$；(d) 感應力 $F_{ind}(t)$。

現若有一感應力在導體運動方向,而功率是由電的型式轉換成機械的型式以維持導體運動。此功率之轉換為

$$P_{\text{conv}} = e_{\text{ind}}i = F_{\text{ind}}v \tag{1-49}$$

消耗在導體上之電功率 $e_{\text{ind}}i$ 等於機械功率 $F_{\text{ind}}v$。因為功率是由電的型式轉換成機械型式,此導體當電動機運轉。

以上行為可整理為:

1. 一外力 $\mathbf{F}_{\text{load}}$ 加於反運動方向,造成一反運動方向之淨力 $\mathbf{F}_{\text{net}}$。
2. 產生的加速度 $a = F_{\text{net}}/m$ 為負的,所以導體速度下降 ($v\downarrow$)。
3. 電壓 $e_{\text{ind}} = v\downarrow Bl$ 下降,則 $i = (V_B - e_{\text{ind}}\downarrow)/R$ 增加。
4. 感應力 $F_{\text{ind}} = i\uparrow lB$ 增加,直到 $|\mathbf{F}_{\text{ind}}| = |\mathbf{F}_{\text{load}}|$ 在一較低速度 v。
5. 電功率 $e_{\text{ind}}i$ 轉換為 $F_{\text{ind}}v$ 之機械功率,而此機器之行為如一電動機。

實際直流電動機當加載時有更精確之類似行為:當負載加於轉軸上時,電動機會減速,此會使其內部電壓減少,電流增加,此增加電流會使其感應轉矩增加,而此感應轉矩會等於電動機在一新的、較低的速度時之負載轉矩。

注意到此線性電動機由電的型式轉換成機械型式之功率為 $P_{\text{conv}} = F_{\text{ind}}v$,在實際運轉的電動機,此由電的型式轉換成機械型式之功率為

$$P_{\text{conv}} = \tau_{\text{ind}}\omega \tag{1-50}$$

其中感應轉矩 τ_{ind} 為感應力 F_{ind} 之旋轉型式,而角速度 ω 為線性速度 v 之旋轉型式。

當作發電機之線性直流機

假設此線性機又操作於無載穩態情況下,此時在運動方向加一外力並看有何反應。

圖 1-21 所示為在運動方向加一外力 $\mathbf{F}_{\text{app}}$ 之線性機,此外力將使此導體在運動方向加速,且導體速度 v 也增加。當速度增加,$e_{\text{ind}} = v\uparrow Bl$ 也增加且會比蓄電池電壓 V_B 大,當 $e_{\text{ind}} > V_B$,電流會反向,而可用下式表示:

$$i = \frac{e_{\text{ind}} - V_B}{R} \tag{1-51}$$

因為此電流往上流過此導體,而會感應一力為

$$F_{\text{ind}} = ilB \quad \text{往左} \tag{1-52}$$

感應力的方向可由右手定則決定。此感應力與外加於導體上之力相反。

最後,此感應力將與外加力相等且反向,而導體將會以一更高速度運動。注意到此

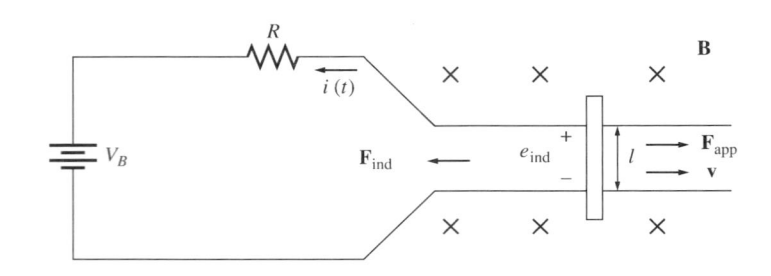

圖 1-21 當作發電機之線性直流機。

時蓄電池正在充電。此線性機現為發電機，它轉換機械功率 $F_{ind}v$ 為電功率 $e_{ind}i$。

以上行為可整理為：

1. 於運動方向加一外力 F_{app}；則在運動方向可得一淨力 F_{net}。
2. 加速度 $a=F_{net}/m$ 為正，所以導體加速 ($v\uparrow$)。
3. 電壓 $e_{ind}=v\uparrow Bl$ 增加，而 $i=(e_{ind}\uparrow -V_B)/R$ 也增加。
4. 感應力 $F_{ind}=i\uparrow lB$ 增加直到 $|F_{ind}|=|F_{load}|$ 在一更高速度 v 為止。
5. 一機械功率 $F_{ind}v$ 轉變成電功率 $e_{ind}i$，而此機器之行為為一發電機。

實際直流發電機亦有此行為：在運動方向加一轉矩於軸上，則軸速度會增加，內部電壓也增加，而電流由發電機流至負載。此機械功率轉換為電功率大小可用式 (1-50) 表示為

$$P_{conv} = \tau_{ind}\omega \tag{1-50}$$

相同機器既當電動機又當發電機是相當有趣的，兩者唯一差別在於外力是加於運動方向 (發電機) 或反運動方向 (電動機)。當 $e_{ind} > V_B$，此機器為發電機，而當 $e_{ind} < V_B$，此機器為一電動機。不管它是電動機或發電機，其感應力 (電動機行為) 與感應電壓 (發電機行為) 是一直存在的，只是它對於運動方向之外力相對方向決定整個機器行為是電動機或是發電機。

例題 1-9

圖 1-22a 所示之線性直流機，其蓄電池電壓為 120 V，內部電阻 0.3 Ω，磁通密度 0.1 T。

(a) 求最大啟動電流？無載穩態速度？
(b) 若有一 30 N 力往右加於導體上，則穩態速度之改變為何？此導體將產生或消耗多少功率？蓄電池將產生或消耗多少功率？說明此兩圖之差異，並說明此機器是當電動機或發電機？
(c) 若有一 30 N 力往左加於導體上，則新的穩態速度為何？現在此機器是發電機或是電動機？
(d) 若導體無負載，而它突然移動到一磁場減弱到 0.08 T 處，則此導體之移動速度為何？

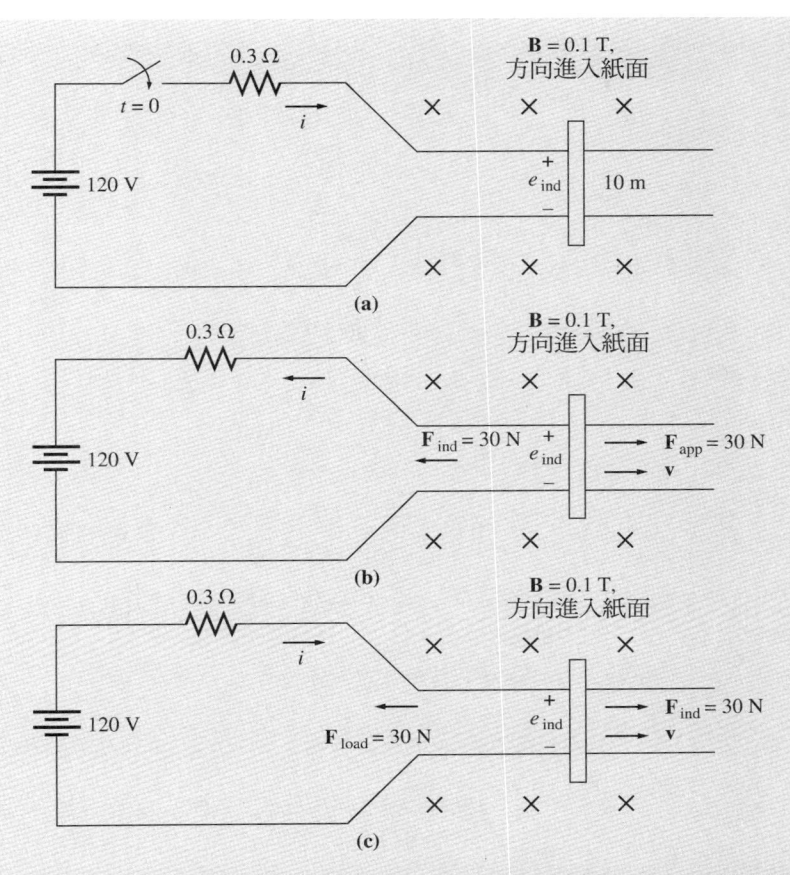

圖 1-22 例題 1-9 之線性直流機。(a) 啟動狀態；(b) 當發電機操作；(c) 當電動機操作。

解：

(a) 在啟動時，導體速度為零，則 $e_{ind}=0$，因此，

$$i = \frac{V_B - e_{ind}}{R} = \frac{120\text{ V} - 0\text{ V}}{0.3\text{ }\Omega} = 400\text{ A}$$

在到達穩態時，$\mathbf{F}_{ind}=0$ 而 $i=0$，則

$$V_B = e_{ind} = v_{ss}Bl$$
$$v_{ss} = \frac{V_B}{Bl}$$
$$= \frac{120\text{ V}}{(0.1\text{ T})(10\text{ m})} = 120\text{ m/s}$$

(b) 參照圖 1-22b，若有一 30 N 力往右加於導體上，最後穩態速度將發生於感應力 $\mathbf{F}_{ind}$ 等於外加力 $\mathbf{F}_{app}$ 且反向，所以導體上之淨力為零：

$$F_{app} = F_{ind} = ilB$$

因此

$$i = \frac{F_{\text{ind}}}{lB} = \frac{30 \text{ N}}{(10 \text{ m})(0.1 \text{ T})}$$
$$= 30 \text{ A} \quad \text{往上流過導體}$$

而導體上感應電壓 e_{ind} 為

$$e_{\text{ind}} = V_B + iR$$
$$= 120 \text{ V} + (30\text{A})(0.3 \text{ Ω}) = 129 \text{ V}$$

則最後穩態速度為

$$v_{\text{ss}} = \frac{e_{\text{ind}}}{Bl}$$
$$= \frac{129 \text{ V}}{(0.1 \text{ T})(10 \text{ m})} = 129 \text{ m/s}$$

導體產生 $P = (129 \text{ V})(30\text{A}) = 3870 \text{ W}$ 功率，而蓄電池消耗 $P = (120 \text{ V})(30 \text{ A}) = 3600 \text{ W}$，兩者相差 270 W 為電阻上損失，此電機為發電機。

(c) 參照圖 1-22c，此時外力往左，而感應力往右，在穩態時，

$$F_{\text{app}} = F_{\text{ind}} = ilB$$
$$i = \frac{F_{\text{ind}}}{lB} = \frac{30 \text{ N}}{(10 \text{ m})(0.1 \text{ T})}$$
$$= 30 \text{ A} \quad \text{往下流過導體}$$

而導體上感應電壓 e_{ind} 為

$$e_{\text{ind}} = V_B - iR$$
$$= 120 \text{ V} - (30 \text{ A})(0.3 \text{ Ω}) = 111 \text{ V}$$

而最終速度為

$$v_{\text{ss}} = \frac{e_{\text{ind}}}{Bl}$$
$$= \frac{111 \text{ V}}{(0.1 \text{ T})(10 \text{ m})} = 111 \text{ m/s}$$

此機器現為一電動機，它轉換蓄電池之電功率為導體運動之機械功率。

(d) 若導體一開始未加載，則 $e_{\text{ind}} = V_B$，若導體突然移至一較弱磁場處，將會有一暫態發生，一旦此暫態消失，e_{ind} 將會再等於 V_B。 ◀

此現象可用來決定導體最後速度，初始速度 (initial speed) 為 120 m/s，**最後速度** (final speed) 為

$$V_B = e_{\text{ind}} = v_{ss}Bl$$
$$v_{ss} = \frac{V_B}{Bl}$$
$$= \frac{120 \text{ V}}{(0.08 \text{ T})(10 \text{ m})} = 150 \text{ m/s}$$

因此當磁通減弱，導體將加速。實際直流電動機亦有此現象：當直流電動機磁通減弱，它會加速。而線性機與實際直流電動機有相同行為。

習 題

1-1 圖 P1-1 為一鐵磁性鐵心，鐵心深度 5 cm，其他尺寸如圖上所示。試求欲產生 0.005 Wb 的磁通所需的電流？在此電流下，鐵心上部的磁通密度為何值？鐵心右側的磁通密度為何值？假設鐵心的相對導磁係數為 800。

1-2 圖 P1-2 所示為一相對導磁係數為 1500 的鐵心，鐵心的尺寸如圖上所示，其深度為 5 cm，左右兩邊氣隙各為 0.050 及 0.070 cm。由於邊緣效應使氣隙的有效面積較實際面積大 5%，如果線圈有 300 匝，且其流有 1.0 A 的電流，試求鐵心左邊、中間、右邊三腳的磁通量各為多少？每一氣隙的磁通密度各為多少？

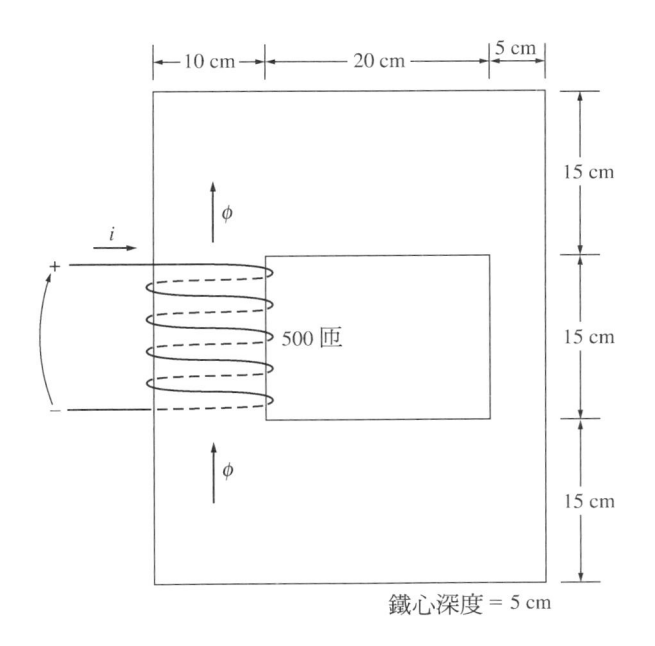

圖 P1-1 習題 1-1 的鐵心。

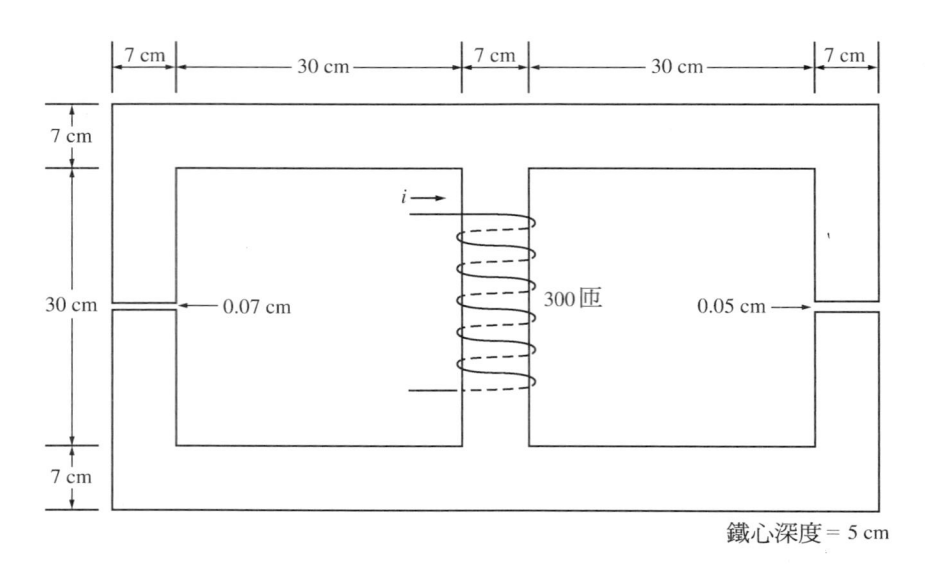

圖 P1-2 習題 1-2 的鐵心。

1-3 圖 P1-3 中的鐵心，其左腳上之繞組 (N_1) 有 600 匝，而右腳之繞組 (N_2) 為 200 匝，線圈纏繞方向及鐵心的尺寸如圖上所示。當 $i_1=0.5$ A，$i_2=1.00$ A 時，鐵心

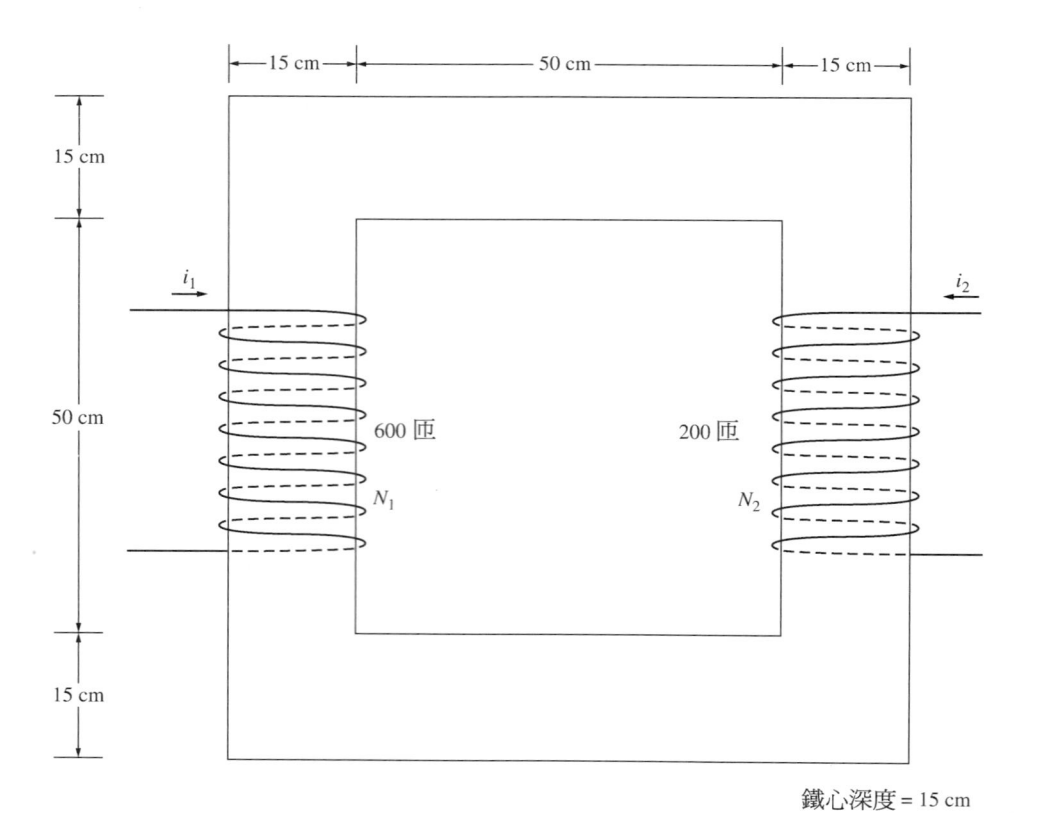

圖 P1-3 習題 1-3 的鐵心。

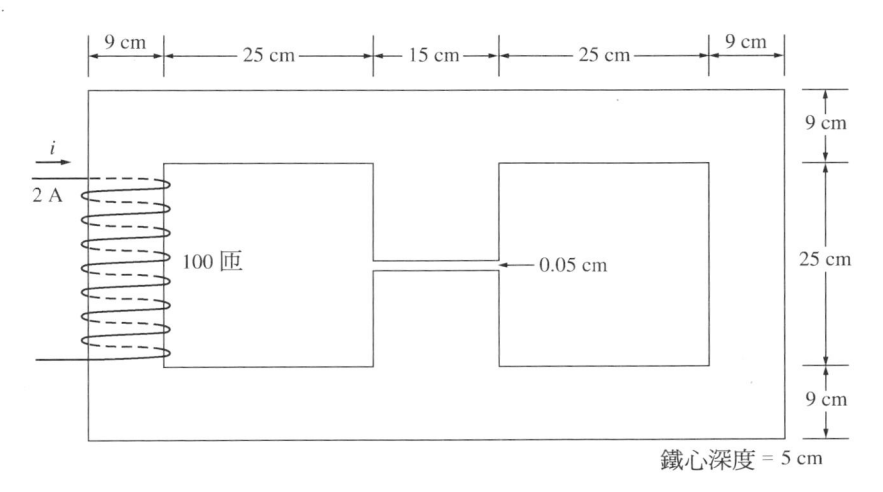

圖 P1-4 習題 1-4 的鐵心。

內將產生多少磁通？假設 $\mu_r = 1200$ 且為定值。

1-4 圖 P1-4 所示的鐵心，其深度 5 cm，左邊腳上繞有 100 匝的線圈，鐵心的相對導磁係數為 2000。試求鐵心每一腳上的磁通各為多少？每腳上的磁通密度各為多少？假設由於邊緣效應使氣隙的有效面積增加 5%。

1-5 一導線在如圖 P1-5 所示的磁場中移動，根據圖上所給的資料，試決定導線上感應電壓的大小及方向。

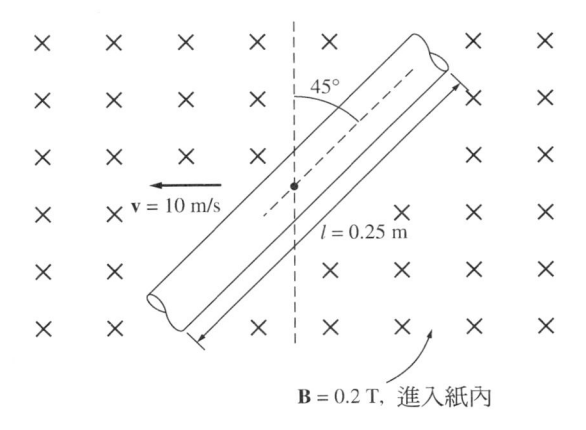

圖 P1-5 在磁場中移動的導線 (習題 1-5)。

1-6 圖 P1-6 中鐵心的深度為 5 cm，中間腳上繞有 400 匝的線圈，其他的尺寸如圖上所示。鐵心由具有如圖 1-8c 的磁化曲線的鋼所組成。試回答下列各問題：
(a) 欲在鐵心中間腳上產生 0.5 T 的磁通密度需多少電流？
(b) 欲在鐵心中間腳上產生 1.0 T 的磁通密度需多少電流？其是否為 (a) 中的兩倍？

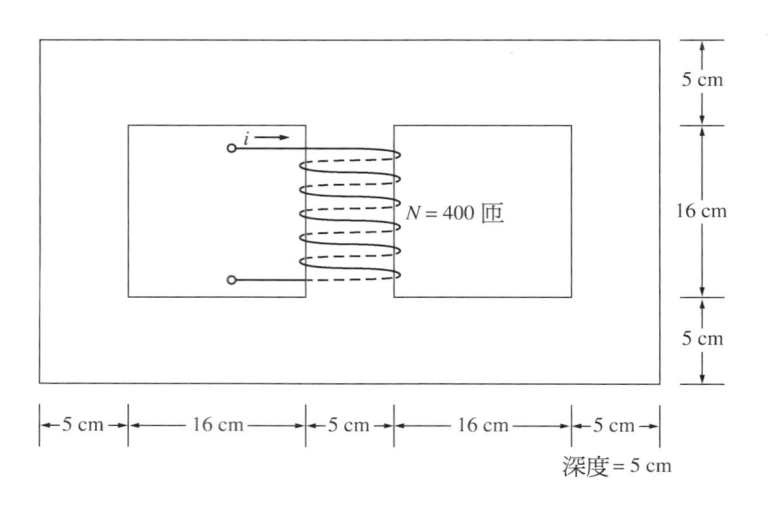

圖 P1-6　習題 1-6 的鐵心。

(c) 在 (a) 的條件下，鐵心右邊及中間腳的磁阻各為多少？
(d) 在 (b) 的條件下，鐵心右邊及中間腳的磁阻各為多少？

1-7　圖 P1-7a 所示的鐵心其深度為 5 cm，鐵心的氣隙長度為 0.05 cm，線圈有 1000 匝，鐵心材料的磁化曲線如圖 P1-7b 所示。假設由於邊緣效應使氣隙的有效面積增加 5%，欲在氣隙產生 0.5 T 的磁通密度需多少電流？在此電流下鐵心的四邊其磁通密度各為多少？氣隙的總磁通量有多少？

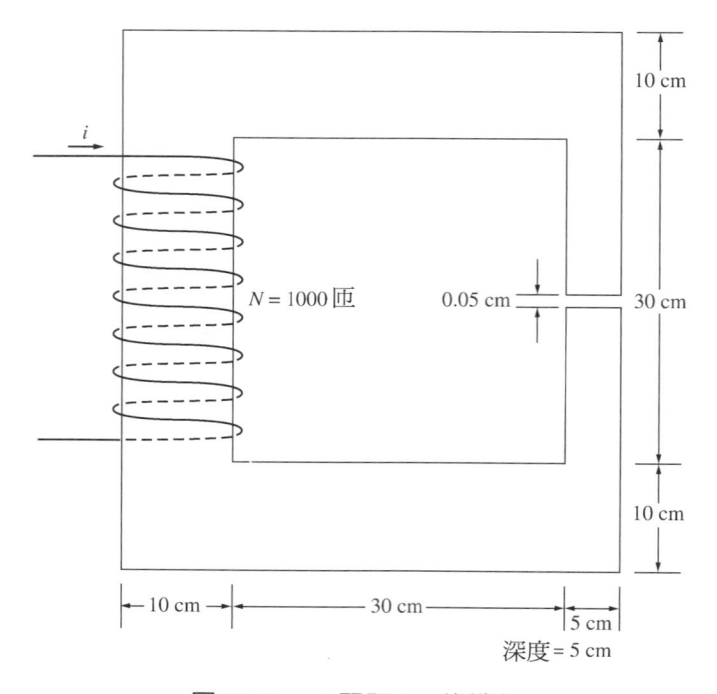

圖 P1-7　(a) 習題 1-7 的鐵心。

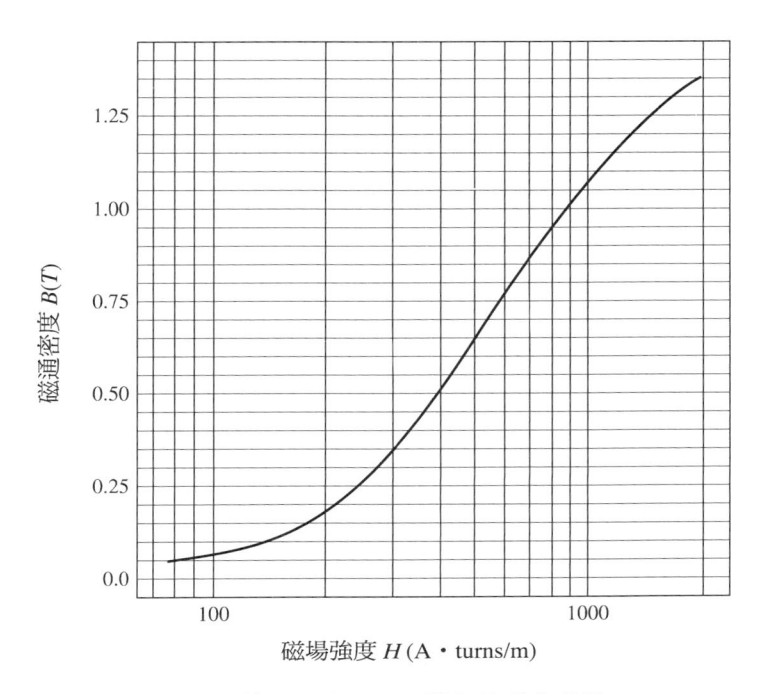

圖 **P1-7** (續) (b) 習題 1-7 鐵心的磁化曲線。

1-8 圖 P1-8 為一簡單直流電動機的鐵心，其金屬的磁化曲線如圖 1-8c 和 d 所示，假設各氣隙的截面積為 18 cm² 且寬度為 0.05 cm，轉軸鐵心的有效長度為 5 cm。

(a) 欲在鐵心中建立最大的磁通密度且要避免鐵心的飽和，鐵心的合理最大磁通密度是多少？

(b) 在 (a) 的磁通密度下，鐵心的總磁通為多少？

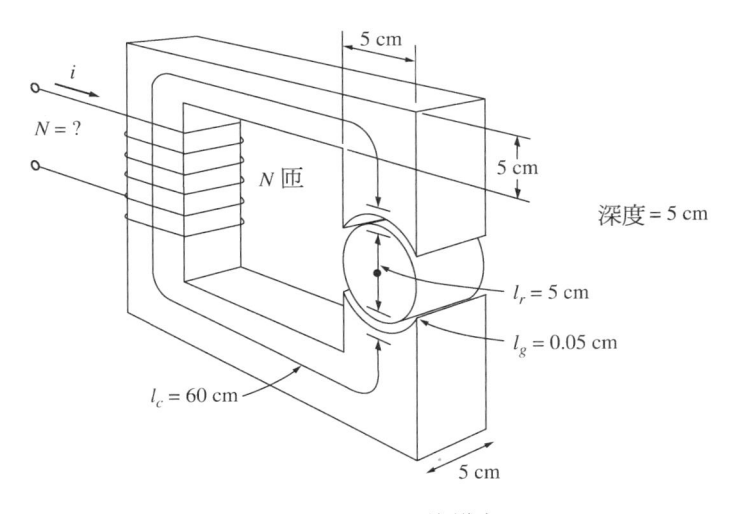

圖 **P1-8** 習題 1-8 的鐵心。

(c) 此電機的最大場電流為 1 A，在不超過最大電流下，選擇一個合理的線圈數來提供所欲建立的磁通密度。

1-9 圖 P1-9 所示之線性機磁通密度為 0.5 T，方向進入紙面，電阻 0.25 Ω，導體長 $l =$ 1.0 m，蓄電池電壓為 100 V。

(a) 在啟動時之初始力為何？初始電流為何？

(b) 導體之無載穩態速度為何？

(c) 若加一 25 N 反運動方向之力於導體，則新的穩態速度為何？此情況下此機器之效率為何？

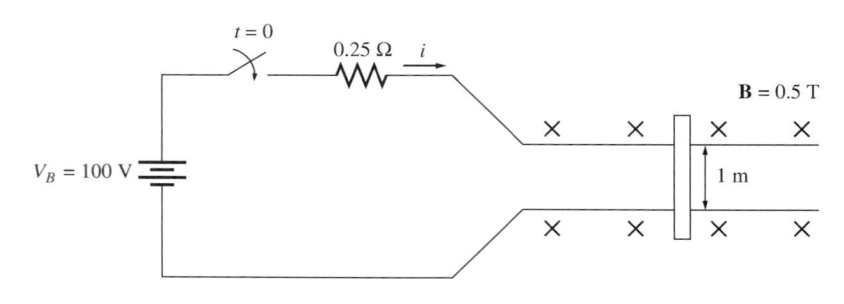

圖 P1-9 習題 1-9 之線性機。

CHAPTER 2

變壓器

學習目標

- 瞭解變壓器在電力系統內之角色。
- 瞭解理想變壓器繞組端電壓、電流與阻抗間關係。
- 瞭解實際變壓器如何近似於理想變壓器之操作。
- 能夠瞭解如何將銅損、漏磁通、磁滯與渦流效應建模於變壓器等效電路上。
- 利用變壓器等效電路來求變壓器之電壓和電流轉換。
- 能夠計算變壓器的損失和效率。
- 能夠藉由量測來推導變壓器的等效電路。
- 瞭解標么系統量測。
- 能夠計算變壓器的電壓調整率。
- 瞭解自耦變壓器。
- 瞭解三相變壓器,包含如何僅使用兩個單相變壓器組成三相變壓器之特例。
- 瞭解變壓器的額定容量。
- 瞭解儀表用變壓器──比壓器和比流器。

  變壓器 (transformer) 是一種利用磁場作用,將某一頻率與電壓準位之交流電力轉換成另一相同頻率但不同電壓準位交流電力之設備。變壓器由兩個或多個纏繞於同一個鐵磁性材料鐵心的線圈所組成,這些線圈通常不直接連線,而僅由存在鐵心中的共同磁通鏈接。

  變壓器中的一個線圈連接交流電源,而第二個 (或可能有第三個) 線圈供應電能給負載。連接交流電源的繞組稱**一次繞組** (primary winding) 或**輸入繞組** (input winding),連接到負載的稱**二次繞組** (secondary winding) 或**輸出繞組** (output winding),如果有第三個繞組則稱之為**三次繞阻** (tertiary winding)。

  變壓器的發明及交流電源的發展消除了電力系統及電能準位上的限制。變壓器理想地把一電壓準位轉換到另一電壓準位而不影響能量的供應,如果變壓器把電路的電壓升

高，其電流必須減少，以使得變壓器輸入功率等於輸出功率。因此，交流電能可以由一發電廠產生後將其電壓升高，以供應長距離低損失的能量傳輸，最後要使用時再把電壓降下來。傳輸線上的能量損失和電流的平方成正比，所以把傳輸電壓升高 10 倍，則傳輸損失將減少為原先的 1%。如果沒有變壓器，今天我們幾乎不可能如此方便的使用電能。

2.1 變壓器的型式及結構

　　電力變壓器根據鐵心的型式而有兩種不同的構造。第一種稱為**內鐵式** (core form)，其鐵心由矩形鋼薄片所組成，線圈則纏繞在矩形鐵心的兩邊，如圖 2-1 所示。第二種稱為**外鐵式** (shell form)，其鐵心由具有三支腳的鋼薄片所組成，線圈則纏繞在中間腳上，如圖 2-2 所示。上述兩種型式其鐵心皆由薄片所組成，薄片間有很薄的絕緣層，以減低渦流損失。

　　變壓器的一次和二次繞組其纏繞方式係一繞組纏繞在另一繞組之上，而低壓繞組均在最裡面，如此安排有以下兩個目的：

1. 簡化高壓繞組和鐵心之間的絕緣問題。
2. 這樣的繞法比把兩繞組分開纏繞有較少的漏磁通。

　　電力變壓器根據它們在電力系統中的使用而有不同的名稱。連接發電機輸出端將電壓升到傳輸準位 (110 kV 以上) 的變壓器稱為**單位變壓器** (unit transformer)；在傳輸線的受電端用來把傳輸準位降到配電準位 (由 2.3 kV 到 34.5 kV) 的變壓器稱為**變電變壓器** (substation transformer)；最後將配電電壓降到實際使用電壓 (110、208、220 V 等) 的變壓器稱為**配電變壓器** (distribution transformer)。所有這些變壓器基本上都一樣，唯一的不同是其使用場合不一樣。

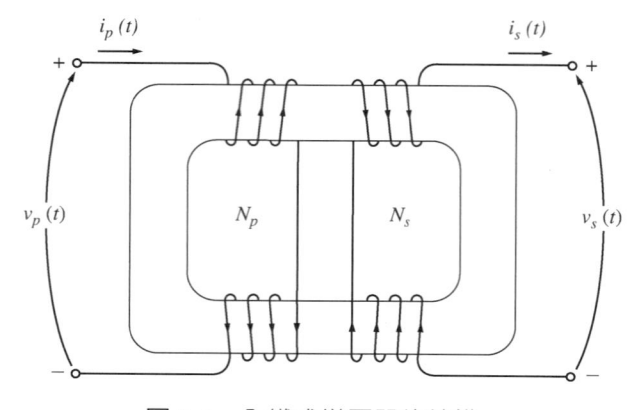

圖 2-1　內鐵式變壓器的結構。

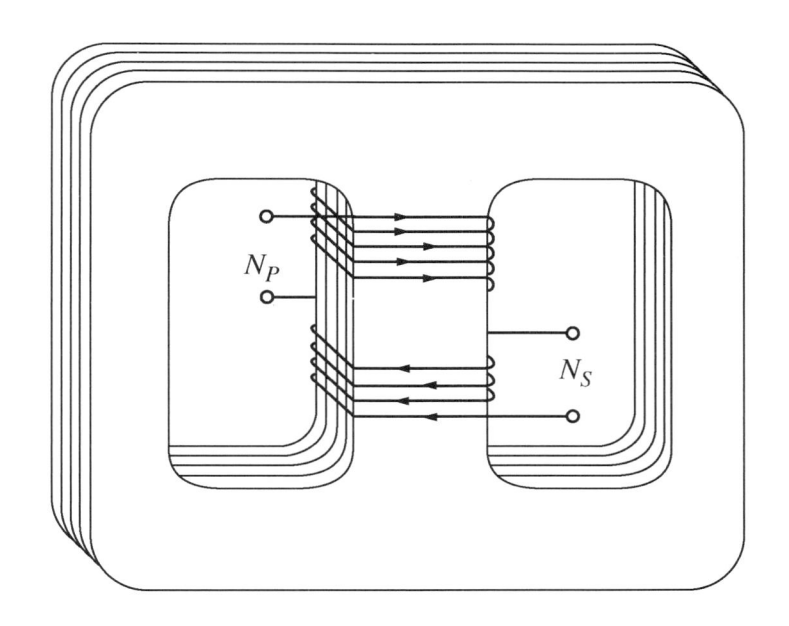

圖 2-2　外鐵式變壓器的結構。

2.2　理想變壓器

理想變壓器 (ideal transformer) 是一種包含一次和二次繞組而且沒有損失的裝置，其輸入電壓和輸出電壓，輸入電流和輸出電流之間的關係可以由兩個很簡單的方程式表示。圖 2-3 所示為一理想變壓器。

圖 2-3 所示的變壓器其一次側有 N_P 匝，二次側有 N_S 匝，而一次側所供應的電壓 $v_P(t)$ 和產生在二次側的電壓 $v_S(t)$ 之間的關係為

$$\boxed{\frac{v_P(t)}{v_S(t)} = \frac{N_P}{N_S} = a} \tag{2-1}$$

上式中 a 定義為變壓器的**匝數比** (turns ratio)：

$$a = \frac{N_P}{N_S} \tag{2-2}$$

一次側電流 $i_P(t)$ 和二次側電流 $i_S(t)$ 之間的關係為

$$\boxed{N_P i_P(t) = N_S i_S(t)} \tag{2-3a}$$

或

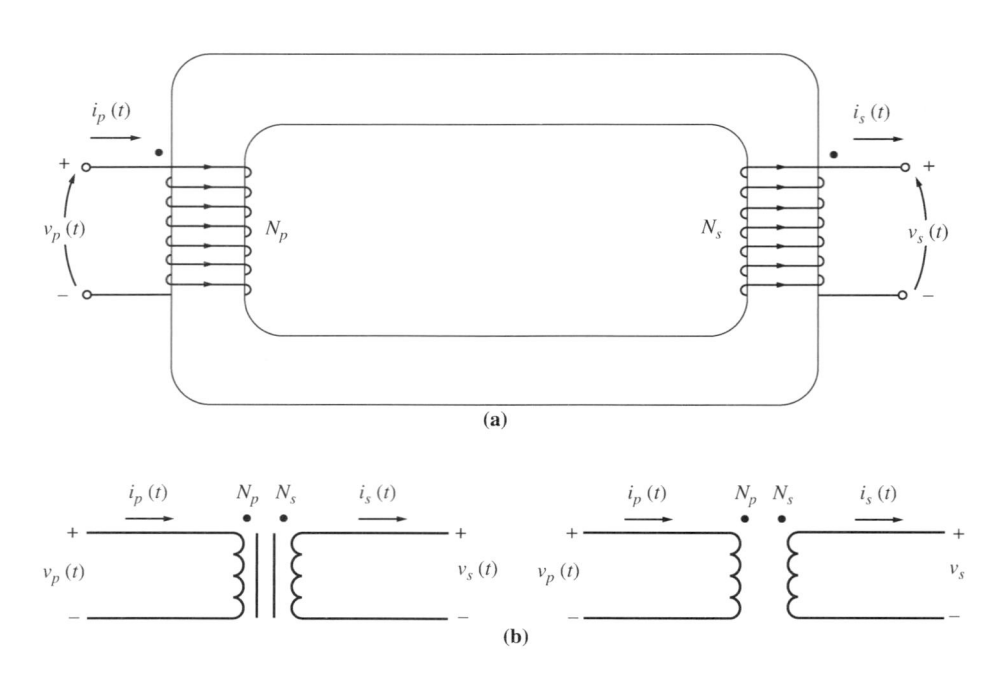

圖 2-3 (a) 理想變壓器；(b) 理想變壓器的符號。有時會畫出鐵心符號，有時不會。

$$\boxed{\frac{i_P(t)}{i_S(t)} = \frac{1}{a}} \tag{2-3b}$$

如以相量表示，則方程式可寫成

$$\boxed{\frac{\mathbf{V}_P}{\mathbf{V}_S} = a} \tag{2-4}$$

及

$$\boxed{\frac{\mathbf{I}_P}{\mathbf{I}_S} = \frac{1}{a}} \tag{2-5}$$

上式中 $\mathbf{V}_P$ 和 $\mathbf{V}_S$，$\mathbf{I}_P$ 和 $\mathbf{I}_S$ 有相同的相角，此表示匝數比僅影響電壓和電流的大小，對其相角沒有影響。

變壓器使用了點法則 (dot convention)，圖 2-3 中每一繞組所作點的記號用來說明二次繞組電壓電流的極性。其關係如下所述：

1. 如果一次側繞組有打點線圈端的電壓相對於沒有打點的線圈端為正，則二次側有打點的線圈端也將為正電壓；亦即有打點的線圈端有相同的極性。
2. 如果一次側電流從有打點的線圈端流入，則二次側電流將從有打點的線圈端流出。

理想變壓器的功率

一次側電路供應到變壓器的功率 P_{in} 如下式所示：

$$P_{in} = V_P I_P \cos \theta_P \tag{2-6}$$

上式中 θ_P 表示一次側電壓和電流之間的相角差。變壓器二次側供應到負載的功率 P_{out} 如下式所示：

$$P_{out} = V_S I_S \cos \theta_S \tag{2-7}$$

上式中 θ_S 表示二次側電壓和電流之間的相角差。理想變壓器並不影響電壓和電流的相角，即 $\theta_P = \theta_S = \theta$，所以理想變壓器的一次側和二次側有**相同的功率因數** (same power factor)。

變壓器的輸出功率為

$$P_{out} = V_S I_S \cos \theta \tag{2-8}$$

$V_S = V_P/a$ 及 $I_S = aI_P$，因此

$$P_{out} = \frac{V_P}{a}(aI_P)\cos \theta$$

$$P_{out} = V_P I_P \cos \theta = P_{in} \tag{2-9}$$

由上式知，理想變壓器其輸入功率等於輸出功率。

虛功率 Q 和視在功率 S 也有同樣的關係：

$$Q_{in} = V_P I_P \sin \theta = V_S I_S \sin \theta = Q_{out} \tag{2-10}$$

及

$$S_{in} = V_P I_P = V_S I_S = S_{out} \tag{2-11}$$

經由變壓器的阻抗轉換

參考圖 2-4，如果二次側電流為 $\mathbf{I}_S$，二次側電壓為 $\mathbf{V}_S$，則負載的阻抗為

$$Z_L = \frac{\mathbf{V}_S}{\mathbf{I}_S} \tag{2-12}$$

變壓器一次側的視在阻抗為

$$Z_L' = \frac{\mathbf{V}_P}{\mathbf{I}_P} \tag{2-13}$$

因一次側的電壓可以表示為

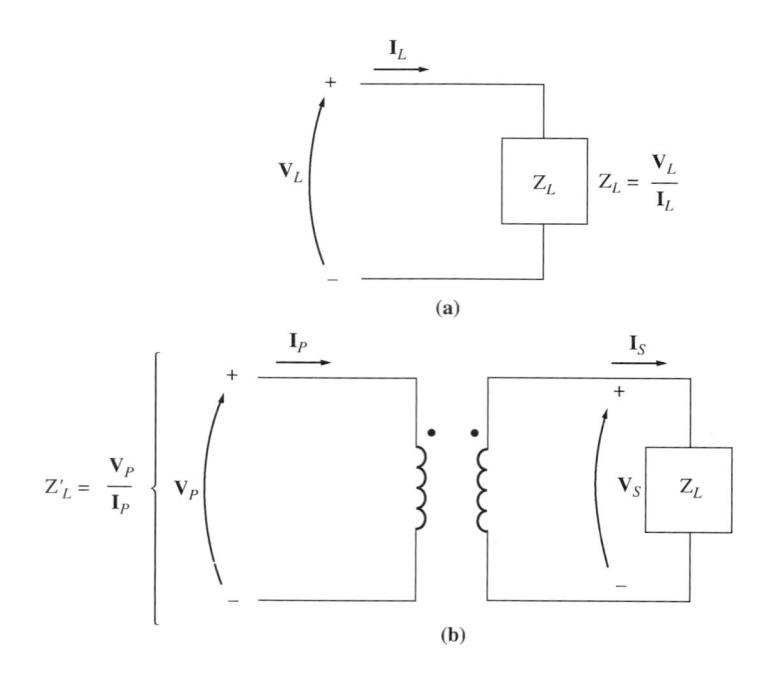

圖 2-4 (a) 阻抗的定義；(b) 經由變壓器的阻抗轉換。

$$\mathbf{V}_P = a\mathbf{V}_S$$

一次側的電流可以表示為

$$\mathbf{I}_P = \frac{\mathbf{I}_S}{a}$$

所以一次側的視在阻抗可以表示如下：

$$Z'_L = \frac{\mathbf{V}_P}{\mathbf{I}_P} = \frac{a\mathbf{V}_S}{\mathbf{I}_S/a} = a^2 \frac{\mathbf{V}_S}{\mathbf{I}_S}$$

$$\boxed{Z'_L = a^2 Z_L} \tag{2-14}$$

2.3　實際單相變壓器的操作理論

圖 2-5 為一包含兩線圈繞組的變壓器，其一次側連接一交流電源，二次繞組開路。變壓器的基本操作原理可由法拉第定律來推導：

$$e_{\text{ind}} = \frac{d\lambda}{dt} \tag{1-39}$$

上式中 λ 表示鐵心中的**磁交鏈** (flux linkage)，電壓也就是由此磁交鏈感應出的。磁交鏈

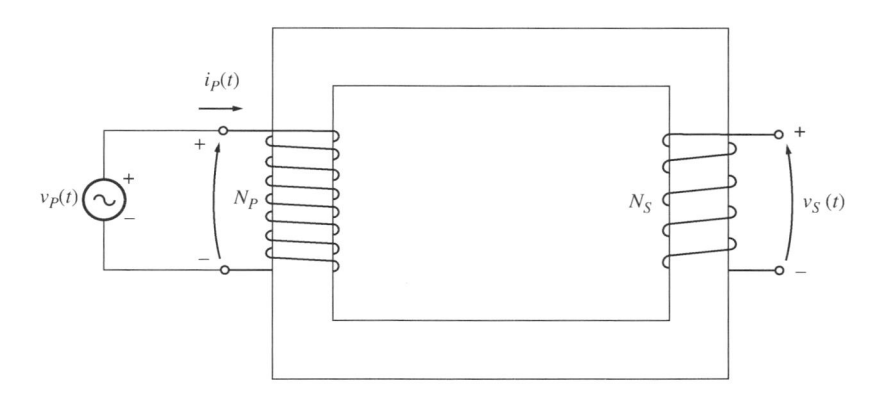

圖 2-5　二次側開路的實際變壓器。

λ 是穿越鐵心中每一匝線圈的磁通的總合。

假設鐵心的總磁交鏈為 λ，線圈有 N 匝，則每匝的平均磁通為

$$\overline{\phi} = \frac{\lambda}{N} \tag{2-15}$$

因此法拉第定律可以寫為

$$e_{\text{ind}} = N \frac{d\overline{\phi}}{dt} \tag{2-16}$$

變壓器的電壓比

如圖 2-5 中，電源 $v_P(t)$ 直接跨在變壓器的一次繞組，則變壓器對此電壓將有何反應？利用法拉第定律可以說明這個問題，若忽略繞組電阻，由式 (2-16) 可以解得變壓器一次繞組的平均磁通，如下式所示：

$$\overline{\phi}_P = \frac{1}{N_P} \int v_P(t) \, dt \tag{2-17}$$

式 (2-17) 敘述了繞組的平均磁通和所供應電壓的積分成正比，而且和一次繞組的匝數 1/N_P 成反比。

此磁通是變壓器**一次側線圈** (primary coil) 中的磁通，其對二次側鐵心有何影響呢？此影響必須根據到底有多少磁通到達二次側才能決定。並不是所有在一次側所產生的磁通都能穿過二次側──有一部分的磁通脫離了鐵心跑到空氣中去了 (見圖 2-6)。這些僅通過變壓器一邊鐵心而不通過另一邊鐵心的磁通，我們稱之為**漏磁通** (leakage flux)。因此變壓器一次側鐵心的磁通可以分成兩個分量，第一個分量為通過兩側繞組的部分，稱為**互磁通** (mutual flux)，第二個分量為僅通過一次側繞組，但不通過二次側繞組的部分，稱之為漏磁通：

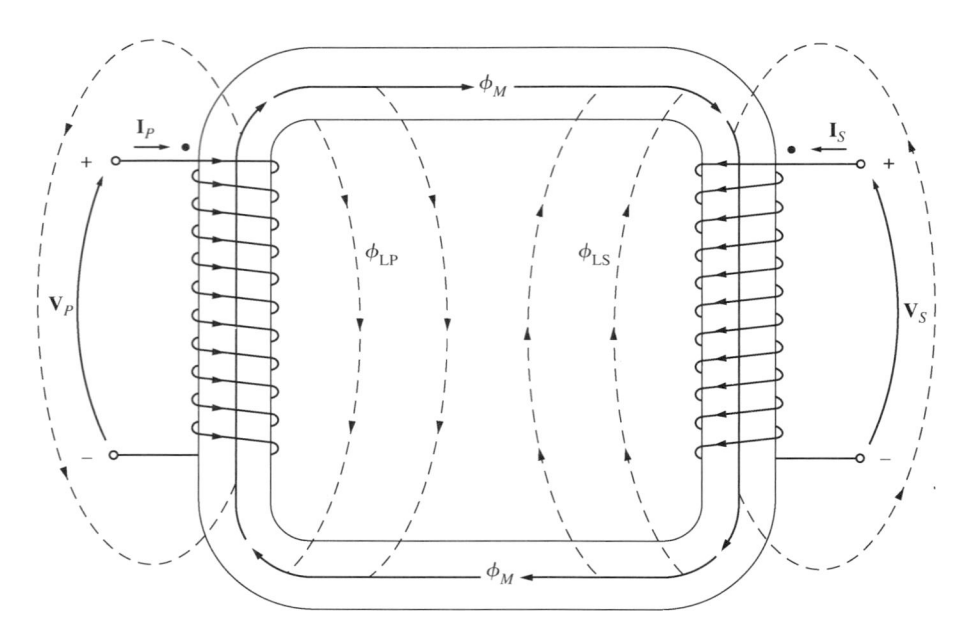

图 2-6 變壓器鐵心中的互磁通及漏磁通。

$$\overline{\phi}_P = \phi_M + \phi_{LP} \tag{2-18}$$

上式中，$\overline{\phi}_P$ ＝一次側的總平均磁通
　　　　ϕ_M ＝交鏈一次側及二次側的磁通分量
　　　　ϕ_{LP} ＝一次側的漏磁通

變壓器二次側鐵心中的磁通亦有類似上述的情形，即二次側鐵心內的磁通也有互磁通和漏磁通：

$$\overline{\phi}_S = \phi_M + \phi_{LS} \tag{2-19}$$

上式中，$\overline{\phi}_S$ ＝二次側的總平均磁通
　　　　ϕ_M ＝交鏈一次側及二次側的磁通分量
　　　　ϕ_{LS} ＝二次側的漏磁通

由於把一次側的磁通分成互磁通及漏磁通兩個分量，一次側電路的法拉第定律可以重新表示如下：

$$\begin{aligned}v_P(t) &= N_P \frac{d\overline{\phi}_P}{dt} \\ &= N_P \frac{d\phi_M}{dt} + N_P \frac{d\phi_{LP}}{dt}\end{aligned} \tag{2-20}$$

上式中的第一項定義為 $e_P(t)$，第二項定義為 $e_{LP}(t)$，則式 (2-20) 可寫為

$$v_P(t) = e_P(t) + e_{LP}(t) \tag{2-21}$$

同樣地,變壓器二次側鐵心的電壓可以表示為

$$v_S(t) = N_S \frac{d\overline{\phi}_S}{dt}$$

$$= N_S \frac{d\phi_M}{dt} + N_S \frac{d\phi_{LS}}{dt} \tag{2-22}$$

$$= e_S(t) + e_{LS}(t) \tag{2-23}$$

變壓器一次側由互磁通所引起的電壓為

$$e_P(t) = N_P \frac{d\phi_M}{dt} \tag{2-24}$$

二次側由互磁通所引起的電壓為

$$e_S(t) = N_S \frac{d\phi_M}{dt} \tag{2-25}$$

由上二式,可得如下的關係式:

$$\frac{e_P(t)}{N_P} = \frac{d\phi_M}{dt} = \frac{e_S(t)}{N_S}$$

因此

$$\boxed{\frac{e_P(t)}{e_S(t)} = \frac{N_P}{N_S} = a} \tag{2-26}$$

上式說明了一次側中由互磁所引起的電壓對二次側中由互磁通所引起的電壓之間的比值,等於變壓器的匝數比。對一個設計良好的變壓器而言,$\phi_M \gg \phi_{LP}$,$\phi_M \gg \phi_{LS}$,因此變壓器一次側的總電壓對二次側總電壓的比近似於

$$\frac{v_P(t)}{v_S(t)} = \frac{N_P}{N_S} = a \tag{2-27}$$

實際變壓器的磁化電流

一交流電源連接至如圖 2-5 所示的變壓器時,即使二次側開路,在一次側的電路中仍會有電流流動,這電流就是曾在第一章中所解釋用來在鐵心中產生磁通的電流。此電流包含兩個分量:

1. 磁化電流 (magnetization current) i_M,此分量用來產生鐵心所需的磁通。
2. 鐵心損失電流 (core-loss current) i_{h+e},此分量用來補償鐵心的磁滯損及渦流損失。

52 電機機械原理精析

圖 2-7 為一典型變壓器鐵心的磁化曲線,如果變壓器鐵心的磁通已知,則磁化電流的大小可直接由圖 2-7 求得。

(a)

$$\phi(t) = \frac{V_M}{\omega N_p} \sin \omega t$$

(b)

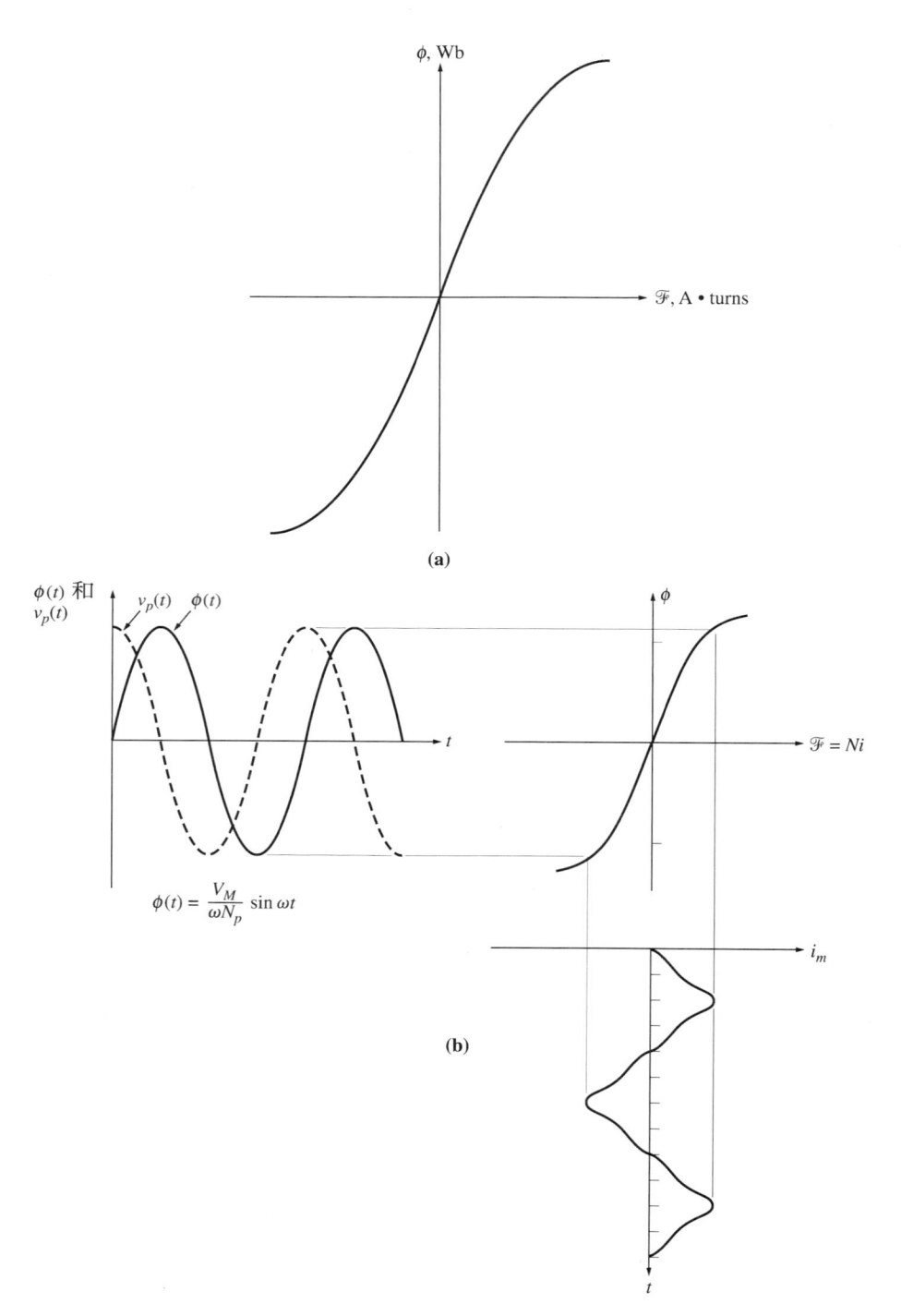

圖 2-7 (a) 變壓器鐵心的磁化曲線;(b) 變壓器鐵心中由磁通所引起的磁化電流。

當忽略漏磁效應時，鐵心的平均磁通為

$$\overline{\phi}_P = \frac{1}{N_P} \int v_P(t) dt \tag{2-17}$$

如果一次側電壓為 $v_P(t) = V_M \cos \omega t$ V，則所產生的磁通為

$$\begin{aligned}\overline{\phi}_P &= \frac{1}{N_P} \int V_M \cos \omega t \, dt \\ &= \frac{V_M}{\omega N_P} \sin \omega t \quad \text{Wb}\end{aligned} \tag{2-28}$$

根據圖 2-7a 的磁化曲線，將每一個不同時間的磁通其所需磁化電流的大小描述出來，可以得到如圖 2-7b 所示磁化電流的波形。下面是一些有關磁化電流的敘述：

1. 變壓器中的磁化電流並不是正弦型式，其所包含的高頻分量乃是由鐵心的磁飽和所引起。
2. 當磁通的峯值達到飽和點時，欲增加少量的磁通須增加大量的磁化電流。
3. 磁化電流的基本分量落後供應電壓 90° 的相角。
4. 磁化電流中的高頻率分量相對於基本分量可能會相當的大，一般來說，變壓器鐵心飽和的程度愈嚴重，諧波分量就愈大。

變壓器無載電流中另一分量為用來補償鐵心中磁滯及渦流損失的部分，此即稱為鐵心損失電流。假設鐵心的磁通是正弦型式，則因為鐵心的渦流和 $d\phi/dt$ 成正比，所以當鐵心磁通經過零點時渦流為最大值。雖然磁滯損失為高度地非線性，但其他在鐵心磁通經過零點時有最大值。因此鐵心損失電流在磁通經過零點時有最大值，如圖 2-8 所示。

下面是有關鐵心損失電流的一些敘述：

1. 由於磁滯效應為非線性，所以鐵心損失電流亦為非線性。
2. 鐵心損失電流的基本分量和供應電壓的相角同相。

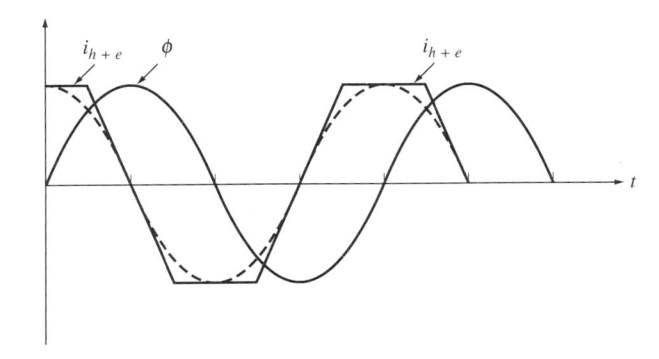

圖 2-8 變壓器的鐵心損失電流。

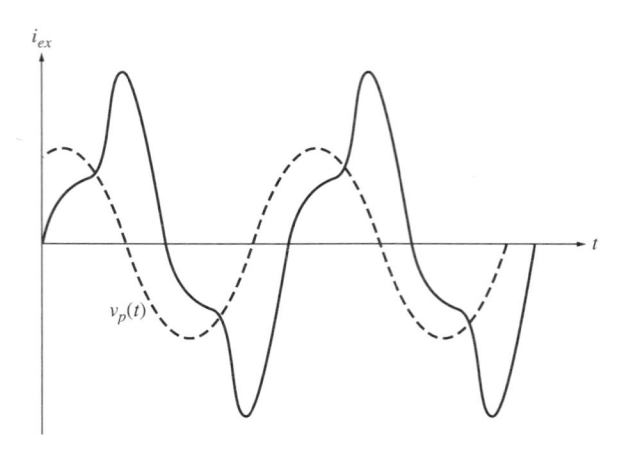

圖 2-9 變壓器的總激磁電流。

鐵心的無載總電流稱為變壓器的**激磁電流** (excitation current)，其為磁化電流和鐵心損失電流的總和：

$$i_{\text{ex}} = i_m + i_{h+e} \tag{2-29}$$

圖 2-9 所示為一典型變壓器的總激磁電流。在一良好設計的電力變壓器，其激磁電流遠小於變壓器的滿載電流。

變壓器的電流比及點法則

如圖 2-10 所示，在變壓器二次側加上負載，注意圖上打點的記號。點法則的物理意義為流入有打點記號繞組端的電流會產生一正磁動勢 $\mathcal{F}$，而流入沒有打點記號繞組端的電流會產生負磁動勢。如果兩電流分別流入有打點記號的繞組端，其所產生的磁動勢為兩者相加；如果一電流流入而另一電流流出，則所產生的磁動勢為兩者相減。

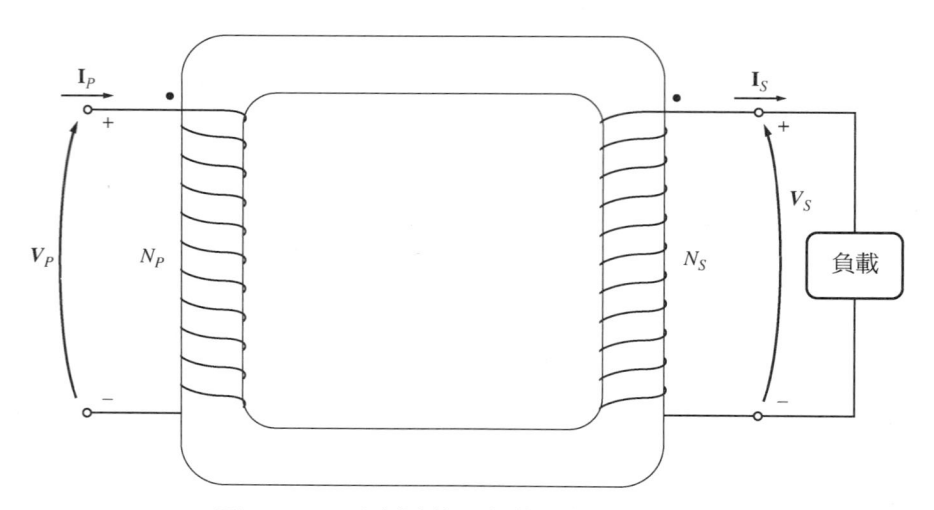

圖 2-10 二次側連接至負載的實際變壓器。

圖 2-10 中，一次側電流產生正磁動勢 $\mathcal{F}_P = N_P i_P$，二次側電流產生負磁動勢 $\mathcal{F}_S = -N_S i_S$，因此鐵心的淨磁動勢為

$$\mathcal{F}_{\text{net}} = N_P i_P - N_S i_S \tag{2-30}$$

此淨磁動勢產生鐵心中的淨磁通，因此鐵心的淨磁動勢可表示為

$$\boxed{\mathcal{F}_{\text{net}} = N_P i_P - N_S i_S = \phi \mathcal{R}} \tag{2-31}$$

上式中 $\mathcal{R}$ 是變壓器鐵心的磁阻。在設計良好的變壓器中，鐵心在未飽和前其磁阻非常小 (幾乎為零)，因此一次和二次側電流的關係可近似於

$$\mathcal{F}_{\text{net}} = N_P i_P - N_S i_S \approx 0 \tag{2-32}$$

只要鐵心尚未飽和。所以，

$$\boxed{N_P i_P \approx N_S i_S} \tag{2-33}$$

或

$$\boxed{\frac{i_P}{i_S} \approx \frac{N_S}{N_P} = \frac{1}{a}} \tag{2-34}$$

在 2-2 節中對於點法則所作的說明，就是基於鐵心中的磁動勢趨近於零的事實。為了使鐵心中的磁動勢為零，一邊的電流須流入有點記號的那端，而另一邊須流出。

將實際變壓器轉換成理想變壓器須作以下的假設：

1. 鐵心中必須沒有磁滯及渦流。
2. 鐵心的磁化曲線須如圖 2-11 所示。即對一未飽和的鐵心而言，其淨磁動勢 $\mathcal{F}_{\text{net}} = 0$，亦即表示 $N_P i_P = N_S i_S$。

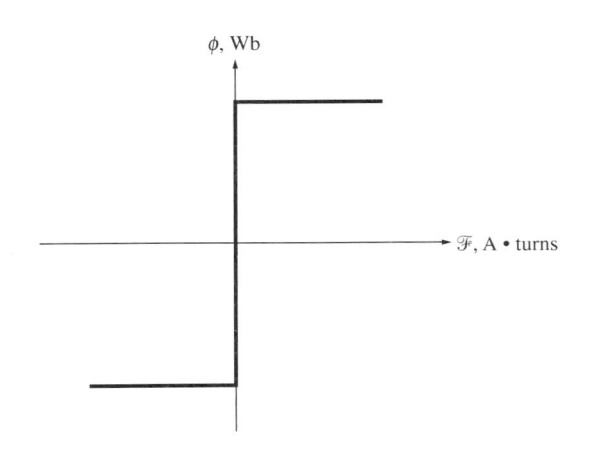

圖 2-11 理想變壓器的磁化曲線。

3. 鐵心的漏磁通為零，也就是說，鐵心內所有的磁通均耦合了兩邊的繞組。
4. 變壓器繞組的電阻為零。

上述這些條件雖然無法完全吻合，但一良好設計的電力變壓器可以十分接近這些條件。

2.4 變壓器的等效電路

實際變壓器的損失在變壓器精確模型的分析中必須加以考慮，建立這樣一個模型所須考慮的項目如下：

1. **銅損** (copper losses, I^2R)：銅損是變壓器一次和二次繞組電阻的熱損失，此損失與繞組中電流的平方成正比。
2. **渦流損失** (eddy current losses)：渦流損失是變壓器鐵心電阻的熱損失，其與外加電壓的平方成正比。
3. **磁滯損失** (hysteresis losses)：磁滯損失是由於鐵心中磁區在每半週期重新排列所引起。磁滯損失與變壓器外加電壓呈複雜且非線性的關係。
4. **漏磁通** (leakage flux)：磁通 ϕ_{LP} 及 ϕ_{LS} 離開鐵心且僅通過一個繞阻，稱為漏磁通；漏磁通 ϕ_{LP} 及 ϕ_{LS} 會產生一次線圈和二次線圈的漏電感，此漏電感所引起的效應必須加以考慮。

實際變壓器正確的等效電路

銅損是最簡單的效應，它是一次和二次繞組中電阻的損失，在一次電路中以電阻 R_P 來取代，二次電路中以 R_S 來取代。

2.3 節中曾說明了一次繞組的漏磁通 ϕ_{LP} 產生了電壓 e_{LP}，其為

$$e_{LP}(t) = N_P \frac{d\phi_{LP}}{dt} \qquad \text{(2-35a)}$$

二次繞組的漏磁通 ϕ_{LS} 產生電壓 e_{LS}：

$$e_{LS}(t) = N_S \frac{d\phi_{LS}}{dt} \qquad \text{(2-35b)}$$

絕大部分的漏磁路徑均經由空氣，而空氣的磁阻比鐵心高很多且為常數，所以磁通 ϕ_{LP} 正比於一次電路電流 i_P。同樣地，ϕ_{LS} 正比於二次電路電流 i_S：

$$\phi_{LP} = (\mathcal{P}N_P)i_P \qquad \text{(2-36a)}$$

$$\phi_{LS} = (\mathcal{P}N_S)i_S \qquad \text{(2-36b)}$$

上式中，$\mathcal{P}$ ＝磁路徑的導磁係數
N_P ＝一次線圈匝數
N_S ＝二次線圈匝數

式 (2-36) 代入式 (2-35) 中可得

$$e_{LP}(t) = N_P \frac{d}{dt}(\mathcal{P}N_P)i_P = N_P^2 \mathcal{P}\frac{di_P}{dt} \quad \text{(2-37a)}$$

$$e_{LS}(t) = N_S \frac{d}{dt}(\mathcal{P}N_S)i_S = N_S^2 \mathcal{P}\frac{di_S}{dt} \quad \text{(2-37b)}$$

把這些式中的常數結合在一起可得如下的方程式：

$$\boxed{e_{LP}(t) = L_P \frac{di_P}{dt}} \quad \text{(2-38a)}$$

$$\boxed{e_{LS}(t) = L_S \frac{di_S}{dt}} \quad \text{(2-38b)}$$

上式中 $L_P = N_P^2 \mathcal{P}$ 稱為一次線圈的漏電感，$L_S = N_S^2 \mathcal{P}$ 稱為二次線圈的漏電感。因此漏磁通可以一次及二次漏電感來模式化。

鐵心的激磁效應如何模式化？首先在未飽和區，磁化電流 i_m 正比於供應至鐵心的電壓，且相位落後 90°，所以其效應可以跨在一次電壓源的感抗 X_M 來模式化。接下來，鐵心損失電流 i_{h+e} 正比於供應至鐵心的電壓，且相位相同，所以其效應可以跨在一次電壓源的電阻 R_C 來模式化 (注意：上述兩種電流均為非線性，所以 X_M 和 R_C 僅是實際激磁效應的近似值)。

所得到的等效電路如圖 2-12 所示，此電路中 R_P 為一次側繞組電阻，X_P ($=\omega L_P$) 是由於一次側漏電感所造成的感抗，R_S 為二次側繞組電阻，X_S ($=\omega L_S$) 是由於二次側漏電感所造成的感抗，鐵心激磁部分被模式化為一電阻 R_C (磁滯與鐵心損失) 並聯一感抗 X_M

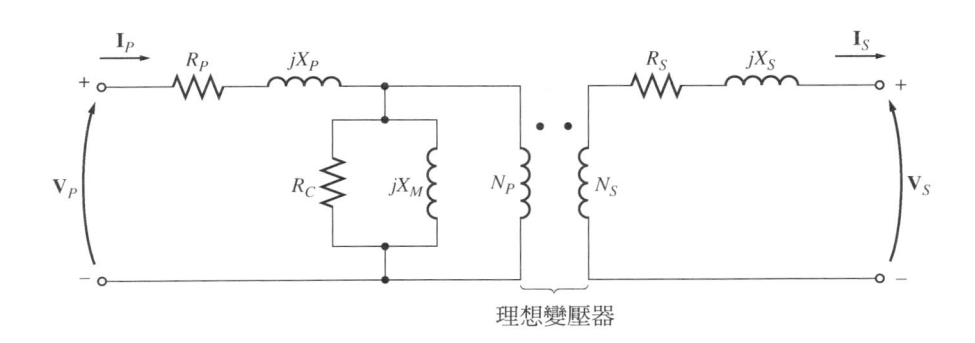

圖 2-12 實際變壓器的模型。

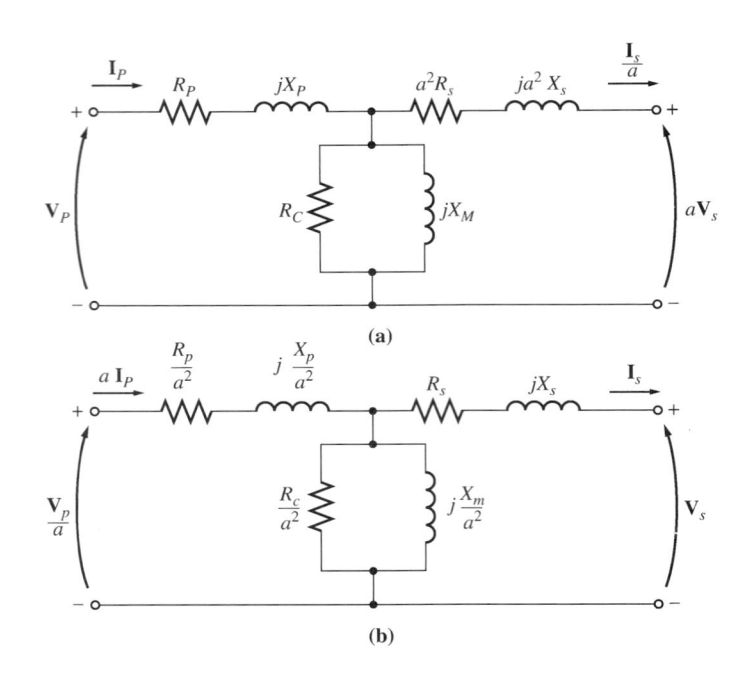

圖 2-13 (a) 參考至一次側的變壓器模型；(b) 參考至二次側的變壓器模型。

(磁化電流)。

圖 2-12 的等效電路參考至一次側 (如圖 2-13a) 或參考至二次側 (如圖 2-13b)。

變壓器的近似等效電路

流過激磁分支的電流遠小於變壓器的負載電流，事實上典型的電力變壓器，其激磁電流約為滿載電流的 2～3%，所以可得到一與原始變壓器模型一樣工作行為的簡化等效電路。激磁分支被移到變壓器前面，留下一、二次側阻抗彼此串聯，這些阻抗相加後就得到如圖 2-14a 和 b 所示之近似等效電路。

在某些應用上，可以將激磁分支完全忽略，也不會引起嚴重的誤差，在這種情形下，等效電路可以再化簡如圖 2-14c 和 d 所示。

變壓器模型中各分量數值的求法

變壓器模型中各電阻和電感的值可以完全求出，只要以兩個試驗——開路試驗和短路試驗就可以獲得適當的近似值。

在**開路試驗** (open-circuit test) 中，變壓器的二次繞組開路而一次繞組接上額定電壓，參考圖 2-13，在這些條件下，所有的電流均通過變壓器的激磁分支，由於 R_P 及 X_P 上的壓降和 R_C 及 X_M 上的壓降比較起來甚小，因此可以視為輸入電壓均跨在激磁分支上。

Chapter 2 變壓器

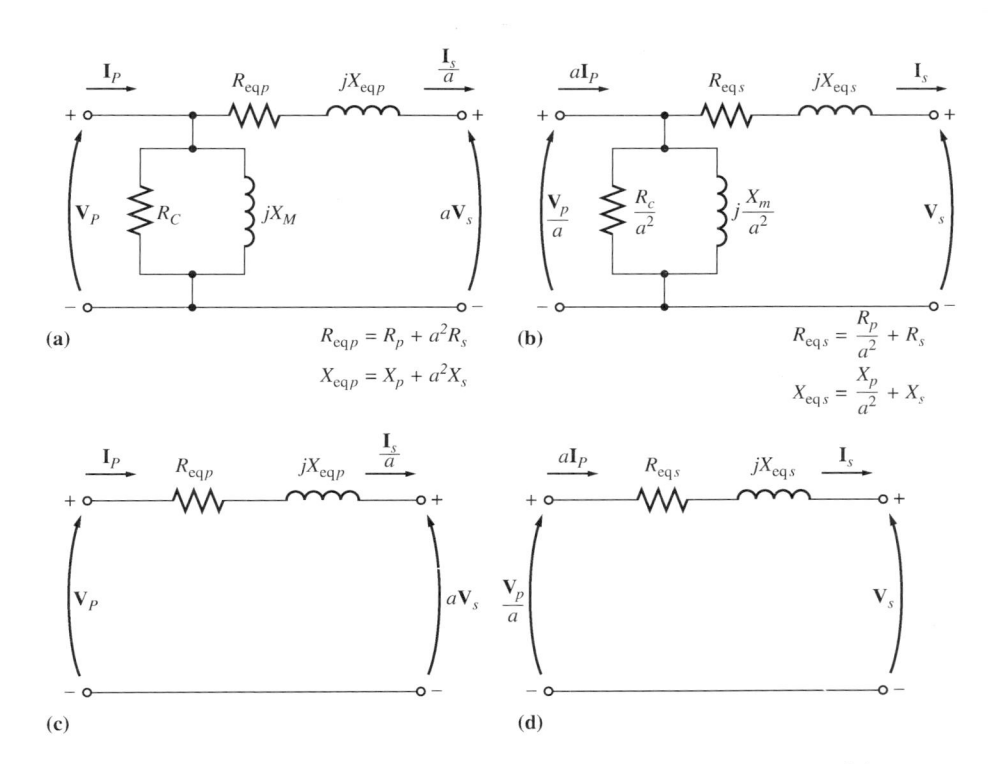

圖 2-14 變壓器的近似模型。(a) 參考至一次側;(b) 參考至二次側;(c) 忽略激磁分支,參考至一次側;(d) 忽略激磁分支,參考至二次側。

$$R_{eqp} = R_p + a^2 R_s$$
$$X_{eqp} = X_p + a^2 X_s$$

$$R_{eqs} = \frac{R_p}{a^2} + R_s$$
$$X_{eqs} = \frac{X_p}{a^2} + X_s$$

開路試驗的接線如圖 2-15 所示,額定電壓加到變壓器的一側,同時測量變壓器的輸入電壓、輸入電流及輸入實功率 (此量測通常於變壓器低壓側進行,因低壓側較容易施工)。從上述測量得到的三個量可以求得輸入電流的功率因數、激磁阻抗的大小與相角。

總激磁導納為

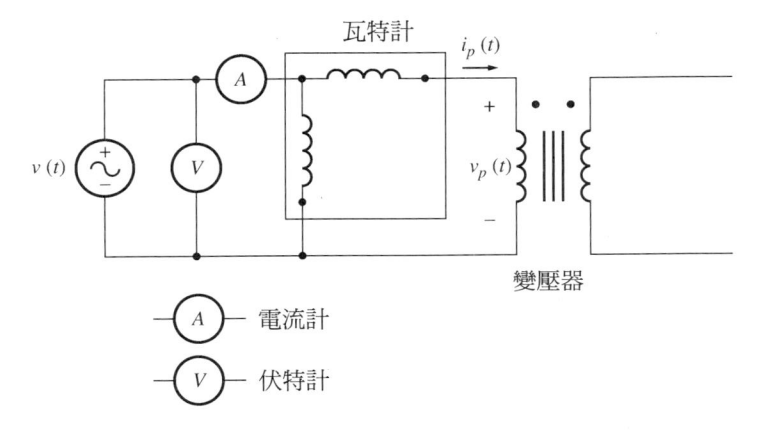

圖 2-15 開路試驗的接線圖。

60 電機機械原理精析

$$Y_E = G_C - jB_M \tag{2-39}$$

$$Y_E = \frac{1}{R_C} - j\frac{1}{X_M} \tag{2-40}$$

激磁導納的大小 (參考至變壓器的量測側) 可以由開路試驗中測量所得的電壓及電流求出：

$$|Y_E| = \frac{I_{OC}}{V_{OC}} \tag{2-41}$$

激磁導納的**角度** (angle) 可由開路的功率因數 (PF) 求得：

$$\text{PF} = \cos\theta = \frac{P_{OC}}{V_{OC}I_{OC}} \tag{2-42}$$

功率因數角 θ 為

$$\theta = \cos^{-1}\frac{P_{OC}}{V_{OC}I_{OC}} \tag{2-43}$$

實際變壓器其功率因數均為落後，其電流的相位均落後電壓 θ 角度，因此導納 Y_E 為

$$Y_E = \frac{I_{OC}}{V_{OC}} \angle -\theta$$

$$Y_E = \frac{I_{OC}}{V_{OC}} \angle -\cos^{-1}\text{PF} \tag{2-44}$$

比較式 (2-40) 和 (2-44)，可以發現由開路試驗所得到的數據便能決定參考至低壓側的 R_C 和 X_M 的值。

在**短路試驗** (short-circuit test) 中，變壓器低壓側短路而高壓側連接至一可變的電壓源，如圖 2-16 所示 (此量測通常在變壓器高壓側進行，因為高壓側的電流較小，小的電流較容易施工)。調整輸入電壓直到短路繞組內的電流等於其額定值 (必須很小心的保持一次側電壓在安全範圍，以免將繞組燒毀)，接著測量輸入電壓、輸入電流與輸入實功率之值。

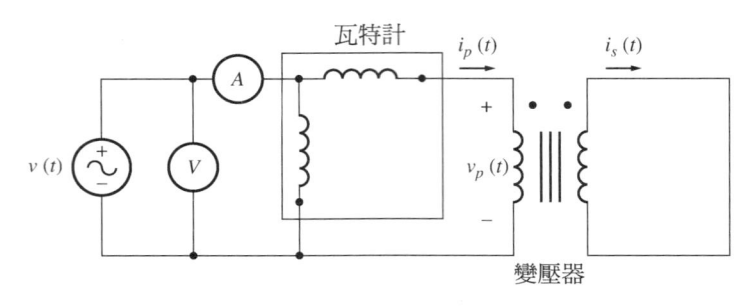

圖 2-16 短路試驗的接線圖。

在短路試驗中，因輸入電壓很低，可以忽略流過激磁分支的電流，如此一來，所有的壓降可視為均跨在串聯的元件上。參考至一次側串聯阻抗的大小為

$$|Z_{SE}| = \frac{V_{SC}}{I_{SC}} \tag{2-45}$$

電流的功率因數為

$$PF = \cos\theta = \frac{P_{SC}}{V_{SC}I_{SC}} \tag{2-46}$$

其為落後的功率因數。因此電流的相角落後電壓，而總串聯阻抗的相角是正值：

$$\theta = \cos^{-1}\frac{P_{SC}}{V_{SC}I_{SC}} \tag{2-47}$$

因此

$$Z_{SE} = \frac{V_{SC}\angle 0°}{I_{SC}\angle -\theta°} = \frac{V_{SC}}{I_{SC}}\angle\theta° \tag{2-48}$$

所以串聯阻抗 Z_{SE} 等於

$$Z_{SE} = R_{eq} + jX_{eq}$$
$$Z_{SE} = (R_P + a^2R_S) + j(X_P + a^2X_S) \tag{2-49}$$

利用短路試驗的技巧雖可求得參考至高壓側的串聯阻抗，但卻無法個別求出一次側及二次側的阻抗值，然而在解正常的問題時，這分解的步驟是不需要的。

注意到開路試驗通常在變壓器低壓側進行，而短路試驗通常在變壓器高壓側進行，所以 R_C 和 X_M 通常是參考至低壓側求得，而 R_{eq} 和 X_{eq} 通常是參考至高壓側，最後所有的參數必須參考至同一側 (不是高壓就是低壓側)，以求得最後的等效電路。

例題 2-1

求一 20 kVA、8000/240 V、60 Hz 變壓器之等效電路阻抗，於二次側進行開路試驗 (可減少量測的最大電壓)，而於一次側進行短路試驗 (可減少量測的最大電流)，所得到的數據如下：

開路試驗 (二次側)	短路試驗 (一次側)
$V_{OC} = 240$ V	$V_{SC} = 489$ V
$I_{OC} = 7.133$ A	$I_{SC} = 2.5$ A
$V_{OC} = 400$ W	$P_{SC} = 240$ W

試求參考至一次側之近似等效電路的阻抗，並繪出此近似等效電路圖。

解:變壓器的匝比 $a=8000/240=33.3333$,開路試驗時的功率因數為

$$\text{PF} = \cos\theta = \frac{P_{\text{OC}}}{V_{\text{OC}} I_{\text{OC}}} \tag{2-42}$$

$$\text{PF} = \cos\theta = \frac{400\text{ W}}{(240\text{ V})(7.133\text{ A})}$$

$$\text{PF} = 0.234 \text{ 落後}$$

激磁導納為

$$Y_E = \frac{I_{\text{OC}}}{V_{\text{OC}}} \angle -\cos^{-1}\text{PF} \tag{2-44}$$

$$Y_E = \frac{7.133\text{ A}}{240\text{ V}} \angle -\cos^{-1} 0.234$$

$$Y_E = 0.0297 \angle -76.5° \text{ S}$$

$$Y_E = 0.00693 - j\,0.02888 = \frac{1}{R_C} - j\frac{1}{X_M}$$

因此,參考至低壓(二次)側的激磁分支的參數值為

$$R_C = \frac{1}{0.00693} = 144\text{ }\Omega$$

$$X_M = \frac{1}{0.02888} = 34.63\text{ }\Omega$$

短路試驗時的功率因數為

$$\text{PF} = \cos\theta = \frac{P_{\text{SC}}}{V_{\text{SC}} I_{\text{SC}}} \tag{2-46}$$

$$\text{PF} = \cos\theta = \frac{240\text{ W}}{(489\text{ V})(2.5\text{ A})} = 0.196 \text{ 落後}$$

串聯阻抗為

$$Z_{\text{SE}} = \frac{V_{\text{SC}}}{I_{\text{SC}}} \angle \cos^{-1}\text{PF}$$

$$Z_{\text{SE}} = \frac{489\text{ V}}{2.5\text{ A}} \angle 78.7°$$

$$Z_{\text{SE}} = 195.6 \angle 78.7° = 38.4 + j192\text{ }\Omega$$

因此,參考至高壓(一次)側的等效電阻和電抗為

$$R_{\text{eq}} = 38.4\text{ }\Omega \qquad X_{\text{eq}} = 192\text{ }\Omega$$

所得到的參考至高壓(一次)側的簡化等效電路,可由轉換激磁分支的參數值至高壓側而求得。

$$R_{C,P} = a^2 R_{C,S} = (33.333)^2 (144\text{ }\Omega) = 159\text{ k}\Omega$$

$$X_{M,P} = a^2 X_{M,S} = (33.333)^2 (34.63\text{ }\Omega) = 38.4\text{ k}\Omega$$

所求得的等效電路如圖 2-17 所示。

图 2-17 例题 2-1 的等效电路图。

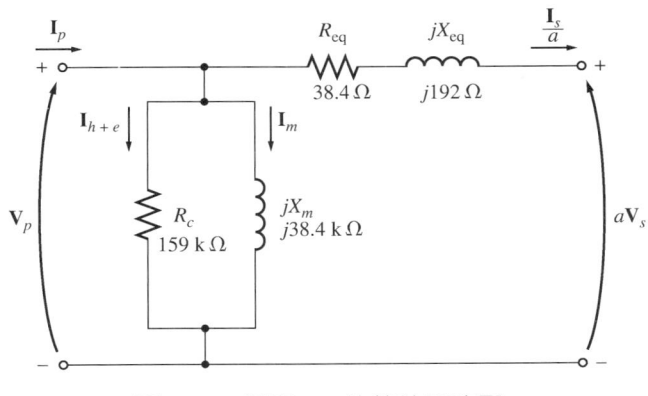

2.5 标么系统

在标么系统中，电压、电流、功率、阻抗与其他的电气量并不是以 SI 单位 (伏特、安培、欧姆、瓦特等) 来量测，而是以某一**基准值** (base) 的分数来量测。每一个量都可以用标么基准值来表示，如下面方程式所示：

$$\text{标么值} = \frac{\text{实际值}}{\text{基准值}} \tag{2-50}$$

上式中「实际值」即以伏特、安培、欧姆等为单位。

习惯上对一已知的标么系统选择两个基准值来加以定义，通常我们选择电压和功 (或视在功率)。只要这两个基准值选定后，其他量的基准值便可由已选定的这两个量依据平常使用的一些电的定律来决定。在单相系统中，这些基准量之间的关系为

$$P_{\text{base}}, Q_{\text{base}}, \text{ 或 } S_{\text{base}} = V_{\text{base}} I_{\text{base}} \tag{2-51}$$

$$R_{\text{base}}, X_{\text{base}}, \text{ 或 } Z_{\text{base}} = \frac{V_{\text{base}}}{I_{\text{base}}} \tag{2-52}$$

$$Y_{\text{base}} = \frac{I_{\text{base}}}{V_{\text{base}}} \tag{2-53}$$

及

$$Z_{\text{base}} = \frac{(V_{\text{base}})^2}{S_{\text{base}}} \tag{2-54}$$

一旦基准值 S (或 P) 及 V 被选定以后，其他的基准值均能很容易的由式 (2-51) 到 (2-54) 中求出。

例題 2-2

圖 2-18 所示為一簡單的電力系統，此系統包括一 480 V 的發電機，其連接到一 1:10 的理想升壓變壓器、一條傳輸線、一 20:1 的理想降壓變壓器及一負載。傳輸線的阻抗為 $20+j60\ \Omega$，負載阻抗為 $10\angle 30°\ \Omega$。選擇發電機端 480 V 和 10 kVA 為系統基準值。

(a) 求系統中每一點的電壓、電流、阻抗及視在功率的基準值。
(b) 將此系統轉換成標么等效電路。
(c) 求出系統中供應到負載的功率。
(d) 求出傳輸線損失的功率。

解：

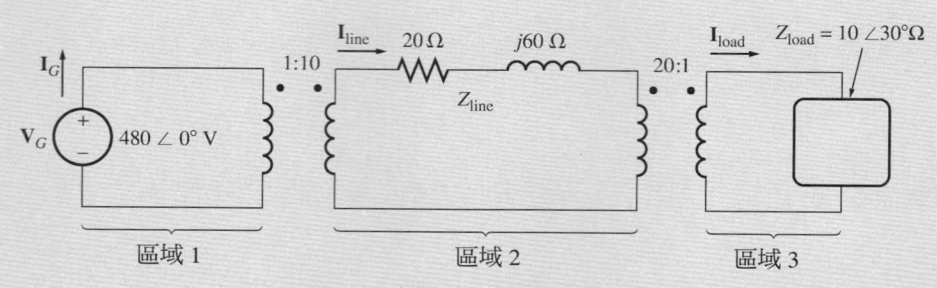

(a) 在發電機區，$V_{\text{base}}=480\ \text{V}$，$S_{\text{base}}=10\ \text{kVA}$，所以

$$I_{\text{base 1}} = \frac{S_{\text{base}}}{V_{\text{base 1}}} = \frac{10{,}000\ \text{VA}}{480\ \text{V}} = 20.83\ \text{A}$$

$$Z_{\text{base 1}} = \frac{V_{\text{base 1}}}{I_{\text{base 1}}} = \frac{480\ \text{V}}{20.83\ \text{A}} = 23.04\ \Omega$$

變壓器 T_1 的匝數比為 $a=1/10=0.1$，所以傳輸線區的基準電壓為

$$V_{\text{base 2}} = \frac{V_{\text{base 1}}}{a} = \frac{480\ \text{V}}{0.1} = 4800\ \text{V}$$

其他的基準量為

$$S_{\text{base 2}} = 10\ \text{kVA}$$

$$I_{\text{base 2}} = \frac{10{,}000\ \text{VA}}{4800\ \text{V}} = 2.083\ \text{A}$$

$$Z_{\text{base 2}} = \frac{4800\ \text{V}}{2.083\ \text{A}} = 2304\ \Omega$$

變壓器 T_2 的匝數比為 $a=20/1=20$，所以負載區的基準電壓為

$$V_{\text{base 3}} = \frac{V_{\text{base 2}}}{a} = \frac{4800\ \text{V}}{20} = 240\ \text{V}$$

其他的基準量為

圖 2-18 例題 2-2 的電力系統。

$$S_{\text{base 3}} = 10 \text{ kVA}$$

$$I_{\text{base 3}} = \frac{10{,}000 \text{ VA}}{240 \text{ V}} = 41.67 \text{ A}$$

$$Z_{\text{base 3}} = \frac{240 \text{ V}}{41.67 \text{ A}} = 5.76 \text{ Ω}$$

(b) 欲將電力系統轉換成標么系統，則系統中每一區域的分量均須除以該區的基準值。所以發電機的標么電壓為其實際電壓除以基準電壓：

$$V_{G,\text{pu}} = \frac{480 \angle 0° \text{ V}}{480 \text{ V}} = 1.0 \angle 0° \text{ pu}$$

傳輸線的標么阻抗為其實際阻抗除以傳輸線的基準阻抗：

$$Z_{\text{line,pu}} = \frac{20 + j60 \text{ Ω}}{2304 \text{ Ω}} = 0.0087 + j0.0260 \text{ pu}$$

同時，負載的標么阻抗為

$$Z_{\text{load,pu}} = \frac{10 \angle 30° \text{ Ω}}{5.76 \text{ Ω}} = 1.736 \angle 30° \text{ pu}$$

所以此系統的標么等效電路如圖 2-19 所示。

(c) 在此標么系統中流過的電流為

$$\begin{aligned}
\mathbf{I}_{\text{pu}} &= \frac{\mathbf{V}_{\text{pu}}}{Z_{\text{tot,pu}}} \\
&= \frac{1 \angle 0°}{(0.0087 + j0.0260) + (1.736 \angle 30°)} \\
&= \frac{1 \angle 0°}{(0.0087 + j0.0260) + (1.503 + j0.868)} \\
&= \frac{1 \angle 0°}{1.512 + j0.894} = \frac{1 \angle 0°}{1.757 \angle 30.6°} \\
&= 0.569 \angle -30.6° \text{ pu}
\end{aligned}$$

$\mathbf{I}_{\text{pu}}$ → $\mathbf{I}_{\text{line}}$ 0.0087 標么 $j0.0260$ 標么 $\mathbf{I}_{\text{load}}$ →

$\mathbf{I}_G$ ↑

$\mathbf{V}_G = 1 \angle 0°$ $Z_{\text{load}} = 1.736 \angle 30°$ 標么

$\mathbf{I}_{G,\text{pu}} = \mathbf{I}_{\text{line,pu}} = \mathbf{I}_{\text{load,pu}} = \mathbf{I}_{\text{pu}}$

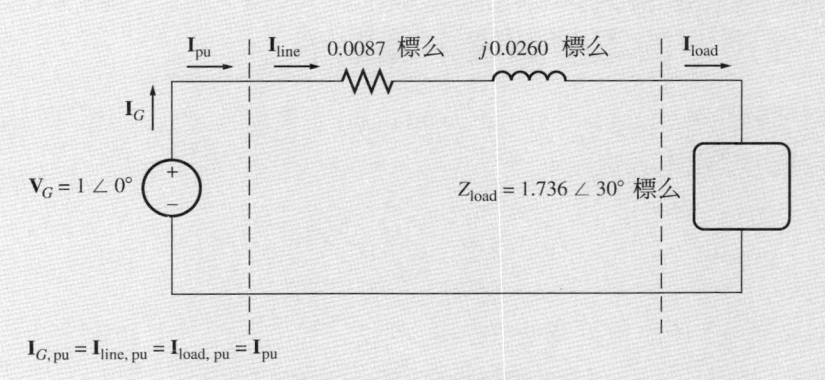

圖 2-19 例題 2-2 的標么等效電路。

因此負載所吸收的標么功率為

$$P_{\text{load,pu}} = I_{\text{pu}}^2 R_{\text{pu}} = (0.569)^2(1.503) = 0.487$$

而負載的實際功率為

$$P_{\text{load}} = P_{\text{load,pu}} S_{\text{base}} = (0.487)(10{,}000 \text{ VA})$$
$$= 4870 \text{ W}$$

(d) 傳輸線損失功率的標么值為

$$P_{\text{line,pu}} = I_{\text{pu}}^2 R_{\text{line,pu}} = (0.569)^2(0.0087) = 0.00282$$

傳輸線實際損失功率為

$$P_{\text{line}} = P_{\text{line,pu}} S_{\text{base}} = (0.00282)(10{,}000 \text{ VA})$$
$$= 28.2 \text{ W}$$

◀

　　如果單一電力系統中包含多個電機和變壓器，則系統的基準電壓和基準功率可以任意選擇，但整個系統必須有相同的基準值，我們通常選擇系統中最大元件的額定值為基準值。當系統的基準值改變時，我們可以將原有的標么值轉回原有的實際值後，再轉換成新的標么值，但我們也可利用下面的方程式來將其轉換成新的標么值：

$$(P, Q, S)_{\text{pu on base 2}} = (P, Q, S)_{\text{pu on base 1}} \frac{S_{\text{base 1}}}{S_{\text{base 2}}} \tag{2-55}$$

$$V_{\text{pu on base 2}} = V_{\text{pu on base 1}} \frac{V_{\text{base 1}}}{V_{\text{base 2}}} \tag{2-56}$$

$$(R, X, Z)_{\text{pu on base 2}} = (R, X, Z)_{\text{pu on base 1}} \frac{(V_{\text{base 1}})^2 (S_{\text{base 2}})}{(V_{\text{base 2}})^2 (S_{\text{base 1}})} \tag{2-57}$$

2.6　變壓器的電壓調整率及效率

　　滿載電壓調整率 (full-load voltage regulation) 是變壓器無載輸出電壓對滿載輸出電壓的一個比較量，其由下式定義：

$$\boxed{\text{VR} = \frac{V_{S,\text{nl}} - V_{S,\text{fl}}}{V_{S,\text{fl}}} \times 100\%} \tag{2-58}$$

無載時，$V_S = V_P/a$，所以電壓調整率亦可表示為

$$\boxed{\text{VR} = \frac{V_P/a - V_{S,\text{fl}}}{V_{S,\text{fl}}} \times 100\%} \tag{2-59}$$

如果變壓器的等效電路使用標么值，則電壓調整率可以表示為

$$\boxed{\text{VR} = \frac{V_{P,\text{pu}} - V_{S,\text{fl,pu}}}{V_{S,\text{fl,pu}}} \times 100\%} \tag{2-60}$$

變壓器的相量圖

下面所有相量圖中，相電壓 $\mathbf{V}_S$ 的相角均設為 $0°$，而其他的電壓和電流均以此為參考。忽略激磁分支效應，應用克希荷夫電壓定律到圖 2-14b 的等效電路，則一次側電壓可以求得

$$\frac{\mathbf{V}_P}{a} = \mathbf{V}_S + R_{\text{eq}}\mathbf{I}_S + jX_{\text{eq}}\mathbf{I}_S \tag{2-61}$$

變壓器的相量圖正好可以表示上面的方程式。

圖 2-20 為一在落後功率因數下操作的變壓器的相量圖，由圖上可以很容易的看出，對落後的負載而言，$V_P/a > V_S$，所以電壓調整率一定大於零。

圖 2-21a 為一單位功率因數的相量圖，同樣地，$V_P/a > V_S$，所以 VR > 0，但此時電壓調整率比落後功率因數時為小。假如二次電流領先，則 V_S 可能比 V_P/a 大，在這情形下，變壓器有負的電壓調整率，如圖 2-21b 所示。

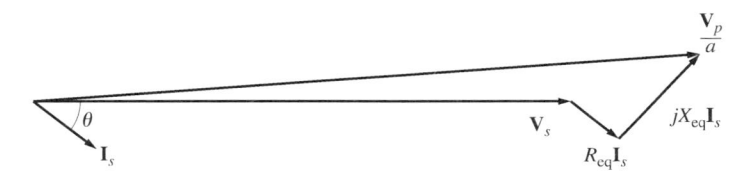

圖 2-20 變壓器操作於落後功因時的相量圖。

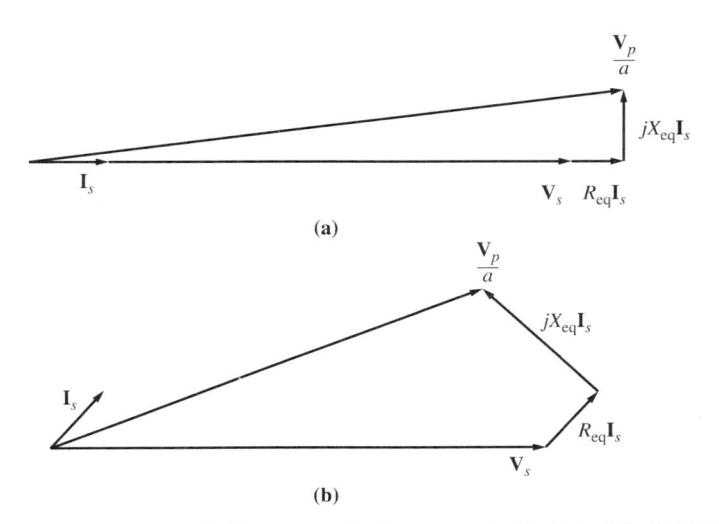

圖 2-21 變壓器操作於：(a) 單位功因；(b) 超前功因時的相量圖。

變壓器的效率

其效率由下式所定義：

$$\eta = \frac{P_{\text{out}}}{P_{\text{in}}} \times 100\% \tag{2-62}$$

$$\eta = \frac{P_{\text{out}}}{P_{\text{out}} + P_{\text{loss}}} \times 100\% \tag{2-63}$$

上面的式子也適用於馬達和發電機。

利用變壓器的等效電路，可以很容易的計算其效率。變壓器中的損失有下列三種型式：

1. 銅損 (I^2R)：此損失可由等效電路中的串聯電阻求得。
2. 磁滯損失：此損失曾在第一章中解釋過，其可由電阻 R_C 求得。
3. 渦流損失：此損失也曾在第一章中解釋過，其亦可由電阻 R_C 求得。

對一已知的負載求變壓器的效率時，可以先求出每一個電阻的損失再利用式 (2-64) 即可。因變壓器的輸出功率為

$$P_{\text{out}} = V_S I_S \cos \theta_S \tag{2-7}$$

所以變壓器的效率可以表示為

$$\eta = \frac{V_S I_S \cos \theta}{P_{\text{Cu}} + P_{\text{core}} + V_S I_S \cos \theta} \times 100\% \tag{2-64}$$

例題 2-3

測試一 15 kVA，2300/230 V 變壓器，以求其激磁分支參數、串聯阻抗與電壓調整率。試驗所得到的數據如下：

開路試驗 (低壓側)	短路試驗 (高壓側)
$V_{\text{OC}} = 230$ V	$V_{\text{SC}} = 47$ V
$I_{\text{OC}} = 2.1$ A	$I_{\text{SC}} = 6.0$ A
$P_{\text{OC}} = 50$ W	$P_{\text{SC}} = 160$ W

上面的數據係根據圖 2-15 及 2-16 的接線方法測得。
(a) 試求此變壓器參考至高壓側的等效電路。
(b) 試求此變壓器參考至低壓側的等效電路。

(c) 使用 V_P 的正確公式，試求 0.8 PF 落後、1.0 PF 與 0.8 PF 超前時的滿載電壓調整率。

(d) 當 0.8 PF 落後時，此變壓器的滿載效率如何？

解：

(a) 變壓器的匝比 $a = 2300/230 = 10$，變壓器激磁分路等效電路值可由參考至二次 (低壓) 側的開路試驗 (open-circuit test) 數據計算得到，而串聯元件可由參考至一次 (高壓) 側的短路試驗 (short-circuit test) 數據計算得到。由開路試驗數據，其開路阻抗角為

$$\theta_{OC} = \cos^{-1}\frac{P_{OC}}{V_{OC}I_{OC}}$$

$$\theta_{OC} = \cos^{-1}\frac{50 \text{ W}}{(230 \text{ V})(2.1 \text{ A})} = 84°$$

因此激磁導納為

$$Y_E = \frac{I_{OC}}{V_{OC}} \angle -84°$$

$$Y_E = \frac{2.1 \text{ A}}{230 \text{ V}} \angle -84° \text{ S}$$

$$Y_E = 0.00913 \angle -84° \text{ S} = 0.000954 - j0.00908 \text{ S}$$

參考至二次側激磁分支元件的數值為

$$R_{C,S} = \frac{1}{0.000954} = 1050 \text{ }\Omega$$

$$X_{M,S} = \frac{1}{0.00908} = 110 \text{ }\Omega$$

根據短路試驗的數據，短路阻抗的相角為

$$\theta_{SC} = \cos^{-1}\frac{P_{SC}}{V_{SC}I_{SC}}$$

$$\theta_{SC} = \cos^{-1}\frac{160 \text{ W}}{(47 \text{ V})(6 \text{ A})} = 55.4°$$

因此等效串聯阻抗為

$$Z_{SE} = \frac{V_{SC}}{I_{SC}} \angle \theta_{SC}$$

$$Z_{SE} = \frac{47 \text{ V}}{6 \text{ A}} \angle 55.4° \text{ }\Omega$$

$$Z_{SE} = 7.833 \angle 55.4° = 4.45 + j6.45 \text{ }\Omega$$

參考至一次側串聯元件的數值為

$$R_{eq,P} = 4.45 \text{ }\Omega \qquad X_{eq,P} = 6.45 \text{ }\Omega$$

所得到參考至一次側的簡化等效電路可由轉換激磁分支的元件值至一次側而求得。

$$R_{C,P} = a^2 R_{C,S} = (10)^2 (1050 \ \Omega) = 105 \ k\Omega$$

$$X_{M,P} = a^2 X_{M,S} = (10)^2 (110 \ \Omega) = 11 \ k\Omega$$

其等效電路如圖 2-22a 所示。

(b) 為求參考至低壓側的等效電路，將 (a) 中求得的阻抗除以匝數比 a^2，便可得到參考至二次側的等效電路。因 $a = N_P/N_S = 10$，所以

$$R_C = 1050 \ \Omega \qquad R_{eq} = 0.0445 \ \Omega$$
$$X_M = 110 \ \Omega \qquad X_{eq} = 0.0645 \ \Omega$$

參考至低壓側的等效電路如圖 2-22b 所示。

(c) 變壓器二次側的滿載電流為

$$I_{S,\text{rated}} = \frac{S_{\text{rated}}}{V_{S,\text{rated}}} = \frac{15{,}000 \ \text{VA}}{230 \ \text{V}} = 65.2 \ \text{A}$$

利用式 (2-61) 求 V_P/a：

$$\frac{\mathbf{V}_P}{a} = \mathbf{V}_S + R_{eq}\mathbf{I}_S + jX_{eq}\mathbf{I}_S \tag{2-61}$$

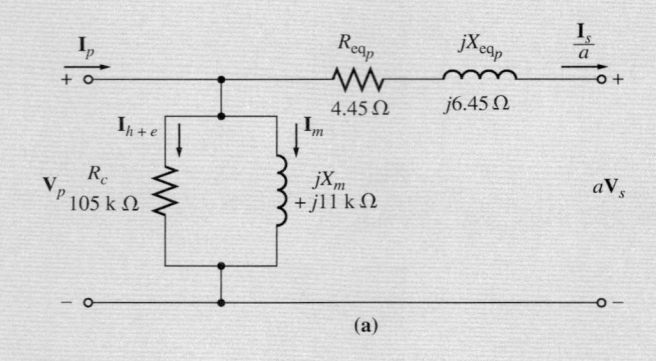

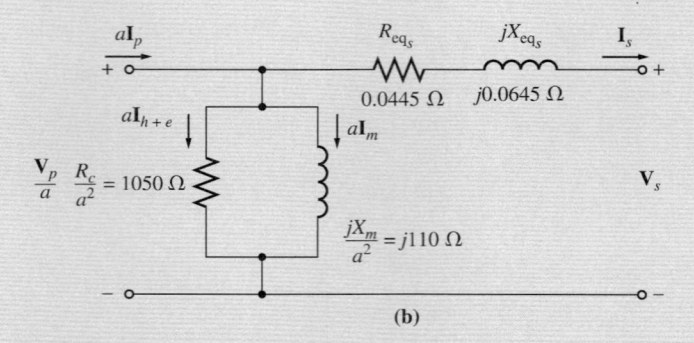

圖 2-22 例題 2-3 的轉換等效電路：(a) 參考至一次側；(b) 參考至二次側。

當 PF＝0.8 落後，$\mathbf{I}_S = 65.2\angle-36.9°$ A，所以

$$\frac{\mathbf{V}_P}{a} = 230\angle 0° \text{ V} + (0.0445\ \Omega)(65.2\angle-36.9°\text{ A}) + j(0.0645\ \Omega)(65.2\angle-36.9°\text{ A})$$
$$= 230\angle 0° \text{ V} + 2.90\angle-36.9° \text{ V} + 4.21\angle 53.1° \text{ V}$$
$$= 230 + 2.32 - j1.74 + 2.52 + j3.36$$
$$= 234.84 + j1.62 = 234.85\angle 0.40° \text{ V}$$

電壓調整率為

$$\text{VR} = \frac{V_P/a - V_{S,\text{fl}}}{V_{S,\text{fl}}} \times 100\% \tag{2-59}$$
$$= \frac{234.85 \text{ V} - 230 \text{ V}}{230 \text{ V}} \times 100\% = 2.1\%$$

當 PF＝1.0，$\mathbf{I}_S = 65.2\angle 0°$ A，所以

$$\frac{\mathbf{V}_P}{a} = 230\angle 0° \text{ V} + (0.0445\ \Omega)(65.2\angle 0°\text{ A}) + j(0.0645\ \Omega)(65.2\angle 0°\text{ A})$$
$$= 230\angle 0° \text{ V} + 2.90\angle 0° \text{ V} + 4.21\angle 90° \text{ V}$$
$$= 230 + 2.90 + j4.21$$
$$= 232.9 + j4.21 = 232.94\angle 1.04° \text{ V}$$

電壓調整率為

$$\text{VR} = \frac{232.94 \text{ V} - 230 \text{ V}}{230 \text{ V}} \times 100\% = 1.28\%$$

當 PF＝0.8 超前，$\mathbf{I}_S = 65.2\angle 36.9°$ A，所以

$$\frac{\mathbf{V}_P}{a} = 230\angle 0° \text{ V} + (0.0445\ \Omega)(65.2\angle 36.9°\text{ A}) + j(0.0645\ \Omega)(65.2\angle 36.9°\text{ A})$$
$$= 230\angle 0° \text{ V} + 2.90\angle 36.9° \text{ V} + 4.21\angle 126.9° \text{ V}$$
$$= 230 + 2.32 + j1.74 - 2.52 + j3.36$$
$$= 229.80 + j5.10 = 229.85\angle 1.27° \text{ V}$$

電壓調整率為

$$\text{VR} = \frac{229.85 \text{ V} - 230 \text{ V}}{230 \text{ V}} \times 100\% = -0.062\%$$

圖 2-23 所示為此三種情形下的相量圖。

(d) 欲求變壓器的效率，首先計算出變壓器的損失，變壓器的銅損為

$$P_{\text{Cu}} = (I_S)^2 R_{\text{eq}} = (65.2 \text{ A})^2(0.0445\ \Omega) = 189 \text{ W}$$

鐵心損失為

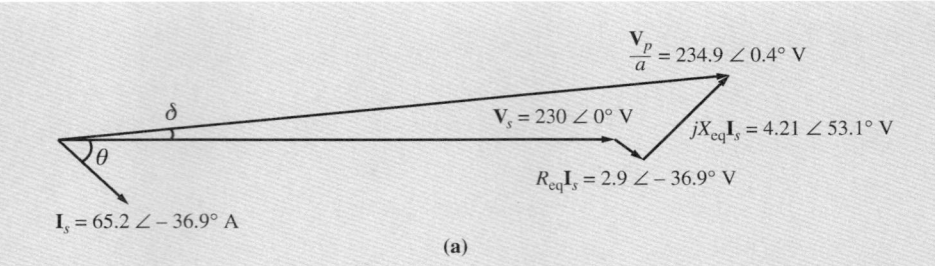

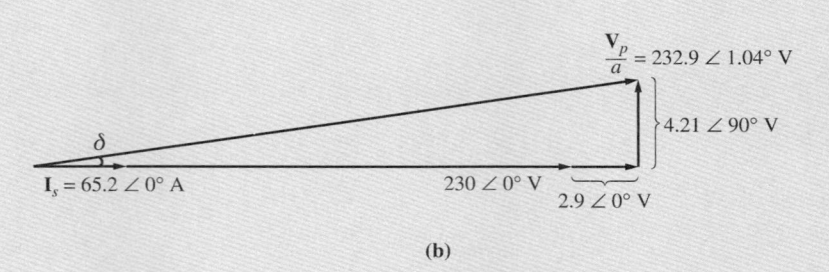

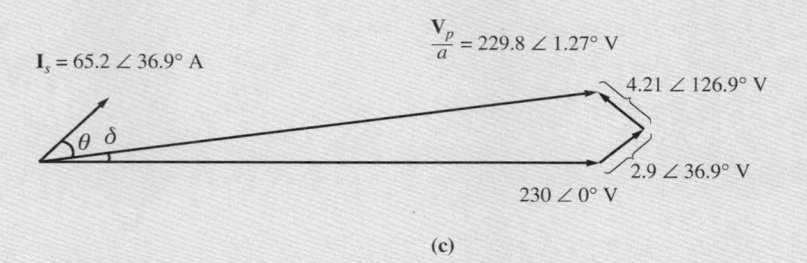

圖 2-23 例題 2-3 變壓器的相量圖。

$$P_{\text{core}} = \frac{(V_P/a)^2}{R_C} = \frac{(234.85 \text{ V})^2}{1050 \text{ }\Omega} = 52.5 \text{ W}$$

在此功率因數下，變壓器的輸出功率為

$$P_{\text{out}} = V_S I_S \cos \theta$$
$$= (230 \text{ V})(65.2 \text{ A}) \cos 36.9° = 12{,}000 \text{ W}$$

因此，變壓器的效率為

$$\eta = \frac{V_S I_S \cos \theta}{P_{\text{Cu}} + P_{\text{core}} + V_S I_S \cos \theta} \times 100\% \quad (2\text{-}65)$$

$$= \frac{12{,}000 \text{ W}}{189 \text{ W} + 52.5 \text{ W} + 12{,}000 \text{ W}} \times 100\%$$

$$= 98.03\%$$

2.7 自耦變壓器

圖 2-24 是一升壓自耦變壓器的示意圖，圖 2-24a 為一兩分離線圈的變壓器，而圖 2-24b 則把第一個繞組直接和第二個繞組連接在一起，第一繞組和第二繞組其電壓仍維持匝數比的關係，但此時整個變壓器的輸出卻是第一繞組電壓和第二繞組電壓的總和。第一繞組的電壓出現在變壓器的兩側，故稱其為**共同繞組** (common winding)，而第二繞組和共同繞組串聯，故稱其為**串聯繞組** (series winding)。

圖 2-25 所示為一降壓自耦變壓器，其輸入電壓是共同繞組和串聯繞組電壓的總和，而輸出電壓僅為共同繞組的電壓。

因為自耦變壓器其線圈間有直接的連接，所以其使用的一些術語和其他型式的變壓器有些不同。跨在共同線圈上的電壓稱為**共同電壓** V_C (common voltage)，其所流過的電流稱為**共同電流** I_C (common current)；跨在串聯線圈上的電壓稱為**串聯電壓** V_{SE} (series

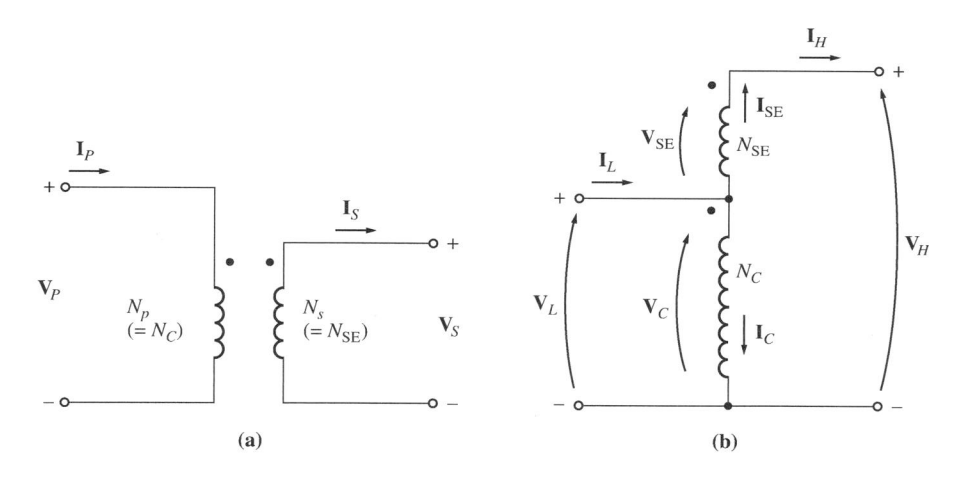

圖 2-24 (a) 變壓器的一般接線方法；(b) 當作自耦變壓器的接線方法。

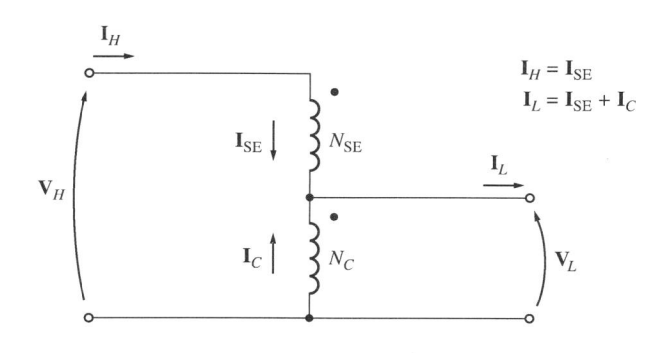

$I_H = I_{SE}$
$I_L = I_{SE} + I_C$

圖 2-25 降壓自耦變壓器的接線方法。

voltage)，其所流過的電流稱為**串聯電流** $\mathbf{I}_{SE}$ (series current)。低壓側的電壓和電流分別稱為 $\mathbf{V}_L$ 和 $\mathbf{I}_L$；高壓側的電壓和電流分別稱為 $\mathbf{V}_H$ 和 $\mathbf{I}_H$。自耦變壓器的一次側 (輸入功率的一側) 可以是高壓側或低壓側，這要根據此變壓器是拿來做升壓或降壓而決定。由圖 2-24b 可以得到線圈中電壓和電流的關係如下式所示：

$$\frac{\mathbf{V}_C}{\mathbf{V}_{SE}} = \frac{N_C}{N_{SE}} \tag{2-66}$$

$$N_C \mathbf{I}_C = N_{SE} \mathbf{I}_{SE} \tag{2-67}$$

而線圈電壓和變壓器端點電壓的關係如下：

$$\mathbf{V}_L = \mathbf{V}_C \tag{2-68}$$

$$\mathbf{V}_H = \mathbf{V}_C + \mathbf{V}_{SE} \tag{2-69}$$

線圈電流和變壓器端電流的關係如下：

$$\mathbf{I}_L = \mathbf{I}_C + \mathbf{I}_{SE} \tag{2-70}$$

$$\mathbf{I}_H = \mathbf{I}_{SE} \tag{2-71}$$

自耦變壓器內電壓及電流的關係

變壓器兩側的電壓有何關係？我們可以很容易的決定 $\mathbf{V}_H$ 和 $\mathbf{V}_L$ 之間的關係，因為高壓側電壓可以表示為

$$\mathbf{V}_H = \mathbf{V}_C + \mathbf{V}_{SE} \tag{2-69}$$

但 $\mathbf{V}_C/\mathbf{V}_{SE} = N_C/N_{SE}$，所以

$$\mathbf{V}_H = \mathbf{V}_C + \frac{N_{SE}}{N_C} \mathbf{V}_C \tag{2-72}$$

由圖上可看出 $\mathbf{V}_L = \mathbf{V}_C$，因此可得

$$\begin{aligned}\mathbf{V}_H &= \mathbf{V}_L + \frac{N_{SE}}{N_C} \mathbf{V}_L \\ &= \frac{N_{SE} + N_C}{N_C} \mathbf{V}_L\end{aligned} \tag{2-73}$$

或

$$\boxed{\frac{\mathbf{V}_L}{\mathbf{V}_H} = \frac{N_C}{N_{SE} + N_C}} \tag{2-74}$$

接下來看看自耦變壓器兩側電流有何關係？由圖上可看出：

$$\mathbf{I}_L = \mathbf{I}_C + \mathbf{I}_{\text{SE}} \tag{2-70}$$

根據式 (2-67)，$\mathbf{I}_C = (N_{\text{SE}}/N_C)\mathbf{I}_{\text{SE}}$，所以

$$\mathbf{I}_L = \frac{N_{\text{SE}}}{N_C}\mathbf{I}_{\text{SE}} + \mathbf{I}_{\text{SE}} \tag{2-75}$$

由於 $\mathbf{I}_H = \mathbf{I}_{\text{SE}}$，可得到

$$\mathbf{I}_L = \frac{N_{\text{SE}}}{N_C}\mathbf{I}_H + \mathbf{I}_H$$

$$= \frac{N_{\text{SE}} + N_C}{N_C}\mathbf{I}_H \tag{2-76}$$

或

$$\boxed{\frac{\mathbf{I}_L}{\mathbf{I}_H} = \frac{N_{\text{SE}} + N_C}{N_C}} \tag{2-77}$$

自耦變壓器在額定視在功率上的優點

由圖 2-24b 可知，輸入到自耦變壓器的視在功率為

$$S_{\text{in}} = V_L I_L \tag{2-78}$$

而其輸出視在功率為

$$S_{\text{out}} = V_H I_H \tag{2-79}$$

根據式 (2-74) 和 (2-77)，可以很容易的證明輸入視在功率等於輸出視在功率：

$$S_{\text{in}} = S_{\text{out}} = S_{\text{IO}} \tag{2-80}$$

上式中 S_{IO} 定義成自耦變壓器的輸入或輸出視在功率。然而，變壓器內繞組的視在功率為

$$S_W = V_C I_C = V_{\text{SE}} I_{\text{SE}} \tag{2-81}$$

因此輸入到變壓器的一次側功率 (與二次側輸出的功率) 和變壓器實際繞組內的真正功率之間的關係為

$$S_W = V_C I_C$$
$$= V_L (I_L - I_H)$$
$$= V_L I_L - V_L I_H$$

根據式 (2-77)，可得到

$$S_W = V_L I_L - V_L I_L \frac{N_C}{N_{SE} + N_C}$$

$$= V_L I_L \frac{(N_{SE} + N_C) - N_C}{N_{SE} + N_C} \tag{2-82}$$

$$= S_{IO} \frac{N_{SE}}{N_{SE} + N_C} \tag{2-83}$$

因此，自耦變壓器一次側或二次側的視在功率和經由繞組所傳送功率的比率為

$$\boxed{\frac{S_{IO}}{S_W} = \frac{N_{SE} + N_C}{N_{SE}}} \tag{2-84}$$

式 (2-84) 描述了自耦變壓器在額定視在功率上比一般變壓器優良的地方。上式中，S_{IO} 是進入自耦變壓器一次側或是離開二次側的視在功率，而 S_W 是經由繞組傳送的功率 (其餘的功率並不經由變壓器內繞組的耦合來傳送)。如果串聯繞組愈小，則上述的優點愈明顯。

例如，有一 5000 kVA 的自耦變壓器連接 110 kV 的系統到 138 kV 的系統，則其 N_C/N_{SE} 的匝數比為 110:28，如此的一個自耦變壓器其繞組的真正額定可能為

$$S_W = S_{IO} \frac{N_{SE}}{N_{SE} + N_C} \tag{2-83}$$

$$= (5000 \text{ kVA}) \frac{28}{28 + 110} = 1015 \text{ kVA}$$

上述的場合如果使用一般變壓器則其繞組額定須為 1015 kVA，這樣看來，此自耦變壓器將可以比一般變壓器小 5 倍，而且更便宜。基於上述的理由，在兩電壓很接近的系統間以自耦變壓器連接將有很多好處。

下面的例題中將說明自耦變壓器的分析及其在額定上的優點。

例題 2-4

一 100 VA，120/12 V 的變壓器連接成升壓自耦變壓器，如圖 2-26 所示，其一次側電壓為 120 V。

(a) 此自耦變壓器二次側電壓為多少？
(b) 此自耦變壓器最大的操作額定為多少 VA？
(c) 計算利用一般 120/12 V 變壓器連接成此自耦變壓器，其在容量上的提升。

解：

為得到一次側為 120 V 之升壓自耦變壓器，其共用繞組 N_C 與串聯繞組 N_{SE} 的匝比必須為

120:12 (或 10:1)。

(a) 此為一升壓自耦變壓器，二次側電壓為 V_H，根據式 (2-73)，

$$\mathbf{V}_H = \frac{N_{SE} + N_C}{N_C} \mathbf{V}_L \qquad (2\text{-}73)$$

$$= \frac{12 + 120}{120} 120 \text{ V} = 132 \text{ V}$$

(b) 任一繞組的最大額定伏安為 100 VA，此能提供多少輸入或輸出視在功率？檢視串聯繞組可找到答案。串聯繞組上的電壓 V_{SE} 為 12 V，且其伏安額定為 100 VA，因此串聯繞組的最大電流為

$$I_{SE,max} = \frac{S_{max}}{V_{SE}} = \frac{100 \text{ VA}}{12 \text{ V}} = 8.33 \text{ A}$$

因 I_{SE} 等於二次側電流 I_S (或 I_H)，且二次側電壓 $V_S = V_H = 132$ V，所以二次側的視在功率為

$$S_{out} = V_S I_S = V_H I_H$$
$$= (132 \text{ V})(8.33 \text{ A}) = 1100 \text{ VA} = S_{in}$$

(c) 在額定的優點可由 (b) 或是分別代入式 (2-84) 計算求得。根據 (b) 的答案，

$$\frac{S_{IO}}{S_W} = \frac{1100 \text{ VA}}{100 \text{ VA}} = 11$$

或由式 (2-84)，

$$\frac{S_{IO}}{S_W} = \frac{N_{SE} + N_C}{N_{SE}} \qquad (2\text{-}84)$$

$$= \frac{12 + 120}{12} = \frac{132}{12} = 11$$

此自耦變壓器的額定為原先的 11 倍。◄

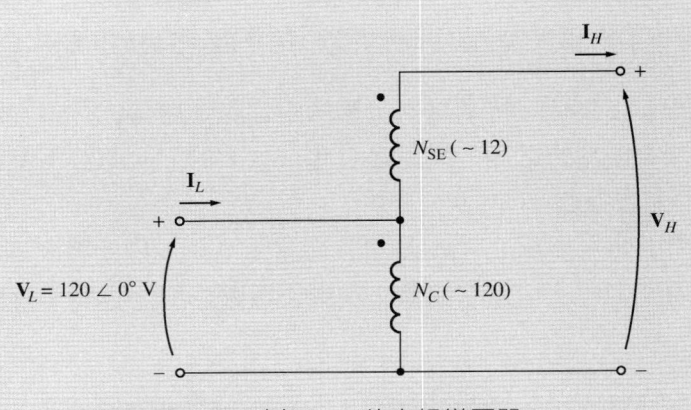

圖 2-26 例題 2-4 的自耦變壓器。

2.8 三相變壓器

三相變壓器的連接

三相變壓器不論其是分開的或是結合在同一鐵心，均包括了三個變壓器，其一次側和二次側都可以分別做 Y 或 Δ 連接，因此三相變壓器就有下列四種連接方法：

1. Y-Y 連接
2. Y-Δ 連接
3. Δ-Y 連接
4. Δ-Δ 連接

這些連接方法如圖 2-27 所示。

下面將討論三相變壓器各種連接法的優劣點。

Y-Y 連接：圖 2-27a 所示為 Y-Y 連接的三相變壓器，其每相一次側的電壓為 $V_{\phi P}=V_{LP}/\sqrt{3}$，此一次側相電壓和二次側相電壓之間的比即變壓器的匝數比，而二次側相電壓和二次側線電壓之間的關係為 $V_{LS}=\sqrt{3}\,V_{\phi S}$，因此就整體而言，變壓器一次側和二次側的電壓比為

$$\boxed{\frac{V_{LP}}{V_{LS}}=\frac{\sqrt{3}V_{\phi P}}{\sqrt{3}V_{\phi S}}=a \qquad Y-Y} \tag{2-85}$$

Y-Y 連接法有下面兩個非常嚴重的問題：

1. 如果變壓器電路供應一不平衡負載，則變壓器的相電壓將會嚴重的不平衡。
2. 會有嚴重的三次諧波電壓。

上面所提到的不平衡和三次諧波的問題可以用下面兩種技巧解決：

1. 變壓器的中性點直接接地，特別是一次側的中性點。這樣的連接允許相加後的三次諧波引起一流入中性點的電流，以免建立起一很大的三次諧波電壓。此中性點也提供不平衡負載一電流迴路。
2. 在原有變壓器的排列上多加上一組 Δ 連接的第三繞組，如此將使三次諧波電壓在此 Δ 連接的繞組內產生迴流，進而消除三次諧波電壓，與上述將中性點接地的方法類似。

Y-Δ 連接：三相變壓器的 Y-Δ 連接法如圖 2-27b 所示，此種連接法其一次側線電壓和

一次側相電壓之間的關係為 $V_{LP} = \sqrt{3}\ V_{\phi P}$，而其二次側線電壓等於二次側相電壓 $V_{LS} = V_{\phi S}$，再根據一次側相電壓和二次側相電壓之比為

$$\frac{V_{\phi P}}{V_{\phi S}} = a$$

所以對整個變壓器而言，其一次側線電壓和二次側線電壓之間的關係為

$$\frac{V_{LP}}{V_{LS}} = \frac{\sqrt{3} V_{\phi P}}{V_{\phi S}}$$

$$\boxed{\frac{V_{LP}}{V_{LS}} = \sqrt{3}a \qquad \text{Y}-\Delta} \tag{2-86}$$

由於三次諧波會在 Δ 側產生迴流而消失，因此 Y-Δ 連接沒有三次諧波的問題。另

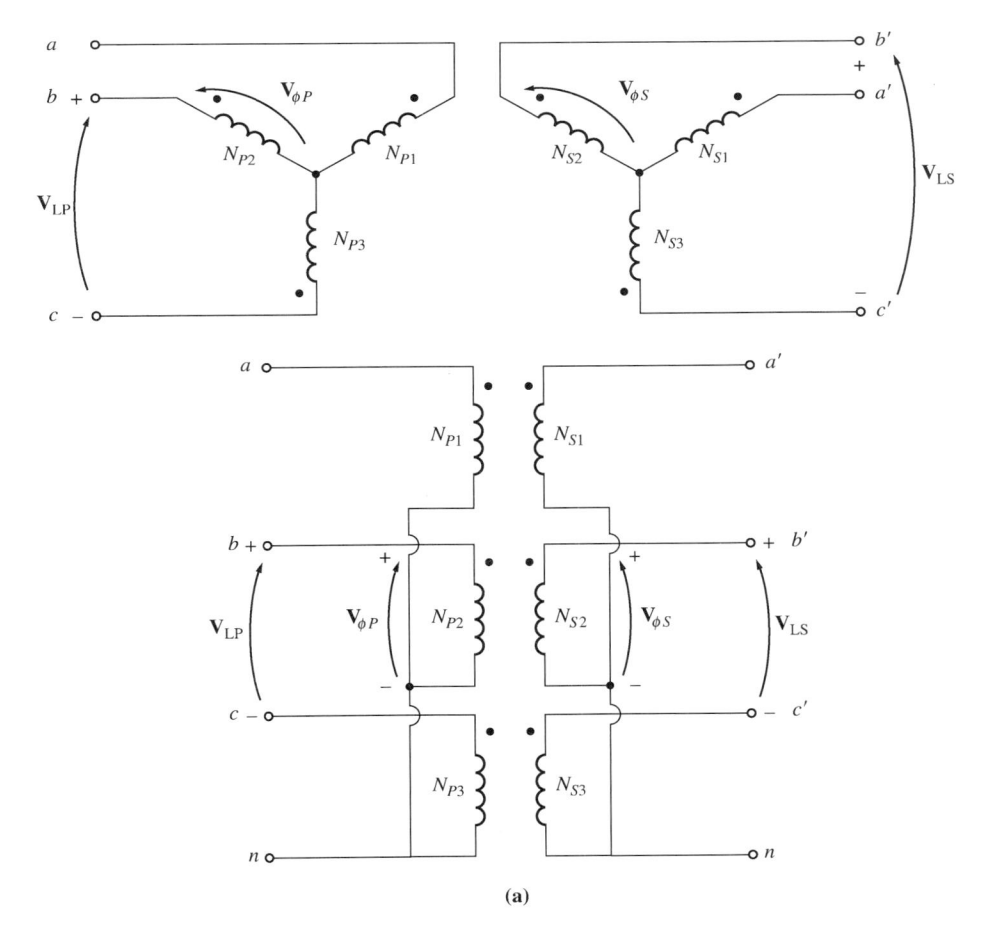

圖 2-27　三相變壓器的接線圖：(a) Y-Y 連接；(b) Y-Δ 連接；(c) Δ-Y 連接；(d) Δ-Δ 連接。

圖 2-27 (續) (b)Y-Δ。

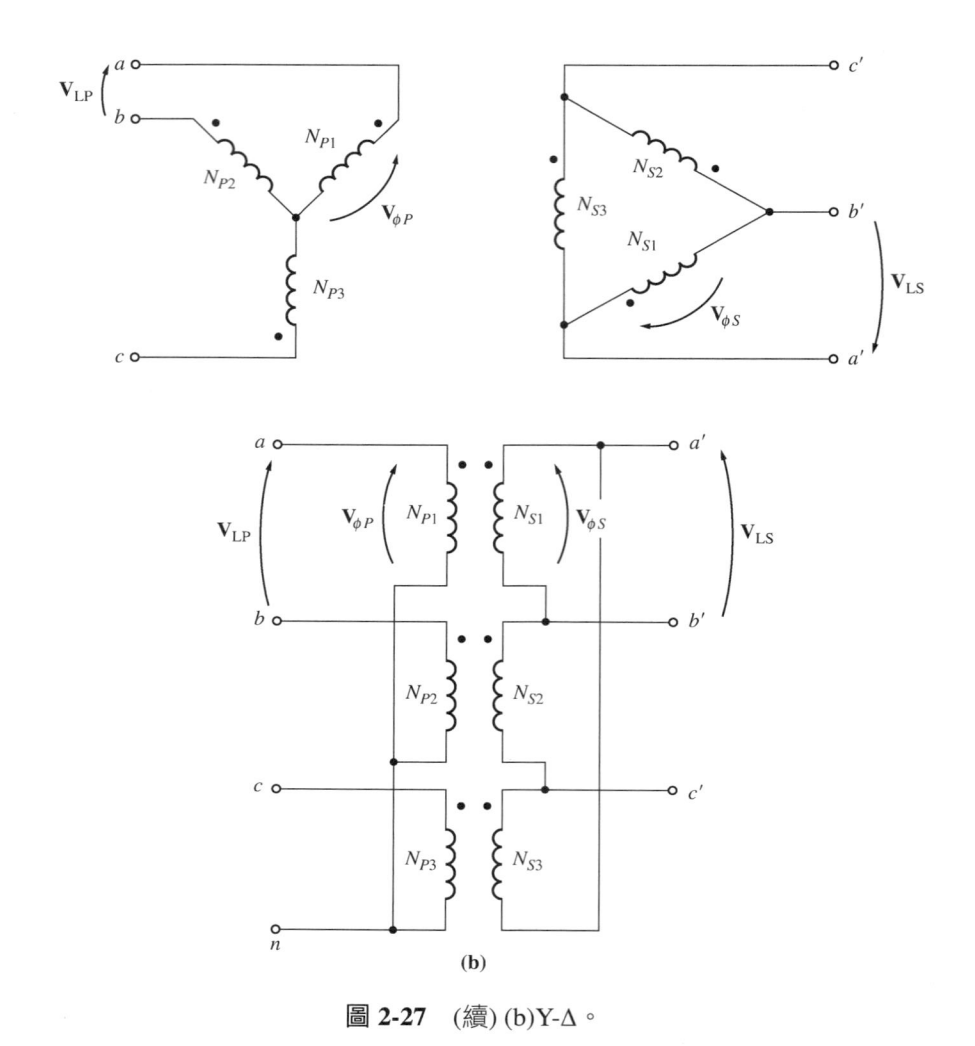

外當不平衡發生時，Δ 部分會重新分配，所以對不平衡負載而言，Y-Δ 連接法較穩定。

然而此種連接法會產生一個問題，由於二次側為 Δ 連接，因此二次側相對於一次側電壓會有 30° 的相角位移。此相角位移在兩變壓器並聯運轉時須特別注意，因為變壓器並聯運轉時，同側同相的電壓除了大小須相等外，相位也須相同。

如果系統的相序是 abc，則圖 2-27b 的接法將使二次側電壓落後 30°，而如果系統相序為 acb，則圖 2-27b 的接法將使二次側電壓領先一次側電壓 30°。

Δ-Y 連接：三相變壓器的 Δ-Y 連接法如圖 2-27c 所示，此連接法其一次側線電壓等於一次側相電壓 $V_{LP}=V_{\phi P}$，而二次側線電壓和二次側相電壓之間的關係為 $V_{LS}=\sqrt{3}\ V_{\phi S}$，因此變壓器對線的電壓比為

$$\frac{V_{LP}}{V_{LS}} = \frac{V_{\phi P}}{\sqrt{3}V_{\phi S}}$$

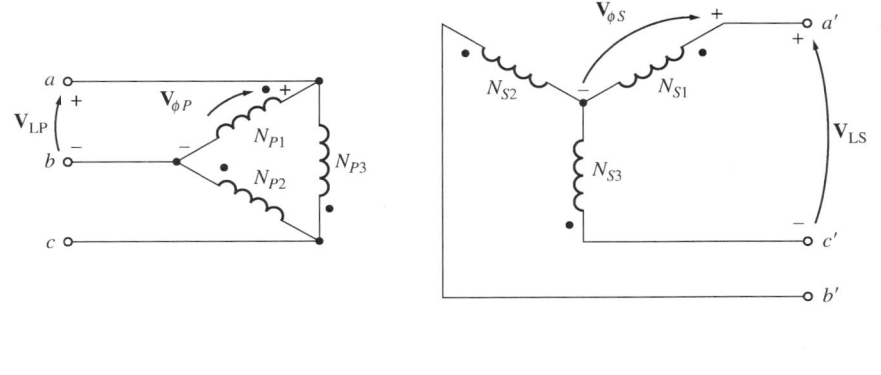

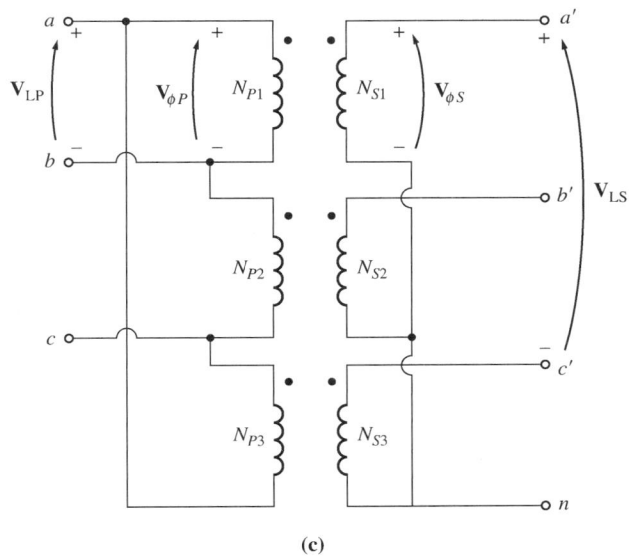

圖 2-27 (續) (c) Δ-Y。

$$\boxed{\frac{V_{LP}}{V_{LS}} = \frac{a}{\sqrt{3}} \quad \Delta-Y} \tag{2-87}$$

這種連接法和 Y-Δ 連接法有相同的優點及相角位移,圖 2-27c 中的連接法使二次側電壓落後一次側電壓 30°。

Δ-Δ 連接:圖 2-27d 所示為 Δ-Δ 連接法,其各電壓的關係為 $V_{LP} = V_{\phi P}$ 和 $V_{LS} = V_{\phi S}$,因此一次側線電壓和二次側線電壓之間的關係為

$$\boxed{\frac{V_{LP}}{V_{LS}} = \frac{V_{\phi P}}{V_{\phi S}} = a \quad \Delta-\Delta} \tag{2-88}$$

此種連接法沒有相角位移也沒有不平衡或諧波的問題產生。

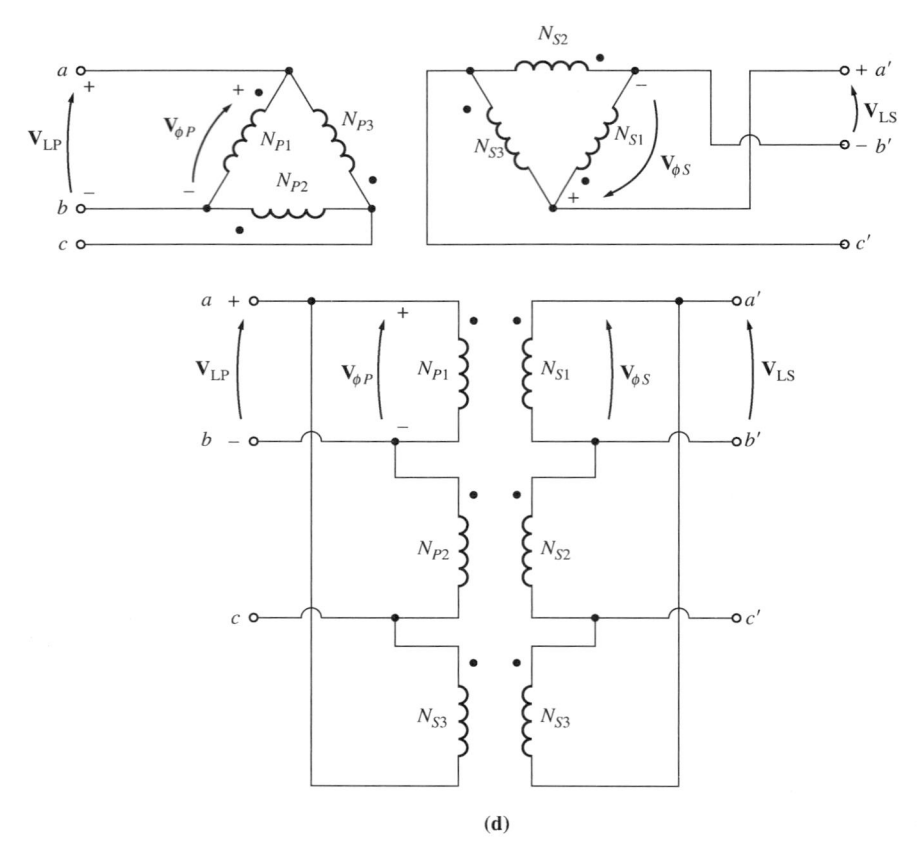

圖 2-27　(續) (d) Δ-Δ。

三相變壓器的標么系統

如果整個三相變壓器的基準伏安為 S_{base}，

$$S_{1\phi,\text{base}} = \frac{S_{\text{base}}}{3} \tag{2-89}$$

每相的電流基準值和阻抗基準值為

$$I_{\phi,\text{base}} = \frac{S_{1\phi,\text{base}}}{V_{\phi,\text{base}}} \tag{2-90a}$$

$$\boxed{I_{\phi,\text{base}} = \frac{S_{\text{base}}}{3\,V_{\phi,\text{base}}}} \tag{2-90b}$$

$$Z_{\text{base}} = \frac{(V_{\phi,\text{base}})^2}{S_{1\phi,\text{base}}} \tag{2-91a}$$

$$\boxed{Z_{\text{base}} = \frac{3(V_{\phi,\text{base}})^2}{S_{\text{base}}}} \tag{2-91b}$$

三相變壓器線上的量也可用標么值來表示。線電壓基準值和相電壓基準值之間的關係須根據變壓器的連接法來決定，Δ 連接時，$V_{L,\text{base}} = V_{\phi,\text{base}}$，Y 連接時，$V_{L,\text{base}} = \sqrt{3} V_{\phi,\text{base}}$。線電流的基準值則為

$$I_{L,\text{base}} = \frac{S_{\text{base}}}{\sqrt{3} V_{L,\text{base}}} \tag{2-92}$$

2.9 以兩單相變壓器作三相電壓轉換

這些方法有時是用在需要產生三相電力但沒有三條電力線可用的地方，例如在農村地區，電力公司的配電線通常只有通電三相中之一或兩相，因此地區之電力需求較少，供應三相電力不符經濟成本。使用兩個變壓器來產生三相電力時，變壓器對功率的處理能力會降低，但卻可以滿足一些經濟上的要求。

一些比較重要的兩變壓器連接法如下：

1. 開 Δ (或 V-V) 連接
2. 開 Y-開 Δ 連接
3. 史考特 T 形 (Scott-T) 連接
4. 三相 T 形連接

開 Δ (或 V-V) 連接

如圖 2-28 所示。假設所剩下來二次側的電壓分別為 $\mathbf{V}_A = V \angle 0°$ 及 $\mathbf{V}_B = V \angle -120°$ V，則跨在原先放置第三個變壓器的空隙上的電壓為

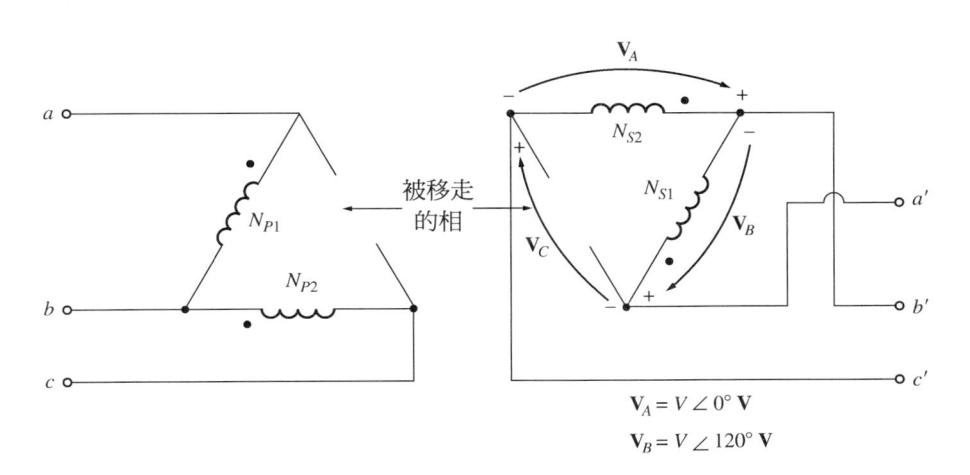

圖 2-28　變壓器的開 Δ 或 V-V 連接。

$$\begin{aligned}\mathbf{V}_C &= -\mathbf{V}_A - \mathbf{V}_B \\ &= -V\angle 0° - V\angle -120° \\ &= -V - (-0.5V - j0.866V) \\ &= -0.5V + j0.866V \\ &= V\angle 120° \quad \text{V}\end{aligned}$$

此電壓和第三個變壓器仍存在時完全相同，此 C 相有時稱為**鬼相** (ghost phase)。由上面可知，即使其中一個單相變壓器被移走，仍舊能以開 Δ 連接方式僅用兩個變壓器，使功率繼續流通。

圖 2-29a 為一正常操作的變壓器連接一電阻性的負載，如果排列中每一變壓器的額定電壓為 V_ϕ，額定電流為 I_ϕ，則能供給負載的最大功率為

$$P = 3V_\phi I_\phi \cos\theta$$

由於是電阻性負載，電壓 V_ϕ 和電流 I_ϕ 之間的夾角 $\theta = 0°$，所以

$$\begin{aligned}P &= 3V_\phi I_\phi \cos\theta \\ &= 3V_\phi I_\phi\end{aligned} \tag{2-93}$$

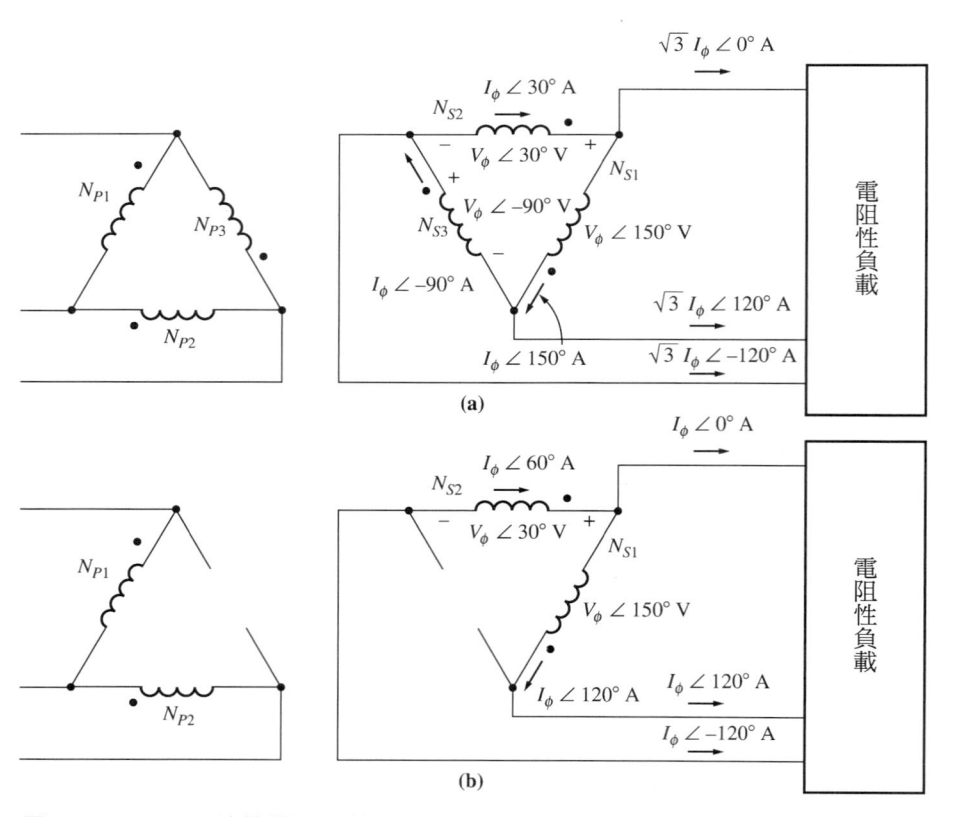

圖 2-29 (a) Δ-Δ 連接變壓器的電壓和電流；(b) 開 Δ 連接變壓器的電壓和電流。

圖 2-29b 為開 Δ 變壓器，此變壓器中電壓和電流的相角必須特別注意。由於少了一個變壓器，故變壓器線電流等於每一變壓器中的相電流，而在每一變壓器中電壓和電流之間有 30° 的相角差，因此，要決定其所能供應的最大功率，必須分析每個個別的變壓器。對第一個變壓器而言，電壓的相角為 150°，電流的相角為 120°，其能供應的最大功率為

$$P_1 = 3V_\phi I_\phi \cos(150° - 120°)$$
$$= 3V_\phi I_\phi \cos 30°$$
$$= \frac{\sqrt{3}}{2} V_\phi I_\phi \tag{2-94}$$

對第二個變壓器而言，電壓的相角為 30°，電流的相角為 60°。其所能供應的最大功率為

$$P_2 = 3V_\phi I_\phi \cos(30° - 60°)$$
$$= 3V_\phi I_\phi \cos(-30°)$$
$$= \frac{\sqrt{3}}{2} V_\phi I_\phi \tag{2-95}$$

因此，開 Δ 連接所能供應的最大功率為

$$P = \sqrt{3} V_\phi I_\phi \tag{2-96}$$

不論是開 Δ 連接或正常連接，其每一變壓器的電壓額定和電流額定均相同，所以這兩種不同連接法其輸出功率的比值為

$$\frac{P_{\text{open }\Delta}}{P_{\text{3 phase}}} = \frac{\sqrt{3} V_\phi I_\phi}{3 V_\phi I_\phi} = \frac{1}{\sqrt{3}} = 0.577 \tag{2-97}$$

由上式可看出，開 Δ 連接法所能輸出的功率僅為原先額定的 57.7%。

第一個變壓器的虛功率為

$$Q_1 = 3V_\phi I_\phi \sin(150° - 120°)$$
$$= 3V_\phi I_\phi \sin 30°$$
$$= \tfrac{1}{2} V_\phi I_\phi$$

第二個變壓器的虛功率為

$$Q_2 = 3V_\phi I_\phi \sin(30° - 60°)$$
$$= 3V_\phi I_\phi \sin(-30°)$$
$$= -\tfrac{1}{2} V_\phi I_\phi$$

由上面可以看出，一個變壓器產生虛功率，而另一個變壓器消耗虛功率，這使得兩個變壓器所能輸出的功率被限制為原先的 57.7%，而不是我們預期的 66.7%。

由另一個角度來看開 Δ 連接的額定值,也可以看成剩下的兩個變壓器僅能提供其本身額定的 86.6%。

開 Y-開 Δ 連接

開 Y-開 Δ 連接和開 Δ 連接非常類似,其不同點在於一次側由兩相對地的電壓所推動,如圖 2-30 所示。通常開 Y-開 Δ 連接使用在需要三相電源的商業用戶卻沒有全部三相電源的場合,用戶可以此替代方式得到三相電源,直到設備容量需第三相電源為止。

此方法的最大缺點在於一次側中性點上會有很大的電流。

史考特 T 形連接

史考特 T 形連接包括了兩個相同額定的單相變壓器,其中一個的一次側繞組上有一

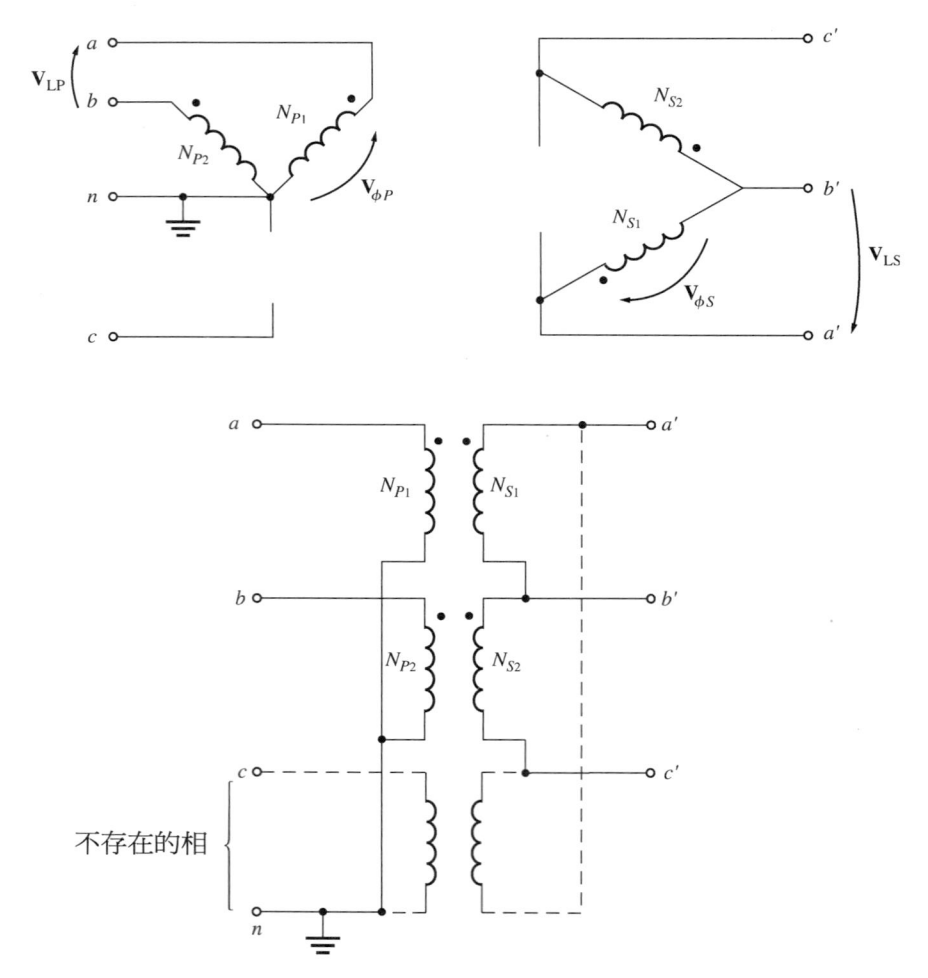

圖 2-30 開 Y-開 Δ 連接的接線圖。注意:此連接與圖 2-27b 的 Y-Δ 連接完全相同,除了此連接沒有第三個變壓器和多了一個中性點。

分接頭，此分接頭的電壓為滿載電壓的 86.6%，如圖 2-31a 所示，變壓器 T_2 上 86.6% 的分接頭和變壓器 T_1 的中間分接頭連接。加在一次側繞組上的電壓如圖 2-31b 所示，所產生加在這兩個變壓器一次側上的電壓如圖 2-31c 所示，由於一次側上 V_{p1} 和 V_{p2} 相差 90°，因此可在二次側得到相差 90° 的兩相電源。

三相 T 形連接

史考特 T 形連接使用兩個變壓器來轉換不同電壓準位的**三相功率** (three-phase power) 和**兩相功率** (two-phase power)。其接法如圖 2-32 所示。由圖上可看出，變壓器

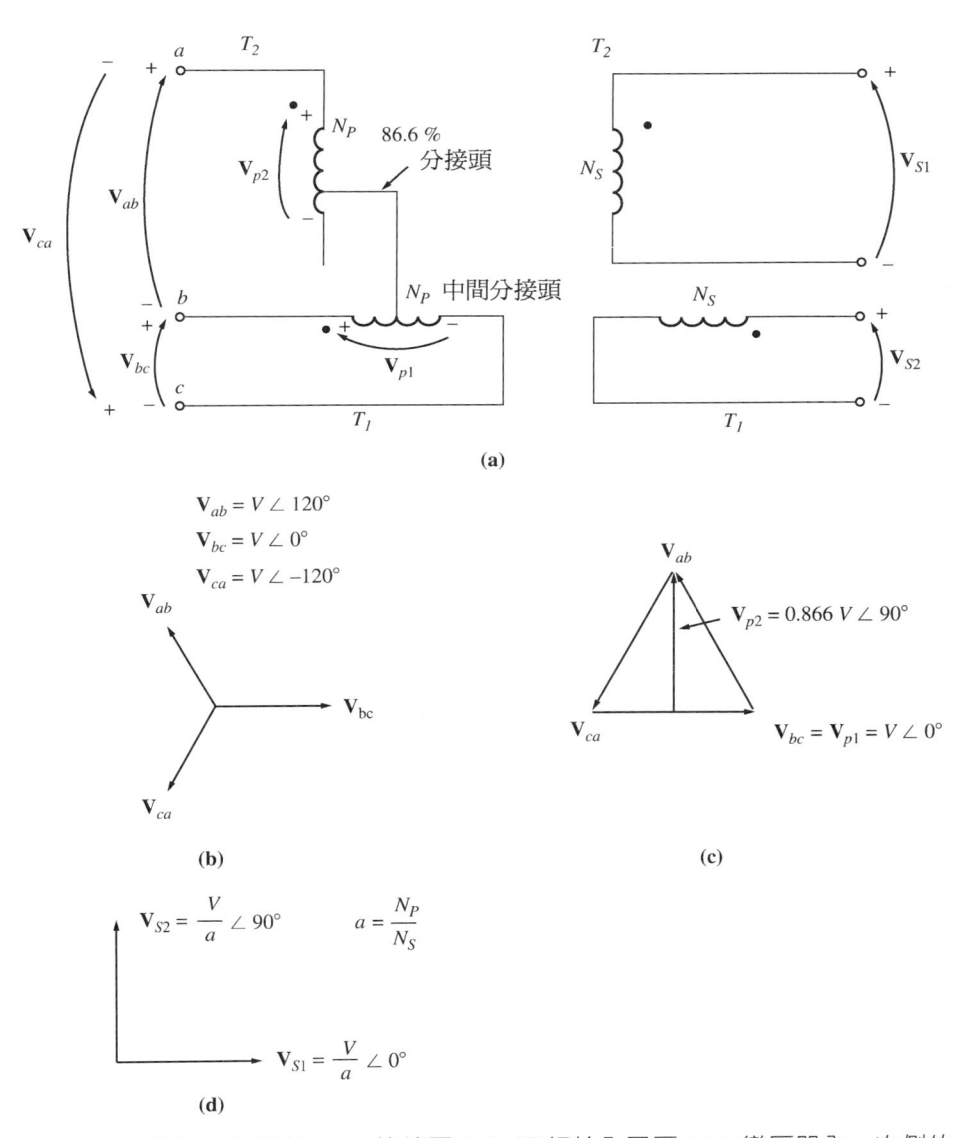

圖 **2-31** 史考特 T 形連接。(a) 接線圖；(b) 三相輸入電壓；(c) 變壓器內一次側的電壓；(d) 二次側二相電壓。

88 電機機械原理精析

$\mathbf{V}_{ab} = V \angle 120°$
$\mathbf{V}_{bc} = V \angle 0°$
$\mathbf{V}_{ca} = V \angle -120°$

(b)

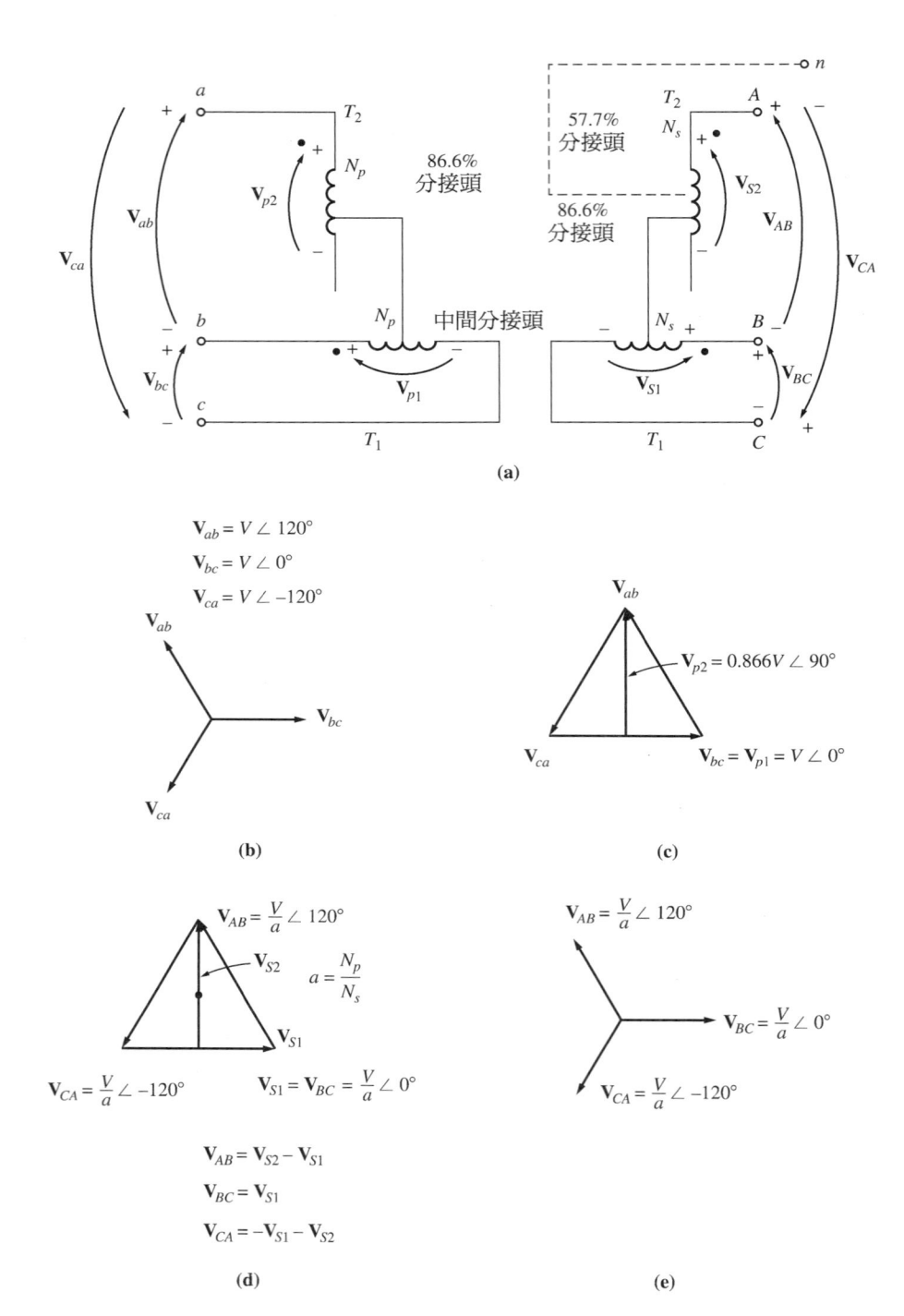

$\mathbf{V}_{p2} = 0.866V \angle 90°$
$\mathbf{V}_{bc} = \mathbf{V}_{p1} = V \angle 0°$

(c)

$\mathbf{V}_{AB} = \dfrac{V}{a} \angle 120°$

$a = \dfrac{N_p}{N_s}$

$\mathbf{V}_{CA} = \dfrac{V}{a} \angle -120°$ $\mathbf{V}_{S1} = \mathbf{V}_{BC} = \dfrac{V}{a} \angle 0°$

$\mathbf{V}_{AB} = \mathbf{V}_{S2} - \mathbf{V}_{S1}$
$\mathbf{V}_{BC} = \mathbf{V}_{S1}$
$\mathbf{V}_{CA} = -\mathbf{V}_{S1} - \mathbf{V}_{S2}$

(d)

$\mathbf{V}_{AB} = \dfrac{V}{a} \angle 120°$

$\mathbf{V}_{BC} = \dfrac{V}{a} \angle 0°$

$\mathbf{V}_{CA} = \dfrac{V}{a} \angle -120°$

(e)

圖 **2-32**　三相 T 形連接。(a) 接線圖；(b) 三相輸入電壓；(c) 一次側繞組的電壓；(d) 二次側繞組的電壓；(e) 二次側的三相輸出電壓。

T_2 一次側及二次側的 86.6% 分接頭，分別連接到 T_1 一次側及二次側的中間分接頭。在此 T_1 稱為**主變壓器** (main transformer)，T_2 稱為 **teaser 變壓器** (teaser transformer)。

史考特 T 形連接法中，三相輸入電壓在兩個變壓器的一次繞組上產生相差 90° 的兩相電壓，使得兩個變壓器的二次繞組也產生相差 90° 的兩相電壓，而三相 T 形連接卻在二次側重新組合產生三相電壓輸出。

三相 T 形連接法相較其他三相兩變壓器連接法 (開 Δ 和開 Y-開 Δ) 有一個主要的優點，那就是在一次側及二次側均可以獲得中性點。由於三相 T 形連接比完整的三相變壓器便宜，故有時被用做獨立的三相配電變壓器。

2.10 變壓器的額定及一些相關問題

變壓器有四個主要額定：

1. 視在功率 (kVA 或 MVA)
2. 一次與二次側電壓 (V)
3. 頻率 (Hz)
4. 標么串聯電阻和電抗

大部分的變壓器會在名牌 (nameplate) 上顯示這些額定。

變壓器電壓和頻率的額定

變壓器的電壓額定有兩種功能，第一個功能就是保護繞組的絕緣，避免由於供應過高電壓所引起的故障，但這並不是實用變壓器最嚴重的限制。第二個功能和變壓器的磁化曲線及磁化電流有關。圖 2-7 為一變壓器的磁化曲線，如果一穩定電壓

$$v(t) = V_M \sin \omega t \quad \text{V}$$

供應給變壓器的一次繞組，則變壓器的磁通將為

$$\phi(t) = \frac{1}{N_P} \int v(t)\, dt$$

$$= \frac{1}{N_P} \int V_M \sin \omega t$$

$$\boxed{\phi(t) = -\frac{V_M}{\omega N_P} \cos \omega t} \tag{2-98}$$

如果電壓 $v(t)$ 增加 10%，則鐵心內的最大磁通也會增加 10%。然而在磁化曲線某一

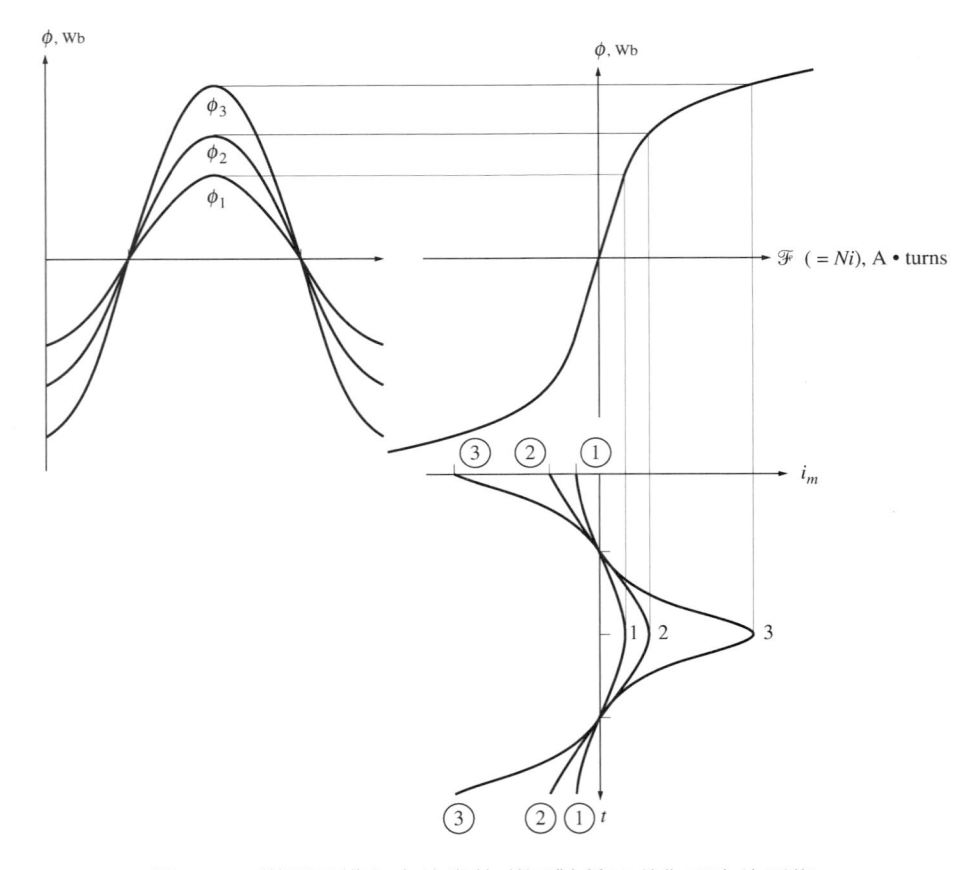

圖 2-33 變壓器鐵心中的峯值磁通對所需磁化電流的影響。

特定點以上的區域,欲增加 10% 的磁通所須增加的磁化電流將遠大於 10%,這個觀念可由圖 2-33 來解釋。當電壓增加,磁化電流變成高得無法接受。最高的供應電壓 (也就是額定電壓) 被設定成鐵心所能接受的最大磁化電流。

如果最大磁通保持固定,則電壓和頻率將有下面的關係式:

$$\phi_{max} = \frac{V_{max}}{\omega N_P} \tag{2-99}$$

因此,一個 60 Hz 的變壓器操作於 50 Hz 的電源時,供應電壓須減少六分之一,否則鐵心中的磁通將會過高。此隨頻率而減少的電壓稱為**減免額定** (derating)。同理,50 Hz 的變壓器操作於 60 Hz 的電源,如果不引起絕緣上的問題的話,則供應電壓可以提高 20%。

變壓器的額定視在功率

變壓器額定視在功率的主要目的是,配合額定電壓可以設定流入變壓器繞組的電流

量，此電流控制變壓器 i^2R 損失，同時也控制著線圈的熱量。此熱量對變壓器而言非常重要，因過熱的線圈將嚴重縮短變壓器的絕緣壽命。

變壓器以視在功率作為額定，而不用實功或虛功率，是因為在一定的電流下所產生的熱是相同的，不管此電流是來自於端電壓的那一相；也就是電流大小影響繞組產生的熱，而跟電流相位無關。

變壓器真正的額定伏安可能不只一個值，實際的變壓器在自然情況下有某一額定伏安值，而在強迫冷卻下將有一更高的額定值。變壓器額定功率的關鍵在於限制變壓器繞組熱點的溫度，以保護其壽命。

如果變壓器為了某些原因 (例如操作於較正常為低的頻率的電源) 而降低操作電壓時，其額定伏安也須等量的減少，否則變壓器繞組的電流將超過最大容許值而引起過熱。

突入電流的問題

突入電流的問題和變壓器的電壓準位有關。假設電壓

$$v(t) = V_M \sin(\omega t + \theta) \quad \text{V} \tag{2-100}$$

在變壓器連接到電源線的瞬間供應給變壓器，則在第一個半週期內磁通所能達到的最高值要根據供電壓的相角決定。如果初始電壓為

$$v(t) = V_M \sin(\omega t + 90°) = V_M \cos \omega t \quad \text{V} \tag{2-101}$$

而且鐵心的初始磁通為零，在這些條件下，鐵心磁通於第一個半週的最大值恰好等於穩態時的最大值：

$$\phi_{\max} = \frac{V_{\max}}{\omega N_P} \tag{2-99}$$

這磁通準位和穩態磁通一樣，因此不會引起特殊的問題。但如果供應電壓為

$$v(t) = V_M \sin \omega t \quad \text{V}$$

則第一半週的最大磁通將變成

$$\phi(t) = \frac{1}{N_P} \int_0^{\pi/\omega} V_M \sin \omega t \, dt$$

$$= -\frac{V_M}{\omega N_P} \cos \omega t \bigg|_0^{\pi/\omega}$$

$$= -\frac{V_M}{\omega N_P}[(-1) - (1)]$$

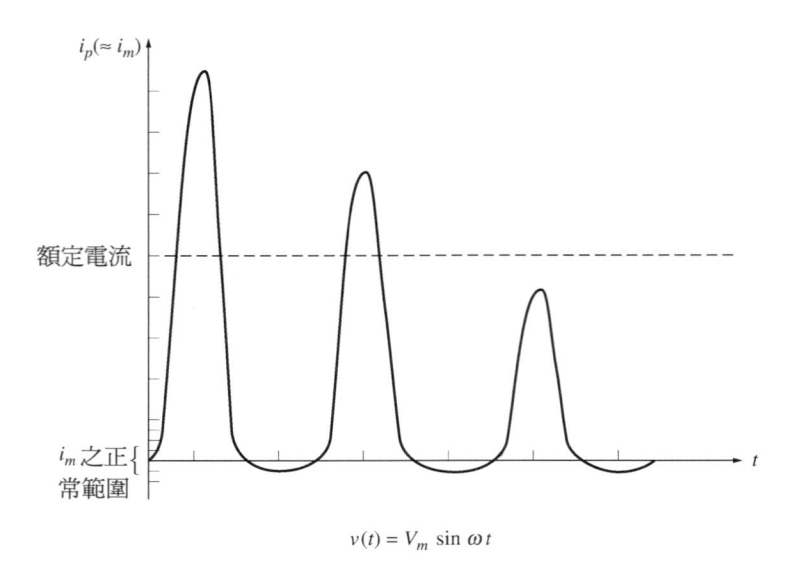

圖 2-34 變壓器開啟時，由磁化電流所導致的突入電流。

$$\boxed{\phi_{\max} = \frac{2V_{\max}}{\omega N_P}} \qquad (2\text{-}102)$$

此時的最大磁通為正常穩態時的 2 倍，再一次參閱圖 2-7，很容易的可以發現，鐵心內的最大磁通加倍將產生一巨大的磁化電流，事實上在此週期內，變壓器如同短路一樣，有一很大的電流 (見圖 2-34)。

供應電壓的相角為 90° 時，沒有問題產生；相角等於 0° 時則為最壞的情況；介於 90° 和 0° 之間的相角會產生不同程度過多的電流。變壓器啟動時供應電壓的相角無法控制，在其連接到電源後的前幾個週期裡可能會有很大的突入電流，因此變壓器及電力系統必須能夠忍受這些電流。

習 題

2-1 一 100 kVA，8000/277 V 的配電變壓器，其電阻和電抗值如下：

$R_P = 5\ \Omega$　　　　$R_S = 0.005\ \Omega$
$X_P = 6\ \Omega$　　　　$X_S = 0.006\ \Omega$
$R_C = 50\ \text{k}\Omega$　　　$X_M = 10\ \text{k}\Omega$

其參考至高壓側之激磁分路阻抗為已知。
(a) 求此變壓器參考至低壓側之等效電路。

(b) 求此變壓器的標么等效電路。
(c) 若變壓器在 227 V，0.85 PF 落後時提供額定負載，則此時變壓器之輸入電壓為何？電壓調整率是多少？
(d) 變壓器工作於 (c) 的情況下，其銅損和鐵心損失是多少？
(e) 變壓器工作於 (c) 的情況下，其效率是多少？

2-2 圖 P2-1 所示為一單相電力系統。圖中電源經由 38.2＋j140 Ω 的傳輸阻抗供應給一 100 kVA，14/2.4 kV 的變壓器，此變壓器參考至低壓側的等效串聯阻抗為 0.10＋j0.40 Ω。變壓器的負載為 90 kW，2300 V，PF＝0.80 落後。
(a) 試求此系統電源的電壓。
(b) 求此變壓器的電壓調整率。
(c) 試求整個系統的效率。

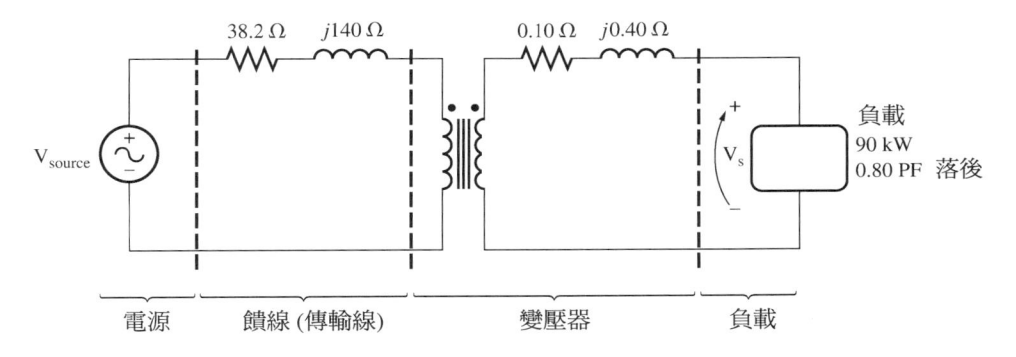

圖 P2-1 習題 2-2 的電路。

2-3 一實際變壓器的二次側電壓為 $v_s(t) = 282.8 \sin 377t$ V，匝數比為 100:200 ($a = 0.50$)。如果二次側的電流 $i_s(t) = 7.07 \sin(377t - 36.87°)$ A，則一次側電流為何？試計算此變壓器的電壓調整率及效率。此變壓器參考至一次側的阻抗如下：

$R_{eq} = 0.20$ Ω $R_C = 300$ Ω
$X_{eq} = 0.80$ Ω $X_M = 100$ Ω

2-4 一 1000 VA，230/115 V 的變壓器，為求其等效電路所作測試之數據如下：

開路試驗 (二次側)	短路試驗 (一次側)
$V_{OC} = 115$ V	$V_{SC} = 17.1$ V
$I_{OC} = 0.11$ A	$I_{SC} = 8.7$ A
$P_{OC} = 3.9$ W	$P_{SC} = 38.1$ W

(a) 試繪出此變壓器參考至低壓側的等效電路。

(b) 試計算額定條件下的電壓調整率，分別在：(1) 0.8 PF 落後；(2) 1.0 PF；(3) 0.8 PF 超前時。

(c) 試計算額定條件下功率因數 0.8 PF 落後時的效率。

2-5 一 5000 kVA，230/13.8 kV 的單相變壓器，根據名牌上的資料，其電阻標么值為 1%，感抗標么值為 5%。對低壓側所作開路試驗得到如下的數據：

$$V_{OC} = 13.8 \text{ kV} \qquad I_{OC} = 21.1 \text{ A} \qquad P_{OC} = 90.8 \text{ kW}$$

(a) 試繪出參考至低壓側的等效電路。

(b) 如果二次側電壓為 13.8 kV，且供應 4000 kW，0.8 PF 落後的負載，試分別求出此變壓器的電壓調整率及效率。

2-6 三個 20 kVA，24,000/277 V 的配電變壓器，以 Δ-Y 方式連接。此變壓器組於低壓側進行開路試驗，所得到的數據為

$$V_{\text{line,OC}} = 480 \text{ V} \qquad I_{\text{line,OC}} = 4.10 \text{ A} \qquad P_{3\phi,\text{OC}} = 945 \text{ W}$$

於高壓側進行短路試驗，所得到的數據為：

$$V_{\text{line,SC}} = 1400 \text{ V} \qquad I_{\text{line,SC}} = 1.80 \text{ A} \qquad P_{3\phi,\text{SC}} = 912 \text{ W}$$

(a) 求此變壓器組的標么等效電路。

(b) 求在額定負載，PF＝0.90 落後下之電壓調整率。

(c) 求此操作情況下變壓器組的效率是多少？

2-7 三相 Y-Y 連接法，且中性點接地的自耦變壓器，用來連接 12.6 kV 的配電線至 13.8 kV 的配電線，此變壓器須可以處理 2000 kVA 的功率。

(a) 試求所需的 N_C/N_{SE} 的匝數比。

(b) 單一個自耦變壓器的繞組須能處理多少視在功率？

(c) 此自耦變壓器電力傳輸的優點為何？

(d) 如果其一個自耦變壓器改連接成普通變壓器，則其額定變為多少？

2-8 一 50 kVA，20,000/480 V，60 Hz 的單相配電變壓器，其開路及短路試驗的數據如下：

開路試驗 (由二次側量測)	短路試驗 (由一次側量測)
$V_{OC} = 480$ V	$V_{SC} = 1130$ V
$I_{OC} = 4.1$ A	$I_{SC} = 1.30$ A
$P_{OC} = 620$ W	$P_{SC} = 550$ W

(a) 試求 60 Hz 時，此變壓器的標么等效電路。
(b) 在額定及單位功因操作下，變壓器的效率是多少？電壓調整率為何？
(c) 試求此變壓器操作於 50 Hz 時的額定值。
(d) 試繪出此變壓器操作於 50 Hz 參考至一次側的等效電路。
(e) 變壓器操作於 50 Hz 電力系統，在額定及單位功因下，變壓器的效率是多少？電壓調整率為何？
(f) 變壓器於額定條件、60 Hz 操作，其效率和操作於 50 Hz 時之差別為何？

2-9 圖 P2-2 所示為由一三相 480 V，60 Hz 發電機，經由一傳輸線，供給兩個負載所構成的電力系統單線圖，傳輸線兩端各有一變壓器。

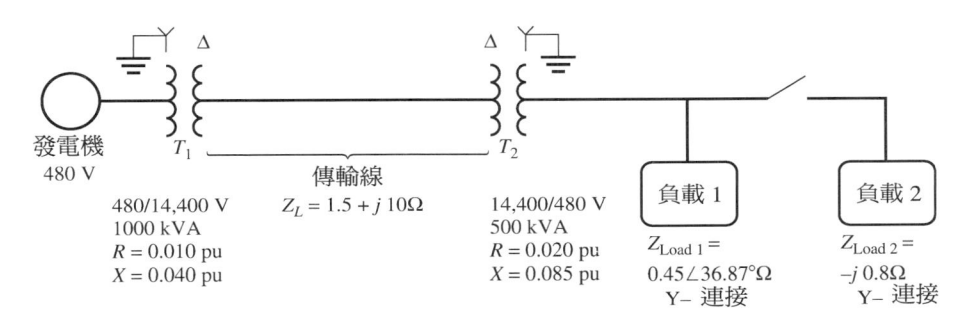

發電機
T_1
480 V

480/14,400 V
1000 kVA
$R = 0.010$ pu
$X = 0.040$ pu

傳輸線
$Z_L = 1.5 + j\,10\,\Omega$

T_2

14,400/480 V
500 kVA
$R = 0.020$ pu
$X = 0.085$ pu

負載 1
$Z_{\text{Load 1}} = 0.45\angle 36.87°\,\Omega$
Y– 連接

負載 2
$Z_{\text{Load 2}} = -j\,0.8\,\Omega$
Y– 連接

圖 P2-2 習題 2-9 的電力系統。注意上面的標示，有的是標么值，有的是實際值。

(a) 試繪出此電力系統的標么等效電路。
(b) 當開關打開時，試求此發電機所供應的實功率 P、虛功率 Q 與視在功率 S。此時變壓器的功率因數為何？
(c) 當開關關上時，試求此發電機所供應的實功率 P、虛功率 Q 與視在功率 S。此時變壓器的功率因數為何？
(d) 試分別求出開關打開及關上時的傳輸損失 (包括變壓器及傳輸線)。加入第二個負載對此系統的影響為何？

3

CHAPTER

交流電機基本原理

學習目標

- 學習在均勻磁場內之旋轉線圈如何產生交流電。
- 學習在均勻磁場內之載流線圈如何產生轉矩。
- 學習如何由一三相定子產生一旋轉磁場。
- 瞭解旋轉轉子與磁場如何在定子繞組內感應交流電壓。
- 瞭解電氣頻率、極數與電機轉速間之關係。
- 瞭解交流機如何產生轉矩。
- 瞭解繞組絕緣對電機壽命之影響。
- 瞭解電機內損失型式與功率潮流圖。

　　交流電機包括發電機和電動機,交流發電機將機械能轉變為交流電能,交流電動機將交流電能轉變為機械能。

　　交流電機主要分為同步機和感應機兩大類,**同步機** (synchronous machine) 包括同步發電機和同步電動機,它們的磁場電流是由另外的直流電源所供應,而**感應機型** (induction machine) 的發電機和電動機的磁場電流是電磁感應 (變壓器作用) 到磁場繞組所產生的。大部分同步與感應機的場電路是放在轉子上。

3.1　置於均勻磁場內之單一匝線圈

　　在一均勻磁場內之單一線圈為可產生弦波交流電壓之最簡單電機。圖 3-1 所示為由一大的靜止磁鐵所產生的固定、均勻的磁場與一磁場內之旋轉線圈所構成之簡單電機。此電機旋轉部分稱為**轉子** (rotor),靜止部分稱為**定子** (stator)。

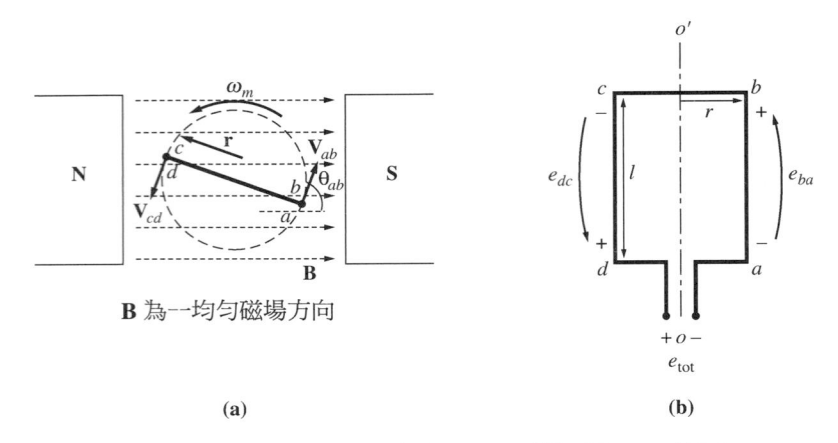

圖 3-1 均勻磁場內之旋轉線圈。(a) 前視圖；(b) 線圈。

單一旋轉線圈之感應電壓

　　為了求出電壓大小與形狀請看圖 3-2。線圈為矩形，*ab* 與 *cd* 邊與紙面垂直，*bc* 與 *da* 邊與紙面平行，磁場是固定且均勻，由左至右橫過紙面。

1. *ab* 段。在此段，導線速度與旋轉路徑正切，而磁場 **B** 方向往右，如圖 3-2b 所示。**v**×**B** 方向進入紙面，此與 *ab* 段方向相同。因此，此導體段所感應電壓為

$$e_{ba} = (\mathbf{v} \times \mathbf{B}) \cdot \mathbf{l}$$
$$= vBl \sin \theta_{ab} \quad \text{進入紙面} \tag{3-1}$$

2. *bc* 段。此段前半部之 **v**×**B** 方向為進入紙面，而另一半之 **v**×**B** 方向為離開紙面。因長度 l 在紙面上。所以導線兩部分之 **v**×**B** 與 l 垂直。因此 *bc* 段電壓為零：

$$e_{cb} = 0 \tag{3-2}$$

3. *cd* 段。在此段導線速度與旋轉路徑正切，而磁場 **B** 方向向右，如圖 3-2c 所示。**v**×**B** 方向進入紙面，與 *cd* 段方向相同。因此，此段之感應電壓為

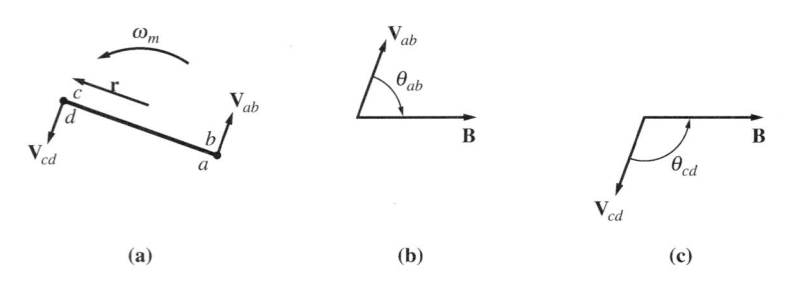

圖 3-2 (a) 線圈相對於磁場之速度與方向；(b) *ab* 邊相對於磁場之運動方向；(c) *cd* 邊相對於磁場之運動方向。

$$e_{dc} = (\mathbf{v} \times \mathbf{B}) \cdot \mathbf{l}$$
$$= vBl \sin \theta_{cd} \quad \text{離開紙面} \tag{3-3}$$

4. *da* 段。正如 *bc* 段，$\mathbf{v} \times \mathbf{B}$ 與 **l** 垂直。因此，此段電壓也為零：
$$e_{ad} = 0 \tag{3-4}$$

線圈之總感應電壓 e_ind 為每段電壓和：
$$e_\text{ind} = e_{ba} + e_{cb} + e_{dc} + e_{ad}$$
$$= vBl \sin \theta_{ab} + vBl \sin \theta_{cd} \tag{3-5}$$

注意 $\theta_{ab} = 180° - \theta_{cd}$ 且 $\sin \theta = \sin(180° - \theta)$，因此，感應電壓變為
$$e_\text{ind} = 2vBl \sin \theta \tag{3-6}$$

圖 3-3 所示為感應電壓 e_ind 之波形。

再看圖 3-1，若線圈以一固定角速度 ω 旋轉，則線圈角度 θ 將隨時間線性增加，即
$$\theta = \omega t$$
而線圈邊之切線速度 v 可表示成
$$v = r\omega \tag{3-7}$$
其中 r 為由旋轉軸至線圈邊之半徑，而 ω 為線圈之角速度。將此兩式代入式 (3-6) 得
$$e_\text{ind} = 2r\omega Bl \sin \omega t \tag{3-8}$$

注意到由圖 3-1b 可知線圈面積 A 等於 $2rl$，因此，
$$e_\text{ind} = AB\omega \sin \omega t \tag{3-9}$$

最後，最大磁通發生於線圈與磁通密度相垂直時，此磁通大小等於線圈表面積與通過線圈磁通密度之垂積

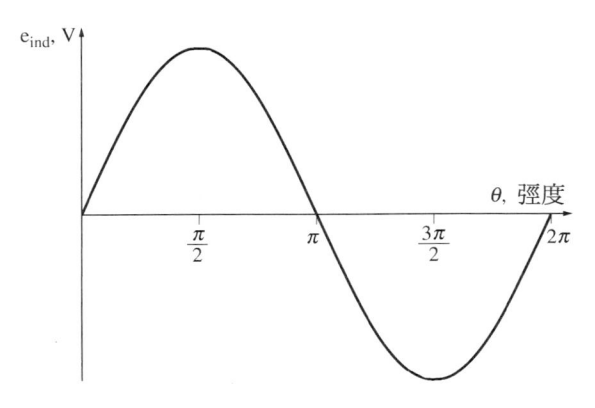

圖 3-3 e_ind 對 θ 波形。

$$\phi_{\max} = AB \tag{3-10}$$

因此,最後電壓方程式為

$$e_{\text{ind}} = \phi_{\max}\omega \sin \omega t \tag{3-11}$$

所以,線圈所產生電壓為一弦波,其大小等於機器內部磁通與其旋轉速度乘積。實際交流機也是這樣。通常,實際電機之電壓與三個因數有關:

1. 電機磁通
2. 轉速
3. 電機構造 (線圈數等)

載有電流線圈所感應之轉矩

現若轉子線圈在磁場內某個任意角度 θ,且有電流 i 流過,如圖 3-4 所示。若線圈內有電流,則線圈將會感應一轉矩。為了此轉矩大小與方向,請看圖 3-5,在線圈上每段所受力可用式 (1-41) 表示

$$\mathbf{F} = i(\mathbf{l} \times \mathbf{B}) \tag{1-41}$$

其中 i = 線段內電流大小
 $\mathbf{l}$ = 線段長度,$\mathbf{l}$ 方向被定義與電流同方向
 $\mathbf{B}$ = 磁通密度向量

線段上轉矩為

$$\begin{aligned}\tau &= (\text{受力})(\text{垂直距離})\\ &= (F)(r\sin\theta)\\ &= rF\sin\theta\end{aligned} \tag{1-6}$$

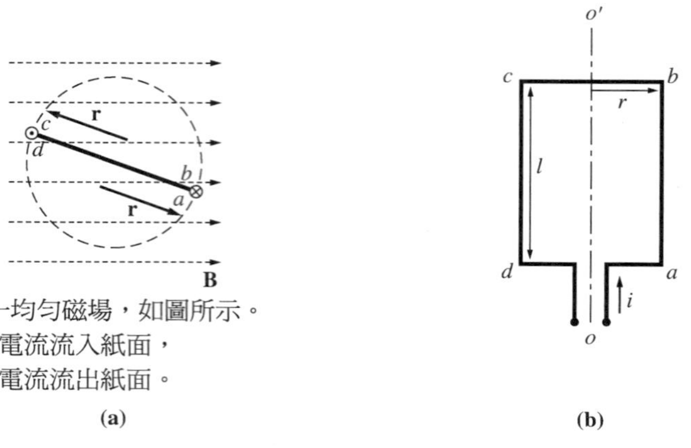

B 為一均勻磁場,如圖所示。
× 表電流流入紙面,
• 表電流流出紙面。

(a)   (b)

圖 3-4 一載流線圈置於一均勻磁場內。(a) 前視圖;(b) 線圈。

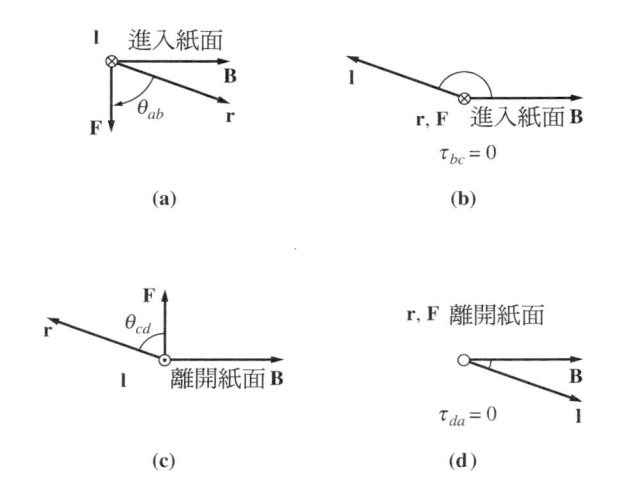

圖 3-5 (a) ab 段力與轉矩之推導；(b) bc 段力與轉矩之推導；(c) cd 段力與轉矩之推導；(d) da 段力與轉矩之推導。

其中 θ 為 **r** 與 **F** 向量間之夾角。若朝著順時針方向旋轉，轉矩方向將為順時針；而若朝逆時針方向旋轉，則轉矩將為逆時針方向。

1. **ab 段**。在此段，電流流入紙面，磁場 **B** 向右，如圖 3-5a 所示。**l**×**B** 方向向下，因此，此段所感應的力為

$$\mathbf{F} = i(\mathbf{l} \times \mathbf{B})$$
$$= ilB \quad 向下$$

所得轉矩為

$$\tau_{ab} = (F)(r \sin \theta_{ab})$$
$$= rilB \sin \theta_{ab} \quad 順時針 \tag{3-12}$$

2. **bc 段**。在此段，電流在紙面上，磁場 **B** 向右，如圖 3-5b 所示。**l**×**B** 方向進入紙面，因此，此段所感應的力為

$$\mathbf{F} = i(\mathbf{l} \times \mathbf{B})$$
$$= ilB \quad 進入紙面$$

此段所產生轉矩為 0，因 **r** 與 **l** 向量為平行 (兩者皆進入紙面)，且 θ_{bc} 為 0。

$$\tau_{bc} = (F)(r \sin \theta_{ab})$$
$$= 0 \tag{3-13}$$

3. **cd 段**。在此段，電流流出紙面，磁場 **B** 向右，如圖 3-5c 所示。**l**×**B** 方向向上，因此，此段所感應的力為

$$\mathbf{F} = i(\mathbf{l} \times \mathbf{B})$$
$$= ilB \quad 向上$$

所產生轉矩為

$$\tau_{cd} = (F)(r \sin \theta_{cd})$$
$$= rilB \sin \theta_{cd} \quad \text{順時針} \tag{3-14}$$

4. *da* 段。在此段，電流在紙面上，磁場 **B** 向右，如圖 3-5d 所示。**l**×**B** 方向離開紙面，因此，此段所感應的力為

$$\mathbf{F} = i(\mathbf{l} \times \mathbf{B})$$
$$= ilB \quad \text{離開紙面}$$

此段所產生的轉矩為 0，因為向量 **r** 與 **l** 平行 (兩者皆離開紙面)，且 θ_{da} 為 0。

$$\tau_{da} = (F)(r \sin \theta_{da})$$
$$= 0 \tag{3-15}$$

總圈所感應總轉矩 τ_{ind} 為各邊轉矩之和：

$$\tau_{ind} = \tau_{ab} + \tau_{bc} + \tau_{cd} + \tau_{da}$$
$$= rilB \sin \theta_{ab} + rilB \sin \theta_{cd} \tag{3-16}$$

注意到 $\theta_{ab} = \theta_{cd}$，所以所感應轉矩應為

$$\tau_{ind} = 2rilB \sin \theta \tag{3-17}$$

所得到轉矩 τ_{ind} 為角度函數如圖 3-6 所示。注意到最大轉矩發生在線圈面與磁場平行時，而當線圈面與磁場垂直，其轉矩為零。

有另一種方式可表示式 (3-17)，它可清楚地看出單一線圈與實際交流機行為間關係。為了推導此式，請看圖 3-7。若線圈內電流如圖所示，則將產生一 **B**$_{loop}$ 磁通密度，方向如圖所示。**B**$_{loop}$ 大小為

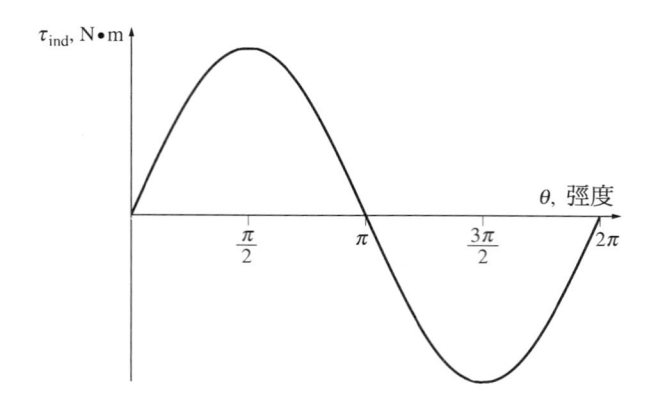

圖 3-6 τ_{ind} 對 θ 之波形。

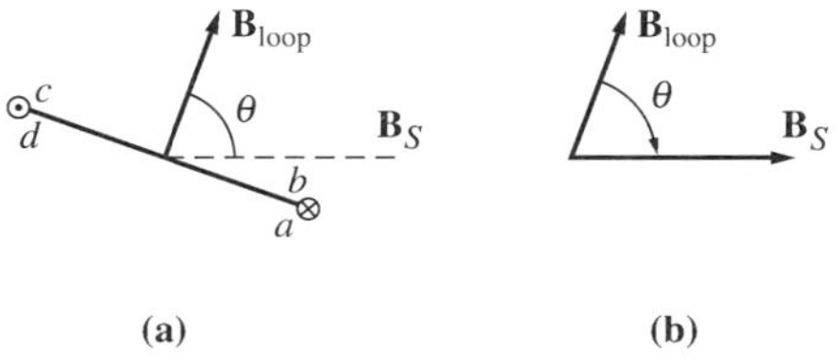

圖 3-7　感應轉矩方程式之推導。(a) 線圈內電流產生一垂直線圈面之磁通密度 **B**$_{loop}$；(b) **B**$_{loop}$ 與 **B**$_S$ 之幾何關係。

$$\mathbf{B}_{loop} = \frac{\mu i}{G}$$

其中 G 為與線圈幾何形狀有關之因數。[1] 又線圈面積 A 等於 $2rl$，將此兩式代入式 (3-17) 可得

$$\tau_{ind} = \frac{AG}{\mu} B_{loop} B_S \sin\theta \tag{3-18}$$

$$= k B_{loop} B_S \sin\theta \tag{3-19}$$

其中 $k = AG/\mu$ 為與電機結構有關之因數，B_S 為定子磁場，用來與轉子磁場作區別，θ 為 **B**$_{loop}$ 與 **B**$_S$ 間夾角。**B**$_{loop}$ 與 **B**$_S$ 夾角利用三角恆等式，可看出與式 (3-17) 之 θ 是相等的。

感應轉矩之大小與方向可以式 (3-19) 表示為叉積方式：

$$\boxed{\tau_{ind} = k\mathbf{B}_{loop} \times \mathbf{B}_S} \tag{3-20}$$

此式應用到圖 3-7 之線圈產生一進入紙面的轉矩向量，其方向為順時針，大小可用式 (3-19) 求得。

因此，一線所感應轉矩與線圈的磁場強度、外部磁場強度，與它們間夾角的 sine 值成正比。實際交流機也是如此，通常實際電機所產生轉矩與四個因數有關：

1. 轉子磁場強度
2. 外部磁場強度
3. 兩磁場夾角的 sine 值
4. 電機結構 (如幾何形狀等)

3.2　旋轉磁場

如何使定子磁場旋轉？交流機運作時一個重要原理是：若一組三相電流每相振幅相

---

[1] 若線圈是一個圓，則 $G = 2r$，其中 r 為圓半徑，所以 $B_{loop} = \mu i/2r$。若為一矩形，則 G 隨實際線圈之長寬比改變。

等，且各差 120° 的相角流入三相電樞繞組，則會產生一個一定大小的旋轉磁場。此電樞的三相繞組必須沿著電機表面各相差 120° 的電氣角。

這個觀念可用一簡單的情況來說明，如圖 3-8a 所示，一個空的定子僅含三個線圈，各差 120°。因為這種繞組每個僅能產生一 N 和一 S 的磁極，是屬於二極的繞組。

為了瞭解上述的觀念，我們可以加一組電流至圖 3-8 的定子，觀察在特定瞬間會發生什麼情形。假設流入三個線圈的電流是

$$i_{aa'}(t) = I_M \sin \omega t \quad \text{A} \tag{3-21a}$$

$$i_{bb'}(t) = I_M \sin (\omega t - 120°) \quad \text{A} \tag{3-21b}$$

$$i_{cc'}(t) = I_M \sin (\omega t - 240°) \quad \text{A} \tag{3-21c}$$

aa' 線圈中的電流由 a 端流入，由 a' 端流出，所產生的磁場強度為

$$\mathbf{H}_{aa'}(t) = H_M \sin \omega t \angle 0° \quad \text{A} \cdot \text{turns / m} \tag{3-22a}$$

其中 0° 是磁場強度向量在空間中的相角，如圖 3-8b 所示。磁場強度向量 $\mathbf{H}_{aa'}(t)$ 的方向是根據右手定則決定：如果四指是沿著線圈內電流方向彎曲，則大姆指所指就是磁場強度的方向。注意到磁場強度向量 $\mathbf{H}_{aa'}(t)$ 的大小是隨著時間而變動的，但其方向則固定不變。同理，磁場強度向量 $\mathbf{H}_{bb'}(t)$ 和 $\mathbf{H}_{cc'}(t)$ 為

$$\mathbf{H}_{bb'}(t) = H_M \sin (\omega t - 120°) \angle 120° \quad \text{A} \cdot \text{turns / m} \tag{3-22b}$$

$$\mathbf{H}_{cc'}(t) = H_M \sin (\omega t - 240°) \angle 240° \quad \text{A} \cdot \text{turns / m} \tag{3-22c}$$

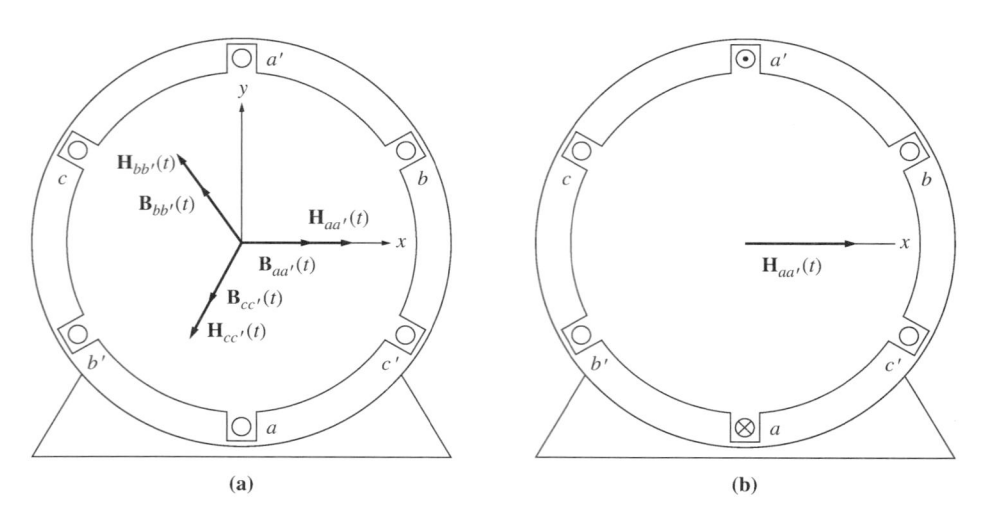

圖 3-8 (a) 簡單的三相定子。假設電流由 a、b、c 端流入，由 a'、b'、c' 端流出為正。每個線圈所產生的磁場強度也標示在上面；(b) 流經 aa' 線圈的電流所產生磁場強度向量 $\mathbf{H}_{aa'}(t)$。

由這些磁場強度所產生的磁通密度由式 (1-19) 所決定：

$$\mathbf{B} = \mu \mathbf{H} \qquad (1\text{-}19)$$

分別是

$$\mathbf{B}_{aa'}(t) = B_M \sin \omega t \angle 0° \qquad \text{T} \qquad (3\text{-}23\text{a})$$
$$\mathbf{B}_{bb'}(t) = B_M \sin (\omega t - 120°) \angle 120° \qquad \text{T} \qquad (3\text{-}23\text{b})$$
$$\mathbf{B}_{cc'}(t) = B_M \sin (\omega t - 240°) \angle 240° \qquad \text{T} \qquad (3\text{-}23\text{c})$$

其中 $B_M = \mu H_M$。我們可以察看某個特定時刻的電流和分別對應的磁通密度，以決定在定子中最後的總淨磁場。

例如當 $\omega t = 0°$ 時，由線圈 aa' 產生的磁場是

$$\mathbf{B}_{aa'} = 0 \qquad (3\text{-}24\text{a})$$

由線圈 bb' 產生的磁場是

$$\mathbf{B}_{bb'} = B_M \sin (-120°) \angle 120° \qquad (3\text{-}24\text{b})$$

而線圈 cc' 產生的磁場是

$$\mathbf{B}_{cc'} = B_M \sin (-240°) \angle 240° \qquad (3\text{-}24\text{c})$$

由三個線圈加在一起產生的總磁場為

$$\begin{aligned}
\mathbf{B}_{\text{net}} &= \mathbf{B}_{aa'} + \mathbf{B}_{bb'} + \mathbf{B}_{cc'} \\
&= 0 + \left(-\frac{\sqrt{3}}{2}B_M\right)\angle 120° + \left(\frac{\sqrt{3}}{2}B_M\right)\angle 240° \\
&= \left(\frac{\sqrt{3}}{2}B_M\right)\left[-(\cos 120°\hat{\mathbf{x}} + \sin 120°\hat{\mathbf{y}}) + (\cos 240°\hat{\mathbf{x}} + \sin 240°\hat{\mathbf{y}})\right] \\
&= \left(\frac{\sqrt{3}}{2}B_M\right)\left(\frac{1}{2}\hat{\mathbf{x}} - \frac{\sqrt{3}}{2}\hat{\mathbf{y}} - \frac{1}{2}\hat{\mathbf{x}} - \frac{\sqrt{3}}{2}\hat{\mathbf{y}}\right) \\
&= \left(\frac{\sqrt{3}}{2}B_M\right)(-\sqrt{3}\hat{\mathbf{y}}) \\
&= -1.5B_M\hat{\mathbf{y}} \\
&= 1.5B_M \angle -90°
\end{aligned}$$

其中 $\hat{\mathbf{x}}$ 為圖 3-8 中 x 方向之單位向量，而 $\hat{\mathbf{y}}$ 為 y 方向之單位向量，所得到的總磁場如圖 3-9a 所示。

再舉另一個例子，當 $\omega t = 90°$ 時，電流為

$$\begin{aligned}
i_{aa'} &= I_M \sin 90° \qquad \text{A} \\
i_{bb'} &= I_M \sin (-30°) \qquad \text{A} \\
i_{cc'} &= I_M \sin (-150°) \qquad \text{A}
\end{aligned}$$

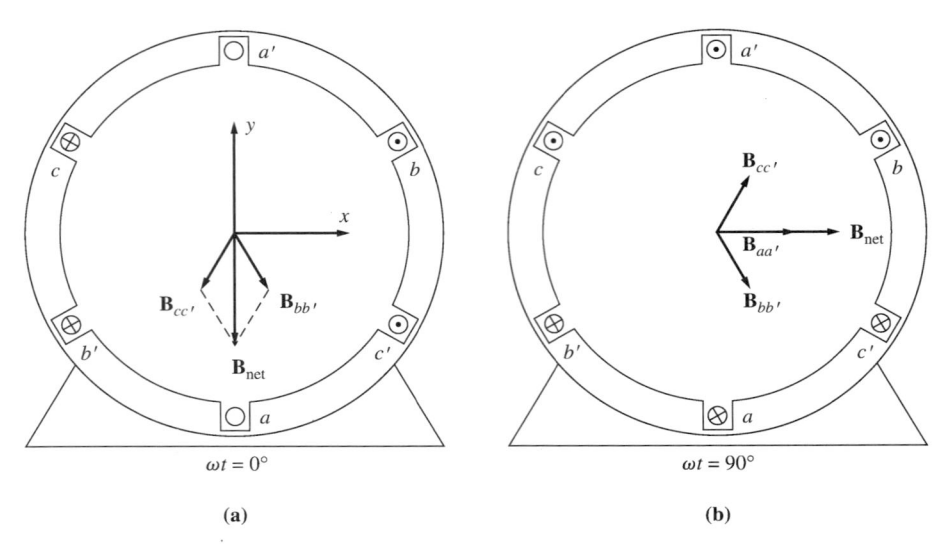

圖 3-9　(a) $\omega t = 0°$ 時定子的磁場向量；(b) $\omega t = 90°$ 時定子的磁場向量。

磁場為

$$\mathbf{B}_{aa'} = B_M \angle 0°$$
$$\mathbf{B}_{bb'} = -0.5\, B_M \angle 120°$$
$$\mathbf{B}_{cc'} = -0.5\, B_M \angle 240°$$

結果淨磁場為

$$\begin{aligned}
\mathbf{B}_{\text{net}} &= \mathbf{B}_{aa'} + \mathbf{B}_{bb'} + \mathbf{B}_{cc'} \\
&= B_M \angle 0° + \left(-\tfrac{1}{2} B_M\right) \angle 120° + \left(-\tfrac{1}{2} B_M\right) \angle 240° \\
&= B_M \left[\hat{\mathbf{x}} - \tfrac{1}{2}(\cos 120°\, \hat{\mathbf{x}} + \sin 120°\, \hat{\mathbf{y}}) - \tfrac{1}{2}(\cos 240°\, \hat{\mathbf{x}} + \sin 240°\, \hat{\mathbf{y}}) \right] \\
&= B_M \left(\hat{\mathbf{x}} + \tfrac{1}{4} \hat{\mathbf{x}} - \tfrac{\sqrt{3}}{4} \hat{\mathbf{y}} + \tfrac{1}{4} \hat{\mathbf{x}} + \tfrac{\sqrt{3}}{4} \hat{\mathbf{y}} \right) \\
&= \tfrac{3}{2} B_M \hat{\mathbf{x}} \\
&= 1.5 B_M \angle 0°
\end{aligned}$$

如圖 3-9b 所示。注意到雖然磁場方向改變，但是磁場大小不變，此磁場是以一定大小沿逆時針方向旋轉。

旋轉磁場的證明

在任何時間 t，旋轉磁場都是一樣的大小 $1.5 B_M$，且會以角速度 ω 繼續旋轉。參考圖 3-8，利用該圖裡的座標系統，x 軸向右，y 軸向上。向量 $\hat{\mathbf{x}}$ 是水平方向的單位向量，

向量 $\hat{\mathbf{y}}$ 是垂直方向的單位向量。欲求定子總磁通密度，可將三個磁通密度作向量加法。

定子的淨磁通密度為

$$\mathbf{B}_{net}(t) = \mathbf{B}_{aa'}(t) + \mathbf{B}_{bb'}(t) + \mathbf{B}_{cc'}(t)$$
$$= B_M \sin \omega t \angle 0° + B_M \sin (\omega t - 120°) \angle 120° + B_M \sin (\omega t - 240°) \angle 240° \text{ T}$$

此三個磁場可分別以其 x 分量和 y 分量表示。

$$\mathbf{B}_{net}(t) = B_M \sin \omega t \, \hat{\mathbf{x}}$$
$$- [0.5 B_M \sin (\omega t - 120°)] \hat{\mathbf{x}} + \left[\frac{\sqrt{3}}{2} B_M \sin (\omega t - 120°)\right] \hat{\mathbf{y}}$$
$$- [0.5 B_M \sin (\omega t - 240°)] \hat{\mathbf{x}} - \left[\frac{\sqrt{3}}{2} B_M \sin (\omega t - 240°)\right] \hat{\mathbf{y}}$$

結合 x 分量和 y 分量可得

$$\mathbf{B}_{net}(t) = [B_M \sin \omega t - 0.5 B_M \sin (\omega t - 120°) - 0.5 B_M \sin (\omega t - 240°)] \hat{\mathbf{x}}$$
$$+ \left[\frac{\sqrt{3}}{2} B_M \sin (\omega t - 120°) - \frac{\sqrt{3}}{2} B_M \sin (\omega t - 240°)\right] \hat{\mathbf{y}}$$

利用角度相加的三角恆等式，

$$\mathbf{B}_{net}(t) = \left[B_M \sin \omega t + \frac{1}{4} B_M \sin \omega t + \frac{\sqrt{3}}{4} B_M \cos \omega t + \frac{1}{4} B_M \sin \omega t - \frac{\sqrt{3}}{4} B_M \cos \omega t\right] \hat{\mathbf{x}}$$
$$+ \left[-\frac{\sqrt{3}}{4} B_M \sin \omega t - \frac{3}{4} B_M \cos \omega t + \frac{\sqrt{3}}{4} B_M \sin \omega t - \frac{3}{4} B_M \cos \omega t\right] \hat{\mathbf{y}}$$

$$\boxed{\mathbf{B}_{net}(t) = (1.5 B_M \sin \omega t) \hat{\mathbf{x}} - (1.5 B_M \cos \omega t) \hat{\mathbf{y}}} \qquad (3\text{-}25)$$

式 (3-25) 是總磁通密度的表示式。要注意磁場的大小是個固定值 $1.5 B_M$，而角度是以角速 ω 沿逆時針方向連續改變。

電氣頻率和磁場旋轉速率的關係

圖 3-10 表示一定子內的旋轉磁場可以表成一個 N 極 (磁通離開定子) 和一個 S 極 (磁通進入定子)。對應外加電流的每一個電氣週期，這些磁極就沿定子表面完成一次機械性旋轉，所以，磁場的機械性旋轉速率以每秒的轉數為單位時，和以赫茲為單位的電氣性頻率相等，即

$$f_{se} = f_{sm} \quad \text{兩極} \qquad (3\text{-}26)$$
$$\omega_{se} = \omega_{sm} \quad \text{兩極} \qquad (3\text{-}27)$$

式中 f_{sm} 和 ω_{sm} 是定子磁場的機械轉速以每秒的轉數和每秒的弳度為單位，而 f_{se} 和 ω_{se}

108 電機機械原理精析

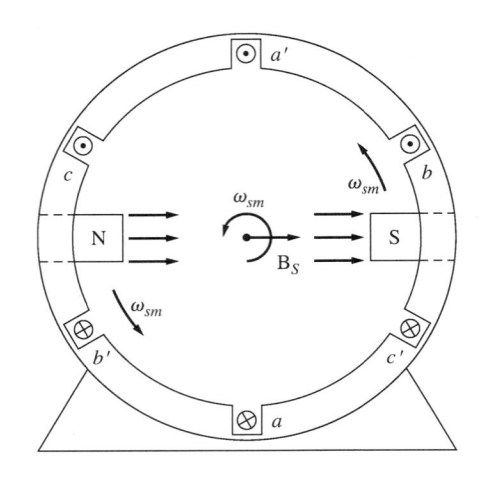

圖 3-10 定子內的旋轉磁場以移動的 N 極和 S 極表示。

是定子電流的電氣頻率,以赫茲和每秒的弳度為單位。

注意圖 3-10 中兩極式定子繞組的次序是 (取逆時針方向)

$$a\text{-}c'\text{-}b\text{-}a'\text{-}c\text{-}b'$$

若定子內的繞組是這種型式的 2 倍,將會發生何種現象?圖 3-11a 顯示出這種定子,其繞組型式為 (取逆時針方向)

$$a\text{-}c'\text{-}b\text{-}a'\text{-}c\text{-}b'\text{-}a\text{-}c'\text{-}b\text{-}a'\text{-}c\text{-}b'$$

這正是前述繞組型式的重複兩次。當三相電流加到此定子,會產生兩個 N 極和兩個 S 極,如圖 3-11b。在這種繞組中,一極在一個電氣週期裡只移動了半個定子表面的距離,因為一個電氣週期是 360 電氣度,而機械的移動是 180 機械度,所以定子裡電氣角 θ_{se} 和機械角 θ_{sm} 的關係為

$$\theta_{se} = 2\theta_{sm} \tag{3-28}$$

所以對四極繞組而言,電流的電氣頻率是機械旋轉頻率的 2 倍:

$$f_{se} = 2f_{sm} \quad \text{四極} \tag{3-29}$$

$$\omega_{se} = 2\omega_{sm} \quad \text{四極} \tag{3-30}$$

通常若交流電機定子的磁極數目是 P,則在定子內部表面有 $P/2$ 個次序為 $a\text{-}c'\text{-}b\text{-}a'\text{-}c\text{-}b'$ 的繞組。定子內電氣值和機械值的關係式為

$$\boxed{\theta_{se} = \frac{P}{2}\theta_{sm}} \tag{3-31}$$

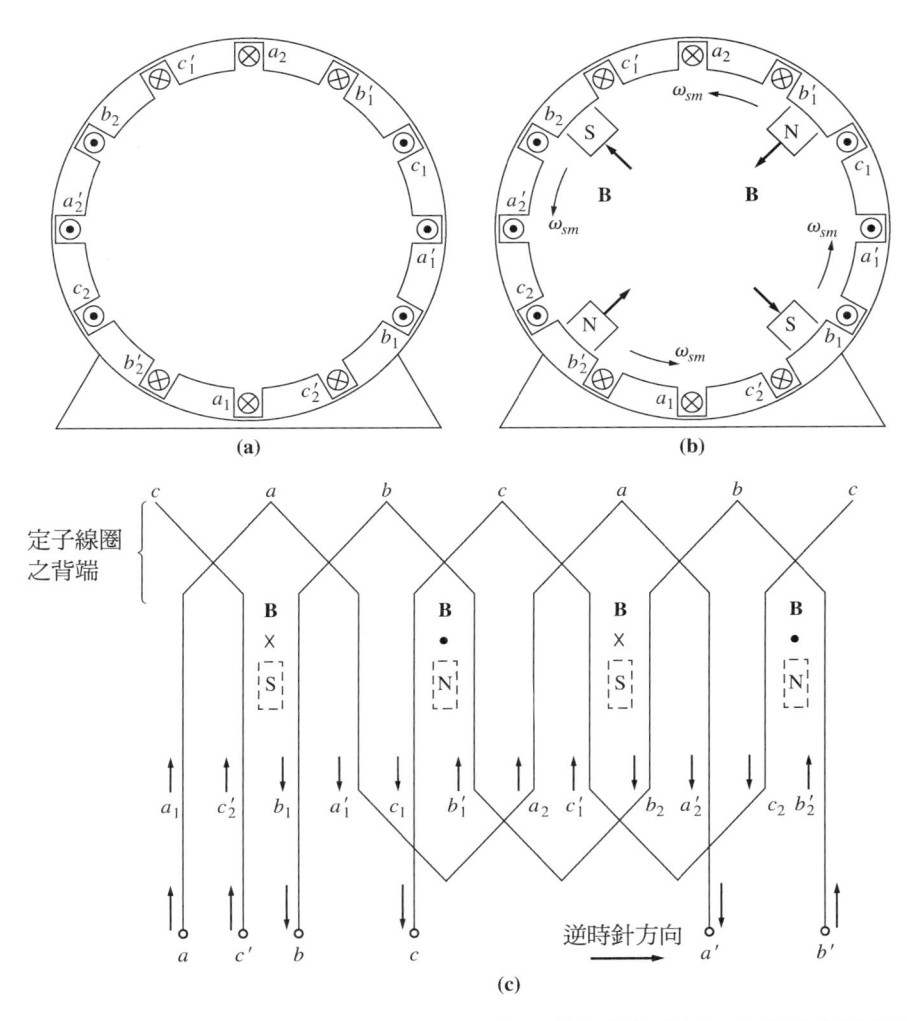

圖 3-11 (a) 簡單的四極定子繞組；(b) 定子所產生的磁極，注意沿定子表面每 90° 就改變一次極性；(c) 從定子內部看到的繞組圖，說明了定子電流如何產生 N 極和 S 極。

$$\boxed{f_{se} = \frac{P}{2} f_{sm}} \tag{3-32}$$

$$\boxed{\omega_{se} = \frac{P}{2} \omega_{sm}} \tag{3-33}$$

又 $f_{sm} = n_{sm}/60$，我們可以列出電氣頻率 (赫茲) 和磁場旋轉速率 (每分鐘轉數) 的關係為

$$\boxed{f_{se} = \frac{n_{sm} P}{120}} \tag{3-34}$$

將磁場旋轉方向反向

關於旋轉磁場的另一有趣事實是，若將三個線圈中任二個的電流交換，則磁場旋轉的方向將會相反。這表示可以僅交換三個線圈中任二個線圈，就可以使一個交流電動機反向旋轉。

為了證明旋轉方向相反，把圖 3-8 中的 bb' 相和 cc' 相交換，並計算所產生的淨磁通密度 $\mathbf{B}_{net}$。

定子所產生的淨磁通密度為

$$\mathbf{B}_{net}(t) = \mathbf{B}_{aa'}(t) + \mathbf{B}_{bb'}(t) + \mathbf{B}_{cc'}(t)$$
$$= B_M \sin \omega t \angle 0° + B_M \sin(\omega t - 240°) \angle 120° + B_M \sin(\omega t - 120°) \angle 240° \text{ T}$$

每個磁場可分解為它的 x 和 y 分量：

$$\mathbf{B}_{net}(t) = B_M \sin \omega t \,\hat{\mathbf{x}}$$
$$- [0.5 B_M \sin(\omega t - 240°)]\hat{\mathbf{x}} + \left[\frac{\sqrt{3}}{2} B_M \sin(\omega t - 240°)\right]\hat{\mathbf{y}}$$
$$- [0.5 B_M \sin(\omega t - 120°)]\hat{\mathbf{x}} - \left[\frac{\sqrt{3}}{2} B_M \sin(\omega t - 120°)\right]\hat{\mathbf{y}}$$

合併 x 分量和 y 分量，可得

$$\mathbf{B}_{net}(t) = [B_M \sin \omega t - 0.5 B_M \sin(\omega t - 240°) - 0.5 B_M \sin(\omega t - 120°)]\hat{\mathbf{x}}$$
$$+ \left[\frac{\sqrt{3}}{2} B_M \sin(\omega t - 240°) - \frac{\sqrt{3}}{2} B_M \sin(\omega t - 120°)\right]\hat{\mathbf{y}}$$

再利用三角恆等式，

$$\mathbf{B}_{net}(t) = \left[B_M \sin \omega t + \frac{1}{4} B_M \sin \omega t - \frac{\sqrt{3}}{4} B_M \cos \omega t + \frac{1}{4} B_M \sin \omega t + \frac{\sqrt{3}}{4} B_M \cos \omega t\right]\hat{\mathbf{x}}$$
$$+ \left[-\frac{\sqrt{3}}{4} B_M \sin \omega t + \frac{3}{4} B_M \cos \omega t + \frac{\sqrt{3}}{4} B_M \sin \omega t + \frac{3}{4} B_M \cos \omega t\right]\hat{\mathbf{y}}$$

$$\boxed{\mathbf{B}_{net}(t) = (1.5 B_M \sin \omega t)\hat{\mathbf{x}} + (1.5 B_M \cos \omega t)\hat{\mathbf{y}}} \tag{3-35}$$

這回所得到的是大小相同，但以順時針方向旋轉的磁場。故知交流機內交換定子任兩相電流，可使磁場旋轉方向相反。

3.3 交流電機內的磁力和磁通分佈

交流電機中的磁通，是假設它們是在自由空間中產生的。由線圈產生的磁通密度垂

直於線圈所在的平面,並依照右手定則決定其方向。

可是在實際的電機中並不那樣簡單,首先,電機的中間有一鐵磁性的轉子,而且在轉子與定子之間有一小小的氣隙。轉子有可能是圓柱形的,如圖 3-12a 所示;也有可能是在圓柱表面有凸極凸出,如圖 3-12b 所示。如果轉子是圓柱形的,我們就說此電機有**隱極式** (nonsalient poles) 轉子;而如果轉子有凸極凸出,我們就說此電機有**凸極式** (salient poles) 轉子。

參閱圖 3-12a 圓柱型轉子的電機,氣隙的磁阻比轉子或定子的磁阻要大得多,所以磁通密度向量 **B** 會以最短路徑,垂直的通過轉子與定子之間的氣隙。

為了要在這樣的電機之中產生弦波式的電壓,磁通密度向量 **B** 必須在氣隙的表面弦波式的變化它的大小,而磁通密度要以弦波式變化,只有在磁場強度 **H** (和磁動勢 $\mathcal{F}$) 以弦波式變化的情況之下才有可能 (見圖 3-13)。

為了達到磁動勢以弦波式變化的目的,最直接的方式是將線圈繞組放在緊密排列在電機表面的槽中,並且在每個槽中的線圈數目以弦波式來變化。圖 3-14a 顯示出這樣的繞組,而圖 3-14b 顯示出以這樣的繞組所產生的磁動勢。每個槽中的導線數是以下式決定:

$$n_C = N_C \cos \alpha \tag{3-36}$$

式中 N_C 是代表在 0° 角處的導線數目。如圖 3-14b 所示,這樣的導線分佈產生了近似弦波式的磁動勢,而且,如果電機表面的槽數愈多,則弦波的近似會愈理想。

實際上,因為真實電機中的槽數有限,而且每個槽中只能放入整數個導線,因此繞組的分佈不可能如式 (3-36) 一樣準確,所產生的磁動勢只能近似弦波,高次諧波的成分是一定會存在的。但分數節距繞組可用來消除這些不要的諧波成分。

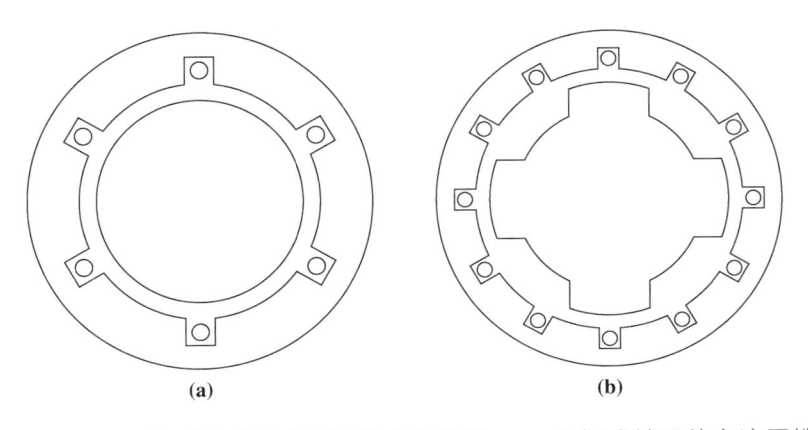

圖 3-12 (a) 圓柱型或隱極式轉子的交流電機;(b) 凸極式轉子的交流電機。

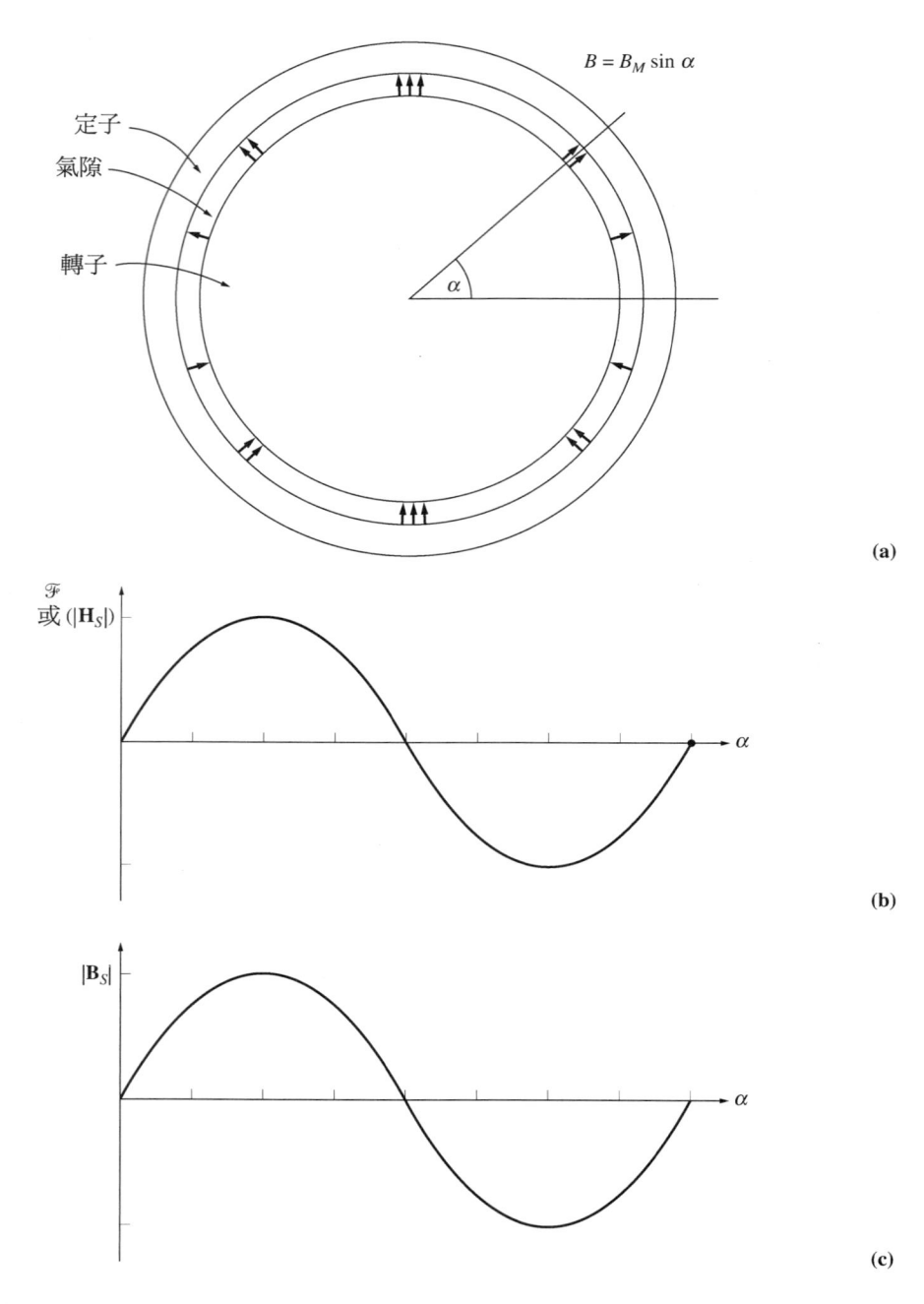

圖 3-13 (a) 在圓柱型鐵心之中以弦波式變化的氣隙磁通密度；(b) 氣隙中的磁動勢或磁場強度以角度的函數作圖；(c) 氣隙中的磁通密度以角度的函數作圖。

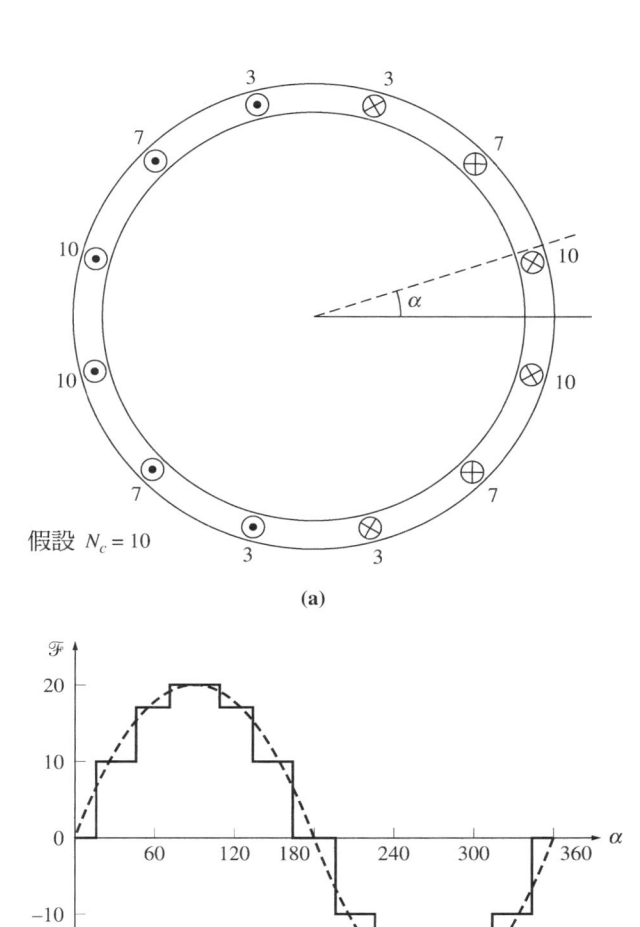

圖 3-14 (a) 交流電機為了產生弦波式變化的氣隙磁通密度,所用的定子繞組分佈,每個槽中的導線數目皆在圖上標示出來;(b) 由這種繞組所產生的磁動勢分佈,並與理想的分佈作比較。

3.4 交流電機的感應電壓

在一兩極式定子的線圈內的感應電壓

圖 3-15 顯示一帶有弦波式分佈之旋轉磁場的轉子,在一靜止線圈內轉動的情形。我們將假設在氣隙中的磁通密度向量 **B**,其大小隨著角度作弦波式的變化,而其方向都是呈輻射狀向外。如果 α 是以磁通密度的最大值為基準來量測,那麼任一點的磁通密度大小 **B** 可以表示為

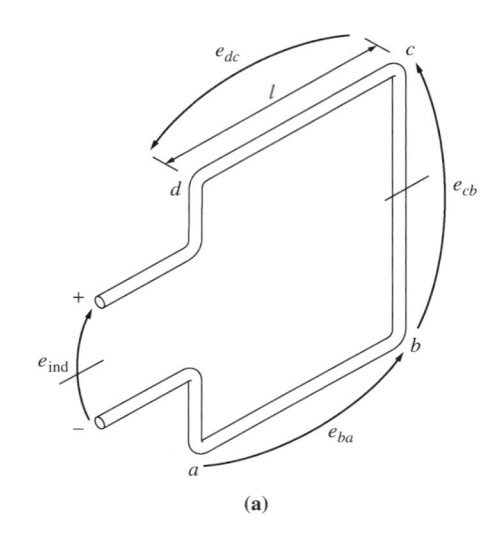

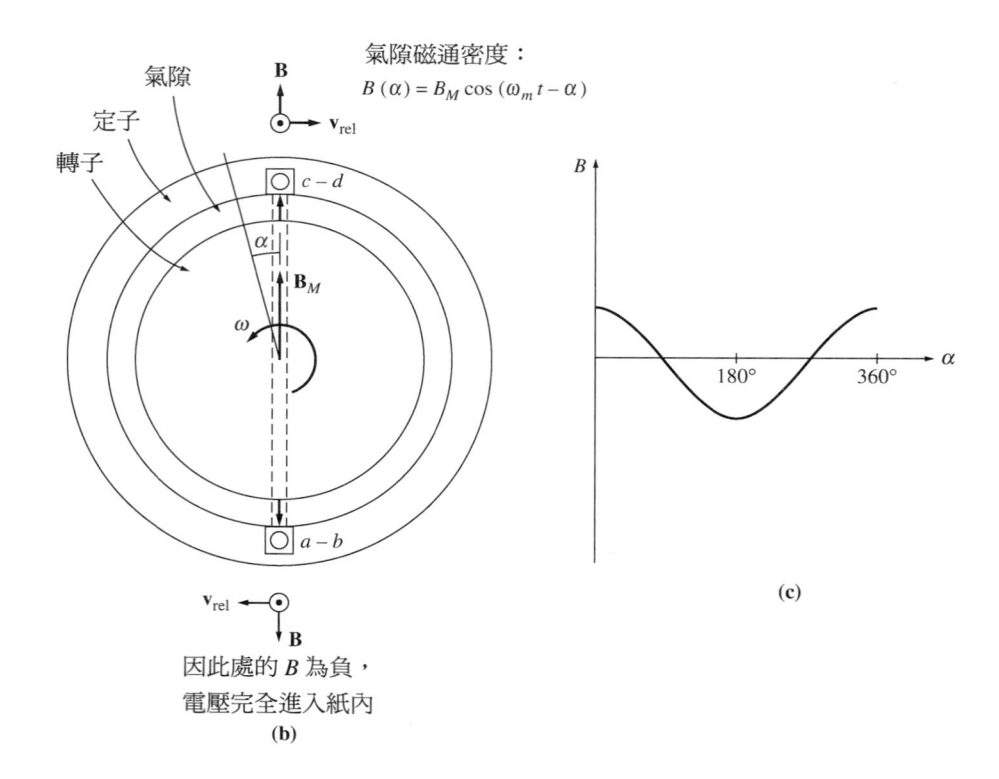

圖 3-15 (a) 在一個靜止的定子線圈內的旋轉轉子磁場，線圈的細部圖；(b) 在線圈上的磁通密度和速度向量，上面所顯示的速度是以靜止的磁場為基準；(c) 在氣隙中的磁通密度分佈。

$$B = B_M \cos \alpha \tag{3-37a}$$

因為轉子本身以 ω_m 的角度速在定子內旋轉，因此在定子的任一角度 α 的磁通密度向量 **B** 的大小為

$$\boxed{B = B_M \cos(\omega t - \alpha)} \tag{3-37b}$$

線圈上感應的總電壓是其四個邊上感應電壓的總和，它們分別求得如下：

1. ab 段。對 ab 段來說，$\alpha = 180°$。假設 **B** 的方向是由轉子輻射狀向外，則在 ab 段 **v** 和 **B** 之間的夾角為 $90°$，而 **v**×**B** 的方向和 **l** 平行，因此

$$\begin{aligned} e_{ba} &= (\mathbf{v} \times \mathbf{B}) \cdot \mathbf{l} \\ &= vBl \quad \text{方向指向紙外} \\ &= -v[B_M \cos(\omega_m t - 180°)]l \\ &= -vB_M l \cos(\omega_m t - 180°) \end{aligned} \tag{3-38}$$

式中的負號是由於電壓的極性和我們原先假設的極性相反。

2. bc 段。因為向量 **v**×**B** 和 **l** 互相垂直，所以 bc 段的電壓為零

$$e_{cb} = (\mathbf{v} \times \mathbf{B}) \cdot \mathbf{l} = 0 \tag{3-39}$$

3. cd 段。對 cd 段來說，$\alpha = 0°$。假設 **B** 的方向是由轉子輻射狀向外，則在 cd 段 **v** 和 **B** 之間的夾角為 $90°$，而 **v**×**B** 的方向和 **l** 平行，因此

$$\begin{aligned} e_{dc} &= (\mathbf{v} \times \mathbf{B}) \cdot \mathbf{l} \\ &= vBl \quad \text{方向指向紙外} \\ &= v(B_M \cos \omega_m t)l \\ &= vB_M l \cos \omega_m t \end{aligned} \tag{3-40}$$

4. da 段。因為向量 **v**×**B** 和 **l** 互相垂直，所以 da 段的電壓為零：

$$e_{ad} = (\mathbf{v} \times \mathbf{B}) \cdot \mathbf{l} = 0 \tag{3-41}$$

因此，線圈的總電壓等於

$$\begin{aligned} e_{\text{ind}} &= e_{ba} + e_{dc} \\ &= -vB_M l \cos(\omega_m t - 180°) + vB_M l \cos \omega_m t \end{aligned} \tag{3-42}$$

因為 $\cos \theta = -\cos(\theta - 180°)$，

$$\begin{aligned} e_{\text{ind}} &= vB_M l \cos \omega_m t + vB_M l \cos \omega_m t \\ &= 2vB_M l \cos \omega_m t \end{aligned} \tag{3-43}$$

因為線圈邊導體的速度為 $v=r\omega_m$，式 (3-43) 可以寫成

$$e_{\text{ind}} = 2(r\omega_m)B_M l \cos \omega_m t$$
$$= 2rlB_M \omega_m \cos \omega_m t$$

最後，通過線圈的磁通可以表示為 $\phi = 2rlB_M$，而對於二極的定子而言，$\omega_m = \omega_e = \omega$，因此感應電壓可以表示為

$$\boxed{e_{\text{ind}} = \phi\omega \cos \omega t} \tag{3-44}$$

式 (3-44) 說明了單一線圈的感應電壓，若定子有 N_C 匝的線圈，則總感應電壓為

$$\boxed{e_{\text{ind}} = N_C \phi\omega \cos \omega t} \tag{3-45}$$

注意到在這個簡單的交流電機線圈中，所產生的電壓是弦波式的，且其大小決定於電機中的磁通 ϕ、轉子的角速度，和一個與電機構造有關的常數 (在這個例子中是 N_C)。

三相線圈組的感應電壓

如果三個繞組每個各有 N_C 匝，如圖 3-16 般置於轉子磁場的周圍，則每個繞組所感應的電壓大小將會相等，且相角差 120°。三個繞組的感應電壓分別為

$$e_{aa'}(t) = N_C \phi\omega \sin \omega t \quad \text{V} \tag{3-46a}$$
$$e_{bb'}(t) = N_C \phi\omega \sin (\omega t - 120°) \quad \text{V} \tag{3-46b}$$
$$e_{cc'}(t) = N_C \phi\omega \sin (\omega t - 240°) \quad \text{V} \tag{3-46c}$$

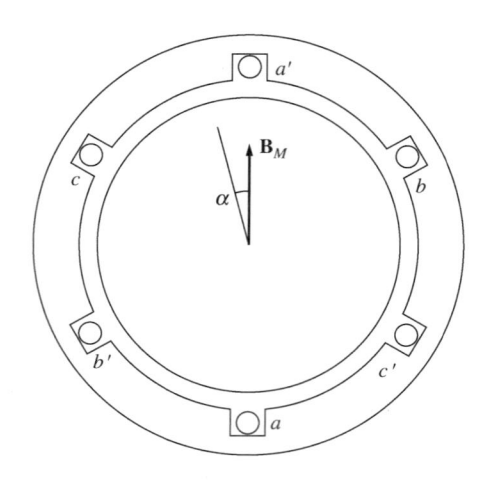

圖 3-16 由各相距 120° 的三個線圈所產生的三相電壓。

所以，一組三相電流能在電機的定子部分產生一個均勻的旋轉磁場，同樣地，一個均勻的旋轉磁場能在相同的定子產生三相電壓。

三相定子電壓的均方根值

三相定子中任一相的峯值電壓為

$$E_{\max} = N_C \phi \omega \tag{3-47}$$

因 $\omega = 2\pi f$，上式亦可寫成

$$E_{\max} = 2\pi N_C \phi f \tag{3-48}$$

所以三相定子中任一相電壓的均方根值為

$$E_A = \frac{2\pi}{\sqrt{2}} N_C \phi f \tag{3-49}$$

$$\boxed{E_A = \sqrt{2}\pi N_C \phi f} \tag{3-50}$$

發電機之端電壓之均方根值視定子為 Y 接或 Δ 接而異。如果是 Y 接，則端電壓為 $\sqrt{3}$ 乘以 E_A；如果是 Δ 接，則端電壓恰等於 E_A。

例題 3-1

下列資料是從圖 3-16 之簡單的兩極發電機得來。轉子磁場的磁通密度是 0.2 T，且轉軸速度為 3600 r/min。定子的直徑為 0.5 m，它的線圈長為 0.3 m，且每一繞組有 15 匝。本機為 Y 接，回答下列問題。

(a) 發電機三相電壓對時間的函數為何？
(b) 本發電機相電壓的均方根值為何？
(c) 本發電機端電壓的均方根值為何？

解：本電機之磁通量可求得為

$$\phi = 2rlB = dlB$$

式中 d 為直徑，l 為線圈長度，所以本電機中的磁通為

$$\phi = (0.5 \text{ m})(0.3 \text{ m})(0.2 \text{ T}) = 0.03 \text{ Wb}$$

轉子的轉速為

$$\omega = (3600 \text{ r/min})(2\pi \text{ rad})(1 \text{ min}/60 \text{ s}) = 377 \text{ rad/s}$$

(a) 相電壓的峯值為

$$E_{max} = N_C \phi \omega$$
$$= (15 \text{ turns})(0.03 \text{ Wb})(377 \text{ rad/s}) = 169.7 \text{ V}$$

因此三相電壓為

$$e_{aa'}(t) = 169.7 \sin 377t \quad \text{V}$$
$$e_{bb'}(t) = 169.7 \sin (377t - 120°) \quad \text{V}$$
$$e_{cc'}(t) = 169.7 \sin (377t - 240°) \quad \text{V}$$

(b) 相電壓的均方根值為

$$E_A = \frac{E_{max}}{\sqrt{2}} = \frac{169.7 \text{ V}}{\sqrt{2}} = 120 \text{ V}$$

(c) 因為發電機是 Y 接，因此

$$V_T = \sqrt{3} E_A = \sqrt{3}(120 \text{ V}) = 208 \text{ V}$$

◀

3.5　交流電機的感應轉矩

圖 3-17 所示為一簡化的交流電機，定子的磁通分佈是弦波式的，其峯值的方向向上，且轉子上只有單一線圈。此電機定子的磁通分佈為

$$B_S(\alpha) = B_S \sin \alpha \tag{3-51}$$

此簡單的交流電機在轉子產生了多少轉矩？為了找出答案，我們將個別分析兩個導體所受的力和力矩。

導體 1 所受的感應力為

$$\mathbf{F} = i(\mathbf{l} \times \mathbf{B}) \tag{1-41}$$
$$= ilB_S \sin \alpha \quad \text{方向如圖所示}$$

所受的力矩為

$$\tau_{\text{ind},1} = (\mathbf{r} \times \mathbf{F})$$
$$= rilB_S \sin \alpha \quad \text{逆時針方向}$$

導體 2 所受的感應力為

$$\mathbf{F} = i(\mathbf{l} \times \mathbf{B}) \tag{1-41}$$
$$= ilB_S \sin \alpha \quad \text{方向如圖所示}$$

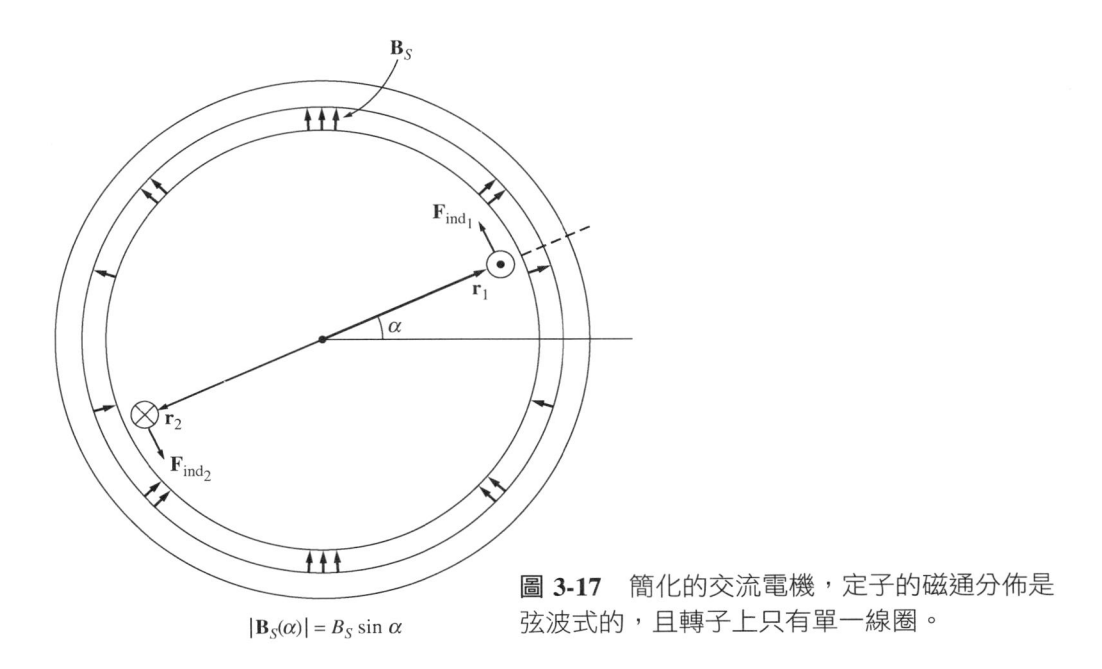

$|\mathbf{B}_S(\alpha)| = B_S \sin \alpha$

圖 3-17 簡化的交流電機，定子的磁通分佈是弦波式的，且轉子上只有單一線圈。

所受的力矩為

$$\tau_{\text{ind},1} = (\mathbf{r} \times \mathbf{F})$$
$$= rilB_S \sin \alpha \quad \text{逆時針方向}$$

因此導體迴圈所受的轉矩為

$$\boxed{\tau_{\text{ind}} = 2rilB_S \sin \alpha \quad \text{逆時針方向}} \tag{3-52}$$

檢視圖 3-18 所發現的兩個事實，可以簡化式 (3-52) 的表示式：

1. 流入轉子線圈電流 i 產生了一個自身的磁場，其方向是由右手定則來決定，而磁場強度 $\mathbf{H}_R$ 的大小正比於流入轉子的電流：

$$\mathbf{H}_R = Ci \tag{3-53}$$

式中 C 是比例常數。

2. 定子磁通密度 $\mathbf{B}_S$ 的峯值與轉子磁場強度 $\mathbf{H}_R$ 的峯值之間的角度為 γ，而且

$$\gamma = 180° - \alpha \tag{3-54}$$

$$\sin \gamma = \sin(180° - \alpha) = \sin \alpha \tag{3-55}$$

結合這兩個觀察，轉子迴圈所受的轉矩可以表示為

$$\tau_{\text{ind}} = K\mathbf{H}_R B_S \sin \alpha \quad \text{逆時針方向} \tag{3-56}$$

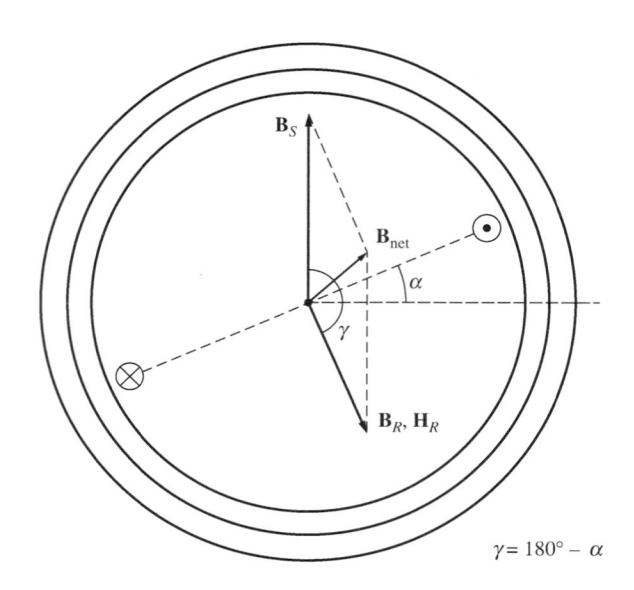

圖 3-18 圖 3-17 之交流機內部的各磁通密度量。

式中 K 值和電機構造有關的常數。注意此轉矩的大小和方向可以下式表示：

$$\tau_{\text{ind}} = K\mathbf{H}_R \times \mathbf{B}_S \tag{3-57}$$

最後，因 $B_R = \mu\mathbf{H}_R$，此式可以重新表示為

$$\tau_{\text{ind}} = k\mathbf{B}_R \times \mathbf{B}_S \tag{3-58}$$

式中 $k = K/\mu$。注意到一般來說 k 不會是常數，因為導磁係數 μ 隨著電機磁飽和的程度而有所不同。

式 (3-58) 與我們推導均勻磁場內單一線圈之式 (3-20) 是相同的。不僅是上述的單迴路轉子，只有常數 k 會隨著機器的不同而不同。此式將用於交流電機轉矩的定性分析，所以 k 的實際值並不重要。

本機中淨磁場是轉子和定子磁場的向量和 (假設尚未飽和)：

$$\mathbf{B}_{\text{net}} = \mathbf{B}_R + \mathbf{B}_S \tag{3-59}$$

這可用來導出電機所產生轉矩的等效方程式，由式 (3-58)：

$$\tau_{\text{ind}} = k\mathbf{B}_R \times \mathbf{B}_S \tag{3-58}$$

但由式 (3-59)，$\mathbf{B}_S = \mathbf{B}_{\text{net}} - \mathbf{B}_R$，因此

$$\tau_{\text{ind}} = k\mathbf{B}_R \times (\mathbf{B}_{\text{net}} - \mathbf{B}_R)$$
$$= k(\mathbf{B}_R \times \mathbf{B}_{\text{net}}) - k(\mathbf{B}_R \times \mathbf{B}_R)$$

因為任意向量和本身的叉積為零,故可再簡化為

$$\tau_{\text{ind}} = k\mathbf{B}_R \times \mathbf{B}_{\text{net}} \tag{3-60}$$

故所產生的轉矩可以用 $\mathbf{B}_R$ 和 $\mathbf{B}_{\text{net}}$ 的叉積及相同的常數 k 來表示。上式的大小值為

$$\tau_{\text{ind}} = kB_R B_{\text{net}} \sin \delta \tag{3-61}$$

式中 δ 為 $\mathbf{B}_R$ 和 $\mathbf{B}_{\text{net}}$ 的夾角。

3.6 交流機的功率潮流與損失

交流發電機吸取機械功率而產生電功率,而交流電動機吸取電功率而產生機械功率。在其他情況下,並非所有輸入至電機的功率都會變成另一種有用型式——通常在處理過程中會有損失存在。

一交流機之效率可定義為

$$\eta = \frac{P_{\text{out}}}{P_{\text{in}}} \times 100\% \tag{3-62}$$

發生在一電機內部之輸入與輸出功率之差為損失,因此

$$\eta = \frac{P_{\text{in}} - P_{\text{loss}}}{P_{\text{in}}} \times 100\% \tag{3-63}$$

交流機之損失

發生在交梳機內之損失可分為四類:

1. 電氣或銅損 (I^2R 損失)
2. 鐵損
3. 機械損
4. 雜散負載損

電氣或銅損 銅損為發生在定子 (電樞) 與轉子 (場) 繞組線圈內之電阻熱損失,三相交流機之定子銅損 (SCL) 為

$$P_{\text{SCL}} = 3I_A^2 R_A \tag{3-64}$$

其中 I_A 為電樞每相電流，R_A 為每相電阻。

一同步交流機之轉子銅損 (RCL) 為

$$P_{\text{RCL}} = I_F^2 R_F \qquad (3\text{-}65)$$

其中 I_F 場繞組電流，R_F 為場繞組電阻。此處之電阻為正常操作溫度下之值。

鐵心損失 鐵心損失為發生在電動機金屬部分之磁滯與渦流損。這些損失在第一章已談過，在定子，它們隨著磁通密度平方 (B^2) 改變當在磁場旋轉速度之 1.5 次方 ($n^{1.5}$)。

機械損 機械損為機械效應之損失，有兩種基本型式：**磨擦** (friction) 與**風阻** (windage)。磨擦損為軸承磨擦所造成損失，而風阻損失是由於電機轉動與空氣磨擦所造成，這些損失隨電機轉速三次方而變。

機械損與鐵損一般會算在一起稱為**無負載旋轉損** (no-load rotational loss)。在無載時，所有輸入功率被用來克服這些損失，因此，量測輸入-交流機定子之功率，就如同一電動機在無載時，將可得這些損失的近似值。

雜散損 雜散損為不能歸類於前幾類之損失。不論多麼小心計算損失，有些總是無法包括在以上之一類，所有這些損失皆可稱為雜散損。就大部分機器而言，雜散損一般為全載時之 1%。

功率潮流圖

計算一電機之功率損失最常用的方法為**功率潮流圖** (power-flow diagram)。一交流發電機之功率潮流圖如圖 3-19a 所示，在圖中，機械功率為輸入，然後減掉雜散損、機械損與鐵損。當減掉這些損失，所剩下的機械功率將被轉換成電的功率 P_{conv}，被轉換的機械功率為

$$P_{\text{conv}} = \tau_{\text{ind}} \omega_m \qquad (3\text{-}66)$$

而有相同量的電功率被產生。然而，這並不是出現在電機輸出端的功率，還必須扣除 I^2R 損失，才是輸出端功率。

在交流電動機中，功率潮流圖恰好相反，如圖 3-19b 所示。

3.7 電壓調整率與速度調整率

發電間通常會以**電壓調整率** (voltage regulation, VR) 來相互比較，電壓調整率是測

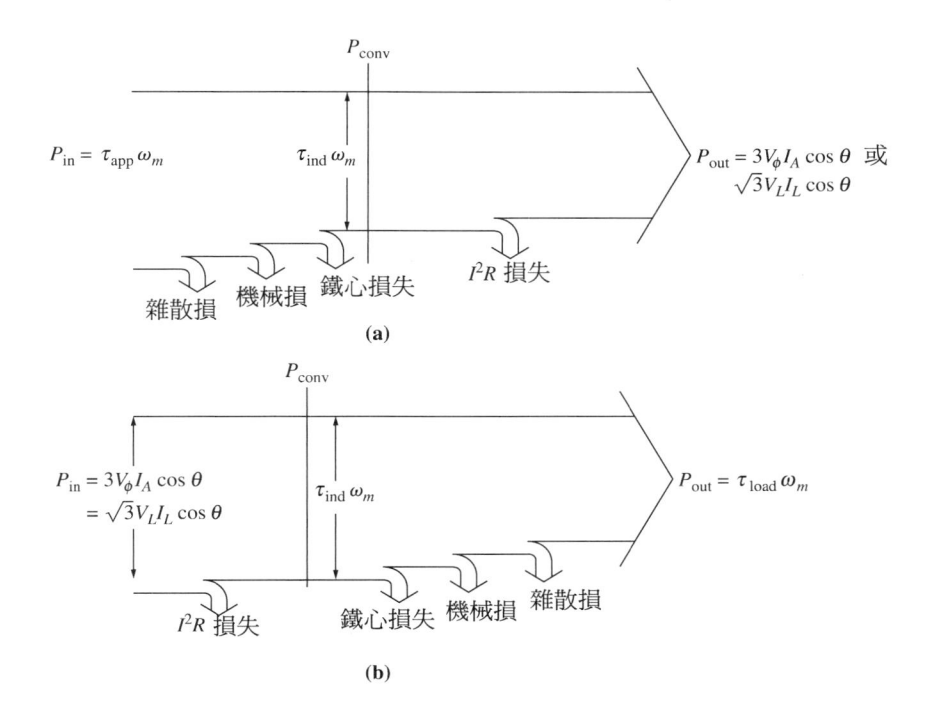

圖 3-19 (a) 三相交流發電機的功率流程圖；(b) 三相交流電動機的功率流程圖。

定一發電機當負載改變時，其端電壓可以保持固定之能力，它被定義為

$$\boxed{\text{VR} = \frac{V_{\text{nl}} - V_{\text{fl}}}{V_{\text{fl}}} \times 100\%} \qquad (3\text{-}67)$$

其中 V_{nl} 為無載端電壓，而 V_{fl} 為滿載端電壓。這是發電機電壓電流特性之大略量測——一正的電壓調整率表示下降特性，而一負的電壓調整率表上升的特性。一小的 VR 是比較好的，表示發電機端電壓在負載變動時較容易保持固定。

同理，電動機通常使用**速度調整率** (speed regulation, SR) 來相互比較，速度調整率為測定電動機當負載改變時，其軸速度可以保持固定之能力，它被定義為

$$\boxed{\text{SR} = \frac{n_{\text{nl}} - n_{\text{fl}}}{n_{\text{fl}}} \times 100\%} \qquad (3\text{-}68)$$

或

$$\boxed{\text{SR} = \frac{\omega_{\text{nl}} - \omega_{\text{fl}}}{\omega_{\text{fl}}} \times 100\%} \qquad (3\text{-}69)$$

這是電動機轉矩速度特性之大略量測——一正速度調整率表負載增加時轉速會下降，而負的速度調整率表負載增加時轉速會增加。速度調整率大小說明轉矩-速度曲線的斜率

有多陡峭。

習 題

3-1 圖 3-1 單一線圈旋轉於均勻磁場中,有以下特性:

$$\mathbf{B} = 1.0 \text{ T} \quad 往右 \quad\quad r = 0.1 \text{ m}$$
$$l = 0.3 \text{ m} \quad\quad\quad\quad \omega_m = 377 \text{ rad/s}$$

(a) 計算此旋轉線圈之感應電壓 $e_{tot}(t)$。
(b) 線圈所產生的電壓之頻率是多少?
(c) 若有一 10 Ω 電阻負載接於線圈端點,計算流過此電阻之電流。
(d) 計算在 (c) 情況下,線圈所感應之轉矩的大小與方向。
(e) 計算在 (c) 情況下,線圈可產生多少瞬間和平均電功率。
(f) 計算在 (c) 情況下,線圈消耗多少機械功率,此與所產生的電功率比較為何?

3-2 一三相,Y 接四極繞組安裝於一 24 槽定子,每槽線圈有 40 匝,每相線圈為串聯。每極磁通為 0.060 Wb,磁場轉速為 1800 r/min。
(a) 繞組所產生電壓的頻率為何?
(b) 此定子產生之相電壓與端電壓為何?

3-3 一三相,Δ 接六極繞組安裝於一 36 槽定子,每槽線圈有 150 匝,每相線圈為串聯,每極磁通為 0.060 Wb,磁場轉速為 1000 r/min。
(a) 繞組所產生的電壓之頻率是多少?
(b) 此定子產生的相電壓和端電壓為何?

CHAPTER 4

同步發電機

學習目標

- 瞭解同步發電機的等效電路。
- 能夠畫同步發電機之相量圖。
- 瞭解同步發電機的功率與轉矩方程式。
- 知道如何藉由量測開路特性 (OCC) 和短路特性 (SCC) 來推導同步機的特性。
- 瞭解一單獨運轉的同步發電機其端電壓如何隨負載變化,且能計算不同負載下之端電壓。
- 瞭解兩部或多部同步發電機並聯運轉所需之條件。
- 瞭解同步發電機並聯運轉的操作程序。
- 瞭解同步發電機與一大電力系統 (或無限匯流排) 之並聯運轉。
- 瞭解同步發電機之靜態穩定度限度,與為何暫態穩定度限度小於靜態穩定度限度。
- 瞭解故障 (短路) 情況下的暫態電流。
- 瞭解同步發電機的額定,和每個額定值的限制條件。

4.1　同步發電機之結構

　　同步發電機的轉子磁場可藉由將轉子設計成永久磁鐵,或供應一直流電給轉子繞組形成一電磁鐵而得到。接著以原動機帶動發電機之轉部而在電機內部產生旋轉磁場。此旋轉磁場在發電機定部繞組中將感應產生一組三相電壓。

　　一電機內通常會有**場繞組** (field winding) 與**電樞繞組** (armature winding),場繞組主要是用來產生主磁場,而電樞繞組是用來感應電壓。就同步機而言,場繞組位於轉子,所以**轉子繞組** (rotor winding) 與場繞組是互用的,同理,**定子繞組** (stator winding) 與電樞繞組也是互用的。

　　同步發電機的轉部實際上是一大塊電磁鐵。轉部的磁極可以是凸極式或平滑式。

端視圖　　　　　　　　**側視圖**

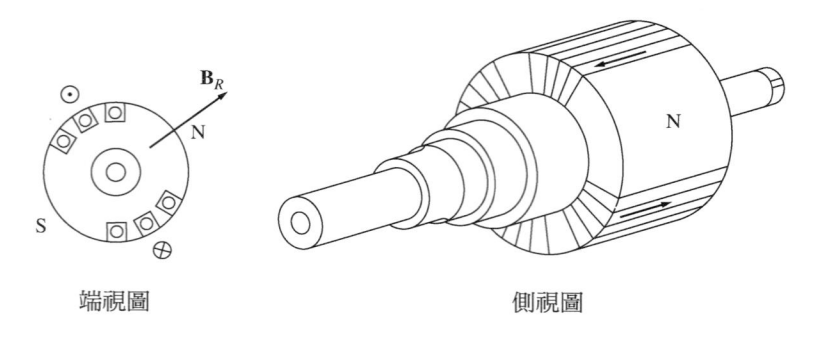

圖 4-1　同步電機之平滑極雙極轉部。

所謂凸 (salient) 這個字，意指「突出」或「突起」，而凸極 (salient pole) 就是指突出於轉部表面之磁極。另一方面，平滑極 (non-salient pole) 就是指繞組嵌入於轉子表面之磁極。圖 4-1 即為平滑極轉部，注意到電磁鐵繞組被嵌到轉子表面的凹槽內，而圖 4-2 則是凸極轉部，注意到電磁繞組被繞在凸極上，而不是被嵌到轉子表面的凹槽。平滑極轉部一般都是用在雙極或四極轉部，而凸極轉部則用於四極或更多極的轉部。由於轉部受限於變化磁場，故其使用薄疊片之構造以減少渦電流損失。

4.2　同步發電機的轉速

同步發電機之所以稱為**同步** (synchronous)，其意義就是指其產生之電頻率鎖定於或同步於發電機的機械轉速。同步發電機的轉部包含一個有直流電流供應的電磁鐵。轉部磁場指向任何轉部所轉到的方向。現在，電機中磁場的旋轉速率和定部電頻率的關係如式 (3-34)：

$$f_{se} = \frac{n_{sm}P}{120} \quad (3\text{-}34)$$

其中　f_{se} ＝電頻率，Hz
　　　n_{sm} ＝磁場的機械轉速，r/min（＝同步電機的轉部轉速）
　　　P ＝極數

既然轉部以同樣磁場的轉速在轉動，此等式也代表轉部轉速和其所產生之電頻率間的關係。

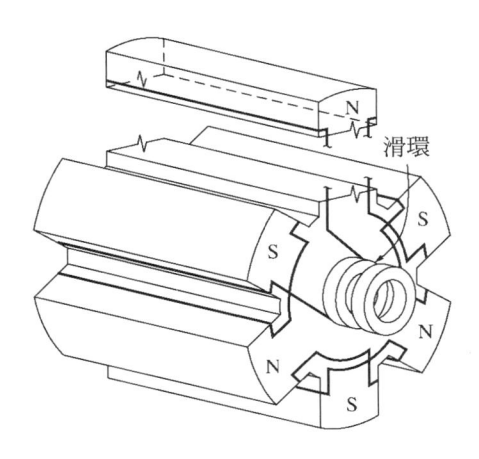

圖 4-2 同步電機之凸極六極轉部。

4.3 同步發電機內部所產生的電壓

在給定之定部相位中所感應之電壓的強度已知為

$$E_A = \sqrt{2}\pi N_C \phi f \tag{3-50}$$

此電壓根據電機中的磁通 ϕ、電頻率、轉速與電機之構造而定。在解同步電機的問題時，此等式常被重寫為一個強調電機運轉時的可變量的較簡單之型式。此簡單的型式為

$$\boxed{E_A = K\phi\omega} \tag{4-1}$$

其中 K 是代表電機結構的常數。若 ω 以每秒電弳來表示，則

$$K = \frac{N_c}{\sqrt{2}} \tag{4-2}$$

若 ω 是以每秒機械弳來表示，則

$$K = \frac{N_c P}{\sqrt{2}} \tag{4-3}$$

內部產生之電壓 E_A 直接與磁通和轉速成正比，在磁通本身依流於轉部磁場電路中之電流而定。磁場電流 I_F 和磁通 ϕ 的關係將以圖 4-3a 的型態出現。既然 E_A 和磁通直接成正比，則內部產生之電壓 E_A 和磁場電流的關係將如圖 4-3b 所示。此種圖形被稱為電機之磁化曲線 (magnetization curve) 或開路特性 (open-circuit characteristic)。

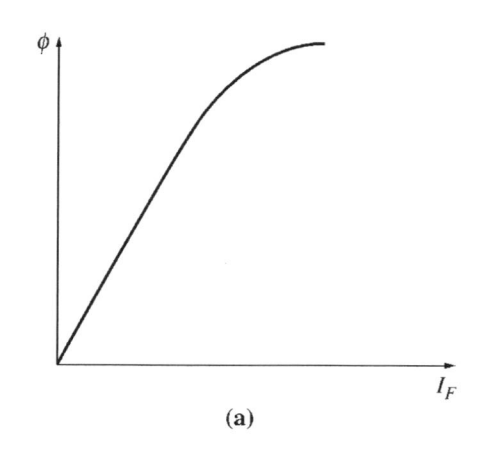

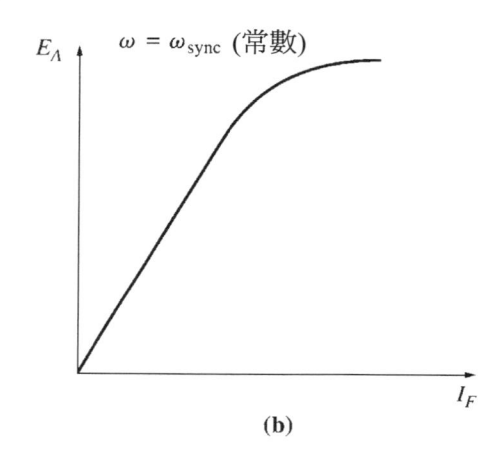

圖 4-3 (a) 同步發電機之磁場電流對磁通圖；(b) 同步發電機之磁化曲線。

4.4 同步發電機之等效電路

電壓 E_A 為同步發電機中的一相的內部產生電壓。然而，此電壓 E_A 通常並非出現在發電機終端的電壓。事實上，只有當電機中沒有電樞電流流過時，內電壓 E_A 才會和單相輸出電壓 V_ϕ 相同。

造成 E_A 和 V_ϕ 不同的原因有數個因素：

1. 因定部中電流流動而造成氣隙磁場的失真，稱為**電樞反應** (armature reaction)
2. 電樞線圈的自感
3. 電樞線圈的電阻
4. 凸極轉部之外形造成的效應

當同步發電機的轉部旋轉時,在發電機定部繞組中將感應一電壓 E_A。若有負載接至發電機端點時,電流將流通。但三相定部電流的流通將使電機中自己產生磁場。此定部 (stator) 磁場造成原本的轉部磁場失真,改變其相電壓。此效應稱為**電樞反應** (armature reaction)。

圖 4-4a 所示為在三相定部中旋轉之雙極轉部。定部未接負載。轉部磁場 B_R 產生內部電壓 E_A,且其峯值和 B_R 之方向一致。此電壓將會在圖的頂端正向出導體並在末端負向入導體。當發電機無負載時,將無電樞電流流通,則 E_A 和相電壓 V_ϕ 會相等。

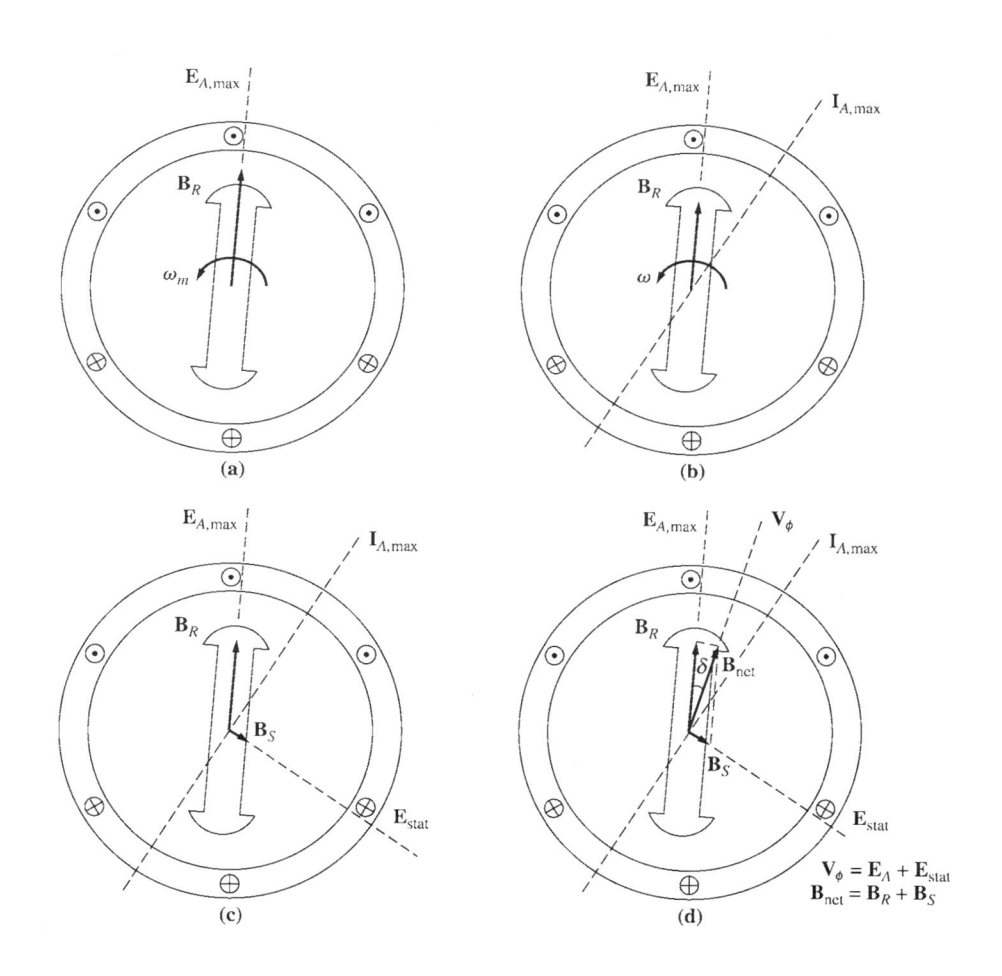

圖 4-4 電樞反應之模型的成形:(a) 旋轉磁場產生內部生成電壓 E_A;(b) 當連接至落後負載時,此電壓將產生落後的電流;(c) 定部電流產生了自己的磁場 B_S,而 B_S 又在電機的定部繞組中產生了自己的電壓 E_{stat};(d) 磁場 B_S 加入 B_R 並使其失真而成為 B_{net}。電壓 E_{stat} 加入 E_A 而產生了單相的輸出 V_ϕ。

現在假設發電機接至落後負載，因為負載是落後的，電流的峯值將在落後於電壓峯值的角度出現。圖 4-4b 中所示即為此效應。

在定部繞組中流通之電流自己會產生磁場。此定部磁場稱為 $\mathbf{B}_S$，而如圖 4-4c 中所示，其方向是由右手定則所決定。此定部磁場 $\mathbf{B}_S$ 自己在定部產生了一個電壓，且在圖中此電壓稱為 $\mathbf{E}_{\text{stat}}$。

定部繞組中出現了兩種電壓，則單相中的總電壓即為內部生成電壓 $\mathbf{E}_A$ 和電樞反應電壓 $\mathbf{E}_{\text{stat}}$ 的和：

$$\mathbf{V}_\phi = \mathbf{E}_A + \mathbf{E}_{\text{stat}} \tag{4-4}$$

淨磁場 $\mathbf{B}_{\text{net}}$ 恰為轉部及定部磁場的和：

$$\mathbf{B}_{\text{net}} = \mathbf{B}_R + \mathbf{B}_S \tag{4-5}$$

既然 $\mathbf{E}_A$ 和 $\mathbf{B}_R$ 的角度是相同的，且 $\mathbf{E}_{\text{stat}}$ 和 $\mathbf{B}_S$ 的角度是相同的，則所產生的淨磁場 $\mathbf{B}_{\text{net}}$ 也會和 $\mathbf{V}_\phi$ 的方向一致。圖 4-4d 所示為其所產生的電壓及電流。

$\mathbf{B}_R$ 與 $\mathbf{B}_{\text{net}}$ 之間的角度稱為同步發電機的**內角** (internal angle) 或**轉矩角** (torque angle) δ，此角度和發電機的輸出功率成正比。

電壓 $\mathbf{E}_{\text{stat}}$ 位於電流 $\mathbf{I}_A$ 之最大值平面之後 90° 角之處。其次，電壓 $\mathbf{E}_{\text{stat}}$ 和電流 $\mathbf{I}_A$ 是直接成正比的。若 X 是一個比例常數，則電樞反應電壓可被表示為

$$\mathbf{E}_{\text{stat}} = -jX\mathbf{I}_A \tag{4-6}$$

於是單相上之電壓為

$$\boxed{\mathbf{V}_\phi = \mathbf{E}_A - jX\mathbf{I}_A} \tag{4-7}$$

觀察圖 4-5 所示之電路。此電路之克希荷夫電壓定律之方程式為

$$\mathbf{V}_\phi = \mathbf{E}_A - jX\mathbf{I}_A \tag{4-8}$$

因此，電樞反應電壓可模型化為一個串聯於內部生成電壓的電感。

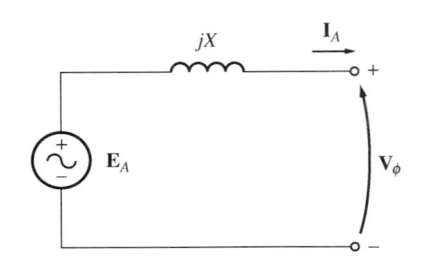

圖 4-5 一個簡單的電路。

除了電樞反應的作用之外，定部線圈本身也具有自感和電阻。若定部自感稱為 L_A (則相對應之電抗為 X_A) 且定部電阻稱為 R_A，則 $\mathbf{E}_A$ 和 $\mathbf{V}_\phi$ 之間的總差值為

$$\mathbf{V}_\phi = \mathbf{E}_A - jX\mathbf{I}_A - jX_A\mathbf{I}_A - R_A\mathbf{I}_A \tag{4-9}$$

電樞反應之效應及電機中之自感都是以電抗來表示的，且常被合併為一個單一的電抗，稱為電機的同步電抗 (synchronous reactance)：

$$X_S = X + X_A \tag{4-10}$$

因此，描述 $\mathbf{V}_\phi$ 的最終方程式為

$$\boxed{\mathbf{V}_\phi = \mathbf{E}_A - jX_S\mathbf{I}_A - R_A\mathbf{I}_A} \tag{4-11}$$

現在將可繪出三相同步發電機的等效電路圖。圖 4-6 所示為此發電機全部的等效電路。此圖顯示出以直流電源供應至轉部磁場電路，而此電路是被模型化為串聯的線圈電感及電阻。和 R_F 串聯的是一個用以控制磁場電流的可變電阻 R_{adj}。等效電路的其他部分

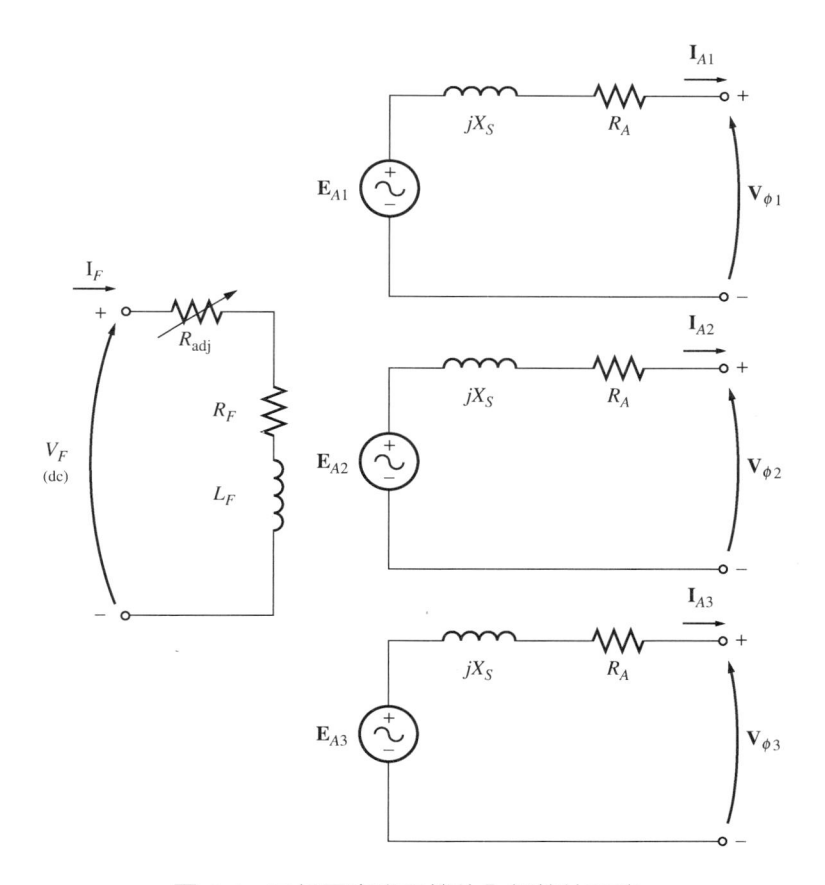

圖 4-6　三相同步發電機的全部等效電路。

由每一相的模型所組成。每一相都有一個內部生成電壓和一個串聯電抗 X_S (包含線圈自感和電樞反應的總和) 及一個串聯電阻 R_A。此三相的電壓及電流是完全相同的，除了它們在角度上各差了 120°。

如圖 4-7 所示，此三相可以是 Y 連接或是 Δ 連接。若其為 Y 連接，則端電壓 V_T (等於線對線電壓 V_L) 和相電壓 V_ϕ 的關係為

$$V_T = V_L = \sqrt{3}V_\phi \tag{4-12}$$

若其為 Δ 連接，則

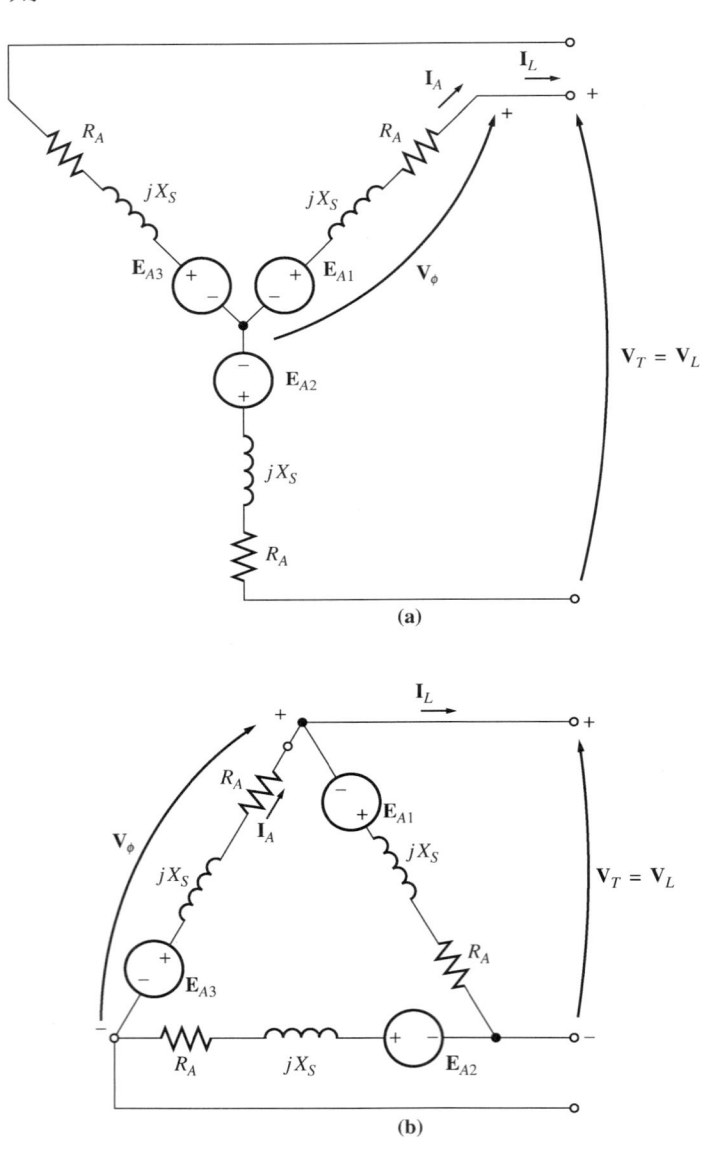

圖 4-7　發電機之等效電路：(a) Y 連接；(b) Δ 連接。

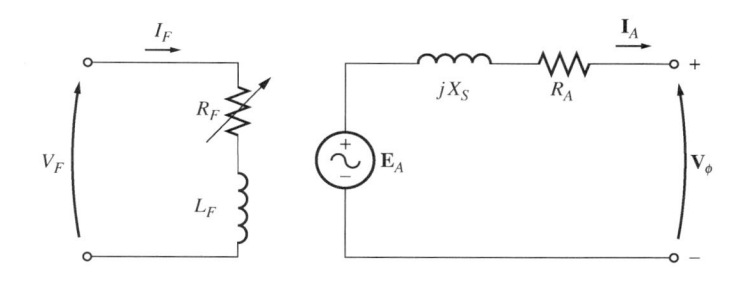

圖 4-8　同步發電機之每相等效電路，內部磁場電路電阻和外部可變電阻已合併為一個電阻 R_F。

$$V_T = V_\phi \tag{4-13}$$

由於同步發電機的三相間除了相角之外其餘完全相同的這個事實，導致了**每相等效電路** (per-phase equivalent circuit) 的使用。圖 4-8 所示即為此電機之每相等效電路。在使用每相等效電路時，有一項重要的事實我們必須牢記在心：只有當與三相連接之負載為平衡時，此三相才會具有相同的電壓及相同的電流。

4.5　同步發電機之相量圖

圖 4-9 所示即為連接單位功率因數負載 (純電阻負載) 之發電機相量圖。總電壓 $\mathbf{E}_A$ 和端電壓 $\mathbf{V}_\phi$ 之差值是電阻性及電感性之電壓降。$\mathbf{V}_\phi$ 可任意地定為角度 0° 且所有的電壓和電流均以之為參考。

此相量圖可以和發電機在落後的功率因數及領先的功率因數下工作時的相量圖相比較。圖 4-10 所示即為上述兩個相量圖。注意，若已知相電壓及電樞電流，則落後負載下所需之內部生成電壓 $\mathbf{E}_A$ 將比領先負載下所需之 $\mathbf{E}_A$ 大。因此，欲在落後負載下得到同樣的端電壓，就必須有較大的磁場電流，這是因為

$$E_A = K\phi\omega \tag{4-1}$$

而 ω 必須是定值以保持固定頻率。

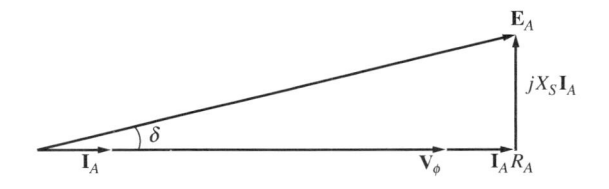

圖 4-9　單位功率因數下同步發電機之相量圖。

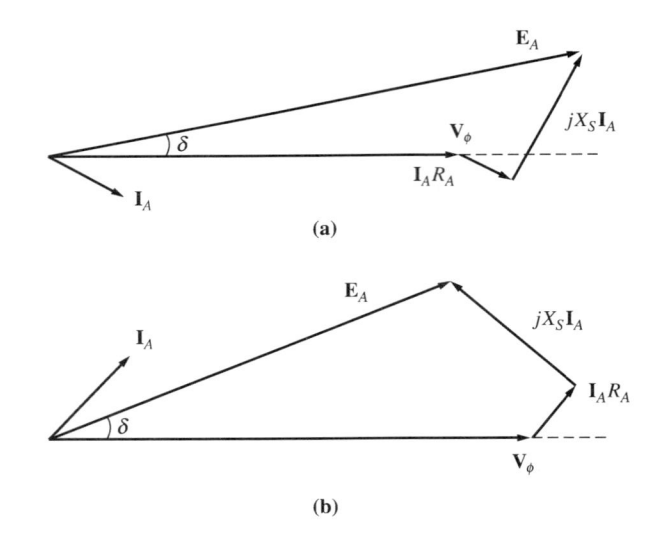

圖 4-10　同步發電機之相量圖：(a) 落後功因；(b) 領先功因。

反過來說，在已知磁場電流及負載電流之大小的情形下，落後負載之端電壓較低而領先負載較高。

在真實的同步電機中，同步電抗通常比 R_A 大得多，所以在定性的電壓變化研究中常可忽略 R_A。

4.6　同步發電機之功率及轉矩

同步發電機就是用來做發電機的同步電機。它將機械功率轉換為三相電功率。機械功率的來源，即**原動機** (prime mover)，可以是柴油機、汽渦輪機、水渦輪機或其他類似的裝置。不論功率源為何，都必須有一個最基本的特性——不論要求的功率為何，其轉速必須幾乎為定值。若非如此，則所生成之電力系統的頻率將紊亂。

並非所有進入同步發電機之機械功率都變成電機的輸出電功率。輸出功率和輸入功率之間的差值即代表功率損失。圖 4-11 所示為同步發電機之功率流程圖。輸入之機械功率即發電機中之軸功率 $P_{in}=\tau_{app}\omega_m$，而內部的機械功率轉換為電的型式則是

$$P_{conv} = \tau_{ind}\omega_m \tag{4-14}$$
$$= 3E_A I_A \cos \gamma \tag{4-15}$$

其中 γ 是 E_A 和 I_A 所夾的角度。輸入發電機之功率和在發電機中轉換的功率之差值代表電機的機械損、鐵心損失與雜散損失。

就線的量而言，同步發電機的輸出電功率可被表示為

Chapter 4 同步發電機

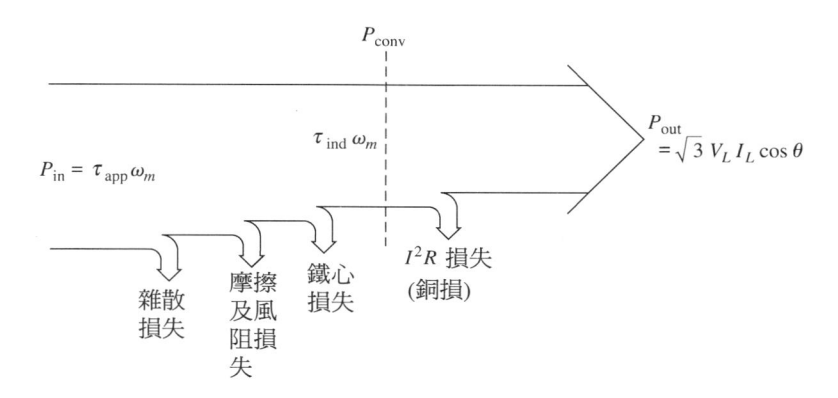

圖 4-11 同步發電機之功率流程圖。

$$P_{\text{out}} = \sqrt{3}V_L I_L \cos\theta \tag{4-16}$$

而就相而言，

$$P_{\text{out}} = 3V_\phi I_A \cos\theta \tag{4-17}$$

就線路而言，其輸出虛功率為

$$Q_{\text{out}} = \sqrt{3}V_L I_L \sin\theta \tag{4-18}$$

而就相而言，

$$Q_{\text{out}} = 3V_\phi I_A \sin\theta \tag{4-19}$$

若電樞電阻 R_A 可忽略 (因為 $X_S \gg R_A$)，則發電機的輸出功率可近似地用一個很有用的式子來表示。欲導出此式，先檢視圖 4-12 中的相量圖。圖 4-12 顯示出當定部電阻被忽略時，發電機的簡化相量圖。注意垂直線段 bc 可被表示為 $E_A \sin\delta$ 或 $X_S I_A \cos\theta$。所以，

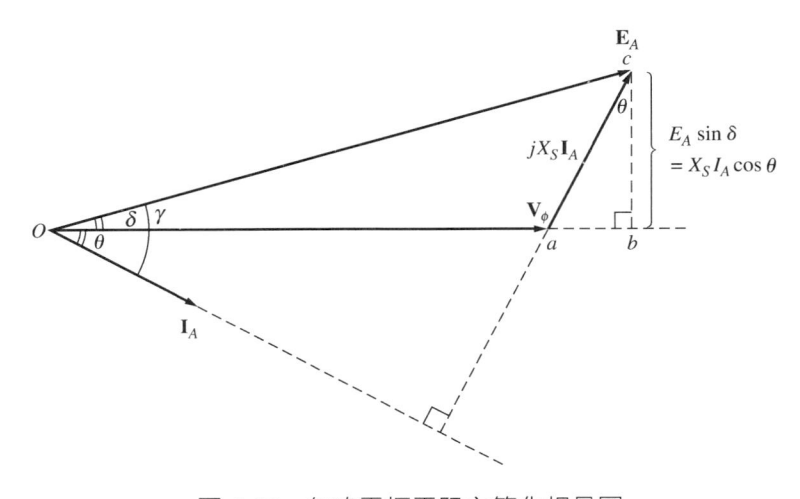

圖 4-12 忽略電樞電阻之簡化相量圖。

$$I_A \cos \theta = \frac{E_A \sin \delta}{X_S}$$

代入式 (4-17)，

$$\boxed{P_{\text{conv}} = \frac{3V_\phi E_A}{X_S} \sin \delta} \tag{4-20}$$

既然在式 (4-20) 中電阻均設為 0，在發電機中將無電損失，且此式代表 P_{conv} 及 P_{out}。

式 (4-20) 顯示出同步發電機之功率是根據 $\mathbf{V}_\phi$ 和 $\mathbf{E}_A$ 之間的角度 δ 而定。角 δ 被稱為電機之**內角** (internal angle) 或**轉矩角** (torque angle)。也注意到當 $\delta = 90°$ 時，產生最大功率。當 $\delta = 90°$，$\sin \delta = 1$，且

$$P_{\max} = \frac{3V_\phi E_A}{X_S} \tag{4-21}$$

此式所示的最大功率被稱為發電機的**靜態穩定限度** (static stability limit)。一般真實的發電機甚至不會接近此限度，就真實電機而言，典型的滿載轉矩角為 20° 至 30°。

現在再來看看式 (4-17)、(4-19) 與 (4-20)。若 $\mathbf{V}_\phi$ 設為常數，則實功率的輸出是直接和 $I_A \cos \theta$ 及 $E_A \sin \delta$ 的量成正比的。且虛功率的輸出是直接和 $I_A \sin \theta$ 成正比。在畫變換負載之同步發電機相量圖時，此事實是很有用的。

由第三章可知，發電機中之感應轉矩可表示為

$$\tau_{\text{ind}} = k\mathbf{B}_R \times \mathbf{B}_S \tag{3-58}$$

或

$$\tau_{\text{ind}} = k\mathbf{B}_R \times \mathbf{B}_{\text{net}} \tag{3-60}$$

式 (3-60) 的量可表示為

$$\tau_{\text{ind}} = kB_R B_{\text{net}} \sin \delta \tag{3-61}$$

其中 δ 是轉部磁場和淨磁場之夾角，即所謂的**轉矩角** (torque angle)。因為 $\mathbf{B}_R$ 產生電壓 $\mathbf{E}_A$ 而 $\mathbf{B}_{\text{net}}$ 產生電壓 $\mathbf{V}_\phi$，$\mathbf{E}_A$ 和 $\mathbf{V}_\phi$ 之間的角度 δ 與 $\mathbf{B}_R$ 和 $\mathbf{B}_{\text{net}}$ 之間的角度 δ 是相同的。

由式 (4-20) 可導出另一種同步發電機的感應轉矩表示式。因為 $P_{\text{conv}} = \tau_{\text{ind}} \omega_m$，故感應轉矩可表示為

$$\boxed{\tau_{\text{ind}} = \frac{3V_\phi E_A}{\omega_m X_S} \sin \delta} \tag{4-22}$$

此式使用電的度量來表示感應轉矩，而式 (3-60) 則使用磁的度量來表示相同的訊息。

注意到同步發電機由機械能轉成電能之功率 P_{conv} 和轉子感應轉矩 τ_{ind} 皆與轉矩角 δ

有關，如式 (4-20) 和 (4-22) 所示。

$$P_{\text{conv}} = \frac{3V_\phi E_A}{X_S} \sin \delta \qquad (4\text{-}20)$$

$$\tau_{\text{ind}} = \frac{3V_\phi E_A}{\omega_m X_S} \sin \delta \qquad (4\text{-}22)$$

當轉矩角 δ 到達 90° 時，此兩個量會到達最大值，每個瞬間發電機不能超過此限度。實際發電機典型的滿載轉矩角為 20° 至 30°，所以它們能提供的絕對最大瞬間功率與轉矩至少是滿載值的 2 倍。此備轉的功率和轉矩，對包含這些發電機的電力系統穩定度是必備的。

4.7　同步發電機模型之參數量測

在我們導出的同步發電機等效電路中有三個量必須要被決定，如此才能完整地描述真實同步發電機的行為：

1. 磁場電流和磁通間的關係 (及由此可知的磁場電流和 E_A 間的關係)
2. 同步電抗
3. 電樞電阻

程序中的第一步是進行發電機的**開路試驗** (open-circuit test)。欲進行此試驗，將發電機以額定轉速轉動且不另加負載並使其磁場電流為 0。然後逐漸增加其磁場電流並依序測其相對應之端電壓。由於終端開路，故 $I_A = 0$，可知 E_A 等於 V_ϕ。因此可以根據上述的資訊而建構出 E_A (或 V_T) 對 I_f 的圖。此圖即為所謂的發電機之**開路特性** (open-circuit characteristic, OCC)。利用此特性，我們可以由任何已知的磁場電流求得對應的內部生成電壓。圖 4-13a 所示為一典型的開路特性。注意到在高磁場電流而觀察到飽和情形之前，此曲線幾乎是完全線性的。未飽和時，同步電機之機架中的鐵材其磁阻是氣隙磁阻的數千分之一，因此，開始的時候幾乎全部的磁動勢都跨在氣隙之上，而所造成的磁通增加也是線性的。最後當鐵材飽和了，鐵材之磁阻會很快地增加，則因磁動勢的增加所造成的磁通增加就會少很多了。開路特性 (OCC) 中的線性部分稱之為**氣隙線** (air-gap line)。

程序中的第二步是進行**短路試驗** (short-circuit test)。欲進行此試驗，再次將磁場電流調為零，並由安培計將發電機之終端短路慢慢增加磁場電流到可量到對應的電樞電流 I_A 或線電流 I_L 為止，如圖 4-13b 所示稱之為**短路特性** (short-circuit characteristic, SCC)。

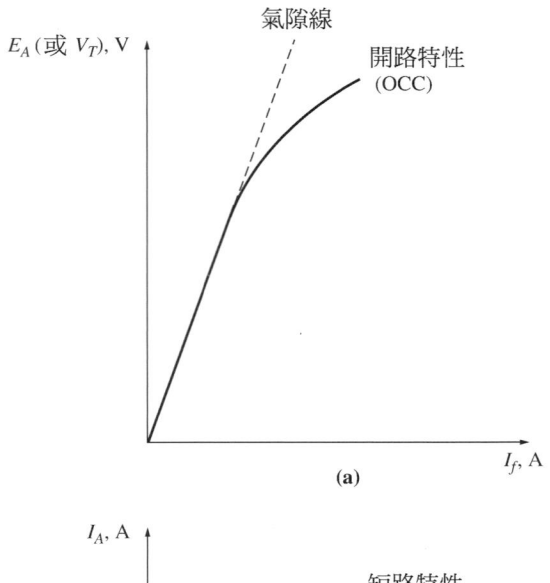

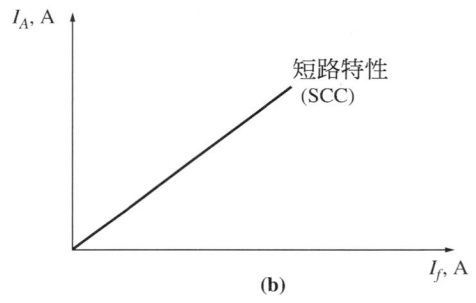

圖 4-13 (a) 同步發電機之開路特性 (OCC)；(b) 同步發電機之短路特性 (SCC)。

此特性本身是一條直線。欲瞭解為什麼此特性是一直線，先檢視圖 4-8 中的等效電路並將電機之終端短路如圖 4-14a 所示。注意到當終端短路時，電樞電流 $\mathbf{I}_A$ 為

$$\mathbf{I}_A = \frac{\mathbf{E}_A}{R_A + jX_S} \tag{4-23}$$

而其大小為

$$I_A = \frac{E_A}{\sqrt{R_A^2 + X_S^2}} \tag{4-24}$$

圖 4-14b 所示為其相量圖，而圖 4-14c 所示則是相關之磁場。因為 $\mathbf{B}_S$ 幾乎和 $\mathbf{B}_R$ 對消，淨磁場 $\mathbf{B}_{net}$ 將會很小 (相對於內部的電阻及電感之壓降而已)。因為在電機中的淨磁場如此地小，此電機不會飽和且短路特性 (SCC) 是線性的。

欲瞭解上述兩特性的作用，注意到在圖 4-14 中當 $\mathbf{V}_\phi = 0$ 時，電機之**內部阻抗** (internal machine impedance) 為

$$Z_S = \sqrt{R_A^2 + X_S^2} = \frac{E_A}{I_A} \tag{4-25}$$

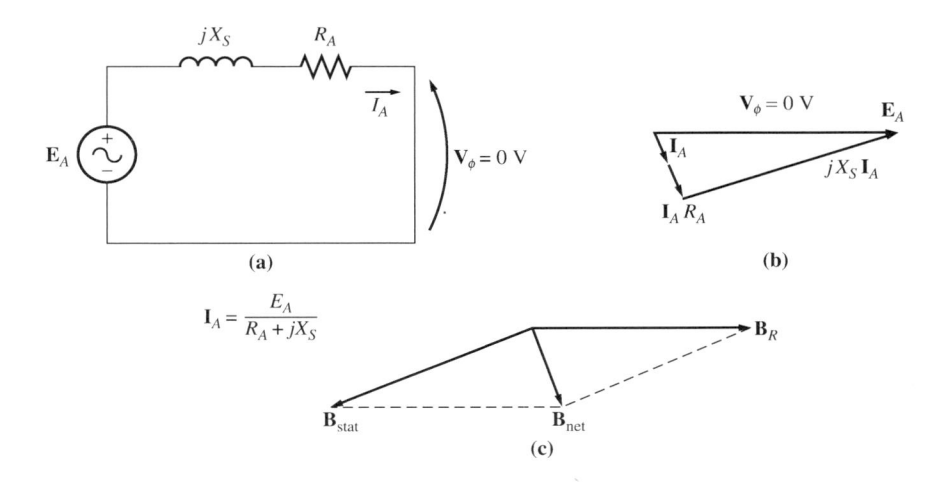

圖 4-14 (a) 短路試驗時同步發電機之等效電路；(b) 生成之相量圖；(c) 短路試驗時的磁場。

因為 $X_S \gg R_A$，此式可化簡為

$$X_S \approx \frac{E_A}{I_{A,SC}} = \frac{V_{\phi,oc}}{I_A} \tag{4-26}$$

若在某狀況下 E_A 和 I_A 已知，則同步電抗 X_S 可依式 (4-26) 求得。

因此，可得到在給定磁場電流時，決定同步電抗之近似方法

1. 就給定之磁場電流由開路特性 (OCC) 中求得內部生成電壓 E_A。
2. 就給定之磁場電流由短路特性 (SCC) 中求得短路電流 $I_{A,SC}$。
3. 利用式 (4-26) 求 X_S。

然而此方法仍有問題。內部生成電壓 E_A 由開路特性而得，此時由於大的磁場電流導致電機已部分飽和，而 I_A 是由短路特性而得，此時在任何磁場電流下，電機是未飽和的。因此，在高磁場電流時，由開路特性所得之 E_A 並非在相同磁場電流時短路情形下的 E_A，此差異使得接下來的 X_S 成為近似值。

然而，在飽和點之前，此方法所求得的答案都是準確的，所以利用式 (4-26) 可輕易求得電機之**未飽和同步電抗** (unsaturated synchronous reactance) $X_{S,u}$，只要所取之磁場電流是在開路特性曲線上的線性部分 (在氣隙線上)。

同步電抗之近似值是根據開路特性的飽和程度而變化，所以在給定問題中所使用之同步電抗值，必定是在電機中以近似負載所求得的。圖 4-15 所示為將近似同步電抗視為磁場電流之函數的圖形。

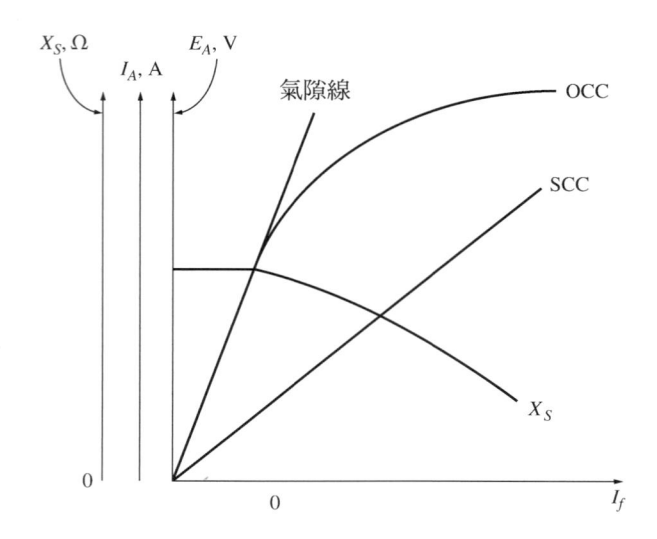

圖 4-15　同步發電機之近似同步電抗作為電機中磁場電流之函數的簡圖。在低磁場電流時所得之常數電抗即為電機中之未飽和同步電抗。

短路比

另一個用來描述同步發電機的參數就是短路比。發電機之**短路比** (short-circuit ratio) 定義為開路時額定電壓所需之磁場電流和短路時額定電流所需之磁場電流的比值。可以看出此值即為用式 (4-26) 所算出之近似飽和同步電抗 pu 值的倒數。

例題 4-1

對一部 200 kVA，480 V，50 Hz，Y 連接之同步發電機做額定磁場電流 5 A 之試驗，所得數據如下：

1. 額定 I_F 之時所測之 $V_{T,OC}$ 為 540 V。
2. 額定 I_F 之時所測之 $I_{L,SC}$ 為 300 A。
3. 當在兩端加 10 V 的直流電壓時，可量得 25 A 的電流。

求出在額定情況下，發電機模型中之電樞電阻及近似同步電抗 (以 Ω 表示)。

解：上述發電機是 Y 連接的，所以電阻測定中的直流電流是流經 2 個繞組。因此，電阻為

$$2R_A = \frac{V_{DC}}{I_{DC}}$$

$$R_A = \frac{V_{DC}}{2I_{DC}} = \frac{10 \text{ V}}{(2)(25 \text{ A})} = 0.2 \text{ Ω}$$

額定磁場電流時之內部生成電壓為

$$E_A = V_{\phi,\text{OC}} = \frac{V_T}{\sqrt{3}}$$

$$= \frac{540 \text{ V}}{\sqrt{3}} = 311.8 \text{ V}$$

因為發電機是 Y 連接的，短路電流 I_A 恰與線電流相等：

$$I_{A,SC} = I_{L,SC} = 300 \text{ A}$$

因此，在額定磁場電流時，同步電抗可由式 (4-25) 求得：

$$\sqrt{R_A^2 + X_S^2} = \frac{E_A}{I_A} \tag{4-25}$$

$$\sqrt{(0.2 \text{ }\Omega)^2 + X_S^2} = \frac{311.8 \text{ V}}{300 \text{ A}}$$

$$\sqrt{(0.2 \text{ }\Omega)^2 + X_S^2} = 1.039 \text{ }\Omega$$

$$0.04 + X_S^2 = 1.08$$

$$X_S^2 = 1.04$$

$$X_S = 1.02 \text{ }\Omega$$

在估計 X_S 時將 R_A 併入會有多少效應？並不大。若 X_S 是由式 (4-26) 求出，結果是

$$X_S = \frac{E_A}{I_A} = \frac{311.8 \text{ V}}{300 \text{ A}} = 1.04 \text{ }\Omega$$

因為忽略 R_A 所造成的誤差遠少於因為飽和效應造成之誤差，近似之估計常使用式 (4-26)。

圖 4-16 所示為最終的每相等效電路。

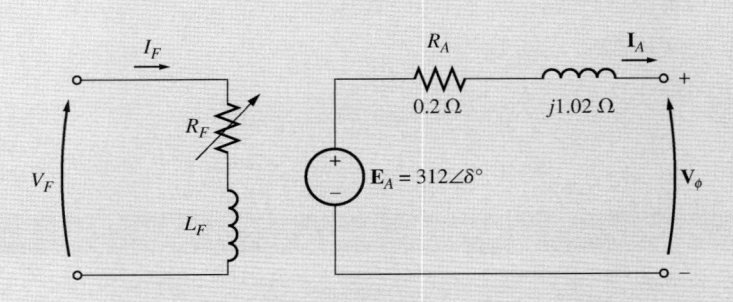

圖 4-16 例題 4-1 中的發電機每相等效電路。

4.8　單獨運轉之同步發電機

同步發電機獨自運轉時負載變化的效應

由對同步發電機的討論可得到如下的一般性結論：

1. 若發電機加入落後負載 ($+Q$ 或電感性虛功率負載)，$\mathbf{V}_\phi$ 和端電壓 V_T 明顯地降低。
2. 若發電機加入單位功率因數負載 (無虛功率)，$\mathbf{V}_\phi$ 和端電壓 V_T 有些微的下降。
3. 若發電機加入領先負載 ($-Q$ 或電容性虛功率負載)，$\mathbf{V}_\phi$ 和端電壓 V_T 將上升。

有一種簡便的方法可比較兩部發電機的電壓行為稱為**電壓調整率** (voltage regulation)。發電機之電壓調整率 (VR) 可以下式定義：

$$\text{VR} = \frac{V_{\text{nl}} - V_{\text{fl}}}{V_{\text{fl}}} \times 100\% \qquad (3\text{-}67)$$

其中 V_{nl} 是發電機之無載電壓而 V_{fl} 是發電機之滿載電壓。同步發電機若運轉於落後的功率因數下，將有相當大的正電壓調整率，運轉於單位功率因數之同步發電機則有小的正電壓調整率，而運轉於領先功率因數之同步發電機則有負的電壓調整率。

一般來說，即使負載本身變動，我們仍希望保持供應至負載的電壓為定值。要如何去修正端電壓的變化？一個明顯的方法就是改變 E_A 的大小來補償負載的改變。回憶 $E_A = K\phi\omega$。因為一般系統中頻率是不變的，E_A 的控制必定是藉由改變電機中的磁通。

舉例說明，若發電機上加入落後負載，則端電壓會降低，正如先前所示。欲回復至其原先之值，要降低電阻 R_F。若 R_F 降低，磁場電流將會提升。I_F 的增加使得磁通增加，並將導致 E_A 的增加，而 E_A 的增加使得電壓及端電壓增加。這種想法可總述如下：

1. 降低發電機中的磁場電阻以增加其磁場電流。
2. 磁場電流的增加使電機中之磁通增加。
3. 磁通的增加使內部生成電壓 $E_A = K\phi\omega$ 增加。
4. E_A 的增加使 V_ϕ 及發電機之端電壓增加。

例題 4-2

一部 480 V，60 Hz，Δ 連接之四極同步發電機之開路特性 (OCC)，如圖 4-17a 所示。此發電機之同步電抗為 0.1 Ω，而電樞電阻為 0.015 Ω。滿載時，此電機供應 0.8 PF 落後之 1200 A 的電流。在滿載的情況下，摩擦和風阻損失為 40 kW，且鐵心損失為 30 kW。忽略任何磁場電路之損

失。

(a) 此發電機之轉速為何？

(b) 在無載時欲使端電壓為 480 V，則必須供應多少的磁場電流至發電機？

(c) 若發電機現在連接至負載且負載汲取 0.8 PF 落後之 1200 A 的電流，欲保持端電壓為 480 V，需要多大的磁場電流？

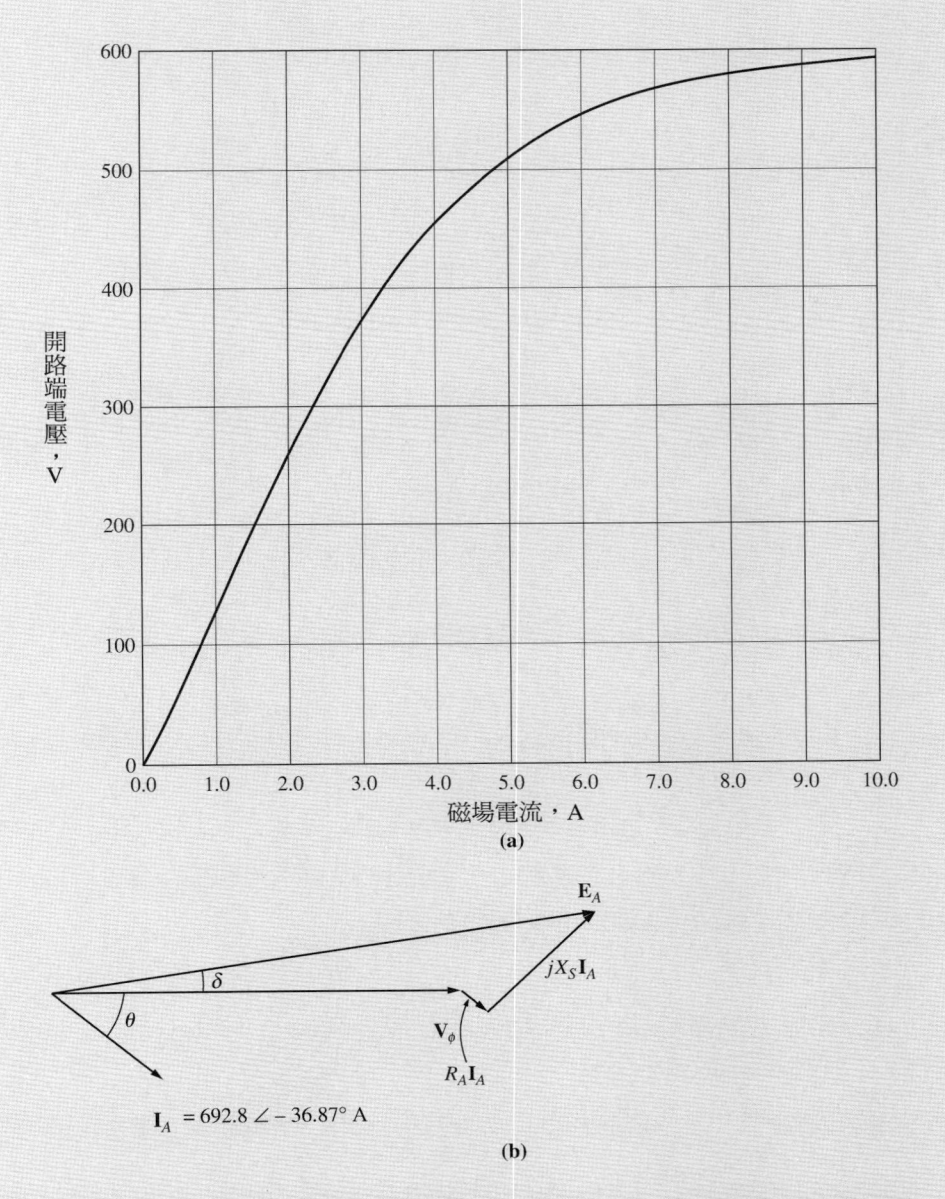

圖 4-17 (a) 例題 4-2 中發電機之開路特性；(b) 例題 4-2 中發電機之相量圖。

(d) 現在發電機供應多少功率？原電動機供應多少的功率至發電機？電機之整體效率為何？
(e) 若發電機之負載突然脫離，其端電壓會有何種變化？
(f) 最後，假設連接至負載且供應 0.8 PF 領先之 1200 A 的電流。欲保持 V_T 為 480 V，需要多大的磁場電流？

解：此發電機為 Δ 連接，所以其相電壓和線電壓是相等的 $V_\phi = V_T$，而其相電流與線電流之關係則為 $I_L = \sqrt{3} I_\phi$。

(a) 同步發電機所產生的電頻率和轉軸旋轉的機械速率間的關係如式 (3-34) 所示為

$$f_{se} = \frac{n_m P}{120} \tag{3-34}$$

因此，

$$n_m = \frac{120 f_{se}}{P}$$

$$= \frac{120(60 \text{ Hz})}{4 \text{ poles}} = 1800 \text{ r/min}$$

(b) 在此電機中，$V_T = V_\phi$。因為此電機未連接負載，$\mathbf{I}_A = 0$ 且 $\mathbf{E}_A = V_\phi$。因此，$V_T = V_\phi = E_A = 480$ V，且根據開路特性，$I_F = 4.5$ A。

(c) 若發電機正供應 1200 A 的電流，則電機中之電樞電流為

$$I_A = \frac{1200 \text{ A}}{\sqrt{3}} = 692.8 \text{ A}$$

因圖 4-17b 所示為此發電機之相量圖。若端電壓被定為 480 V，內部生成電壓 $\mathbf{E}_A$ 的大小則為

$$\begin{aligned}
\mathbf{E}_A &= \mathbf{V}_\phi + R_A \mathbf{I}_A + jX_S \mathbf{I}_A \\
&= 480 \angle 0° \text{ V} + (0.015 \text{ Ω})(692.8 \angle -36.87° \text{ A}) + (j0.1 \text{ Ω})(692.8 \angle -36.87° \text{ A}) \\
&= 480 \angle 0° \text{ V} + 10.39 \angle -36.87° \text{ V} + 69.28 \angle 53.13° \text{ V} \\
&= 529.9 + j49.2 \text{ V} = 532 \angle 5.3° \text{ V}
\end{aligned}$$

欲使端電壓保持在 480 V，$\mathbf{E}_A$ 必須調至 532 V。由圖 4-17 可得所需之磁場電流為 5.7 A。

(d) 可由式 (4-16) 算出發電機所供應的功率：

$$\begin{aligned}
P_{\text{out}} &= \sqrt{3} V_L I_L \cos \theta \\
&= \sqrt{3}(480 \text{ V})(1200 \text{ A}) \cos 36.87° \\
&= 798 \text{ kW}
\end{aligned} \tag{4-16}$$

欲決定輸入發電機的功率，使用功率流程圖 (圖 4-11)。根據功率流程圖，輸入機械功率為

$$P_{\text{in}} = P_{\text{out}} + P_{\text{elec loss}} + P_{\text{core loss}} + P_{\text{mech loss}} + P_{\text{stray loss}}$$

雜散損在此無特別指定，故將其忽略。在此發電機中，電損失為

$$P_{\text{elec loss}} = 3I_A^2 R_A$$
$$= 3(692.8 \text{ A})^2(0.015 \text{ }\Omega) = 21.6 \text{ kW}$$

鐵心損失為 30 kW，且摩擦及風阻損失為 40 kW，所以發電機之總輸入功率為

$$P_{\text{in}} = 798 \text{ kW} + 21.6 \text{ kW} + 30 \text{ kW} + 40 \text{ kW} = 889.6 \text{ kW}$$

因此，此電機之整體效率為

$$\eta = \frac{P_{\text{out}}}{P_{\text{in}}} \times 100\% = \frac{798 \text{ kW}}{889.6 \text{ kW}} \times 100\% = 89.75\%$$

(e) 若發電機之負載突然脫離，電流 $\mathbf{I}_A$ 會降至零，使得 $\mathbf{E}_A = \mathbf{V}_\phi$。既然磁場電流沒有改變，$|\mathbf{E}_A|$ 也不會變，而 V_ϕ 和 V_T 將會上升至與 $\mathbf{E}_A$ 同值。因此，若負載突然脫離，發電機之端電壓將會升至 532 V。

(f) 若發電機之端電壓為 480 V 且負載汲取 0.8 PF 領先之 1200 A 的電流，則內部生成電壓為

$$\mathbf{E}_A = \mathbf{V}_\phi + R_A \mathbf{I}_A + jX_S \mathbf{I}_A$$
$$= 480 \angle 0° \text{ V} + (0.015 \text{ }\Omega)(692.8 \angle 36.87° \text{ A}) + (j0.1 \text{ }\Omega)(692.8 \angle 36.87° \text{ A})$$
$$= 480 \angle 0° \text{ V} + 10.39 \angle 36.87° \text{ V} + 69.28 \angle 126.87° \text{ V}$$
$$= 446.7 + j61.7 \text{ V} = 451 \angle 7.1° \text{ V}$$

因此，若 V_T 要維持 480 V，則內部生成電壓 E_A 必須調至 451 V。使用開路特性，磁場電流會被調至 4.1 A。 ◀

例題 4-3

一部 480 V，50 Hz，Y 連接，六極之同步發電機，其每相同步電抗為 1.0 Ω。當其為 0.8 PF 落後時，滿載電樞電流為 60 A。當 60 Hz 且滿載時，此發電機之摩擦及風阻損失為 1.5 kW，而鐵心損失為 1.0 kW。因為電樞電阻被忽略，故假設 I^2R 損失可忽略不計。無載時磁場電流已調整至使端電壓為 480 V。

(a) 此發電機之轉速為何？
(b) 在下列情況中，發電機之端電壓分別為何？
    1. 0.8 落後功率因數之額定電流負載。
    2. 1.0 單位功率因數之額定電流負載。
    3. 0.8 領先功率因數之額定電流負載。

(c) 當發電機運轉於 0.8 PF 落後之額定電流負載時,其效率為何 (忽略未知的電損失)?

(d) 滿載時原動機必須供應多少的轉軸轉矩?其感應之反轉矩有多少?

(e) 當發電機運轉於 0.8 PF 落後,試求其電壓調整率?運轉於 1.0 單位功率因數?運轉於 0.8 PF 領先?

解:此發電機為 Y 連接,所以其相電壓為 $V_\phi = V_T / \sqrt{3}$。亦即當 V_T 調整至 480 V 時,$V_\phi = 277$ V。磁場電流已被調至使 $V_{T,\text{nl}} = 480$ V,所以 $V_\phi = 277$ V。無載時,電樞電流為零,所以電樞反應電壓及 $I_A R_A$ 電壓降為零。因為 $\mathbf{I}_A = 0$,內部生成電壓 $E_A = V_\phi = 277$ V,內部生成電壓 $E_A (= K\phi\omega)$ 只有在磁場電流改變時才會改變。因為本題中磁場電流一開始調好之後就不予以更動,內部生成電壓之大小為 $E_A = 277$ V 且在本題中將不會變動。

(a) 同步發電機之轉速以每分鐘轉數可以式 (3-34) 表示為

$$f_{se} = \frac{n_{sm} P}{120} \tag{3-34}$$

所以

$$n_{sm} = \frac{120 f_{se}}{P}$$

$$= \frac{120(50 \text{ Hz})}{6 \text{ poles}} = 1000 \text{ r/min}$$

另外,轉速若以每秒弳度來表示

$$\omega_m = (1000 \text{ r/min})\left(\frac{1 \text{ min}}{60 \text{ s}}\right)\left(\frac{2\pi \text{ rad}}{1 \text{ r}}\right)$$

$$= 104.7 \text{ rad/s}$$

(b) **1.** 若發電機連接至 0.8 PF 落後之額定電流負載,則其相量圖將會如圖 4-18a 所示。在此相量圖中,我們已知 $\mathbf{V}_\phi$ 的角度為 0°,$\mathbf{E}_A$ 的大小為 277 V,且 $jX_S \mathbf{I}_A$ 的量為

$$jX_S \mathbf{I}_A = j(1.0 \text{ Ω})(60 \angle -36.87° \text{ A}) = 60 \angle 53.13° \text{ V}$$

在此相量圖中有兩個量是未知的,即 $\mathbf{V}_\phi$ 的大小及 $\mathbf{E}_A$ 的角度 δ。要找出這些值最簡單的方法即在相量圖上建構一個直角三角形,如圖所示。由圖 4-18a,此直角三角形告訴我們

$$E_A^2 = (V_\phi + X_S I_A \sin\theta)^2 + (X_S I_A \cos\theta)^2$$

因此,0.8 PF 落後之額定負載時的相電壓為

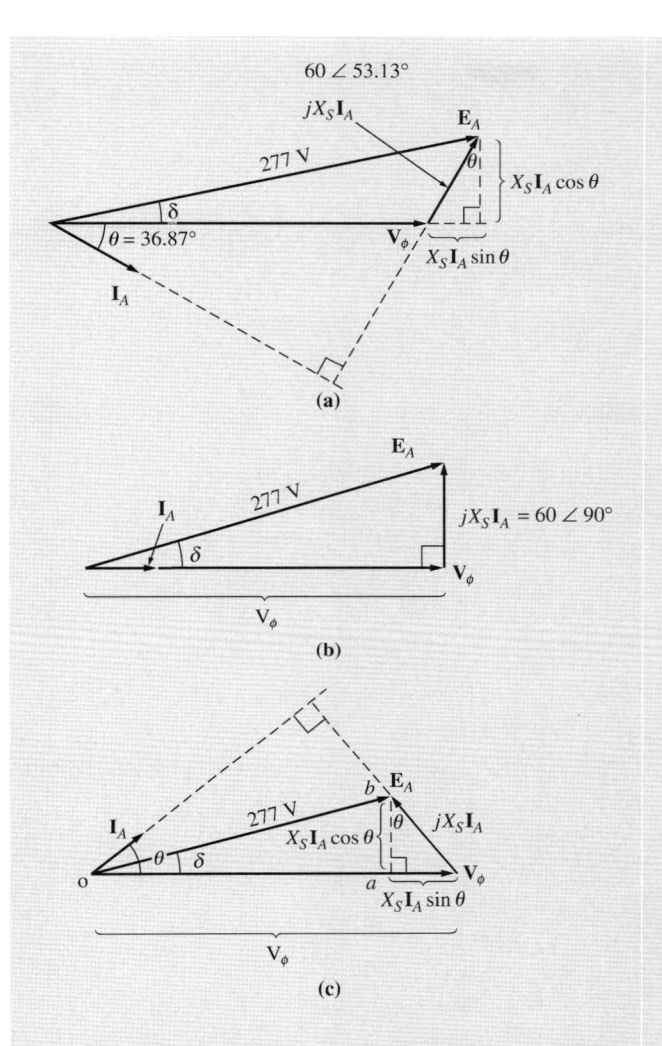

圖 4-18　例題 4-3 中之發電機相量圖。(a) 落後功率因數；(b) 單位功率因數；(c) 領先功率因數。

$$(277 \text{ V})^2 = [V_\phi + (1.0 \text{ }\Omega)(60 \text{ A}) \sin 36.87°]^2 + [(1.0 \text{ }\Omega)(60 \text{ A}) \cos 36.87°]^2$$
$$76{,}729 = (V_\phi + 36)^2 + 2304$$
$$74{,}425 = (V_\phi + 36)^2$$
$$272.8 = V_\phi + 36$$
$$V_\phi = 236.8 \text{ V}$$

因為發電機是 Y 連接的，$V_T = \sqrt{3}\ \mathbf{V}_\phi = 410$ V。

2. 若發電機連接至單位功率因數之額定負載，則相量圖將會如圖 4-18b 所示。此處利用直角三角形的特性求 $\mathbf{V}_\phi$ 為

$$E_A^2 = V_\phi^2 + (X_S I_A)^2$$
$$(277 \text{ V})^2 = V_\phi^2 + [(1.0 \text{ }\Omega)(60 \text{ A})]^2$$
$$76{,}729 = V_\phi^2 + 3600$$

$$V_\phi^2 = 73{,}129$$
$$V_\phi = 270.4 \text{ V}$$

因此，$V_T = \sqrt{3}\ \mathbf{V}_\phi = 468.4 \text{ V}$。

3. 當發電機連接至 0.8 PF 領先之額定負載，則相量圖將會如圖 4-18c 所示。在此情形下欲求 $\mathbf{V}_\phi$，我們在圖中建構如 OAB 所示之三角形。所得之方程式為

$$E_A^2 = (V_\phi - X_S I_A \sin\theta)^2 + (X_S I_A \cos\theta)$$

因此，0.8 PF 領先之額定負載下的相電壓為

$$(277 \text{ V})^2 = [V_\phi - (1.0\ \Omega)(60 \text{ A})\sin 36.87°]^2 + [(1.0\ \Omega)(60 \text{ A})\cos 36.87°]^2$$
$$76{,}729 = (V_\phi - 36)^2 + 2304$$
$$74{,}425 = (V_\phi - 36)^2$$
$$272.8 = V_\phi - 36$$
$$V_\phi = 308.8 \text{ V}$$

因為此發電機為 Y 連接，$V_T = \sqrt{3}\ \mathbf{V}_\phi = 535 \text{ V}$。

(c) 當發電機供應 0.8 PF 落後之 60 A 電流時，其輸出功率為

$$P_{\text{out}} = 3V_\phi I_A \cos\theta$$
$$= 3(236.8 \text{ V})(60 \text{ A})(0.8) = 34.1 \text{ kW}$$

其輸入機械功率為

$$P_{\text{in}} = P_{\text{out}} + P_{\text{elec loss}} + P_{\text{core loss}} + P_{\text{mech loss}}$$
$$= 34.1 \text{ kW} + 0 + 1.0 \text{ kW} + 1.5 \text{ kW} = 36.6 \text{ kW}$$

此發電機之效率為

$$\eta = \frac{P_{\text{out}}}{P_{\text{in}}} \times 100\% = \frac{34.1 \text{ kW}}{36.6 \text{ kW}} \times 100\% = 93.2\%$$

(d) 發電機之輸入轉矩可由下式而得

$$P_{\text{in}} = \tau_{\text{app}} \omega_m$$

所以

$$\tau_{\text{app}} = \frac{P_{\text{in}}}{\omega_m} = \frac{36.6 \text{ kW}}{125.7 \text{ rad/s}} = 291.2 \text{ N} \cdot \text{m}$$

感應反轉矩為

$$P_{\text{conv}} = \tau_{\text{ind}} \omega_m$$

所以

$$\tau_{\text{ind}} = \frac{P_{\text{conv}}}{\omega_V} = \frac{34.1 \text{ kW}}{125.7 \text{ rad/s}} = 271.3 \text{ N} \cdot \text{m}$$

(e) 發電機之電壓調整率定義為

$$\text{VR} = \frac{V_{nl} - V_{fl}}{V_{fl}} \times 100\% \tag{3-67}$$

根據此定義,電壓調整率在落後、單位、領先功率因數時分別為

1. 落後功因:$\text{VR} = \dfrac{480\text{ V} - 410\text{ V}}{410\text{ V}} \times 100\% = 17.1\%$

2. 單位功因:$\text{VR} = \dfrac{480\text{ V} - 468\text{ V}}{468\text{ V}} \times 100\% = 2.6\%$

3. 領先功因:$\text{VR} = \dfrac{480\text{ V} - 535\text{ V}}{535\text{ V}} \times 100\% = -10.3\%$ ◂

在例題 4-3 中,落後負載造成端電壓的降低,單位功因負載對 V_T 造成微小的作用,而領先負載造成了端電壓的升高。

4.9 交流發電機之並聯運轉

為什麼發電機要並聯運轉?如此運轉有下列的幾個優點:

1. 數個發電機可比一個單獨的電機供應更大的負載。
2. 擁有許多部發電機可增加電力系統的可靠度,因為其中任一部的故障不致造成負載的所有功率流失。
3. 擁有許多部發電機並聯運轉使得其中的一、兩部可以被移走,做停機或預防保養的動作。
4. 若只有一部發電機且並非運轉於滿載,則這是相當沒有效率的。但是若數個小的電機則可以只運轉其中的一部分。運轉中的那些電機是以接近滿載運轉而會更有效率。

並聯運轉所需的條件

圖 4-19 所示為同步發電機 G_1 供應功率至負載,另一個發電機 G_2 則在關上開關 S_1 後將可和 G_1 並聯。必須符合如下的**並聯條件** (paralleling conditions):

1. 兩發電機**線電壓** (line voltage) 之根均方值必須相等。
2. 兩發電機必須有相同的**相序** (phase sequence)。
3. 兩者的 a 相之相角必須相等。

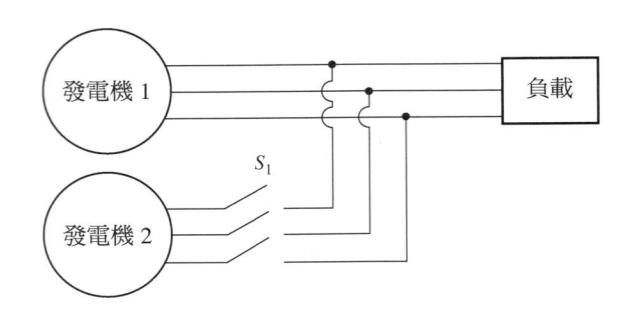

圖 4-19 發電機並聯於正在運轉中之電力系統。

4. 新發電機稱為**即臨發電機** (oncoming generator)，其頻率必須比正在運轉之系統的頻率要高一點。

發電機並聯之一般程序

假設發電機 G_2 如圖 4-20 中所示連接至運轉中之系統。欲達成並聯運轉，必須採取下列步驟。

首先，使用伏特計，即臨發電機之磁場電流必須被調至使其端電壓和運轉系統的線電壓相同。其次，即臨發電機之相序必須和運轉系統之相序做比較。相序可使用許多方法來檢測。其中的一個方法是將一個小的感應電動機依序分別連接至兩個發電機。若感應電動機兩次均以同方向旋轉，則此兩個發電機之相序是相同的。若感應電動機以不同的方向旋轉，則其相序不同，且即臨發電機上的兩根導線必須反接。

另一個檢驗相序的方法稱為**三燈泡法** (three-light-bulb method)。在此法中，如圖 4-20 所示，三個燈泡分別跨在連接發電機及系統的開關的兩端，且開關是開路的。當兩

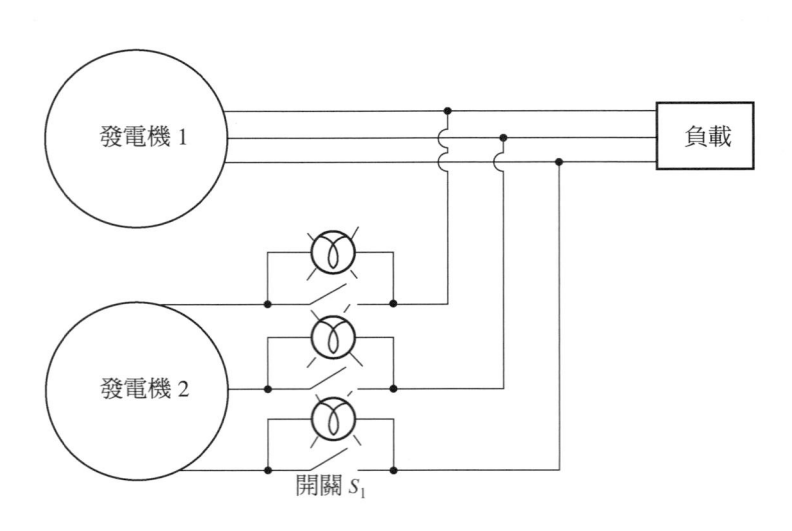

圖 4-20 檢驗相序之三燈泡法。

個系統間之相位改變時，燈泡會先亮 (大的相差)，然後再變成微亮 (小的相差)。若三個燈泡一齊變亮變暗，則此兩系統有相同的相序。若燈泡依序變亮，則此兩系統有相反的相序，且其中的一個必須要反相。

再來，即臨發電機之頻率要調至比運轉系統的頻率稍微高一點。首先要看頻率計，然後在頻率接近時觀察兩系統間之相位變化。即臨發電機要調至有稍微高一點的頻率，所以在其連接好之後，它將會在線上扮演發電機的角色供應功率，而非像電動機一樣消耗功率。

一旦頻率已經非常接近了，兩系統中的電壓對彼此的相位變化會非常慢。當觀察此相位變化，且相角是相等的時候，把連接兩個系統的開關關上。

如何才能知道何時這兩個系統終於同相了？有一個簡單的方法即利用前述有關相序的討論時所提到的三燈泡法。當三個燈泡都不亮時，可知跨於其上之電壓差為零而系統為同相。這種簡單的作法是可行的，但卻不是非常準確。比較好的方法是使用同步儀。**同步儀** (synchroscope) 是一種可量測兩系統的 a 相間之相差的儀器。同步儀之外觀如圖 4-21 所示。標度盤顯示出兩個 a 相間的相差，指向頂部代表 0° (即同相之義) 而指向底部代表 180°。因為兩系統的頻率只有一點點不同，同步儀上的相角會變化得非常緩慢。如果即臨發電機或即臨系統比運轉中之系統要快 (希望的狀況)，則相角漸增且同步儀之指針為順時針旋轉。若即臨之電機為比較慢的，則指針為逆時針旋轉。當同步之指針位於垂直之位置，則電壓為同相，可將開關關上以連接兩系統。

注意，雖然同步儀可檢測單相間的關係，但對於相序卻無法提供任何資訊。

同步發電機之頻率-實功率特性及電壓-虛功率特性

所有的發電機都是由**原動機** (prime mover) 所驅動，這就是發電機之機械功率的來源。最常見的原動機是蒸汽機，但也有其他種類的原動機，包括柴油引擎、氣渦輪機、水渦輪機，甚至有風渦輪機。

不管使用何種功率源，所有的原動機都趨向於類似的行為模式──當從其所汲取的功率增加時，其轉速會下降。通常其轉速之下降是非線性的，但常在系統中加入某種型式的控制機構，以使其在需求功率上升時，轉速能線性地下降。

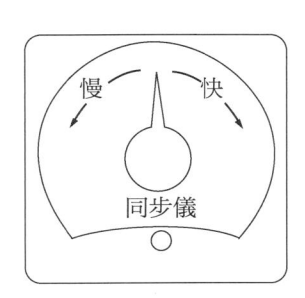

圖 4-21 同步儀。

無論在原動機上使用何種控制機構，通常都被調整至在負載增加時，可提供輕微下降的特性。原動機之轉速降 (speed droop, SD) 可由下式定義：

$$\boxed{SD = \frac{n_{nl} - n_{fl}}{n_{fl}} \times 100\%} \quad \text{(4-27)}$$

其中 n_{nl} 是無載時之原動機轉速，而 n_{fl} 是滿載時之原動機轉速。大多數的發電機的原動機有 2% 到 4% 的轉速降，如式 (4-27) 中所定義。此外，大多數的控制器使用某種型式的設定點調整法，使得渦輪機之無載轉速可以變動。典型的轉速-對-實功率圖如圖 4-22 所示。

由於轉軸轉速與所造成之電頻率間的關係如式 (3-34) 所示：

$$f_{se} = \frac{n_{sm}P}{120} \quad \text{(3-34)}$$

所以同步發電機之輸出實功率和其頻率有關。一個頻率對實功率之例圖如圖 4-22b 所示。這種頻率——實功率特性在同步發電機並聯時，扮演了重要的角色。

頻率和實功率間的關係可由下式定量地描述：

$$\boxed{P = s_P(f_{nl} - f_{sys})} \quad \text{(4-28)}$$

其中　P = 發電機之輸出實功率

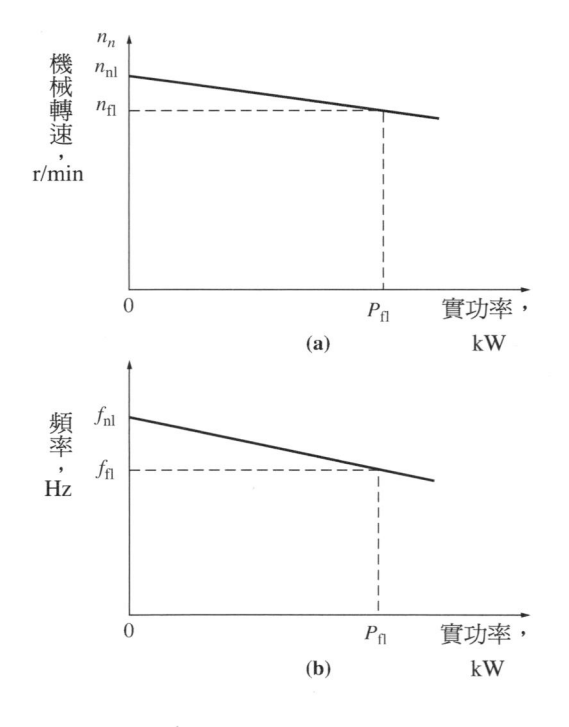

圖 4-22　(a)典型原動機之轉速-對-實功率曲線；(b) 所造成之發電機頻率-對-實功率曲線。

f_{nl} ＝發電機之無載頻率
f_{sys} ＝系統之運轉頻率
s_P ＝曲線斜率，kW/Hz 或 MW/Hz

在虛功率 Q 和端電壓 V_T 間也可推導出類似的關係。如前面所提到的，當同步發電機加入落後負載時，其端電壓會下降。同樣地，同步發電機若加入領先負載，其端電壓會上升。我們可以繪出端電壓對虛功率的圖，而這樣的圖像圖 4-23 中一樣有著遞減的特性。此特性並不一定要是線性，但許多發電機之電壓調整器中都包括了可使其為線性的特性。此特性曲線藉由改變電壓調整器之無載端電壓設定點可以上下移動。正如頻率-實功率特性一樣，此曲線在同步發電機並聯時，也扮演了重要的角色。

端電壓和虛功率間的關係可用類似於頻率和實功率間之關係的等式 [式 (4-28)] 來表示，前提是電壓調整器能使得虛功率和端電壓間的關係為線性。

重要的是我們必須瞭解，當單一發電機獨自運轉時，發電機所供應的實功率 P 和虛功率 Q 是由連接至發電機的負載來決定其量──供應的 P 和 Q 並不能由發電機之控制器來控制。因此，就給定之實功率而言，使用控制器以定點的方法來控制發電機之運轉頻率 f_e，而就給定之虛功率而言，利用磁場電流來控制發電機之端電壓 V_T。

例題 4-4

圖 4-24 所示為連接負載之發電機。第二個負載正要和第一個負載並聯。發電機之無載頻率為 61.0 Hz，且斜率 s_P 為 1 MW/Hz。負載 1 在 0.8 PF 落後下消耗 1000 kW 的實功率，而負載 2 在 0.707 PF 落後下消耗 800 kW 的實功率。

(a) 在開關關上前，系統之運轉頻率為何？

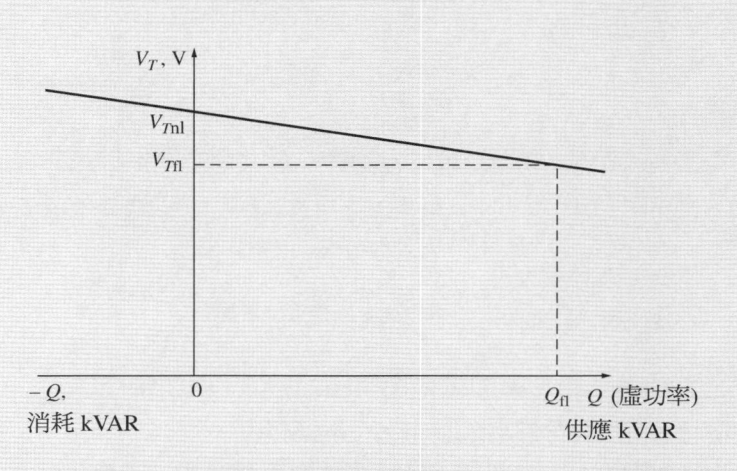

圖 4-23 同步發電機之端電壓 (V_T) -對-虛功率 (Q) 曲線。

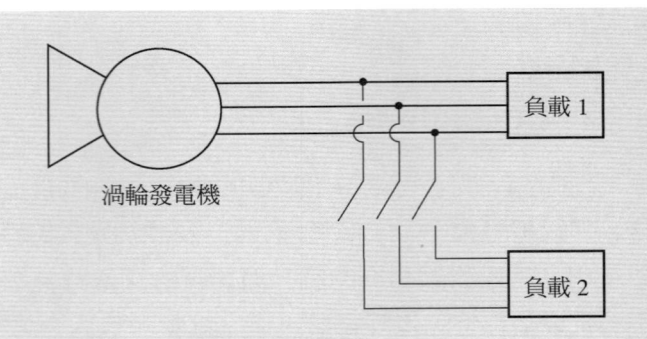

圖 4-24 例題 4-4 中的電力系統。

(b) 連接負載 2 之後，系統之運轉頻率為何？

(c) 連接負載 2 之後，操作者可採取何種行動使系統頻率回到 60 Hz？

解：此題中提到發電機特性之斜率為 1 MW/Hz，且其無載頻率為 61 Hz。因此，發電機所產生的實功率為

$$P = s_P(f_{nl} - f_{sys}) \tag{4-28}$$

所以

$$f_{sys} = f_{nl} - \frac{P}{s_P}$$

(a) 系統之初始頻率為

$$f_{sys} = f_{nl} - \frac{P}{s_P}$$

$$= 61 \text{ Hz} - \frac{1000 \text{ kW}}{1 \text{ MW/Hz}} = 61 \text{ Hz} - 1 \text{ Hz} = 60 \text{ Hz}$$

(b) 連接負載 2 之後，

$$f_{sys} = f_{nl} - \frac{P}{s_P}$$

$$= 61 \text{ Hz} - \frac{1800 \text{ kW}}{1 \text{ MW/Hz}} = 61 \text{ Hz} - 1.8 \text{ Hz} = 59.2 \text{ Hz}$$

(c) 在連接負載之後，系統頻率掉落至 59.2 Hz。欲將系統之運轉頻率回復至適當值，操作者應將控制器無載設定點向上調 0.8 Hz，至 61.8 Hz。這個動作可使系統頻率回復至 60 Hz。◀

　　總而言之，當發電機獨自運轉供應系統負載時，則

1. 發電機供應之實功率及虛功率的量是由其所連接之負載來決定。
2. 發電機之控制器設定點可控制電力系統的運轉頻率。
3. 磁場電流 (或磁場調整器設定點) 控制電力系統之端電壓。

發電機與大型電力系統之並聯運轉

當一部同步發電機連接至電力系統時，電力系統之規模通常很大，以至於發電機之操作者所做的任何事都無法對整個電力系統產生大的影響。這種情形的一個例子就是連接一部發電機至美國電力網路。美國電力網路非常的大，以至於單一發電機在合理的範圍內，不可能造成整個網路頻率有明顯的變化。

這種想法在無限匯流排的觀念中理想化了。**無限匯流排** (infinite bus) 是一個很大的電力系統，且無論多少的實功率及虛功率輸入或輸出，其頻率及電壓都維持不變。圖 4-25a 所示為此種系統之實功率-頻率特性，而圖 4-25b 所示為其虛功率-電壓特性。

欲瞭解連接至這樣一個大型系統之發電機的行為，檢視一個包括發電機和無限匯流排並聯供應負載的系統。假設發電機之原動機有控制器的機構，但是磁場是手動地以電阻來控制。在不考慮自動磁場電流調整器的情形下，比較容易解釋發電機之運轉，所以此處之討論將忽略加入磁場調整器時所造成的些微差異。圖 4-26a 所示為此系統。

當發電機並聯連接至另一發電機或一大型系統，所有電機之頻率及端電壓必須相同，因為它們的輸出導線是連在一起的。因此，它們的實功率-頻率及虛功率-電壓特性可共用一個垂直軸，背對背地畫在一起。這種圖形有時非正式地稱為**屋子圖** (house diagram)，如圖 4-26b 所示。

假設發電機根據前述的程序才剛剛和無限匯流排並聯。則本質上發電機是浮動於線上，供應少量的實功率，且供應少量的、甚至完全不供應虛功率。這種情形如圖 4-27 所示。

假設發電機已並聯至線上，但是頻率並非比運轉系統稍微高些，反而比較低。在這種情形下，當完成並聯後，其結果如圖 4-28 所示。注意到此時發電機之無載頻率比系統之運轉頻率為低。在這種頻率下，發電機供應的功率實際上是負的。換句話說，當發電機之無載頻率低於系統之運轉頻率時，發電機實際上是在消耗電功率，且是以電動機

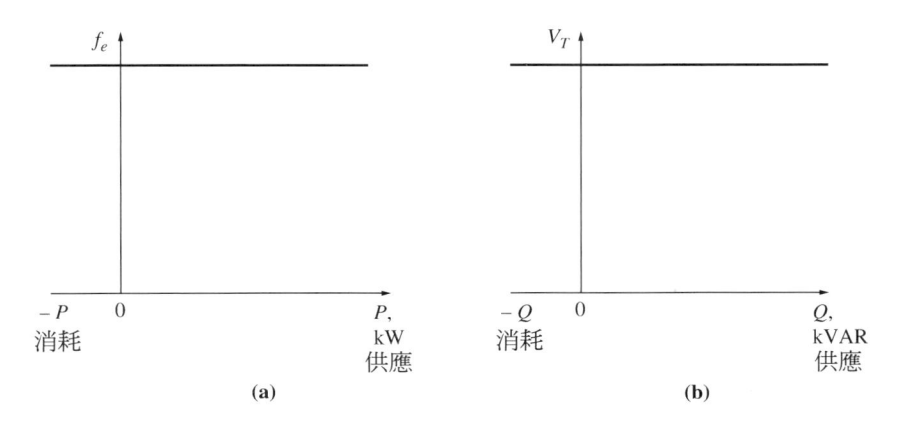

圖 4-25 無限匯流排的曲線：(a) 頻率-對-實功率；(b) 端電壓-對-虛功率。

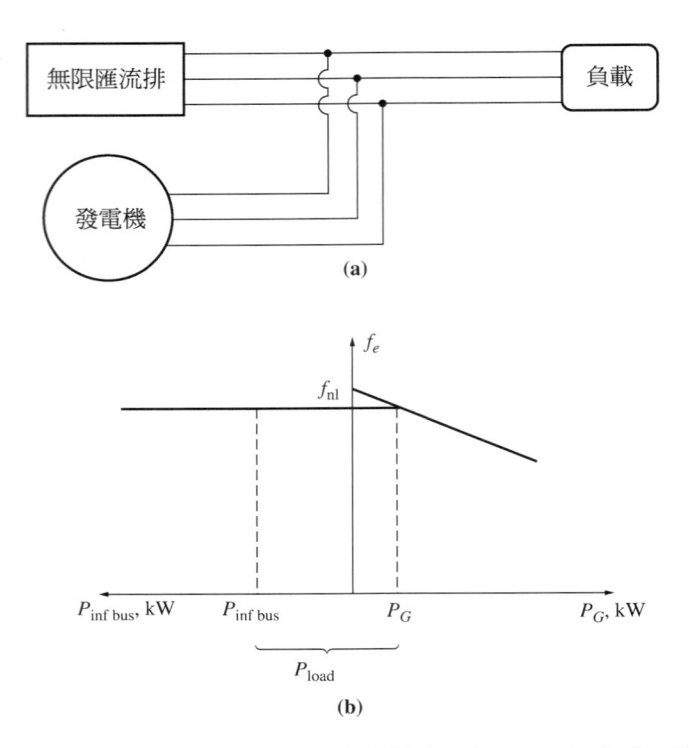

圖 4-26 (a) 同步發電機與無限匯流排並聯運轉；(b) 同步發電機與無限匯流排並聯運轉之頻率-對-實功率圖 (或屋子圖)。

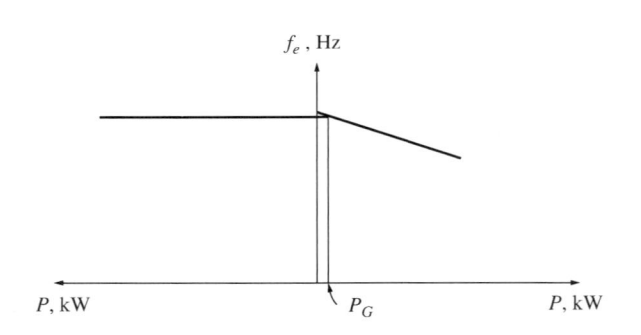

圖 4-27 完成並聯後的瞬間之頻率-對-實功率圖。

的型態在運轉。為了保證加入線上之發電機是供應功率而非消耗功率，即臨電機之頻率應調整至比運轉系統之頻率高。許多真實的發電機都連接有反向功率跳脫裝置，所以在並聯運轉時，其頻率必定會比所連接之運轉系統的頻率為高。如果這種發電機一旦開始消耗功率，它將會自動地脫離線路。

一旦發電機已經連接好了，提升控制器設定點會發生什麼事？其影響是使得發電機之無載頻率向上移動。因為系統的頻率是不變的 (無限匯流排的頻率是不能改變的)，所以發電機供應之實功率會增加。此點可由圖 4-29a 之屋子圖中及圖 4-29b 的相量圖中看

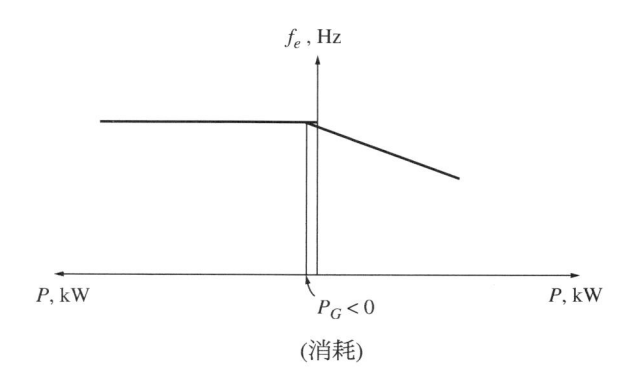

圖 4-28 若在並聯前發電機之無載頻率比運轉系統之頻率略低時，其頻率-對-實功率圖。

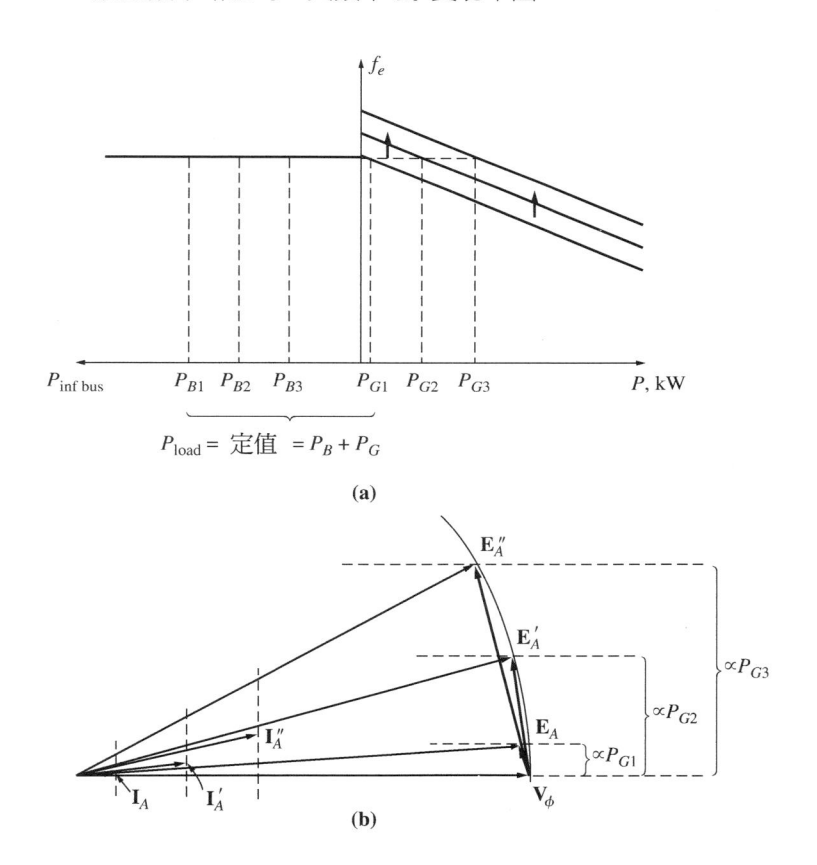

圖 4-29 提升控制器設定點所造成的影響：(a) 屋子圖；(b) 相量圖。

出。注意到在相量圖中，$E_A \sin \delta$ (在 V_T 為常數時，是正比於輸出功率的) 已經增加了，但是 E_A 的大小 ($= K\phi\omega$) 卻保持定值，這是因為磁場電流 I_F 和轉速 ω 都不變。當再提升控制器設定點時，使得無載頻率增加，且發電機供應之功率也增加。當輸出功率增加時，E_A 保持在固定的大小，但 $E_A \sin \delta$ 仍增加。

158 電機機械原理精析

　　在此系統中，若發電機之輸出功率持續增加而超越了負載所消耗的功率時，會發生什麼事？若發生這種情形，所產生之功率的多餘部分會回流至無限匯流排。根據定義，無限匯流排可供應或消耗任意數量的功率且不改變其頻率，所以多餘的功率被消耗掉了。

　　在發電機之實功率已被調至所需之值後，發電機之相量圖會如圖 4-29b 所示。注意到此時發電機實際上是工作在稍微領先的功率因數下，因此其表現像個電容器，供應負的虛功率。反過來說，我們可稱此發電機在消耗虛功率。要如何調整發電機使其能供應虛功率 Q 至系統？可藉由調整磁場電流來達到此目的。欲瞭解其原因，必須要考慮到在此種環境下發電機運轉的限制。

　　發電機上的第一個限制是當 I_F 改變時，發電機功率必須維持恆定。進入發電機之功率 (忽略損失) 是由方程式 $P_{in}=\tau_{ind}\omega_m$ 所決定。現在同步發電機之原動機在任一控制器設定下有著固定的轉矩-轉速特性。此曲線只有在控制器設定點改變時才會改變。因為發電機連接至無限匯流排，其轉速不能改變。若發電機之轉速不變而控制器設定點尚未變動，則發電機供應之功率會維持定值。

　　若當磁場電流改變，供應之功率為定值，則在相量圖中正比於功率的距離 ($I_A \cos \theta$ 和 $E_A \sin \delta$) 不變。當磁場電流增加，磁通 ϕ 增加，而且因此 $E_A(=K\phi \uparrow \omega)$ 增加。若 E_A 增加但 $E_A \sin \delta$ 保持定值，則相量 $\mathbf{E}_A$ 將沿定值功率線滑動，正如圖 4-30 所示。因為 $\mathbf{V}_\phi$ 是定值，$jX_S\mathbf{I}_A$ 的角度如圖所示地改變，因此 $\mathbf{I}_A$ 的角度及大小改變了。注意到結果正比於 Q 的距離 ($I_A \sin \theta$) 增加了。換句話說，當同步發電機與無限匯流排並聯運轉時，增加其磁場電流會使發電機之輸出虛功率增加。

　　總而言之，當發電機與無限匯流排並聯運轉時：

1. 同步發電機之頻率及端電壓是由其所連接之系統來決定的。
2. 發電機之控制器設定點控制了發電機供應至系統的實功率。
3. 發電機之場電流控制了發電機供應至系統的虛功率。

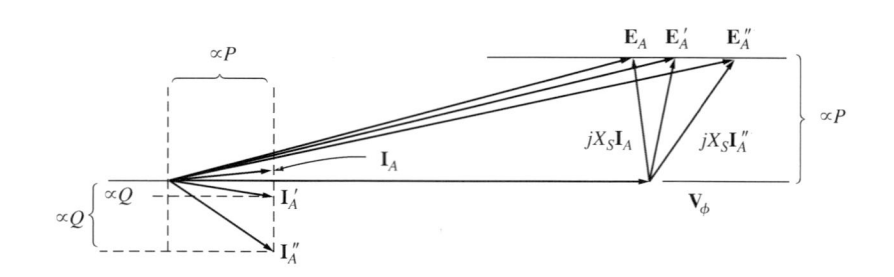

圖 4-30 增加發電機之磁場電流對電機之相量圖所造成的影響。

發電機與相同大小之其他發電機並聯運轉

若發電機和另一個同樣大小的發電機一起並聯運轉,所形成之系統如圖 4-31a 所示。在此系統中最基本的限制就是,兩發電機所供應的實功率及虛功率之總和必須等於負載所需求的 P 和 Q。系統的頻率並不限定為常數,同樣的就任一給定之發電機其輸出功率也不限定為常數。圖 4-31b 所示為當 G_2 剛剛加入線上一起並聯運轉時,此系統之實功率-頻率圖。在此處,總實功率 P_{tot} (相等於 P_{load}) 可表為

$$P_{\text{tot}} = P_{\text{load}} = P_{G1} + P_{G2} \tag{4-29a}$$

而總虛功率可表為

$$Q_{\text{tot}} = Q_{\text{load}} = Q_{G1} + Q_{G2} \tag{4-29b}$$

當 G_2 的控制器設定點上升時會發生什麼事?當 G_2 的控制器設定點上升,G_2 的實功率-頻率曲線上升,如圖 4-31c 所示。不要忘了,供應至負載的總實功率是不變的。在原本的頻率 f_1 時,G_1 和 G_2 所供應之總實功率將會大於負載之需求,所以系統不能像過去一樣工作於以前的頻率。實際上,只有一個頻率能使得兩發電機之輸出實功率等於 P_{load}。此頻率 f_2 比原先系統之運轉頻率要高。在此頻率下,G_2 比以前供應更多的實功率,而 G_1 則比以前供應較少的實功率。

因此,當兩發電機一起並聯運轉時,提升其中一部發電機之控制器設定點,使得

1. 系統之頻率增加。
2. 此發電機供應之實功率增加,而另一部發電機供應之實功率減少。

當 G_2 的磁場電流增加時會發生什麼事?其產生的行為類似於實功率的情形且示於圖 4-31d 中。當兩發電機一起並聯運轉時,增加 G_2 之磁場電流,使得

1. 系統之端電壓增加。
2. 此發電機供應之虛功率增加,而另一部發電機供應之虛功率減少。

如果發電機之轉速降落 (頻率-實功率) 曲線的斜率及無載頻率已知,則任一發電機所供應之實功率及所造成之系統頻率將可以定量地決定出來。

例題 4-5

圖 4-31a 所示為共同供應負載之兩部發電機。發電機 1 之無載頻率為 61.5 Hz,而斜率 s_{P1} 為 1 MW/Hz。發電機 2 之無載頻率為 61.0 Hz,而斜率 s_{P2} 為 1 MW/Hz。此兩部發電機在 0.8 PF 落後下供應 2.5 MW 之總實功率。所形成系統之實功率-頻率圖或屋子圖如圖 4-32 所示。

(a) 此系統應運轉於何種頻率下,兩部發電機需分別供應多少實功率?
(b) 假設在此電力系統中加入額外的負載 1 MW。新的系統頻率應為何?而現在 G_1 和 G_2 會供應多

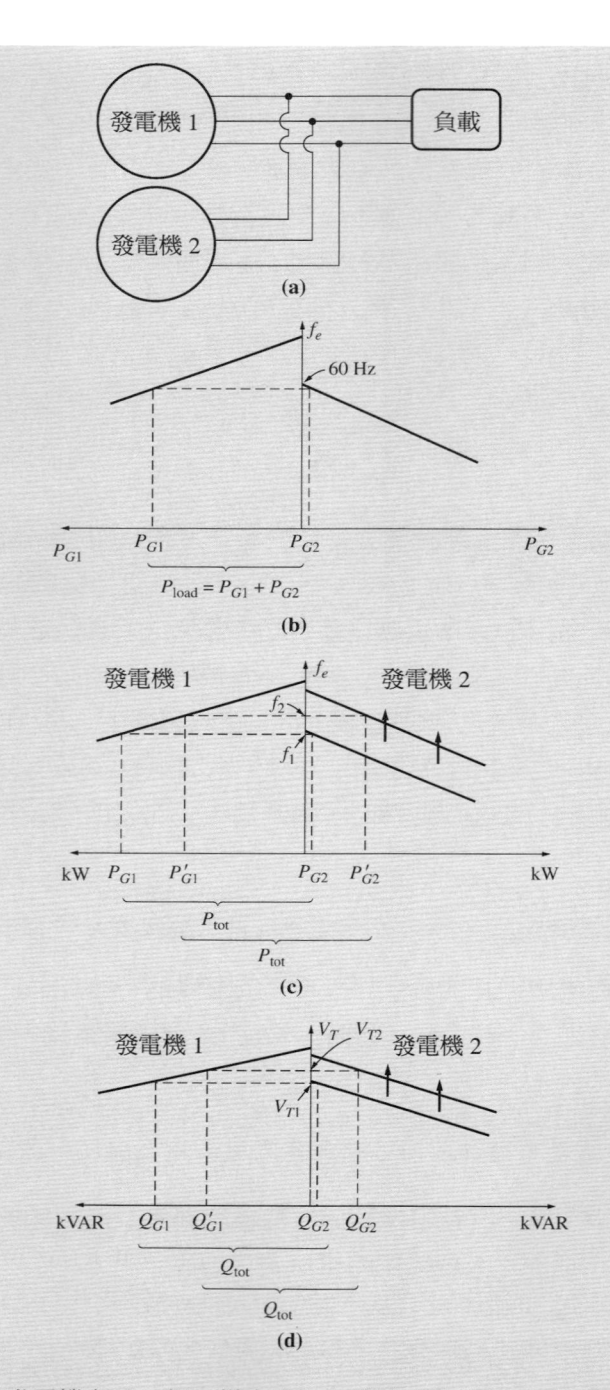

圖 4-31 (a) 發電機與另一部同樣大小之電機並聯連接；(b) 當發電機 2 與系統並聯瞬間之屋子圖；(c) 提升發電機 2 之控制器設定點對系統之運轉所造成的影響；(d) 增加發電機 2 之磁場電流對系統之運轉所造成的影響。

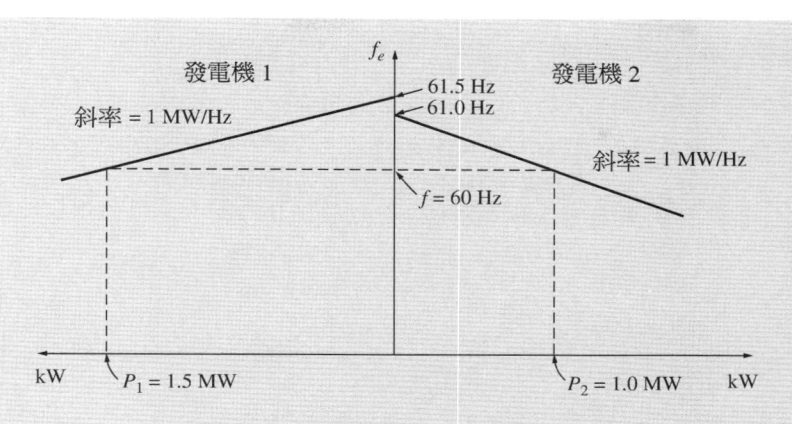

圖 4-32 例題 4-5 中的系統的屋子圖。

少實功率?

(c) 就 (b) 中所述之系統而言，若 G_2 的控制器設定點上升 0.5 Hz，此新系統之頻率及發電機供應之實功率分別為何?

解：給定斜率及無載頻率之同步發電機所產生的實功率可由式 (4-28) 給定：

$$P_1 = s_{P1}(f_{\text{nl},1} - f_{\text{sys}})$$
$$P_2 = s_{P2}(f_{\text{nl},2} - f_{\text{sys}})$$

因為發電機所供應之總功率必須和負載所消耗的一樣大，

$$P_{\text{load}} = P_1 + P_2$$

此等式可用來回答所有問及之問題。

(a) 在第一個情形中，兩部發電機之斜率均為 1 MW/Hz，且 G_1 之無載頻率為 61.5 Hz，而 G_2 之無載頻率為 61.0 Hz。總負載為 2.5 MW。因此，系統之頻率可如下法求出：

$$\begin{aligned}
P_{\text{load}} &= P_1 + P_2 \\
&= s_{P1}(f_{\text{nl},1} - f_{\text{sys}}) + s_{P2}(f_{\text{nl},2} - f_{\text{sys}}) \\
2.5 \text{ MW} &= (1 \text{ MW/Hz})(61.5 \text{ Hz} - f_{\text{sys}}) + (1 \text{ MW/Hz})(61 \text{ Hz} - f_{\text{sys}}) \\
&= 61.5 \text{ MW} - (1 \text{ MW/Hz})f_{\text{sys}} + 61 \text{ MW} - (1 \text{ MW/Hz})f_{\text{sys}} \\
&= 122.5 \text{ MW} - (2 \text{ MW/Hz})f_{\text{sys}}
\end{aligned}$$

因此

$$f_{\text{sys}} = \frac{122.5 \text{ MW} - 2.5 \text{ MW}}{(2 \text{ MW/Hz})} = 60.0 \text{ Hz}$$

兩部發電機所供應之實功率分別為

$$\begin{aligned}
P_1 &= s_{P1}(f_{\text{nl},1} - f_{\text{sys}}) \\
&= (1 \text{ MW/Hz})(61.5 \text{ Hz} - 60.0 \text{ Hz}) = 1.5 \text{ MW} \\
P_2 &= s_{P2}(f_{\text{nl},2} - f_{\text{sys}}) \\
&= (1 \text{ MW/Hz})(61.0 \text{ Hz} - 60.0 \text{ Hz}) = 1 \text{ MW}
\end{aligned}$$

(b) 當負載增加 1 MW，總負載變成 3.5 MW。新的系統頻率將為

$$P_{\text{load}} = s_{P1}(f_{\text{nl},1} - f_{\text{sys}}) + s_{P2}(f_{\text{nl},2} - f_{\text{sys}})$$
$$3.5 \text{ MW} = (1 \text{ MW/Hz})(61.5 \text{ Hz} - f_{\text{sys}}) + (1 \text{ MW/Hz})(61 \text{ Hz} - f_{\text{sys}})$$
$$= 61.5 \text{ MW} - (1 \text{ MW/Hz})f_{\text{sys}} + 61 \text{ MW} - (1 \text{ MW/Hz})f_{\text{sys}}$$
$$= 122.5 \text{ MW} - (2 \text{ MW/Hz})f_{\text{sys}}$$

因此

$$f_{\text{sys}} = \frac{122.5 \text{ MW} - 3.5 \text{ MW}}{(2\text{MW/Hz})} = 59.5 \text{ Hz}$$

則實功率分別為

$$P_1 = s_{P1}(f_{\text{nl},1} - f_{\text{sys}})$$
$$= (1 \text{ MW/Hz})(61.5 \text{ Hz} - 59.5 \text{ Hz}) = 2.0 \text{ MW}$$
$$P_2 = s_{P2}(f_{\text{nl},2} - f_{\text{sys}})$$
$$= (1 \text{ MW/Hz})(61.0 \text{ Hz} - 59.5 \text{ Hz}) = 1.5 \text{ MW}$$

(c) 若 G_2 之控制器設定點上升了 0.5 Hz，則新系統頻率為

$$P_{\text{load}} = s_{P1}(f_{\text{nl},1} - f_{\text{sys}}) + s_{P2}(f_{\text{nl},2} - f_{\text{sys}})$$
$$3.5 \text{ MW} = (1 \text{ MW/Hz})(61.5 \text{ Hz} - f_{\text{sys}}) + (1 \text{ MW/Hz})(61.5 \text{ Hz} - f_{\text{sys}})$$
$$= 123 \text{ MW} - (2 \text{ MW/Hz})f_{\text{sys}}$$
$$f_{\text{sys}} = \frac{123 \text{ MW} - 3.5 \text{ MW}}{(2\text{MW/Hz})} = 59.75 \text{ Hz}$$

則實功率分別為

$$P_1 = P_2 = s_{P1}(f_{\text{nl},1} - f_{\text{sys}})$$
$$= (1 \text{ MW/Hz})(61.5 \text{ Hz} - 59.75 \text{ Hz}) = 1.75 \text{ MW}$$

注意此系統之頻率上升，G_2 的輸出實功率上升，而 G_1 的輸出實功率下降。 ◀

當兩部大小相近之發電機並聯運轉時，改變其中一部的控制器設定點，將改變整個系統的頻率及功率的分配情形。通常我們所希望的是一次只調整其中的一個量。如何才能使電力系統中的功率分配能獨立於系統頻率而調整，或是系統頻率能獨立於功率分配而調整？

答案非常簡單。一部發電機的控制器設定點上升，使得此電機之供應功率增加而系統頻率升高。一部發電機控制器設定點下降，使得此電機之供應功率減少而系統頻率降低。因此，欲調整功率分配而不改變系統頻率，升高一部發電機之控制器設定點，且同時降低另一部發電機之控制器設定點 (見圖 4-33a)。類似地，欲調整系統頻率而不改變功率分配，同時增或減兩部發電機之控制器設定點 (見圖 4-33b)。

虛功率和端電壓的調整也是類似的情形。欲改變虛功率的分配而不影響 V_T，同時增加一部發電機之磁場電流，並減少另一部發電機之磁場電流 (見圖 4-33c)。欲改變 V_T

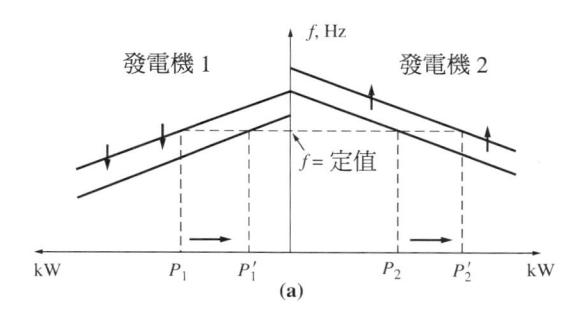

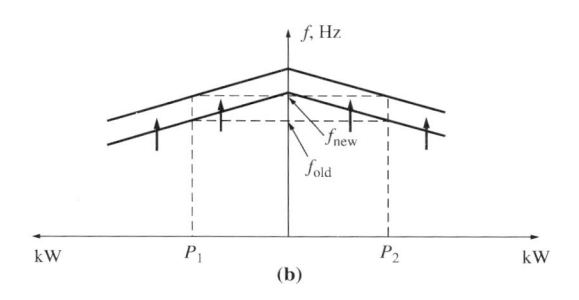

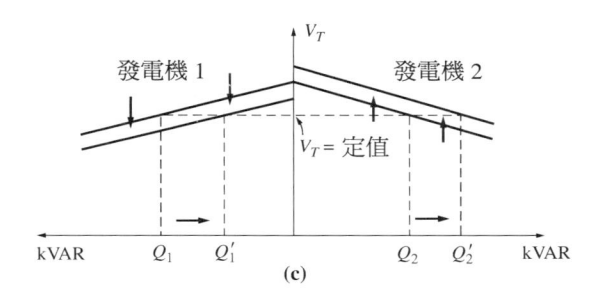

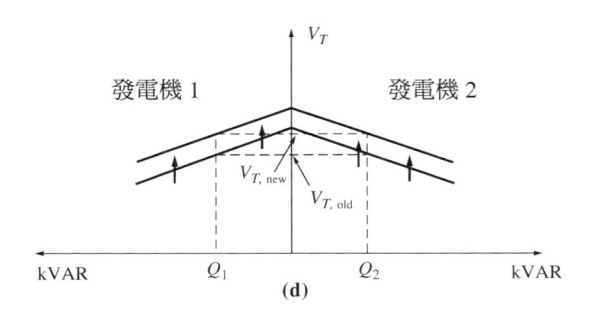

圖 4-33 (a) 改變功率分配但卻不影響系統頻率；(b) 改變系統頻率但卻不影響功率分配；(c) 改變虛功率分配但卻不影響端電壓；(d) 改變端電壓但卻不影響虛功率分配。

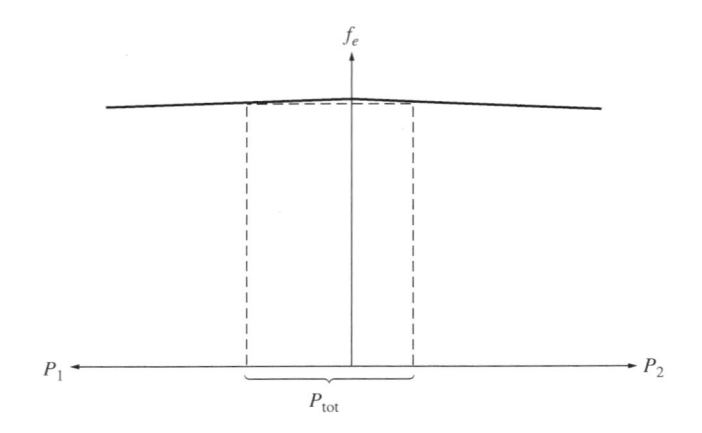

圖 4-34 兩部有著平坦的頻率-實功率特性之同步發電機。其中任一部發電機之無載頻率若有微小的變化，會導致功率分配的巨幅移動。

而不影響虛功率分配，同時增或減兩部發電機之磁場電流 (見圖 4-33d)。

綜而言之，當兩部發電機一起運轉時：

1. 此系統受限於兩部發電機供應之總功率必須等於負載消耗的量。f_{sys} 和 V_T 都不被限制為定值。
2. 欲調整兩發電機間之實功率分配而不改變 f_{sys}，同時升高一部發電機之控制器設定點，並降低另一部之控制器設定點。控制器設定點升高之電機要承受更大之負載。
3. 欲調整 f_{sys} 而不改變實功率的分配，同時增或減兩部發電機之控制器設定點。
4. 欲調整兩發電機間之虛功率分配，而不改變 V_T；同時增加一部發電機的磁場電流，並減少另一部之磁場電流。磁場電流增加之電機要承受更大的虛功率負載。
5. 欲調整 V_T 而不改變虛功率的分配，同時增或減兩部發電機之磁場電流。

重要的是，當同步發電機與其他電機並聯運轉時，有著漸減的頻率-實功率特性。若兩發電機有著平坦或近似平坦的特性時，即使無載轉速的一個小小的變動，也可能造成兩發電機間功率分配的巨幅變動。此問題由圖 4-34 示出。注意到即使其中一部發電機之 f_{nl} 有很小的改變，也會導致功率分配上的大幅移動。為了保證兩發電機之功率分配能有效地控制，其轉速降應在 2～5% 的範圍內。

習 題

4-1 一部 13.8 kV，50 MVA，0.9 PF 落後之 60 Hz，四極，Y 接的同步發電機，其同步電抗為 2.5 Ω，而電樞電阻為 0.2 Ω。在 60 Hz 下，其摩擦及風阻損失為 1 MW，且其鐵心損失為 1.5 MW。磁場電路之直流電壓為 120 V，最大之 I_F 為 10 A。場電流為 0 至 10 A 可調，圖 P4-1 所示為此發電機之 OCC 曲線。

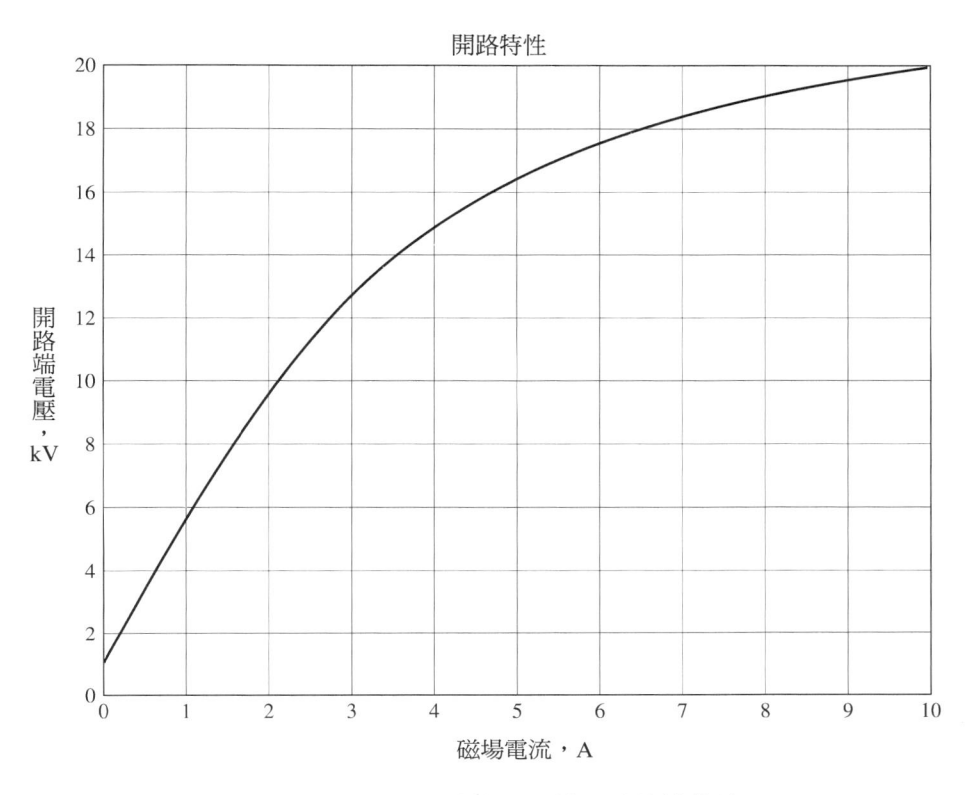

圖 P4-1 習題 4-1 中之發電機開路特性曲線。

(a) 發電機無載運轉時，欲使 V_T (或線電壓 V_L) 為 13.8 kV，則需要多大的磁場電流？

(b) 額定時此電機之內部生成電壓 E_A 為何？

(c) 額定時發電機之相電壓 V_ϕ 是多少？

(d) 發電機在額定情況下運轉，欲使 V_T 為 13.8 kV，則需要多大的磁場電流？

(e) 假設發電機原本於額定情況下運轉，若在不改變場電流下將負載移除，則發電機的端電壓會變為多少？

(f) 為能在額定下運轉，此發電機之原動機必須能供應多大的穩態功率及多大的轉矩？

4-2 假設習題 4-1 中發電機磁場電調為 5 A。

(a) 如果發電機連接至 24∠25° Ω 之 Δ 接負載，則其端電壓為何？

(b) 繪出此發電機之相量圖。

(c) 在此狀況下發電機之效率為何？

(d) 現在假設有另一個相同的 Δ 接負載和第一個負載並聯，則發電機之相量圖有何變化？

(e) 在此負載加入後之新的端電壓為何？
(f) 欲使端電壓回復原先之值必須要如何進行？

4-3 在以下各小題中，假設在習題 4-1 中發電機場電流被調在滿載且 13.8 kV 之額定電壓。
(a) 此發電機在額定負載時之效率為何？
(b) 若此發電機連接 0.9 PF 落後之額定仟伏安負載，則其電壓調整率為何？
(c) 若此發電機連接 0.9 PF 領先之額定仟伏安負載，則其電壓調整率為何？
(d) 若此發電機連接單位功率因數之額定仟伏安負載，則其電壓調整率為何？
(e) 使用 MATLAB 畫出在三個功因下，以負載為函數的發電機端點電壓。

4-4 一 200 MVA，12 kV，0.85 PF 落後，50 Hz，20 極，Y 接水渦輪發電機之標么同步電抗為 0.9，標么電樞電阻為 0.1，此發電機與一大電力系統 (無限匯流排) 並聯運轉。
(a) 此發電機軸的轉速是多少？
(b) 在額定條件下，其內部生成電壓 E_A 為何？
(c) 在額定條件下，其轉矩角是多少？
(d) 其同步電抗與電樞電阻的歐姆值是多少？
(e) 若場電流保持固定，則發電機的最大輸出功率是多少？在滿載時其備轉功率和轉矩是多少？
(f) 在絕對最大功率下，此發電機提供或消耗多少虛功率？繪出其對應的相量圖。(假設 I_F 未改變。)

4-5 一部 480 V，250 kVA，0.8 PF 落後 60 Hz 之雙極三相同步發電機，其原動機之無載轉速為 3650 r/min，而滿載轉速為 3570 r/min。其與一部 480 V，250 kVA，0.85 PF 落後 60 Hz 之四極同步發電機並聯運轉，且此發電機之原動機無載轉速為 1800 r/min，且滿載轉速為 1780 r/min。兩發電機所供應之負載為 300 kW、0.8 PF 落後。
(a) 計算發電機 1 及發電機 2 之轉速降。
(b) 找出此電力系統之運轉頻率。
(c) 找出此系統中兩發電機分別供應之功率。
(d) 為使運轉頻率為 60 Hz，則發電機操作者該如何調整？
(e) 若線電壓為 460 V，則端電壓過低時，發電機操作者該如何處理？

4-6 三個形體相同之同步發電機並聯運轉。它們均額定於 0.8 PF 落後之 100 MW 滿載。發電機 A 之無載頻率為 61 Hz。且其轉速降為 3%。發電機 B 之無載頻率為 61.5 Hz，且其轉速降為 3.4%；發電機 C 之無載頻率為 60.5 Hz，且其轉速降為

2.6%。

(a) 若此系統所供應之負載為 230 MW，則系統頻率為何？且三部發電機間之功率分配情形為何？

(b) 畫出以總功率對所有負載為函數之每部發電機所供應功率之曲線 (可使用 MATLAB 來產生)。在何負載下會有發電機超出額定？哪一部發電機會先超額定？

(c) 在 (a) 中功率分配的情形是否可以接受？為什麼或為什麼不？

(d) 欲改善發電機間之功率分配情形，操作者應採取何種行動？

4-7 某紙廠已安裝三個蒸汽產生器 (鍋爐) 以提供所需之蒸汽並利用剩下的部分作為能源。因為其超出之能量，此紙廠也安裝了三個 10 MW 的渦輪發電機以利用之。每個發電機都是 4160 V，12.5 MVA，60 Hz，0.8 PF 落後之雙極 Y 接同步發電機，其同步電抗為 1.10 Ω 且電樞電阻為 0.03 Ω。發電機 1 和 2 的實功率-頻率特性曲線斜率為 s_P = 5 MW/Hz，而發電機 3 之斜率為 6 MW/Hz。

(a) 若三部發電機之無載頻率均調至 61 Hz，當實際系統頻率為 60 Hz 時，此三部電機供應多少的實功率？

(b) 在此狀況下若任何一部發電機之額定均不超過，則三部發電機可供應之最大功率為何？

(c) 欲使三部發電機供應額定實功率及虛功率且工作頻率為 60 Hz，必須採取何種方法？

(d) 在此情形下三部發電機之內部生成電壓為何？

4-8 一部 25 MVA，三相，12.2 kV，雙極，0.9 PF 落後，Y 連接，60 Hz 之同步發電機進行開路試驗，其氣隙電壓由外插法可得如下之結果：

開路試驗					
磁場電流，A	320	365	380	475	570
線電壓，kV	13.0	13.8	14.1	15.2	16.0
經外插而得之氣隙電壓，kV	15.4	17.5	18.3	22.8	27.4

接著進行短路試驗而得到如下結果：

短路試驗					
磁場電流，A	320	365	380	475	570
電樞電流，A	1040	1190	1240	1550	1885

每相電樞電阻為 0.6 Ω。

(a) 找出此發電機之未飽和同步電抗，並以每相歐姆值及標么值表示。

(b) 在磁場電流為 380 A 時,找出飽和同步電抗 X_S 之近似值。將答案以每相歐姆值及標么值表示。

(c) 在磁場電流為 475 A 時,找出飽和同步電抗之近似值。將答案以每相歐姆值及標么值表示。

(d) 找出此發電機之短路比。

(e) 在額定下,其內部生成電壓是多少?

(f) 在額定負載時,需多少場電流才可到達額定電壓?

4-9 一電力系統之發電廠共有四部 300 MVA,15 kV,0.85 PF 落後同步發電機有相同之轉速降特性且並聯運轉。發電機之原動上的控制器調整為在滿載和無載之間產生 3 Hz 的轉速降。其中三部發電機各在 60 Hz 下供應穩定功率 200 MW,而第四部發電機 (稱為搖擺發電機) 負責系統上負載的變化增量以使系統頻率維持在 60 Hz。

(a) 在某一給定瞬間,系統之總負載為 650 MW 且頻率為 60 Hz。系統中每部發電機之無載頻率為何?

(b) 若系統之負載升至 725 MW 且發電機之控制器設定點不變,新的系統頻率將為何?

(c) 為了將系統頻率回復至 60 Hz,搖擺發電機之無載頻率必須要調整為多少?

(d) 若系統是以 (c) 所述之狀況運轉,若搖擺發電機脫離線路 (和電力線不連接) 會發生什麼事情?

CHAPTER 5

同步電動機

學習目標

- 瞭解同步電動機的等效電路。
- 能夠畫同步電動機之相量圖。
- 瞭解同步電動機的功率與轉矩方程式。
- 瞭解當同步電動機的負載增加時，其功因如何改變。
- 瞭解當同步電動機的場電流改變時，其功因如何改變——"V"曲線。
- 瞭解同步電動機如何啟動。
- 能夠說明一同步機是當電動機或發電機操作，以及藉由檢視其相量圖來判斷是供應或消耗虛功率。
- 瞭解同步電動機的額定。

5.1 電動機之基本運轉原理

　　欲瞭解同步電動機之基本概念，先看看圖 5-1，此圖中所示為雙極之同步電動機。電動機之磁場電流 I_F 產生一穩定狀態磁場 B_R。一組三相電壓供應至電機定部而在繞組中產生三相之電流。

　　電樞繞組中的一組三相電流產生均勻的旋轉磁場 B_S。因此，在電機中出現兩個磁場，且轉部磁場會趨於和定部磁場排成一列，正如兩根磁鐵棒放在附近時會趨於排成一列。因為定部磁場是旋轉的，轉部磁場(和轉部本身)將會持續地試著要趕上定部磁場。兩磁場間所夾的角度愈大(就某一特定之最大值而言)，電機轉部之轉矩也愈大。同步電動機運轉的基本原理是轉部沿著圓圈「追趕」定部旋轉磁場，但卻永遠沒有辦法追上。

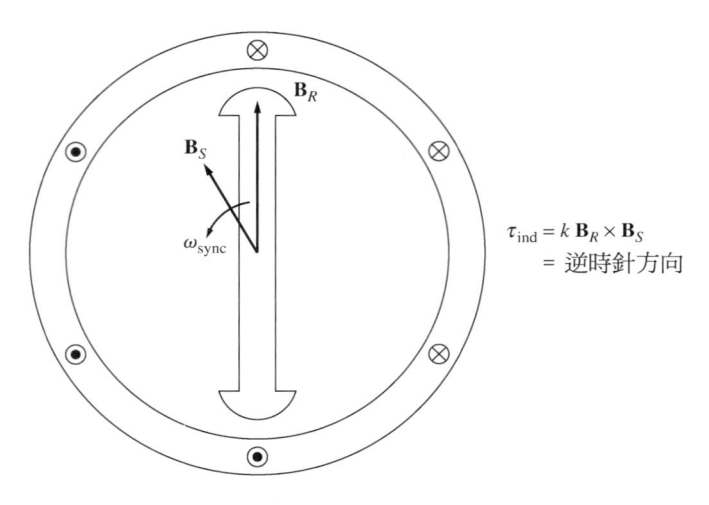

图 5-1 雙極同步電動機。

同步電動機之等效電路

除了功率的流向相反，同步電動機和同步發電機在各方面都是一樣的。因為電機中的功率流向是相反的，所以可預期電動機中定部的電流流向也會相反。因此，除了 $\mathbf{I}_A$ 的參考方向相反之外，同步電動機之等效電路實際上就是同步發電機之等效電路，所形成之完整等效電路如圖 5-2a 所示，且每相等效電路示於圖 5-2b。和從前一樣，等效電路之三相可能是 Y 連接或 Δ 連接。

由於 $\mathbf{I}_A$ 方向的改變，等效電路的克希荷夫電壓定律方程式也跟著改變了。新的等效電路的克希荷夫電壓定律方程式可寫為

$$\mathbf{V}_\phi = \mathbf{E}_A + jX_S\mathbf{I}_A + R_A\mathbf{I}_A \tag{5-1}$$

或

$$\mathbf{E}_A = \mathbf{V}_\phi - jX_S\mathbf{I}_A - R_A\mathbf{I}_A \tag{5-2}$$

除了電流這一項的正負號相反之外，這正是發電機等效電路的方程式。

由磁場來透視同步電動機

圖 5-3a 中所示為發電機以大磁場電流運轉時之相量圖，圖 5-3b 所示則為對應之磁場圖。如前所述，$\mathbf{B}_R$ 對應於 (產生) $\mathbf{E}_A$，$\mathbf{B}_{net}$ 對應於 (產生) $\mathbf{V}_\phi$，而 $\mathbf{B}_S$ 對應於 $\mathbf{E}_{stat}$ ($= -jX_S\mathbf{I}_A$)。在圖中所示之相量圖及磁場圖的旋轉方向都是逆時針方向，依據標準數學上角度增加的習慣。

發電機中的感應轉矩可由磁場圖而得。由式 (3-60) 及 (3-61)，感應轉矩為

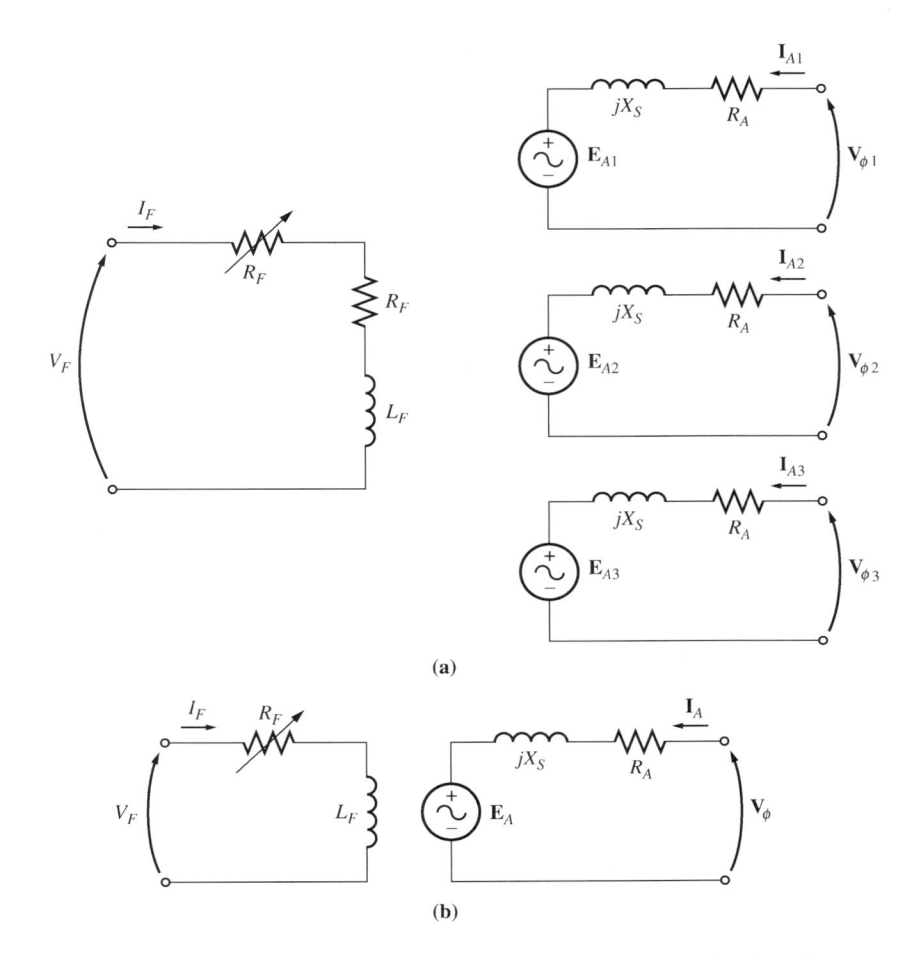

Chapter 5 同步電動機 171

圖 5-2 (a) 三相同步電動機之完整等效電路；(b) 每相等效電路。

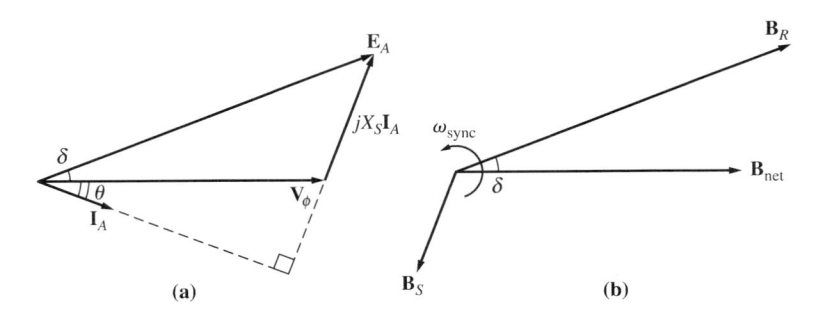

圖 5-3 (a) 同步發電機於落後功率因數下運轉時之相量圖；(b) 對應之磁場圖。

$$\tau_{ind} = k\mathbf{B}_R \times \mathbf{B}_{net} \tag{3-60}$$

或

$$\tau_{ind} = kB_R B_{net} \sin \delta \tag{3-61}$$

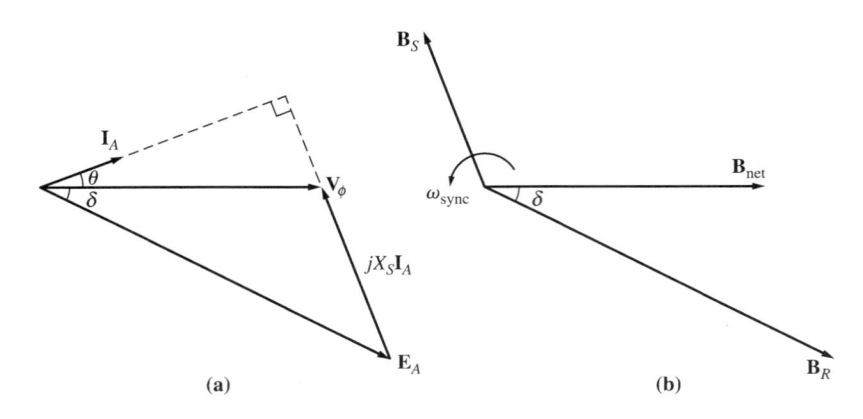

圖 5-4 (a) 同步電動機之相量圖；(b) 對應之磁場圖。

注意在磁場圖中電機的感應轉矩為順時針方向，和旋轉方向相反。換句話說，發電機中之感應轉矩是逆轉矩，和由外部轉矩 τ_{app} 造成的旋轉反向。

假設原動機突然失去功率而不再將轉軸以運動的方向推動，反而開始拖住電機的轉軸。現在電機會發生什麼事？由於轉軸被拖住，所以轉部會慢下來，然後掉到電機之淨磁場的後面 (見圖 5-4a)。當轉部，也就是指 B_R，掉到 B_{net} 之後，電機的運轉突然間改變了。由式 (3-60)，當 B_R 在 B_{net} 之後，感應轉矩的方向將逆向且變成逆時針方向。換句話說，電機的轉矩現在是和運動方向同向了，而電機則以電動機的型態在動作。轉矩角 δ 的增加使得在旋轉方向的轉矩愈來愈大，直到電動機的轉矩終於和加於其轉軸上之負載轉矩一樣大。在此時，電機將可再度在穩態及同步轉速下運轉，只不過此時是電動機。

圖 5-3a 所示為對應於發電機運轉之相量圖，而圖 5-4a 所示則為對應於電動機運轉之相量圖。在發電機中量 $jX_S I_A$ 是由 V_ϕ 指向 E_A 而在電動機中是由 E_A 指向 V_ϕ，其原因是在電動機等效電路中 I_A 之參考方向是定義為反向於發電機。同步電機中電動機運轉和發電機運轉基本的不同是可由磁場圖及相量圖中看出的。在發電機中，E_A 位於 V_ϕ 之前，且 B_R 位於 B_{net} 之前。在電動機中，E_A 位於 V_ϕ 之後，且 B_R 位於 B_{net} 之後。在電動機中感應轉矩是和運動方向同向，而在發電機中感應轉矩則是相反於運動方向的一個逆轉矩。

5.2　同步電動機穩態運轉

同步電動機轉矩-轉速特性曲線

同步電動機供應功率給基本上為定轉速設施之負載。它們通常連接至比個別電動機

大得多的電力系統，所以對這些電動機而言，電力系統可視為無限匯流排。這表示不管電動機汲取多少的功率，端電壓和系統頻率將不會有所改變。電動機的旋轉速度被鎖定在旋轉磁場的變化率，而所供給的機械場旋轉速率被鎖定在供給的電頻率，因此不管負載為何，同步電動機的轉速是固定的，其轉速可表示

$$n_m = \frac{120 f_{se}}{P} \tag{5-3}$$

其中 n_m 為機械速率，f_{se} 為定子之電的頻率，P 為電動機的極數。

圖 5-5 所示為所得之轉矩-轉速特性曲線。電動機之穩態轉速自無載一直到電動機可供應之最大轉矩 [稱為**脫出轉矩** (pullout torque)] 都為定值，故其速度調整率為 0% [式 (3-68)]。轉矩之方程式為

$$\tau_{\text{ind}} = k B_R B_{\text{net}} \sin \delta \tag{3-61}$$

或

$$\boxed{\tau_{\text{ind}} = \frac{3 V_\phi E_A \sin \delta}{\omega_m X_S}} \tag{4-22}$$

最大或脫出轉矩在 $\delta = 90°$ 時產生。然而，正常的滿載轉矩要比它小多了。實際上，脫出轉矩之典型值可能是電機之滿載轉矩的 3 倍大。

當同步電動機轉軸之轉矩超過脫出轉矩時，轉部將不再能鎖住定部及淨磁場。相反地，轉部開始滑落在它們之後。當轉部慢下來之後，定部的磁場開始重複地重疊於其上，且每經過一次，轉部感應轉矩的方向就相反一次。所造成的巨大轉矩突波，先是這個方向而後又是另一個方向，造成整個電動機劇烈震動。在超越脫出轉矩後之同步化損

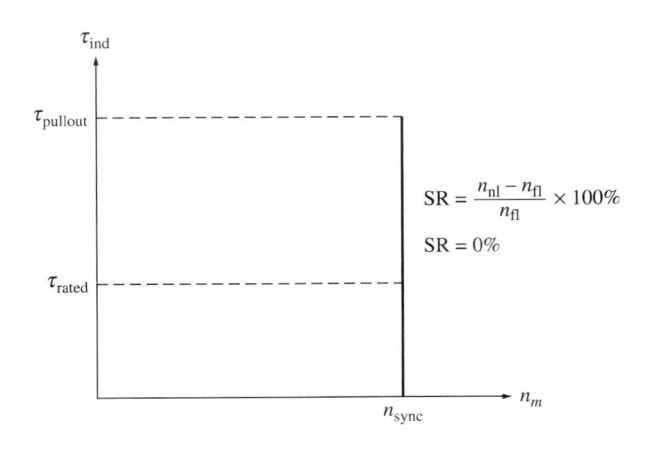

圖 5-5 同步電動機之轉矩-轉速特性。因為電動機之轉速為定值，所以其轉速調整率為 0。

失稱為**滑動極** (slipping poles)。

電動機之最大或脫出轉矩為

$$\tau_{\max} = kB_R B_{\text{net}} \tag{5-4a}$$

或

$$\boxed{\tau_{\max} = \frac{3V_\phi E_A}{\omega_m X_S}} \tag{5-4b}$$

這些方程式意指當磁場電流愈大 (即 E_A 愈大)，電動機之最大轉矩也愈大。因此將電動機以大磁場電流或大 E_A 運轉，將有穩定度上的益處。

負載變化對同步電動機的影響

若負載連接至同步電動機轉軸，電動機會產生足夠的轉矩以使電動機和其負載以同步轉速運轉。當同步電動機的負載變化時會發生什麼事？

欲找出答案，先檢視同步電動機一開始以領先功率因數運轉的情形，如圖 5-6 所示。若電動機轉軸上之負載增加，轉部會開始慢下來。轉部慢下來，轉矩角 δ 就變大了，且感應轉矩也變大了。感應轉矩增加之後反而又使轉部加速，而電動機則再次以同步轉速運轉，只不過此時之轉矩角 δ 變大了。

在此過程中相量圖看起來是如何？欲解之，先檢視在負載變化時電機的限制。圖 5-6a 所示為負載增加前電動機之相量圖。內部生成電壓 E_A 等於 $K\phi\omega$，因此只和電機之磁場電流及電機之轉速有關。轉速受輸入之電源供應的限制而為定值，而沒人去碰過磁場電流，因此磁場電流也一樣是定值。所以 $|E_A|$ 在負載改變時必須維持定值。正比於實功率的線段距離會增加 ($E_A \sin \delta$ 和 $I_A \cos \theta$)，但 E_A 的大小必須維持定值。當負載增加，E_A 如圖 5-6b 中所示之方式擺動而下。當 E_A 一直向下擺動，量 $jX_S I_A$ 必須增加以連接 E_A 和 V_ϕ 的頂端，因此電樞電流 I_A 必須增加。注意到功率因數角 θ 也改變了，領先得愈來愈少而顯得愈來愈落後了。

例題 5-1

一部 208 V，45 hp，0.8 PF 領先，Δ 連接，60 Hz 之同步電機，其同步電抗為 2.5 Ω 且忽略其電樞電阻，其摩擦及風阻損失為 1.5 kW，且其鐵心損失為 1.0 kW。剛開始時，轉軸供應 15 hp 之負載，且電動機之功率因數為 0.80 領先。

(a) 繪出此電動機之相量圖並找出 I_A、I_L 與 E_A 之值。
(b) 假設轉軸負載現在增加至 30 hp。繪出相量圖中對應於此變化之行為。
(c) 找出在負載改變後之 I_A、I_L 與 E_A。電動機新的功率因數為何？

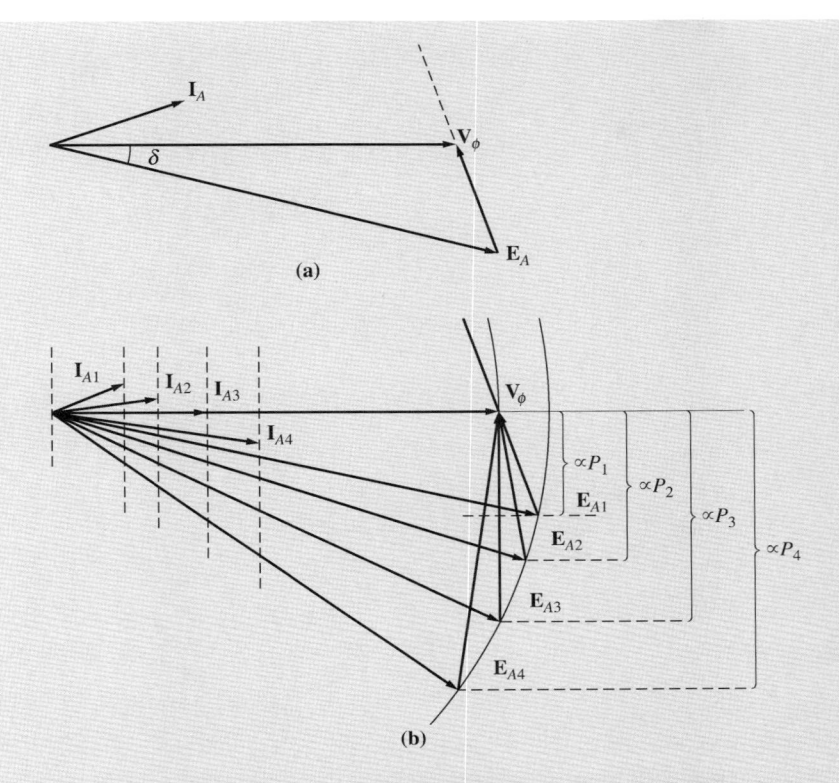

圖 5-6 (a) 以領先功率因數運轉之電動機相量圖；(b) 負載上的增加對同步電動機之運轉所造成的影響。

解：

(a) 一開始，電動機之輸出功率為 15 hp。其對應之輸出功率為

$$P_{\text{out}} = (15 \text{ hp})(0.746 \text{ kW/hp}) = 11.19 \text{ kW}$$

因此，供應至電機之電功率為

$$P_{\text{in}} = P_{\text{out}} + P_{\text{mech loss}} + P_{\text{core loss}} + P_{\text{elec loss}}$$
$$= 11.19 \text{ kW} + 1.5 \text{ kW} + 1.0 \text{ kW} + 0 \text{ kW} = 13.69 \text{ kW}$$

因為電動機之功率因數為 0.80 領先，所形成之線電流為

$$I_L = \frac{P_{\text{in}}}{\sqrt{3}\, V_T \cos\theta}$$
$$= \frac{13.69 \text{ kW}}{\sqrt{3}(208 \text{ V})(0.80)} = 47.5 \text{ A}$$

且電樞電流為 $I_L/\sqrt{3}$，0.8 PF 領先，可得結果如下：

$$\mathbf{I}_A = 27.4 \angle 36.87° \text{ A}$$

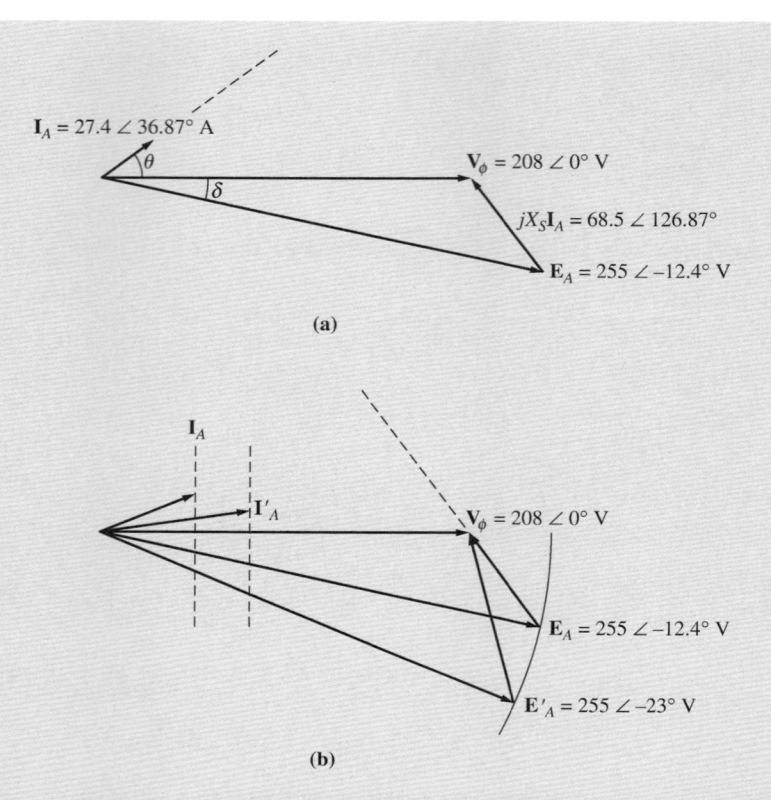

圖 5-7 (a) 例題 5-1a 中電動機之相量圖；(b) 例題 5-1b 中電動機之相量圖。

欲找出 $\mathbf{E}_A$，使用克希荷夫電壓定律 [式 (5-2)]：

$$\begin{aligned}
\mathbf{E}_A &= \mathbf{V}_\phi - jX_S\mathbf{I}_A \\
&= 208 \angle 0° \text{ V} - (j2.5\ \Omega)(27.4 \angle 36.87° \text{ A}) \\
&= 208 \angle 0° \text{ V} - 68.5 \angle 126.87° \text{ V} \\
&= 249.1 - j54.8 \text{ V} = 255 \angle -12.4° \text{ V}
\end{aligned}$$

所得之相量圖如圖 5-7a 所示。

(b) 當轉軸上之功率增加至 30 hp，轉軸瞬間慢了下來，且內部生成電壓 $\mathbf{E}_A$ 向外擺動至更大的角度 δ，並維持定值的大小。所得之相量圖如圖 5-7b 所示。

(c) 在負載改變後，電機之輸入電功率變成

$$\begin{aligned}
P_{\text{in}} &= P_{\text{out}} + P_{\text{mech loss}} + P_{\text{core loss}} + P_{\text{elec loss}} \\
&= (30 \text{ hp})(0.746 \text{ kW/hp}) + 1.5 \text{ kW} + 1.0 \text{ kW} + 0 \text{ kW} \\
&= 24.88 \text{ kW}
\end{aligned}$$

根據以轉矩角表示的功率方程式 [式 (4-20)]，將可以找出角 δ 的大小 (記住 $\mathbf{E}_A$ 的大小是定值)：

$$P = \frac{3V_\phi E_A \sin \delta}{X_S} \quad (4\text{-}20)$$

所以

$$\delta = \sin^{-1} \frac{X_S P}{3V_\phi E_A}$$

$$= \sin^{-1} \frac{(2.5\ \Omega)(24.88\ \text{kW})}{3(208\ \text{V})(255\ \text{V})}$$

$$= \sin^{-1} 0.391 = 23°$$

所以內部生成電壓變成 $\mathbf{E}_A = 255 \angle -23°$ V。因此，$\mathbf{I}_A$ 將會變成

$$\mathbf{I}_A = \frac{\mathbf{V}_\phi - \mathbf{E}_A}{jX_S}$$

$$= \frac{208 \angle 0°\ \text{V} - 255 \angle -23°\ \text{V}}{j2.5\ \Omega}$$

$$= \frac{103.1 \angle 105°\ \text{V}}{j2.5\ \Omega} = 41.2 \angle 15°\ \text{A}$$

且 I_L 將會變成

$$I_L = \sqrt{3} I_A = 71.4\ \text{A}$$

最後之功率因數將會變成 cos ($-15°$) 或 0.966 領先。 ◀

磁場電流改變對同步電動機的影響

圖 5-8a 所示為一開始以落後功率因數運轉之同步電動機。現在，增加其磁場電流並且看看電動機會發生什麼事。注意到磁場電流的增加會使得 $\mathbf{E}_A$ 的大小增加，但是卻不會影響電動機所供應之實功率。電動機所供應的功率只有在轉軸負載轉矩改變時才會變動。因為 I_F 的改變並不會影響到轉軸轉速 n_m，且連接至轉軸的負載並未改變，供應之實功率也不變。當然，V_T 也是定值，因為供應電動機之功率源將其限制為定值。在相量圖上正比於實功率的線段長度 ($E_A \sin \delta$ 和 $I_A \cos \theta$) 也因此必定是定值。當磁場電流增加，$\mathbf{E}_A$ 必須增加，但它只能夠沿著定功率線向外滑出。此效應如圖 5-8b 所示。

注意到當 $\mathbf{E}_A$ 的值增加時，電樞電流 $\mathbf{I}_A$ 的大小一開始先減少然後又增加。在低的 $\mathbf{E}_A$ 時，電樞電流是落後的，而電動機則是一個電感性負載。其動作會像是電感-電阻的組合，消耗虛功率 Q。當磁場電流增加，電樞電流終將和 $\mathbf{V}_\phi$ 共向，而電動機可視為純電阻性。當磁場電流再增加，電樞電流變成領先，而電動機成為電容性負載。此時其動作可視為電容-電阻的組合，消耗負的虛功率 $-Q$，或反過來說，供應虛功率 Q 至系統。

圖 5-9 所示為同步電機之 I_A 對 I_F 圖。此種圖形稱為同步電動機 V 曲線，很明顯的是因為它的外表像個字母 V。一共畫出了數條的 V 曲線，分別對應不同的實功率水平。

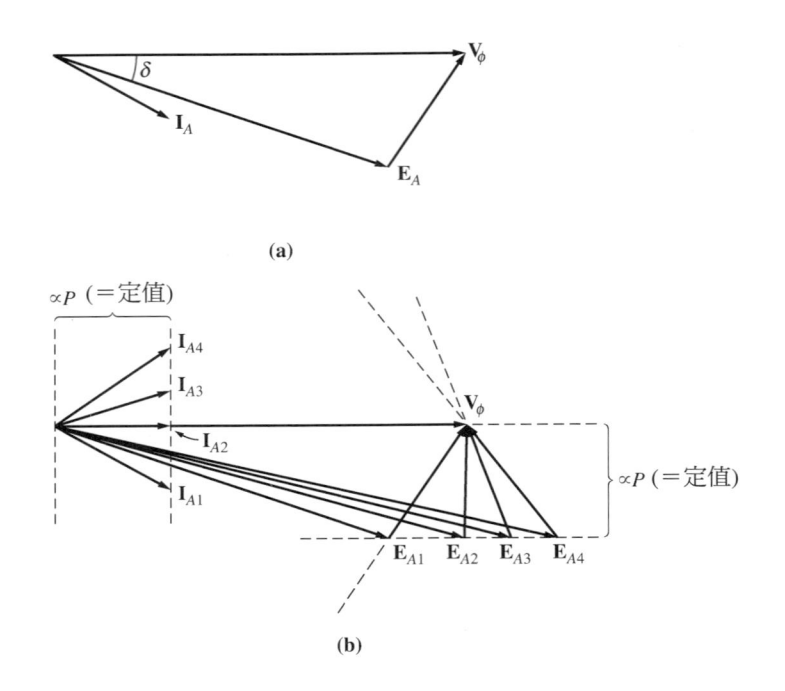

圖 5-8 (a) 以落後功率因數運轉的同步電動機；(b) 磁場電流的增加對發電機之運轉造成的影響。

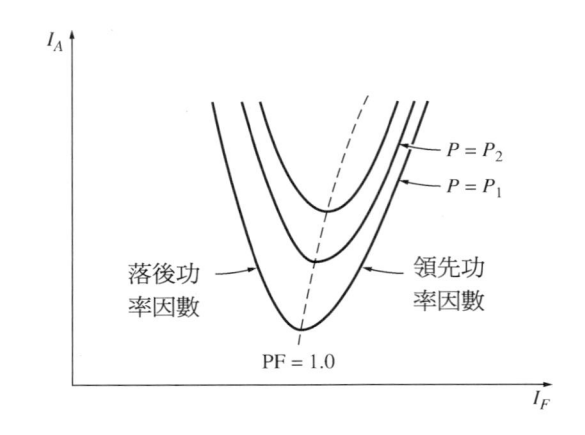

圖 5-9 同步電動機 V 曲線。

就每條曲線而言，電樞電流之最小值發生在單位功率因數時，此時只有實功率供應至電動機。在曲線上任何一個其他的點，總會有些虛功率供應至電動機或由電動機供應。當磁場電流比造成 I_A 最小值時之磁場電流值還小，電樞電流是落後的，消耗 Q。當磁場電流比造成 I_A 最小值時之磁場電流值還大，電樞電流是領先的，供應 Q 至電力系統就像一個電容器。因此，藉由控制同步電動機之磁場電流，可控制電力系統所消耗或供應的**虛功率** (reactive power)。

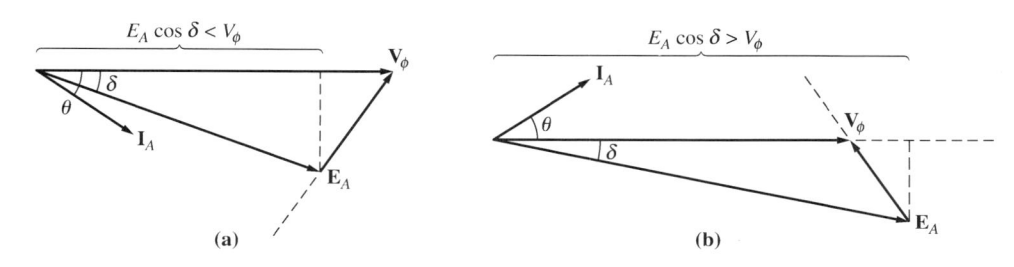

圖 5-10 (a) 欠激磁同步電動機之相量圖；(b) 過激磁同步電動機之相量圖。

當相量 $\mathbf{E}_A$ 在 $\mathbf{V}_\phi$ 上的投影 ($E_A \cos \delta$) 比 $\mathbf{V}_\phi$ 本身短時，同步電動機有落後的電流並消耗 Q。因為在此情形下磁場電流較小，電動機稱為**欠激磁** (underexcited)。換句話說，當相量 $\mathbf{E}_A$ 在 $\mathbf{V}_\phi$ 上的投影比 $\mathbf{V}_\phi$ 本身長時，同步電動機有領先的電流並供應 Q 至電力系統。因為在此情形下磁場電流較大，電動機被稱為**過激磁** (overexcited)。圖 5-10 所示，可用相量圖來解釋說明這些概念。

例題 5-2

上一個例題中之 208 V，45 hp，0.8 PF 領先，Δ 連接，60 Hz 同步電動機正以初始功率因數 0.85 PF 落後供應 15 hp 之負載。在這些條件下之場電流 $I_F = 4.0$ A。

(a) 繪出此電動機之初始相量圖並找出 $\mathbf{I}_A$ 及 $\mathbf{E}_A$ 之值。

(b) 若電動機磁通增加了 25%，繪出此電動機新的相量圖。現在電動機之 $\mathbf{E}_A$、$\mathbf{I}_A$ 及功率因數為何？

(c) 若電動機磁通隨場電流 I_F 作線性變化，畫在 15 hp 負載下之 I_A 對 I_F 曲線。

解：

(a) 由前一個例題，將所有損失包括在內的輸入電功率為 $P_{in} = 13.69$ kW。因為電動機之功率因數為 0.85 落後，形成之電樞電流為

$$I_A = \frac{P_{in}}{3V_\phi \cos\theta}$$

$$= \frac{13.69 \text{ kW}}{3(208 \text{ V})(0.85)} = 25.8 \text{ A}$$

角 θ 為 $\cos^{-1} 0.85 = 31.8°$，所以電流相量 I_A 等於

$$\mathbf{I}_A = 25.8 \angle -31.8° \text{ A}$$

欲找出 $\mathbf{E}_A$，使用克希荷夫電壓定律 [式 (5-2)]：

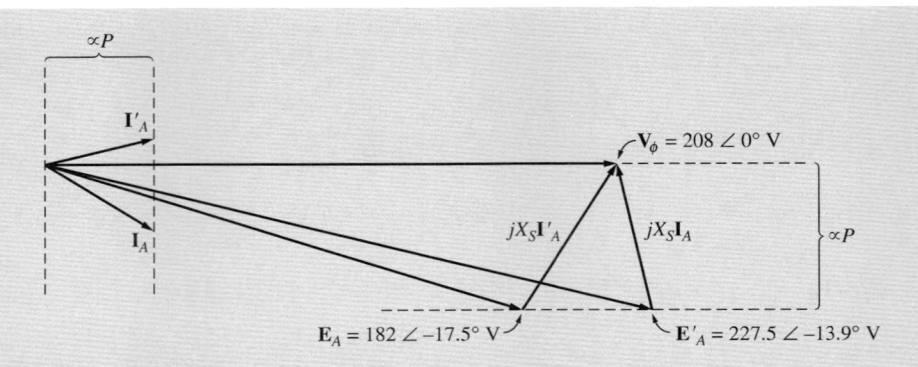

図 5-11 例題 5-2 中電動機之相量圖。

$$\mathbf{E}_A = \mathbf{V}_\phi - jX_S\mathbf{I}_A$$
$$= 208 \angle 0° \text{ V} - (j2.5 \text{ Ω})(25.8 \angle -31.8° \text{ A})$$
$$= 208 \angle 0° \text{ V} - 64.5 \angle 58.2° \text{ V}$$
$$= 182 \angle -17.5° \text{ V}$$

所得之相量圖如圖 5-11 所示，並將 (b) 的結果也列入。

(b) 若磁通 ϕ 增加了 25%，則 $E_A = K\phi\omega$ 也將會增加 25%：

$$E_{A2} = 1.25\, E_{A1} = 1.25(182 \text{ V}) = 227.5 \text{ V}$$

無論如何，供應至負載的功率必須維持定值。因為線段 $E_A \sin \delta$ 之長度正比於功率，此相量圖上之距離從原本的磁通位準至新的磁通位準都會是定值。因此，

$$E_{A1} \sin \delta_1 = E_{A2} \sin \delta_2$$

$$\delta_2 = \sin^{-1}\left(\frac{E_{A1}}{E_{A2}} \sin \delta_1\right)$$
$$= \sin^{-1}\left[\frac{182 \text{ V}}{227.5 \text{ V}} \sin(-17.5°)\right] = -13.9°$$

現在電樞電流可由克希荷夫定律求得

$$\mathbf{I}_{A2} = \frac{\mathbf{V}_\phi - \mathbf{E}_{A2}}{jX_S}$$
$$\mathbf{I}_A = \frac{208 \angle 0° \text{ V} - 227.5 \angle -13.9° \text{ V}}{j2.5 \text{ Ω}}$$
$$= \frac{56.2 \angle 103.2° \text{ V}}{j2.5 \text{ Ω}} = 22.5 \angle 13.2° \text{ A}$$

最後，現在的電動機功率因數為

$$\text{PF} = \cos(13.2°) = 0.974 \quad \text{領先}$$

圖 5-11 所示為在此情況下同步電動機運轉之相量圖。

(c) 因為假設磁通與場電流作線性變化，所以 E_A 也與場電流作線性變化。已知 E_A 在場電流 4.0 A 時為 182 V，所以在任意場電流下，可求得 E_A 為

$$\frac{E_{A2}}{182 \text{ V}} = \frac{I_{F2}}{4.0 \text{ A}}$$

或
$$E_{A2} = 45.5 \, I_{F2} \tag{5-5}$$

在任意場電流下，轉矩角 δ 可由供給負載功率必須保持固定之事實求得

$$E_{A1} \sin \delta_1 = E_{A2} \sin \delta_2$$

則
$$\delta_2 = \sin^{-1}\left(\frac{E_{A1}}{E_{A2}} \sin \delta_1\right) \tag{5-6}$$

由以上兩式可求得 $\mathbf{E}_A$ 相量，一旦求得 $\mathbf{E}_A$，新的電樞電流可由克希荷夫電壓定律求得

$$\mathbf{I}_{A2} = \frac{\mathbf{V}_\phi - \mathbf{E}_{A2}}{jX_S} \tag{5-7}$$

利用式 (5-5) 到 (5-7)，得到 I_A 對 I_F 曲線之 MATLAB M-檔如下所示：

```
% M-file: v_curve.m
% M-file create a plot of armature current versus field
% current for the synchronous motor of Example 5-2.

% First, initialize the field current values (21 values
% in the range 3.8-5.8 A)
i_f = (38:1:58) / 10;

% Now initialize all other values
i_a = zeros(1,21);             % Pre-allocate i_a array
x_s = 2.5;                     % Synchronous reactance
v_phase = 208;                 % Phase voltage at 0 degrees
delta1 = -17.5 * pi/180;       % delta 1 in radians
e_a1 = 182 * (cos(delta1) + j * sin(delta1));

% Calculate the armature current for each value
for ii = 1:21
    % Calculate magnitude of e_a2
    e_a2 = 45.5 * i_f(ii);

    % Calculate delta2
    delta2 = asin ( abs(e_a1) / abs(e_a2) * sin(delta1) );

    % Calculate the phasor e_a2
    e_a2 = e_a2 * (cos(delta2) + j * sin(delta2));

    % Calculate i_a
    i_a(ii) = ( v_phase - e_a2 ) / ( j * x_s);
end
```

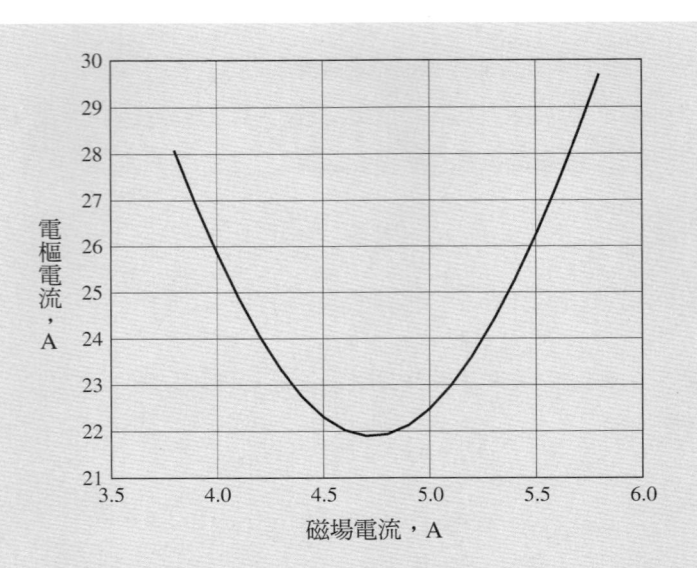

圖 5-12 例題 5-2 同步電動機之 V 曲線。

```
% Plot the v-curve
plot(i_f,abs(i_a),'Color','k','Linewidth',2.0);
xlabel('Field Current (A)','Fontweight','Bold');
ylabel('Armature Current (A)','Fontweight','Bold');
title ('Synchronous Motor V-Curve','Fontweight','Bold');
grid on;
```

其所得結果如圖 5-12 所示。注意到場電流 4.0 A 時之電樞電流為 25.8 A，此與 (a) 所得結果相吻合。 ◀

同步電動機及功率因數矯正

例題 5-3

圖 5-13 中的無限匯流排運轉於 480 V。負載 1 是一部感應電動機並以 0.78 PF 落後消耗 100 kW 的功率，而負載 2 是一部感應電動機並以 0.8 PF 落後消耗 200 kW 的功率。負載 3 是一部同步電動機並消耗 150 kW 的實功率。

(a) 若調整同步電動機使其功率因數為 0.85 落後，則系統中之輸電線電流為何？
(b) 若調整同步電動機使其功率因數為 0.85 領先，則系統中之輸電線電流為何？
(c) 假設輸電線損失為

$$P_{LL} = 3I_L^2 R_L \quad \text{線路損失}$$

其中 LL 表示線路損失。在兩種情況中試比較其輸電線損失。

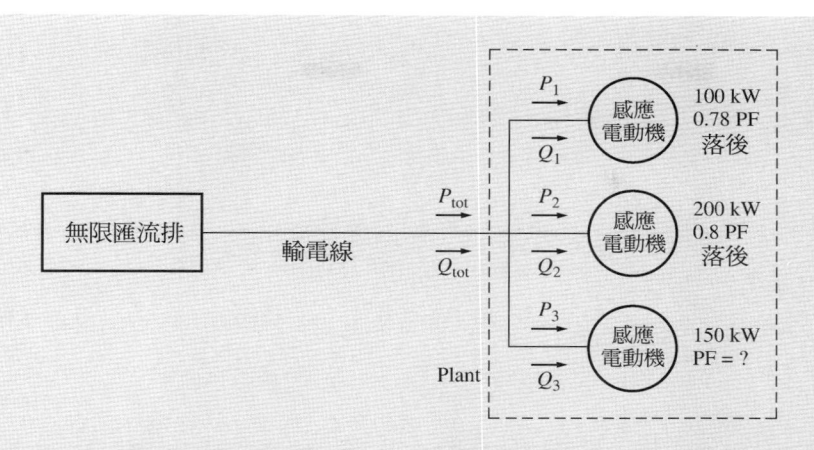

Chapter 5 同步電動機 183

圖 5-13 一個簡單的電力系統包括了一個無限匯流排經由輸電線供應一座工廠。

解：

(a) 在第一個例子中，負載 1 之實功率為 100 kW，且負載 1 之虛功率為

$$Q_1 = P_1 \tan \theta$$
$$= (100 \text{ kW}) \tan (\cos^{-1} 0.78) = (100 \text{ kW}) \tan 38.7°$$
$$= 80.2 \text{ kVAR}$$

負載 2 之實功率為 200 kW，且負載 2 之虛功率為

$$Q_2 = P_2 \tan \theta$$
$$= (200 \text{ kW}) \tan (\cos^{-1} 0.80) = (200 \text{ kW}) \tan 36.87°$$
$$= 150 \text{ kVAR}$$

負載 3 之實功率為 150 kW，而負載 3 之虛功率為

$$Q_3 = P_3 \tan \theta$$
$$= (150 \text{ kW}) \tan (\cos^{-1} 0.85) = (150 \text{ kW}) \tan 31.8°$$
$$= 93 \text{ kVAR}$$

所以，總實負載為

$$P_{\text{tot}} = P_1 + P_2 + P_3$$
$$= 100 \text{ kW} + 200 \text{ kW} + 150 \text{ kW} = 450 \text{ kW}$$

且其總虛負載為

$$Q_{\text{tot}} = Q_1 + Q_2 + Q_3$$
$$= 80.2 \text{ kVAR} + 150 \text{ kVAR} + 93 \text{ kVAR} = 323.2 \text{ kVAR}$$

所以等效之系統功率因數為

$$\text{PF} = \cos\theta = \cos\left(\tan^{-1}\frac{Q}{P}\right) = \cos\left(\tan^{-1}\frac{323.2\text{ kVAR}}{450\text{ kW}}\right)$$
$$= \cos 35.7° = 0.812 \quad \text{落後}$$

最後，可得線電流為

$$I_L = \frac{P_{\text{tot}}}{\sqrt{3}V_L\cos\theta} = \frac{450\text{ kW}}{\sqrt{3}(480\text{ V})(0.812)} = 667\text{ A}$$

(b) 負載 1 和負載 2 之實功率及虛功率不變，而負載 3 之實功率也是不變的。負載 3 之虛功率為

$$Q_3 = P_3\tan\theta$$
$$= (150\text{ kW})\tan(-\cos^{-1}0.85) = (150\text{ kW})\tan(-31.8°)$$
$$= -93\text{ kVAR}$$

所以，總實負載為

$$P_{\text{tot}} = P_1 + P_2 + P_3$$
$$= 100\text{ kW} + 200\text{ kW} + 150\text{ kW} = 450\text{ kW}$$

且其總虛負載為

$$Q_{\text{tot}} = Q_1 + Q_2 + Q_3$$
$$= 80.2\text{ kVAR} + 150\text{ kVAR} - 93\text{ kVAR} = 137.2\text{ kVAR}$$

等效之系統功率因數為

$$\text{PF} = \cos\theta = \cos\left(\tan^{-1}\frac{Q}{P}\right) = \cos\left(\tan^{-1}\frac{137.2\text{ kVAR}}{450\text{ kW}}\right)$$
$$= \cos 16.96° = 0.957 \quad \text{落後}$$

最後，可得線電流為

$$I_L = \frac{P_{\text{tot}}}{\sqrt{3}V_L\cos\theta} = \frac{450\text{ kW}}{\sqrt{3}(480\text{ V})(0.957)} = 566\text{ A}$$

(c) 第一個例子中之輸電線損失為

$$P_{\text{LL}} = 3I_L^2 R_L = 3(667\text{ A})^2 R_L = 1{,}344{,}700\,R_L$$

第二個例子中之輸電線損失為

$$P_{\text{LL}} = 3I_L^2 R_L = 3(566\text{ A})^2 R_L = 961{,}070\,R_L$$

注意到在第二個例子中其輸電線功率損失比第一個例子中要少了 28%，而供應至負載之功率卻是相同。

正如例題 5-3 中所示，在電力系統中若有能力調整一個或多個負載的功率因數可以明顯地影響電力系統的運轉效率。系統之功率因數愈低，則饋電線之功率損失愈大。在典型電力系統中大部分的負載是感應電動機，所以電力系統幾乎都是不變地落後功率因數。在系統中有一個或數個領先負載(過激磁之同步電動機)是有益的，其原因如下：

1. 領先的負載可以供應一些虛功率 Q 給鄰近的落後負載，而不是來自發電機。因為虛功率不需要流過漫長且有相當高電阻之輸電線，輸電線電流將會減少且電力系統之損失也會少得多 (這可由前一個例題中看出)。
2. 因為輸電線傳送較少的電流，就給定之額定流通功率而言，輸電線可以比較小些。較低的裝備電流額定可明顯地減低電力系統之成本。
3. 此外，需要一部同步電動機以領先功率因數運轉，就是指此電動機必須在過激磁下運轉。此種運轉模式可增加電動機之最大轉矩並減少突然超過了脫出轉矩的機會。

同步電容器

欲驅動負載而購置之同步電動機可用來運轉於過激磁的情形下以供應虛功率 Q 至電力系統。實際上，有些同步電動機不是買來和負載一起運轉的，只是為了作功率因數矯正而已。圖 5-14 所示為同步電動機在無載時過激磁運轉之相量圖。

因為並沒有從電動機汲取實功率，正比於實功率之線段長度 ($E_A \sin \delta$ 和 $I_A \cos \theta$) 為零。因為同步電動機之克希荷夫電壓定律為

$$\mathbf{V}_\phi = \mathbf{E}_A + jX_S\mathbf{I}_A \tag{5-1}$$

量 $jX_S\mathbf{I}_A$ 指向左方，而因此電樞電流 $\mathbf{I}_A$ 指向正上方。若檢視 $\mathbf{V}_\phi$ 及 $\mathbf{I}_A$，它們的電壓-電流關係像是電容器。對電力系統而言，一部無載且過激磁運轉之同步電動機看起來像是一個很大的電容器。

有些同步電容器特別被用來作功率因數矯正之用。這些電機的軸甚至沒有經過電動機的機架──就算有人想將之連接負載也辦不到。這種特殊目的之同步電動機通常稱為**同步電容器** (synchronous condensers 或 synchronous capacitors，因為 condenser 是 capacitor 之舊稱)。

圖 5-14 同步電容器之相量圖。

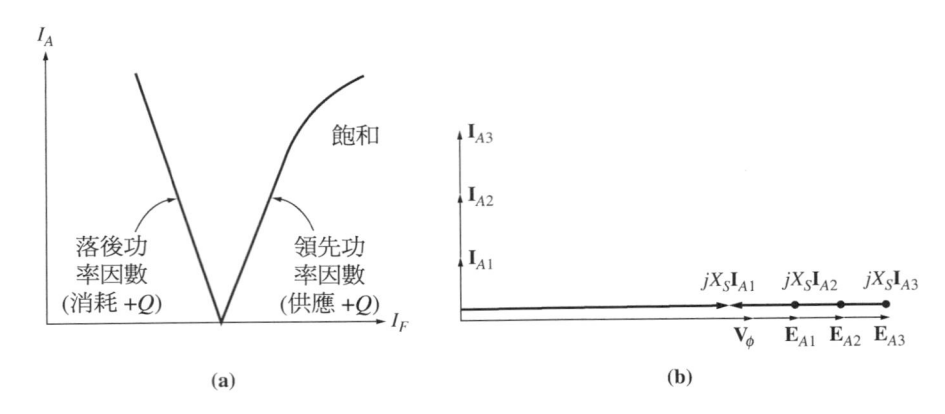

圖 5-15 (a) 同步電容器之 V 曲線；(b) 對應之電機相量圖。

同步電容器之 V 曲線如圖 5-15a 所示。因為供應至電機之實功率為零 (除了損失)，在單位功率因數下電流 $I_A=0$。當磁場電流增加至此點之上，線電流 (和電動機所供應之虛功率) 以接近於線性的方式上升直至達到飽和。圖 5-15b 所示為增加磁場電流對電動機之相量圖所造成的影響。

習 題

5-1 一 480 V，60 Hz，400 hp，0.8 PF 領先，8 極，Δ 接之同步電動機，其同步電抗為 0.6 Ω，而電樞電阻、摩擦損、風阻損和鐵心損失可忽略。假設 $|E_A|$ 直接正比於 I_F (亦即假設電動機操作於磁化曲線之線性區)，當 $I_F=4A$ 時，$|E_A|=480V$。
(a) 此電動機的轉速為何？
(b) 若電動機開始供應 400 hp、0.8 PF 落後，則 E_A 和 I_A 的大小和相角是多少？
(c) 此電動機產生多少轉矩？轉矩角 δ 是多少？在此場電流下，所產生的轉矩和最大可能感應的轉矩差多少？
(d) 若 $|E_A|$ 增加 30%，則新的電樞電流大小為何？電動機的新功因是多少？
(e) 在此負載條件下，計算並繪此電動機的 V 曲線。

5-2 一 230 V，50 Hz，雙極同步電動機，在單位功因與滿載時，由電源汲取 40 A 電流，若電動機無損失，回答下列問題：
(a) 此電動機的輸出轉矩是多少？以牛頓-公尺和磅-呎表示。
(b) 若要將功率因數改變為 0.85 領先，則需如何做？利用相量圖來說明如何做。
(c) 若功率因數被調成 0.85 領先，則線電流大小將是多少？

5-3 一部 2300 V，1000 hp，0.8 PF 落後、60 Hz 之雙極 Y 連接同步電動機其同步電抗為 5.0 Ω，電樞電阻為 0.3 Ω。在 60 Hz 時，其摩擦及風阻損失為 30 kW，而鐵心

損失為 20 kW。其磁場電路之直流電壓為 200 V，而最大之 I_F 為 10 A。此電動機之開路特性如圖 P5-1 所示。回答下列有關此電動機之問題，假設此電動機是由無限匯流排所供電。

(a) 欲使此電機在單位功率因數及滿載下運轉，需要多少的磁場電流？
(b) 電動機在滿載及單位功率因數時其效率為何？
(c) 若磁場電流增加 5%，則新的電樞電流值為何？新的功率因數為何？此電動機供應或消耗之虛功率有多少？
(d) 此電動機在單位功率因數下理論上之可能最大轉矩為何？若在 0.8 領先功率因數時？

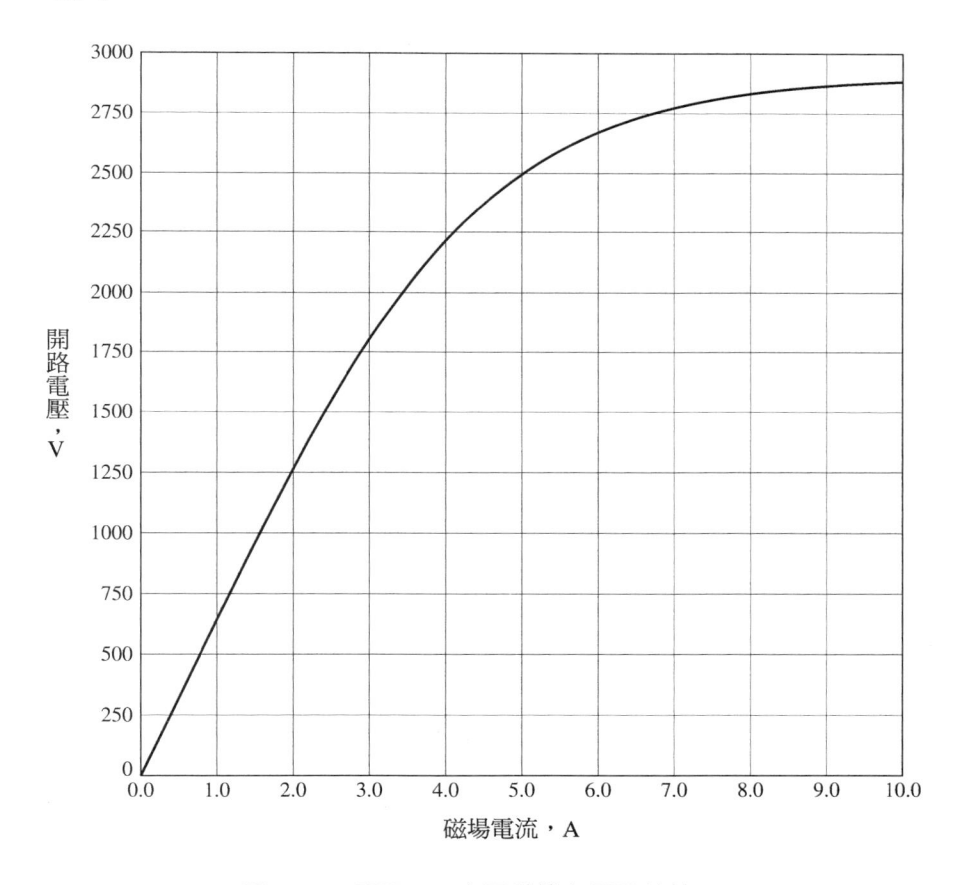

圖 P5-1　習題 5-3 中電動機之開路特性。

5-4　一部 208 V，Y 連接，同步電動機在單位功率因數時由 208 V 之電力系統汲取 50 A。此時之磁場電流為 2.7 A。同步電抗為 1.6 Ω。假設其開路特性為線性。
(a) 求此狀況下之 $\mathbf{E}_A$ 和 $\mathbf{V}_\phi$。
(b) 找出轉矩角 δ。

(c) 此狀況下之靜態穩定度功率極限是多少？
(d) 欲使電動機運轉於 0.8 PF 領先，需要多少磁場電流？
(e) 在 (d) 中之新轉矩角為何？

5-5 一 500 kVA，600 V，0.8 PF 領先，Y 接，同步電動機，其同步電抗為 1.0 標么 (pu)，電樞電阻為 0.1 標么。在此時 $\mathbf{E}_A = 1.00\angle 12°$ pu，$\mathbf{V}_\phi = 1\angle 0°$ pu。
(a) 此電機此時是作電動機或發電機操作？
(b) 此電機由電力系統消耗或供應多少功率 P？
(c) 此電機由電力系統消耗或供應多少虛功率 Q？
(d) 此電機操作在它的額定限度之內？

5-6 圖 P5-2 所示為一由三相 480 V 電源供電的小型工廠，工廠內有三個主要負載。同步電動機的額定為 100 hp，460 V，0.8 PF 領先，同步電抗為 1.1 標么 (pu)，電樞電阻為 0.01 標么，其 OCC 如圖 P5-3 所示。
(a) 若同步電動機的開關被打開，則發電機供給工廠多少實功、虛功和視在功率？輸電線線電流 I_L 是多少？

現開關閉合且場電流調到 1.5 A，同步電動機運轉於額定功率。

(b) 供給電動機的實功和虛功是多少？
(c) 電動機的轉矩角是多少？
(d) 電動機的功因是多少？
(e) 此工廠汲取多少實功、虛功和視在功率？輸電線線電流 I_L 是多少？

現若場電流增加至 3.0 A。

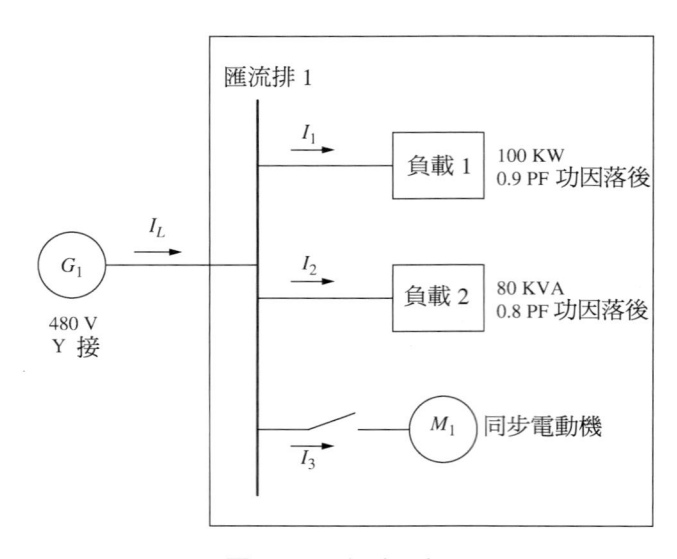

圖 P5-2　小型工廠。

Chapter 5　同步電動機

開路特性曲線

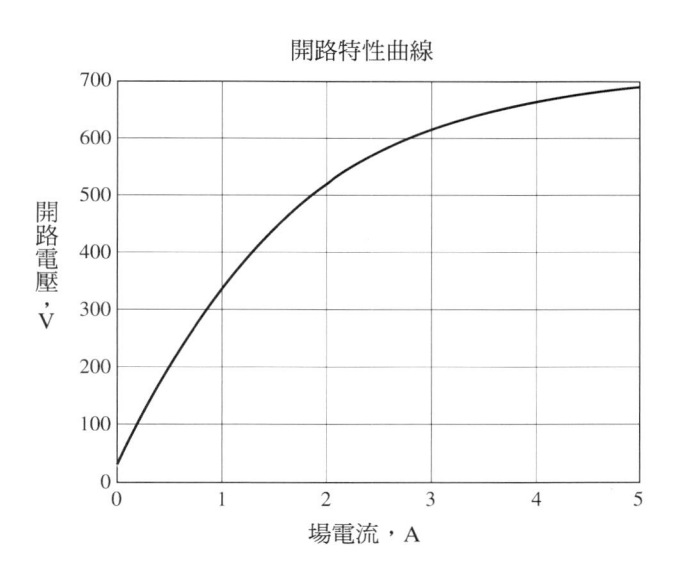

縱軸：開路電壓，V（0 至 700）
橫軸：場電流，A（0 至 5）

圖 P5-3　同步電動機之開路特性曲線。

(f) 供給電動機的實功和虛功是多少？
(g) 電動機的轉矩角是多少？
(h) 電動機的功因是多少？
(i) 此工廠汲取多少實功、虛功和視在功率？輸電線線電流 I_L 是多少？
(j) 場電流為 1.5 A 時之線電流與 3.0 A 相比差多少？

5-7 一部 2300 V，400 hp，60 Hz，8 極，Y 接同步電動機，其額定功率因數為 0.85 PF 領先。滿載時，其效率為 90%。電樞電阻為 0.8 Ω，同步電抗為 11 Ω。當此電機以滿載運轉時，試求下列各值：
(a) 輸出轉矩；(b) 輸入功率；(c) n_m；(d) $\mathbf{E}_A$；(e) $|\mathbf{I}_A|$；(f) P_{conv}；(g) $P_{mech} + P_{core} + P_{stray}$

5-8 一部 440 V，60 Hz，三相，Y 接之同步電動機，其每相同步電抗為 1.5 Ω。磁場電流已被調至當發電機供應 90 kW 時，其轉矩角 δ 為 25°。
(a) 在此電機中內部生成電壓 $\mathbf{E}_A$ 之大小為何？
(b) 此電機電樞電流之大小及角度為何？電動機之功率因數為何？
(c) 若磁場電流維持定值，電動機可供應之最大絕對功率為何？

5-9 一部 100 hp，440 V，0.8 PF 領先，Δ 接，同步電動機，其電樞電阻為 0.3 Ω，且其同步電抗為 4.0 Ω。其滿載時之效率為 96%。
(a) 在額定狀況下電動機之輸入功率為何？
(b) 額定時電動機之線電流為何？相電流又為何？

(c) 額定時電動機所供應或消耗之虛功率為何？

(d) 額定時電動機之內部生成電壓 E_A 為何？

(e) 額定時電動機之定部銅損失為何？

(f) 額定時之 P_{conv} 為何？

(g) 若 E_A 減少 10%，電動機所供應或消耗之虛功率為何？

6

CHAPTER

感應電動機

學習目標

- 瞭解同步電動機和感應電動機之主要差別。
- 瞭解轉子滑差觀念和滑差與轉子頻率關係。
- 瞭解並知道如何使用感應機的等效電路。
- 瞭解感應機的功率潮流和功率潮流圖。
- 能使用轉矩-速度特性方程式。
- 瞭解轉矩-速度特性曲線如何隨不同的轉子設計而改變。
- 瞭解感應機的啟動技術。
- 瞭解如何控制感應機的轉速。
- 瞭解如何量測感應機的電路模型參數。
- 瞭解如何將感應機當發電機使用。
- 瞭解感應機的額定。

6.1 感應電動機的構造

感應電動機的定子實體和同步電機一樣,而轉子的結構卻不相同。典型兩極感應電動機的定子如圖 6-1 所示,看起來 (事實上是) 和同步電機的定子是相同的。有兩種不同型式的感應電動機轉子可以置於定子內,其中之一叫作**鼠籠式轉子** (squirrel-cage rotor),或簡稱**籠式轉子** (cage rotor);另一種叫作**繞線式轉子** (wound rotor)。

圖 6-2 與圖 6-3 顯示鼠籠式感應電動機的轉子,鼠籠式感應電動機轉子是由一串鑲嵌於轉子表面凹槽的導體棒組成,並且在兩端用大的**短路環圈** (shorting ring) 將其短路在一起。這種設計方式被稱為鼠籠式轉子,就是因為由轉子導體看起來像是松鼠或大頰鼠在上面跑的練習輪圈一般。

另外一型轉子是繞線式轉子,**繞線式轉子** (wound rotor) 有一組完整的三相繞組,類似於定子繞組。三相轉子繞組通常是 Y 接的型式,三條轉子線路的尾端連接到轉子軸的滑環。因此繞線式轉子感應電動機可以在定子電刷的位置,取到轉子電流來檢查,

圖 6-1 感應電動機的定子，顯示定子的繞組。(Credit: S. Zurek/Encyclopedia Magnetica)

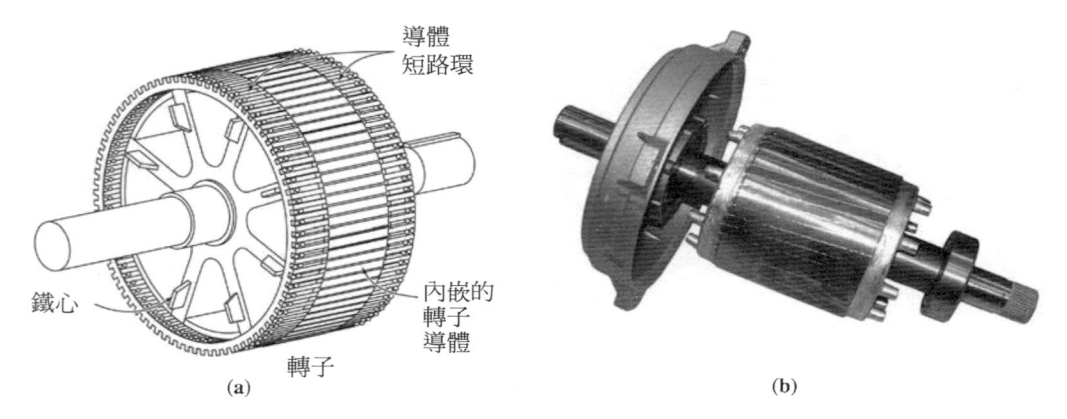

圖 6-2 (a) 鼠籠式轉子的概圖；(b) 鼠籠式轉子。(Credit: S. Zurek/Encyclopedia Magnetica)

圖 6-3 小型鼠籠式感應電動機的截面圖。(Credit: S. J. de Waard)

圖 6-4　感應電動機的繞線式轉子。(Credit: Kabardins/Shutterstock)

也可以在轉子電路中插入額外的電阻。利用此特徵就可以修正電動機的轉矩-轉速的特性，圖 6-4 即為繞線式轉子。

繞線轉子感應電動機比鼠籠式感應電動機昂貴，且須更多維修，因為其電刷與滑環會磨損，因此，繞線轉子感應電動機已很少使用。

6.2　感應電動機的基本觀念

感應電動機中感應轉矩的建立

圖 6-5 顯示一個鼠籠式感應電動機，定子上加上一組三相電壓，並流通一組三相的

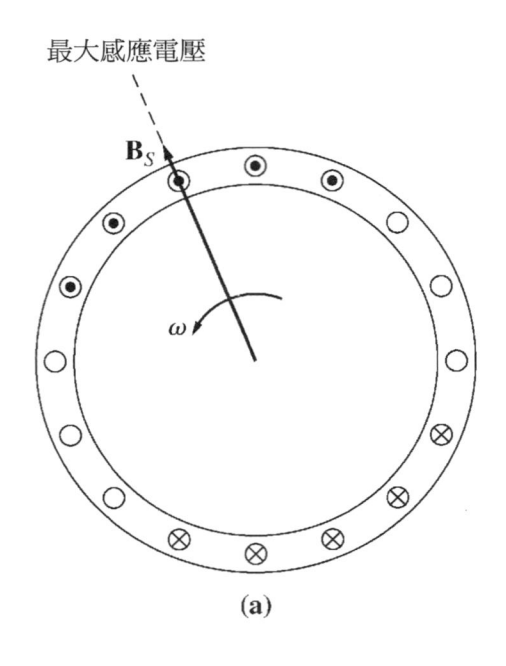

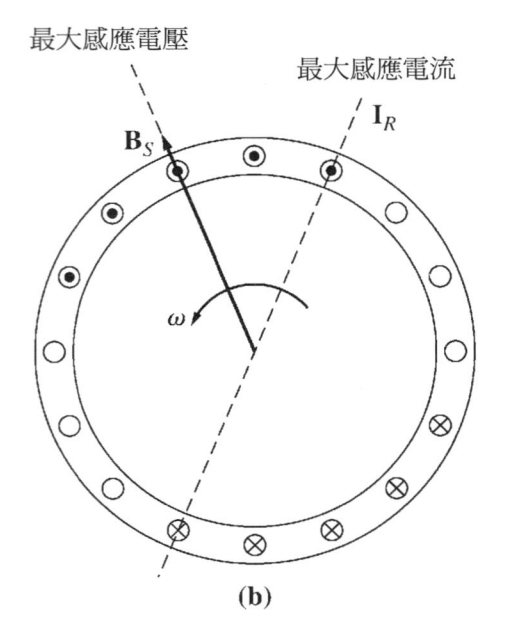

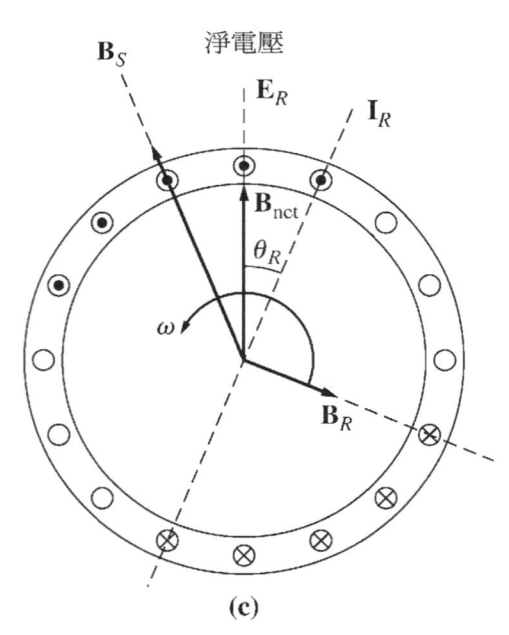

圖 6-5 感應電動機感應轉矩的建立。(a) 旋轉定子磁場 $\mathbf{B}_S$ 在轉子導體棒感應出電壓；(b) 轉子電壓產生轉子電流，因為轉子電感的關係電流落後電壓；(c) 轉子電流產生落後它 90° 的轉子磁場 $\mathbf{B}_R$ 和 $\mathbf{B}_{\text{net}}$ 交互作用在電動機上產生逆時針方向的轉矩。

定子電流。這些電流產生一個依逆時針方向旋轉的磁場 $\mathbf{B}_S$，磁場旋轉的轉速如下式：

$$n_{\text{sync}} = \frac{120 f_{se}}{P} \tag{6-1}$$

式子中 f_{se} 是供電給定子之系統的頻率，單位為赫茲，P 是電機的極數。旋轉磁場 $\mathbf{B}_S$ 通過轉子的導體棒，並在上面感應出電壓。

在轉子導體棒上感應的電壓可以由下式表示

$$e_{\text{ind}} = (\mathbf{v} \times \mathbf{B}) \cdot \mathbf{l} \tag{1-43}$$

上式中，$\mathbf{v}$ ＝相對於磁場的轉子導體棒速度
　　　　$\mathbf{B}$ ＝定子磁通量密度向量
　　　　$\mathbf{l}$ ＝磁場中導體長度

　　轉子導體棒上的感應電壓，是由於轉子相對於定子磁場的相對運動所產生的。上層轉子導體棒於磁場的相對速度是向右，所以感應出來的電壓是穿出頁面，而下層導體棒的感應電壓方向是指入頁面，因此感應出來的電流方向是從上層導體棒流出，而流進下層導體棒。然而，因為轉子整體組件是電感性的，最大轉子電流會落後最大轉子電壓 (見圖 6-6b)，轉子電流再產生轉子磁場 $\mathbf{B}_R$。

　　最後，因為在電動機上的感應轉矩是

$$\tau_{\text{ind}} = k\mathbf{B}_R \times \mathbf{B}_S \tag{3-58}$$

所以產生的轉矩是逆時針方向，因此轉子就往逆時針方向加速。

　　然而電動機的轉速有一個上限，如果感應電動機轉子是以同步速度在旋轉，轉子導體棒相對於磁場是靜止的，因此沒有感應電壓存在。如果 e_{ind} 等於零，就沒有轉子電流與轉子磁場。沒有轉子磁場，感應轉矩等於零，轉子會因為摩擦的損失而慢慢減速。因此感應電動機可以加速到接近同步速度，但是絕對不能正好到達同步速度。

　　注意到正常運轉下，轉子與定子磁場 $\mathbf{B}_R$ 與 $\mathbf{B}_S$ 以同步速度 n_{sync} 旋轉，而轉子是以低於同步速度旋轉。

轉子轉差率的觀念

　　感應電動機轉子導體棒的感應電壓大小視轉子相對於磁場的速度而定，因為感應電動機的行為是根據轉子的電壓與電流而定，因此用相對轉速來表示，通常是比較合邏輯的。有兩個術語經常被用來定義轉子與磁場之間的相對運動，一個是轉差速度 (slip speed)，定義為同步速度與轉子速度的差：

$$n_{\text{slip}} = n_{\text{sync}} - n_m \tag{6-2}$$

上式中，n_{slip}＝電動機的轉差速度

n_{sync}＝磁場的速度

n_m＝電動機機械轉軸的速度

另一個用來描述相對運動的術語是**轉差率** (slip)，等於是表現於標么或百分比基礎上的相對速度。轉差定義為

$$s = \frac{n_{\text{slip}}}{n_{\text{sync}}}(\times 100\%) \tag{6-3}$$

$$s = \frac{n_{\text{sync}} - n_m}{n_{\text{sync}}}(\times 100\%) \tag{6-4}$$

上式也可以用角速度 ω (弳度每秒) 來表示：

$$s = \frac{\omega_{\text{sync}} - \omega_m}{\omega_{\text{sync}}}(\times 100\%) \tag{6-5}$$

注意如果轉子運轉於同步速度，$s=0$，而如果轉子靜止，$s=1$。所有正常的電動機轉速都介於這兩個極值之間。

我們也可以用同步速度與轉差率來表示感應電動機的機械轉速，根據式 (6-4) 與 (6-5)，可以推導出機械轉速：

$$n_m = (1 - s)n_{\text{sync}} \tag{6-6}$$

或

$$\omega_m = (1 - s)\omega_{\text{sync}} \tag{6-7}$$

這些方程式可以用來推導感應電動機的轉矩和功率之間的關係。

轉子上的電機頻率

感應電動機的運轉是靠著在電動機的轉子感應出電壓及電流，因此有時候稱它為**旋轉變壓器** (rotating transformer)。和變壓器一樣，一次側繞組 (定子) 在二次側 (轉子) 會感應出電壓，但是和變壓器不同的是，二次側的頻率不一定要和一次側的一樣。

在 $n_m=0$ r/min 時，轉子頻率 $f_{re}=f_{se}$，而轉差率 $s=1$。在 $n_m=n_{\text{sync}}$ 時，轉子頻率 $f_{re}=0$ Hz，而轉差率 $s=0$。在介於之間的任何速度，轉子頻率直接正比於磁場速度 n_{sync} 和轉子速度 n_m 的差。由於轉子的轉差率是定義為

$$s = \frac{n_{\text{sync}} - n_m}{n_{\text{sync}}} \tag{6-4}$$

因此轉子頻率可以表示為

$$\boxed{f_{re} = sf_{se}} \tag{6-8}$$

此式可以有許多不同型式的表示,其中一種最常見的表示方法是將式 (6-4) 的轉差率代入式 (6-8),然後再代入式子中分母部分的 n_{sync}:

$$f_{re} = \frac{n_{\text{sync}} - n_m}{n_{\text{sync}}} f_{se}$$

而 $n_{\text{sync}} = 120 f_{se}/P$ [由式 (6-1)],所以

$$f_{re} = (n_{\text{sync}} - n_m)\frac{P}{120 f_{se}} f_{se}$$

因此,

$$\boxed{f_{re} = \frac{P}{120}(n_{\text{sync}} - n_m)} \tag{6-9}$$

例題 6-1

一部 208 V,10 hp,四極,60 Hz,Y 接感應電動機,滿載轉差率是 5%,試回答下列問題。

(a) 此電動機的同步速度是多少?
(b) 此電動機在額定負載時的轉子速度是多少?
(c) 此電動機在額定負載時的轉子頻率是多少?
(d) 此電動機在額定負載時的軸轉矩是多少?

解:
(a) 此電動機的同步速度是

$$n_{\text{sync}} = \frac{120 f_{se}}{P} \tag{6-1}$$

$$= \frac{120(60 \text{ Hz})}{4 \text{ poles}} = 1800 \text{ r/min}$$

(b) 此電動機的轉子速度由下式求得

$$n_m = (1 - s)n_{\text{sync}} \tag{6-6}$$

$$= (1 - 0.05)(1800 \text{ r/min}) = 1710 \text{ r/min}$$

(c) 此電動機的轉子頻率是

$$f_{re} = sf_{se} = (0.05)(60 \text{ Hz}) = 3 \text{ Hz} \tag{6-8}$$

另外從式 (6-9) 也可以求得頻率：

$$f_{re} = \frac{P}{120}(n_{\text{sync}} - n_m) \tag{6-9}$$

$$= \frac{4}{120}(1800 \text{ r/min} - 1710 \text{ r/min}) = 3 \text{ Hz}$$

(d) 軸負載轉矩表示為

$$\tau_{\text{load}} = \frac{P_{\text{out}}}{\omega_m}$$

$$= \frac{(10 \text{ hp})(746 \text{ W/hp})}{(1710 \text{ r/min})(2\pi \text{ rad/r})(1 \text{ min}/60 \text{ s})} = 41.7 \text{ N} \cdot \text{m}$$

軸負載轉矩在英制單位裡是由式 (1-17) 所表示：

$$\tau_{\text{load}} = \frac{5252P}{n}$$

上式中，τ 的單位是磅-呎，P 是馬力數，而 n_m 的單位則是每分鐘幾轉。
因此，

$$\tau_{\text{load}} = \frac{5252(10 \text{ hp})}{1710 \text{ r/min}} = 30.7 \text{ lb} \cdot \text{ft}$$

◀

6.3　感應電動機的等效電路

一部感應電動機的運轉，是根據由定子電路 (變壓器作用) 感應在轉子電路上的電壓與電流而定。因為在感應電動機的轉子電路上感應出來的電壓與電流，基本上是變壓器的動作，因此感應電動機的等效電路將會很類似變壓器的等效電路。因為電源只供應定子電流，所以感應電動機被稱為單激磁電機 (相對於雙激磁電機的同步電動機而言)。因為感應電動機沒有獨立的磁場電流，其模型將不會包含如同步電動機中內生電壓 $\mathbf{E}_A$ 般的內部電壓源。

感應電動機的變壓器模型

圖 6-6 所示為表示感應電動機操作的變壓器單相等效電路。如任何的變壓器一樣，在一次側 (定子) 有一些電阻和自感，這些值必須表示在電動機的等效電路中。定子電阻將稱作 R_1，而定子的漏感抗將稱為 X_1，這兩個零件置放於電動機模型輸入的右端。

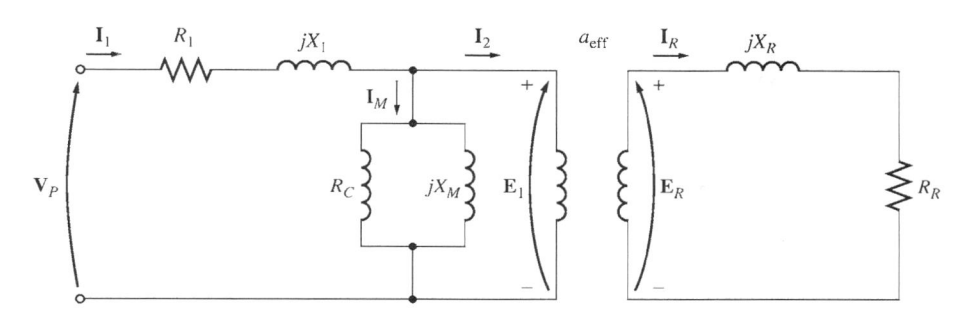

圖 6-6 感應電動機的變壓器模型，其中轉子與定子是以匝數比為 a_{eff} 的理想變壓器連接。

同時像任何鐵心變壓器一樣，電動機的磁通量和外加電壓 $\mathbf{E}_1$ 的積分有關。圖 6-7 比較了感應電動機與電力變壓器類似的磁動勢-對-磁通量曲線，可以發現感應電動機的磁動勢-磁通量曲線斜率比一個正常變壓器斜率小得多。這是因為在感應電動機裡一定要有氣隙，因此大為增加了磁通路徑的磁組，而減少一次側和二次側繞組之間的耦合。由於氣隙導致磁阻增加，表示需要更大的磁化電流才能達到給定的磁通量。因此，等效電路中的磁化電抗 X_M 會比普通變電器的電抗值小得多 (或是電納 B_M 會有較大的值)。

一次側的內部定子電壓 $\mathbf{E}_1$，經由一個具有等效匝數比 a_{eff} 的理想變壓器耦合到二次側 $\mathbf{E}_R$。

在轉子產生的電壓 $\mathbf{E}_R$ 會在電動機的短路轉子 (或二次側) 電路上產生電流。

感應電動機一次側的阻抗與磁化電流，和同等的變壓器電路中對等的組成零件非常相似。感應電動機等效電路和變壓器等效電路最主要的不同是變化的轉子頻率會對轉子電壓 $\mathbf{E}_R$ 和轉子阻抗 R_R 以及 jX_R 造成影響。

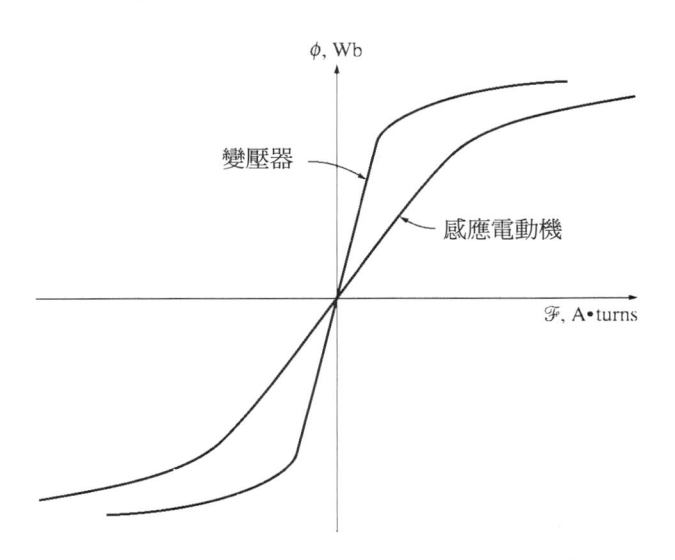

圖 6-7 感應電動機與變壓器磁化曲線的比較。

轉子電路模型

在感應電動機中,當電壓加在定子繞組時,有電壓會感應在電動機的轉子繞組上。一般而言,轉子與定子磁場之間的相對運動愈大,產生的轉子電壓也愈大。最大的相對運動發生在轉子靜止時,這些狀況稱為轉子鎖住或轉子擋住,也是產生最大的感應電壓的時候。最小的電壓 (0 V) 和頻率 (0 Hz) 則是發生於轉子速度和定子磁場一樣,沒有任何相對運動時。介於這些極值之間所感應的轉子電壓是直接正比於轉子的轉差率,因此,如果在轉子鎖住時,感應的電壓是 E_{R0},則在任何轉差率的感應電壓將表示為下式:

$$E_R = sE_{R0} \tag{6-10}$$

且在任意轉差率下之感應電壓頻率為

$$f_{re} = sf_{se} \tag{6-8}$$

此電壓是感應於含有電阻和電抗的轉子上,轉子電阻 R_R 是一個常數 (不考慮集膚效應),與轉差率無關,而轉子電抗則會受轉差率的影響。

感應電動機轉子的電抗,根據轉子的電感值以及轉子電壓電流的頻率而定。轉子的電感值若為 L_R,轉子電抗就可以表示為

$$X_R = \omega_{re}L_R = 2\pi f_{re}L_R$$

根據式 (6-8),$f_{re}=sf_{se}$,所以

$$\begin{aligned} X_R &= 2\pi sf_{se}L_R \\ &= s(2\pi f_{se}L_R) \\ &= sX_{R0} \end{aligned} \tag{6-11}$$

上式中 X_{R0} 是轉子擋住時的轉子電抗。

推導出來的轉子等效電路如圖 6-8 所示,可以求出轉子電流為

$$\mathbf{I}_R = \frac{\mathbf{E}_R}{R_R + jX_R}$$

$$\boxed{\mathbf{I}_R = \frac{\mathbf{E}_R}{R_R + jsX_{R0}}} \tag{6-12}$$

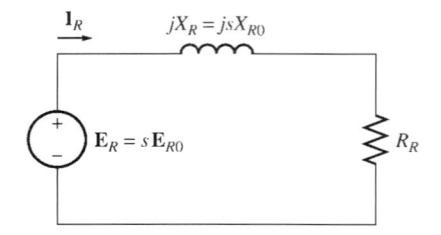

圖 6-8 感應電動機的轉子電路模型。

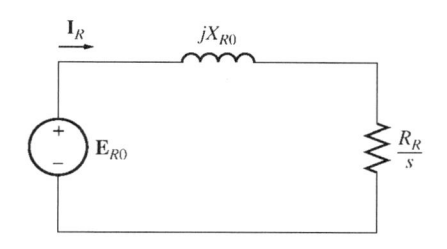

圖 6-9 將所有頻率 (轉差率) 效應集中於電阻 R_R 的轉子電路模型。

或

$$\mathbf{I}_R = \frac{\mathbf{E}_{R0}}{R_R/s + jX_{R0}} \tag{6-13}$$

從式 (6-13) 可以看出，所有因為變化的轉子速度而導致的轉子效應，可以看作由固定電壓源 $\mathbf{E}_{R0}$ 供電的變化阻抗所引起的。從此觀點推導的等效轉子阻抗為

$$Z_{R,\text{eq}} = R_R/s + jX_{R0} \tag{6-14}$$

圖 6-9 顯示利用此表示法的轉子等效電路，在圖 6-9 的等效電路中，轉子電壓是一個常數 $\mathbf{E}_{R0}$ V，而轉子阻抗 $Z_{R,\text{eq}}$ 則包含所有變化轉子轉差率的效應。在式 (6-12) 與 (6-13) 推導的轉子電流繪於圖 6-10。

注意到在很低的轉差率時，電阻項 $R_R/s \gg X_{R0}$，因此轉子阻抗主要由轉子電阻決定，而且轉子電流與轉差率成線性變化。在高轉差率時，X_{R0} 遠大於 R_R/s，而且當轉差率變得很大時，轉子電流會趨近一個穩態值。

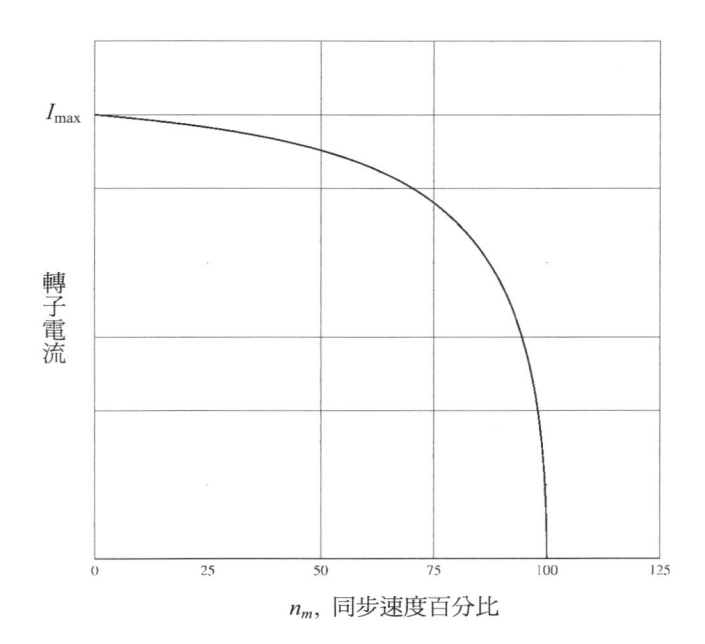

圖 6-10 轉子電流對轉子速度的函數關係。

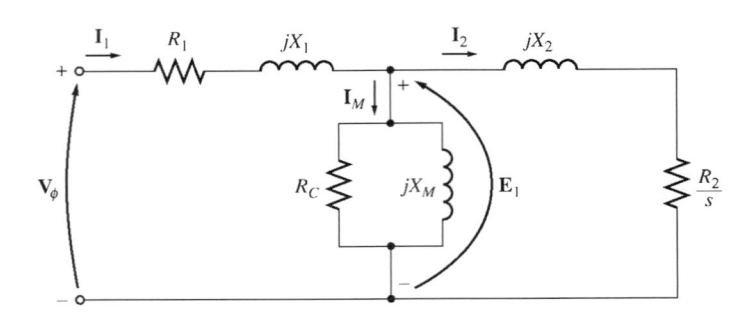

圖 6-11 感應電動機的單相等效電路。

完整的等效電路

要建立感應電動機完成的單相等效電路，必須將模型轉子的部分換算到定子側，換算到定子側的轉子電路模型顯示於圖 6-9，在此圖中所有速度變化的效應都集中於阻抗項。

在電動機的轉子電路中，如果感應電動機的等效匝數比是 a_{eff}，則轉換後的轉子電壓變成

$$\mathbf{E}_1 = \mathbf{E}'_R = a_{\text{eff}} \mathbf{E}_{R0} \tag{6-15}$$

轉子電流變成

$$\mathbf{I}_2 = \frac{\mathbf{I}_R}{a_{\text{eff}}} \tag{6-16}$$

而轉子阻抗變為

$$Z_2 = a_{\text{eff}}^2 \left(\frac{R_R}{s} + jX_{R0} \right) \tag{6-17}$$

如果現在我們作下列的定義：

$$R_2 = a_{\text{eff}}^2 R_R \tag{6-18}$$

$$X_2 = a_{\text{eff}}^2 X_{R0} \tag{6-19}$$

則感應電動機最後的單相等效電路就會如圖 6-11 所示。

6.4 感應電動機的功率與轉矩

損失與功率潮流圖

一部感應電動機基本上可以描述成是一部旋轉的變壓器，其輸入是一組三相的電壓

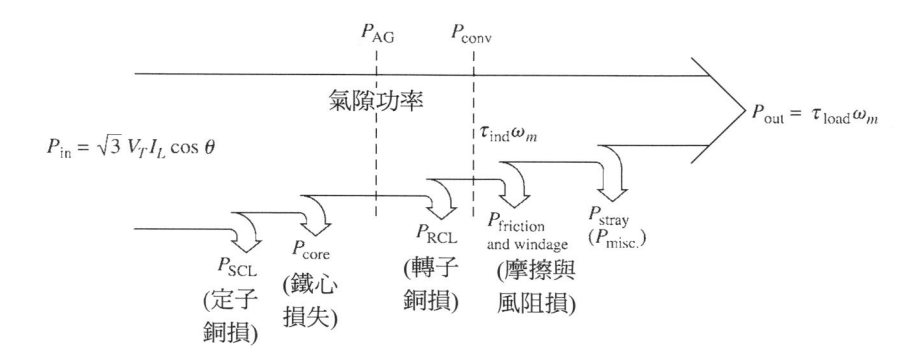

Chapter 6 感應電動機 203

圖 6-12 感應電動機的功率潮流圖。

與電流系統。對一般的變壓器而言，二次側會輸出電功率，然而因為在感應電動機中的二次繞組 (轉子) 是短路的，所以正常操作的感應電動機並沒有電功率的輸出，而是機械性的輸出功率。感應電動機的輸入電功率與輸出機械功率之間的關係，如圖 6-12 的功率潮流圖中所示。

送至感應電動機的輸入功率 P_{in} 是以三相的電壓電流的型式表示，電動機中的第一項損失是在定子繞組中的 I^2R 損失 (定子銅損 P_{SCL})。接著有一些功率耗損於定子的磁滯損失及渦流電流損失中 (P_{core})，此時剩餘的功率經由定子與轉子之間的氣隙傳輸到電動機的轉子部分。這部分的功率稱為電動機的氣隙功率 P_{AG}。功率傳送到轉子後，一部分耗損於 I^2R 損失上 (轉子銅損 P_{RCL})，剩下的部分從電功率轉換為機械功率的型式 (P_{conv})。最後再減掉摩擦損失、風阻損 $P_{F\&W}$ 以及雜散損失 P_{misc}，剩餘的功率就是電動機的輸出功率 P_{out}。

例題 6-2

一部 480 V，60 Hz，50 hp，三相感應電動機，在 0.85 PF 落後的情況下汲取 60 A 電流，定子銅損是 2 kW，轉子銅損是 700 W，摩擦與風阻損是 600 W，鐵心損失是 1800 W，而雜散損失可忽略。試求出以下各項的值。

(a) 氣隙功率 P_{AG}
(b) 轉換的功率 P_{conv}
(c) 輸出功率 P_{out}
(d) 電動機的效率

解：參考感應電動機的功率潮流圖 (圖 6-12) 來回答以上的問題。
(a) 氣隙功率可由輸入功率減去定子 I^2R 損失而得，輸入功率由下式表示：

$$P_{in} = \sqrt{3}V_T I_L \cos\theta$$
$$= \sqrt{3}(480\text{ V})(60\text{ A})(0.85) = 42.4\text{ kW}$$

根據功率潮流圖，氣隙功率可以求得為

$$P_{AG} = P_{in} - P_{SCL} - P_{core}$$
$$= 42.4\text{ kW} - 2\text{ kW} - 1.8\text{ kW} = 38.6\text{ kW}$$

(b) 根據功率潮流圖，從電功率轉換到機械型式的功率有

$$P_{conv} = P_{AG} - P_{RCL}$$
$$= 38.6\text{ kW} - 700\text{ W} = 37.9\text{ kW}$$

(c) 根據功率潮流圖，輸出功率為

$$P_{out} = P_{conv} - P_{F\&W} - P_{misc}$$
$$= 37.9\text{ kW} - 600\text{ W} - 0\text{ W} = 37.3\text{ kW}$$

或者，以馬力為單位，

$$P_{out} = (37.3\text{ kW})\frac{1\text{ hp}}{0.746\text{ kW}} = 50\text{ hp}$$

(d) 因此，此部感應電動機的效率為

$$\eta = \frac{P_{out}}{P_{in}} \times 100\%$$
$$= \frac{37.3\text{ kW}}{42.4\text{ kW}} \times 100\% = 88\%$$

感應電動機的功率與轉矩

圖 6-11 所示為感應電動機的單相等效電路，仔細地觀察此等效電路，便可以用來推導控制電動機運轉的功率與轉矩方程式。

將輸入電壓除以總等效阻抗，可以求得電動機單相的輸入電流為

$$\mathbf{I}_1 = \frac{\mathbf{V}_\phi}{Z_{eq}} \tag{6-20}$$

上式中
$$Z_{eq} = R_1 + jX_1 + \frac{1}{G_C - jB_M + \frac{1}{R_2/s + jX_2}} \tag{6-21}$$

因此，定子的銅損、鐵心損失與轉子的銅損就可以求得。三相的定子銅損是

$$P_{\text{SCL}} = 3I_1^2 R_1 \qquad (6\text{-}22)$$

鐵心損失則由下式表示

$$P_{\text{core}} = 3E_1^2 G_C \qquad (6\text{-}23)$$

因此可以求得氣隙的功率為

$$P_{\text{AG}} = P_{\text{in}} - P_{\text{SCL}} - P_{\text{core}} \qquad (6\text{-}24)$$

仔細觀察轉子的等效電路，在等效電路中唯一可以消耗氣隙功率的元件是電阻 R_2/s，因此，**氣隙功率** (air-gap power) 可以表示為

$$P_{\text{AG}} = 3I_2^2 \frac{R_2}{s} \qquad (6\text{-}25)$$

實際上在轉子電路中的電阻損失，則是如下式所列

$$P_{\text{RCL}} = 3I_R^2 R_R \qquad (6\text{-}26)$$

由於當功率經過理想變壓器的轉換時並不會改變，因此轉子的銅損也可以表示為

$$P_{\text{RCL}} = 3I_2^2 R_2 \qquad (6\text{-}27)$$

從電動機的輸入功率減去定子銅損、鐵心損失及轉子的銅損後，剩餘的功率將從電氣轉換為機械的型式。這個轉換的功率，有時稱為產生的機械功率，可以表示為

$$\begin{aligned} P_{\text{conv}} &= P_{\text{AG}} - P_{\text{RCL}} \\ &= 3I_2^2 \frac{R_2}{s} - 3I_2^2 R_2 \\ &= 3I_2^2 R_2 \left(\frac{1}{s} - 1\right) \end{aligned}$$

$$\boxed{P_{\text{conv}} = 3I_2^2 R_2 \left(\frac{1-s}{s}\right)} \qquad (6\text{-}28)$$

從式 (6-25) 與 (6-27)，我們可以發現轉子銅損等於氣隙功率乘以轉差率：

$$P_{\text{RCL}} = sP_{\text{AG}} \qquad (6\text{-}29)$$

因此，電動機的轉差率愈低，轉子損失就會愈少。同時也要注意如果轉子靜止，轉差率 $s=1$，氣隙功率會全部消耗於轉子內。這是合理的，因為如果轉子沒有轉動，輸出功率

P_{out} ($=\tau_{\text{load}}\omega_m$) 一定是零。因為 $P_{\text{conv}} = P_{\text{AG}} - P_{\text{RCL}}$，我們可以得到氣隙功率與轉換功率之間的另一個關係式：

$$P_{\text{conv}} = P_{\text{AG}} - P_{\text{RCL}}$$
$$= P_{\text{AG}} - sP_{\text{AG}}$$

$$\boxed{P_{\text{conv}} = (1-s)P_{\text{AG}}} \tag{6-30}$$

最後，如果摩擦損失、風損以及雜散損失已知，可以求得輸出功率為

$$\boxed{P_{\text{out}} = P_{\text{conv}} - P_{\text{F\&W}} - P_{\text{misc}}} \tag{6-31}$$

電動機中的感應轉矩 τ_{ind} 定義為：由內部電氣到機械功率轉換所產生的轉矩。此轉矩與在電動機端點實際可得的，相差了摩擦與風阻轉矩的大小，感應的轉矩可以表示為下式：

$$\tau_{\text{ind}} = \frac{P_{\text{conv}}}{\omega_m} \tag{6-32}$$

這個轉矩也稱為電動機的產生轉矩。

感應電動機所感應的轉矩也可以用不同的型式表示，式 (6-7) 以同步速度與轉差率來表示實際的轉速，而式 (6-30) 則利用 P_{AG} 和轉差率來計算 P_{conv}，將這兩個方程式代入式 (6-32) 可以求得

$$\tau_{\text{ind}} = \frac{(1-s)P_{\text{AG}}}{(1-s)\omega_{\text{sync}}}$$

$$\boxed{\tau_{\text{ind}} = \frac{P_{\text{AG}}}{\omega_{\text{sync}}}} \tag{6-33}$$

最後這一項方程式特別有用，因為它直接用氣隙功率和不會改變的同步速度來表示感應轉矩，只要知道 P_{AG} 就可以直接求得 τ_{ind}。

在感應電動機等效電路中分開表示轉子銅損與轉換的功率

感應電動機經由氣隙傳輸的功率，有一部分是消耗於轉子銅損，有一部分則是轉換成機械功率以推動電動機轉軸。我們可以分離氣隙功率的這兩部分，並且在電動機的等效電路中分開表示。

式 (6-25) 表示感應電動機中所有的氣隙功率，而式 (6-27) 則表示電動機的實際銅損。氣隙功率指的是消耗在電阻值為 R_2/s 上的功率，而轉子銅損則是指消耗於電阻值為

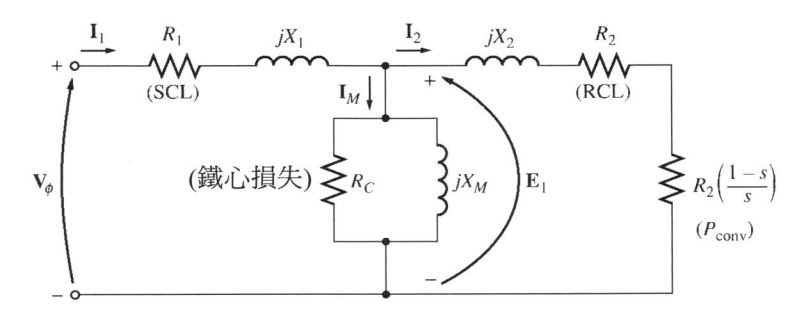

圖 6-13 轉子損失與 P_conv 分開表示的單相等效電路。

R_2 上的功率。它們之間的差是 P_conv，此功率必須消耗於如下的電阻值上，

$$R_\text{conv} = \frac{R_2}{s} - R_2 = R_2\left(\frac{1}{s} - 1\right)$$

$$\boxed{R_\text{conv} = R_2\left(\frac{1-s}{s}\right)} \tag{6-34}$$

具轉子銅損和轉換成機械功率型式並以不同元件表示之單相等效電路如圖 6-13 所示。

例題 6-3

一部 460 V，25 hp，60 Hz，四極，Y 接的感應電動機，其換算到定子電路的單相阻抗如下所列：

$$R_1 = 0.641\ \Omega \quad R_2 = 0.332\ \Omega$$
$$X_1 = 1.106\ \Omega \quad X_2 = 0.464\ \Omega \quad X_M = 26.3\ \Omega$$

總旋轉損失是 1100 W，假設此損失是定值。鐵心損失則集中包括在旋轉損失內，若轉子轉差率在額定電壓與頻率時是 2.2%，試求出電動機的

(a) 轉速
(b) 定子電流
(c) 功率因數
(d) P_conv 和 P_out
(e) τ_ind 和 τ_load
(f) 效率

解：此電動機的單相等效電路示於圖 6-11，而功率潮流圖則示於圖 6-12，因為鐵心損失與摩擦損失，風損和雜散損失集中在一起計算，所以把它們當作是機械損失，並依功率潮流圖在 P_conv 之後減掉。

(a) 同步速度是

$$n_{\text{sync}} = \frac{120 f_{se}}{P} = \frac{120(60\text{ Hz})}{4\text{ poles}} = 1800\text{ r/min}$$

或

$$\omega_{\text{sync}} = (1800\text{ r/min})\left(\frac{2\pi\text{ rad}}{1\text{ r}}\right)\left(\frac{1\text{ min}}{60\text{ s}}\right) = 188.5\text{ rad/s}$$

轉子機械轉軸的速度是

$$n_m = (1 - s)n_{\text{sync}}$$
$$= (1 - 0.022)(1800\text{ r/min}) = 1760\text{ r/min}$$

或

$$\omega_m = (1 - s)\omega_{\text{sync}}$$
$$= (1 - 0.022)(188.5\text{ rad/s}) = 184.4\text{ rad/s}$$

(b) 要求定子電流，先算電路的等效阻抗。第一個步驟是將換算後的轉子阻抗與並聯的激磁電路組合，再加上串聯的定子阻抗。換算後的轉子阻抗為

$$Z_2 = \frac{R_2}{s} + jX_2$$
$$= \frac{0.332}{0.022} + j0.464$$
$$= 15.09 + j0.464\ \Omega = 15.10\angle 1.76°\ \Omega$$

轉子阻抗與激磁電路並聯後成為

$$Z_f = \frac{1}{1/jX_M + 1/Z_2}$$
$$= \frac{1}{-j0.038 + 0.0662\angle -1.76°}$$
$$= \frac{1}{0.0773\angle -31.1°} = 12.94\angle 31.1°\ \Omega$$

因此，總阻抗為

$$Z_{\text{tot}} = Z_{\text{stat}} + Z_f$$
$$= 0.641 + j1.106 + 12.94\angle 31.1°\ \Omega$$
$$= 11.72 + j7.79 = 14.07\angle 33.6°\ \Omega$$

結果定子電流為

$$\mathbf{I}_1 = \frac{\mathbf{V}_\phi}{Z_{\text{tot}}}$$
$$= \frac{266\angle 0°\text{ V}}{14.07\angle 33.6°\ \Omega} = 18.88\angle -33.6°\text{ A}$$

(c) 電動機的功率因數為

$$PF = \cos 33.6° = 0.833 \quad \text{落後}$$

(d) 電動機的輸入功率為

$$P_{\text{in}} = \sqrt{3}V_T I_L \cos\theta$$
$$= \sqrt{3}(460\text{ V})(18.88\text{ A})(0.833) = 12,530\text{ W}$$

此電機的定子銅損為

$$P_{\text{SCL}} = 3I_1^2 R_1$$
$$= 3(18.88\text{ A})^2(0.641\text{ }\Omega) = 685\text{ W} \tag{6-22}$$

氣隙功率可以求得為

$$P_{\text{AG}} = P_{\text{in}} - P_{\text{SCL}} = 12,530\text{ W} - 685\text{ W} = 11,845\text{ W}$$

因此,轉換的功率是

$$P_{\text{conv}} = (1-s)P_{\text{AG}} = (1 - 0.022)(11,845\text{ W}) = 11,585\text{ W}$$

P_{out} 功率可以求得為

$$P_{\text{out}} = P_{\text{conv}} - P_{\text{rot}} = 11,585\text{ W} - 1100\text{ W} = 10,485\text{ W}$$
$$= 10,485\text{ W}\left(\frac{1\text{ hp}}{746\text{ W}}\right) = 14.1\text{ hp}$$

(e) 感應的轉矩為

$$\tau_{\text{ind}} = \frac{P_{\text{AG}}}{\omega_{\text{sync}}}$$
$$= \frac{11,845\text{ W}}{188.5\text{ rad/s}} = 62.8\text{ N}\cdot\text{m}$$

所以輸出功率可以求得為

$$\tau_{\text{load}} = \frac{P_{\text{out}}}{\omega_m}$$
$$= \frac{10,485\text{ W}}{184.4\text{ rad/s}} = 56.9\text{ N}\cdot\text{m}$$

(以英制單位表示,這些轉矩量分別是 46.3 與 41.9 磅-呎。)

(f) 在這個運轉狀況下的電動機效率是

$$\eta = \frac{P_{\text{out}}}{P_{\text{in}}} \times 100\%$$
$$= \frac{10,485\text{ W}}{12,530\text{ W}} \times 100\% = 83.7\%$$

6.5 感應電動機的轉矩-速度特性

從物理觀點看的感應轉矩

圖 6-14a 顯示在無載情況下的感應電動機，無載時，轉子的轉差率很小，因此轉子與磁場之間的相對運動，以及轉子頻率也很小。因為相對運動小，轉子導體棒感應的電壓 E_R，以及產生的電流 I_R 也很小。同時，因為轉子頻率很小，轉子電抗幾乎是零，而最大的轉子電流 I_R 幾乎與轉子電壓 E_R 同相。轉子電流因此會產生一個小磁場 B_R，落後淨磁場 B_{net} 一個稍微大於 90° 的角度。注意，即使在無載的情況下，定子電流也一定很大，因為它必須供應大部分的 B_{net} (這也是為何與其他型式的電動機比較起來，感應電動機會有較大的無載電流的原因。感應機的無載電流約為滿載電流的 30% 至 60%)。

維持轉子旋轉的感應轉矩可以由下式表示之

$$\tau_{ind} = k\mathbf{B}_R \times \mathbf{B}_{net} \tag{3-60}$$

其大小則為

$$\tau_{ind} = k\mathbf{B}_R \mathbf{B}_{net} \sin \delta \tag{3-61}$$

因為轉子磁場很小，感應的轉矩也很小──只夠克服電動機的旋轉損失。

現在我們假設感應電動機加上負載 (圖 6-14b)，當電動機負載增加時，轉差率增加，而電動機的轉速減慢。由於電動機的轉速變慢，轉子與定子磁場之間的相對運動變大。更大的相對運動會產生更大的轉子電壓 E_R，因而產生更大的轉子電流 I_R。隨著轉子電流的增加，轉子磁場 B_R 也跟著增加。同時，轉子電流的相角也隨著 B_R 而改變，因為當轉子轉差率增加時，轉子頻率會提高 ($f_{re} = sf_{se}$)，導致轉子電抗增加 ($\omega_{re} L_R$)。所以

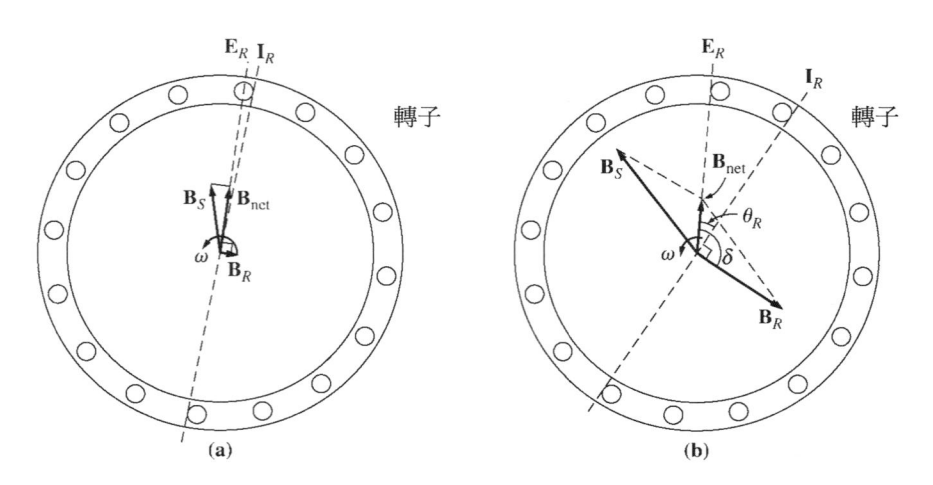

圖 6-14 (a) 感應電動機在輕載下的磁場；(b) 感應電動機在重載下的磁場。

轉子電流會更落後轉子電壓，而轉子磁場也會跟著電流而改變。圖 6-14b 顯示感應電動機是運轉於相當重的負載。注意圖中轉子電流和相角 δ 都增加了。B_R 的增加會使轉矩增加，但是相角 δ 的增加卻會減少轉矩 (τ_ind 正比於 $\sin \delta$，而 $\delta > 90°$)。因為前項的影響比第二項大，因此總合的感應轉矩會增加以提供電動機增加的負載。

感應電動機何時會達到脫出轉矩？當轉軸上的負載一直增加到 $\sin \delta$ 項減少的量大於 B_R 增加的量時，就會發生。此時再增加負載，τ_ind 就會減少而導致電動機停止運轉。

我們可以利用對電動機磁場的瞭解，來大約推導感應電動機輸出轉矩一對一轉速的特性。記得電動機感應轉矩的大小是

$$\tau_\text{ind} = kB_R B_\text{net} \sin \delta \tag{3-61}$$

上式中每一項都可以分開考慮來推導整個電動機的行為。這些個別的項如下：

1. B_R。只要轉子未達飽和，轉子磁場直接正比於轉子電流，根據式 (6-13)，轉子電流會隨著轉差率的增加 (轉速的減少) 而增加。此電流曾畫於圖 6-10，我們在圖 6-15a 重繪此曲線。
2. B_net。電動機的淨磁場正比於 E_1，因此大概是一個常數 (事實上 E_1 會隨著電流增加而減少，但是此效應與其他兩者比較起來太小了，因此我們在繪圖的過程中將把它忽略)。B_net 對轉速的曲線如圖 6-15b 所示。
3. $\sin \delta$。淨磁場與轉子磁場之間的相角 δ 可以用很方便的方式表示。見圖 6-14b，在此圖中可以清楚地看見相角 δ 正好等於轉子的功率因數角加上 $90°$：

$$\delta = \theta_R + 90° \tag{6-35}$$

因此，$\sin \delta = \sin(\theta_R + 90°) = \cos \theta_R$，此項就是轉子的功率因數。轉子的功率因數角可以由下式算出

$$\theta_R = \tan^{-1} \frac{X_R}{R_R} = \tan^{-1} \frac{sX_{R0}}{R_R} \tag{6-36}$$

因此轉子的功率因數是

$$\text{PF}_R = \cos \theta_R$$

$$\boxed{\text{PF}_R = \cos\left(\tan^{-1} \frac{sX_{R0}}{R_R}\right)} \tag{6-37}$$

轉子功率因數對轉速的圖形示於圖 6-15c。

因為感應的轉矩正比於此三項的乘積，感應電動機的轉矩-轉速特性可以從前三個

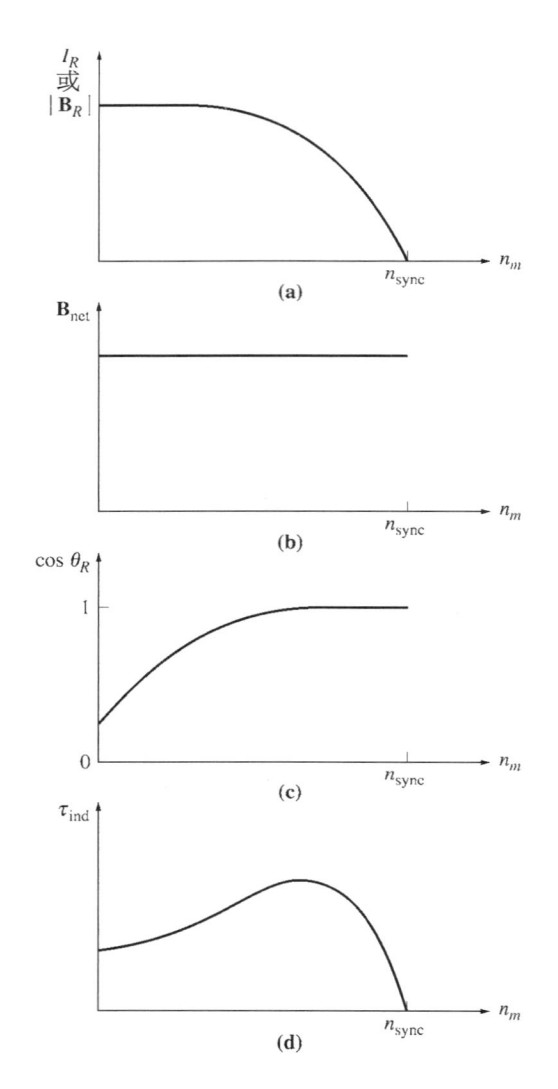

圖 6-15 感應電動機轉矩-轉速特性的圖形推導過程。(a) 感應電動機轉子電流 (以及$|\mathbf{B}_R|$) 對轉速的圖形；(b) 電動機淨磁場對轉速的關係圖；(c) 電動機轉子的功率因數對轉速的圖形；(d) 推導出的轉矩-轉速特性曲線。

圖 (圖 6-15a 到 c)，以圖形乘積的方法求得。推導出的感應電動機轉矩-轉速特性曲線示於圖 6-15d。

此特性曲線大致可以分為三個區域，第一區是曲線上的**低轉差率區** (low-slip region)。在此區內，電動機轉差率大致會隨著負載的增加呈線性增加，而轉子的**機械轉速**卻大約是呈線性地減少。運轉在此區域內，轉子電抗可忽略，所以轉子的功率因數大概等於 1，而轉子電流會隨著轉差率線性增加。感應電動機整個正常穩態運轉區包含在此線性低轉差率區域內，因此在正常的運轉時，感應電動機具有線性的速度降落。

感應電動機曲線的第二個區域稱為**中轉差率區** (moderate-slip region)。在此區內，轉子頻率較高，轉子電抗的大小大約與轉子電阻同階。因此轉子電流不再像以前增加地那麼快，而且功率因數開始掉落。電動機最大轉矩 (脫出轉矩) 發生於當負載有一增量，而轉子電流增加的量正好與轉子功率因數減少的部分抵消時。

感應電動機曲線的第三個區域稱為**高轉差率區** (high-slip region)，在此區域內，因為轉子電流增加的量完全被轉子功率因數減少的部分遮蔽，感應的轉矩事實上是隨著負載的增加而減少的。

對一部典型的感應電動機而言，曲線上的脫出轉矩是電動機額定滿載轉矩的 200% 到 250%，而啟動轉矩 (在零轉速的轉矩) 大約是滿載轉矩的 150%。不像同步電動機，感應電動機可以在轉軸承擔滿載的情形下啟動。

感應電動機感應轉矩方程式的推導

利用感應電動機的等效電路與電動機的功率潮流圖，我們可以推導出以速度為函數的感應轉矩之一般表示式。感應電動機的感應轉矩如式 (6-32) 或 (6-33)：

$$\tau_{\text{ind}} = \frac{P_{\text{conv}}}{\omega_m} \qquad (6\text{-}32)$$

$$\tau_{\text{ind}} = \frac{P_{\text{AG}}}{\omega_{\text{sync}}} \qquad (6\text{-}33)$$

式 (6-33) 特別有用，因為在給定頻率與極數的情況下，同步轉速是一個常數。由於 ω_{sync} 是固定值，知道氣隙功率就可以求出電動機的感應轉矩。

氣隙功率是從定子電路經過氣隙傳送到轉子電路的功率，也就是電阻 R_2/s 吸收的功率。如何求出此功率？

參考圖 6-16 所示的等效電路，根據此圖，可以看出供應到電動機其中一相的氣隙功率是

$$P_{\text{AG},1\phi} = I_2^2 \frac{R_2}{s}$$

因此，總氣隙功率是

$$P_{\text{AG}} = 3I_2^2 \frac{R_2}{s}$$

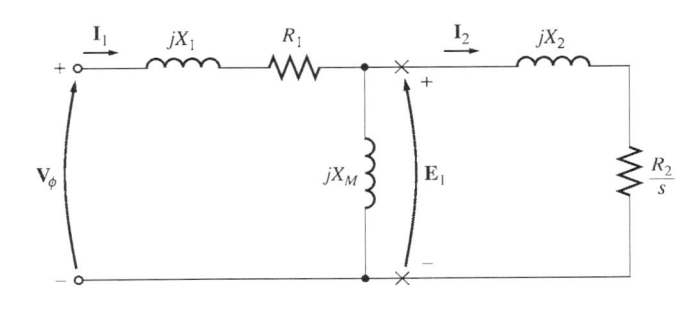

圖 6-16 感應電動機的單相等效電路。

214 電機機械原理精析

如果可以求出 I_2，那麼就可以知道氣隙功率及感應的轉矩。

雖然有幾個方法可以求出如圖 6-16 所示電路的電流 I_2，但最簡單的方法是先算出圖中打 X 處左側部分電路的戴維寧等效電路。

圖 6-17a 所示為用來求戴維寧電壓的開路端點，根據電路分壓規則：

$$\mathbf{V}_{TH} = \mathbf{V}_\phi \frac{Z_M}{Z_M + Z_1}$$

$$= \mathbf{V}_\phi \frac{jX_M}{R_1 + jX_1 + jX_M}$$

戴維寧電壓 $\mathbf{V}_{TH}$ 的大小為

$$V_{TH} = V_\phi \frac{X_M}{\sqrt{R_1^2 + (X_1 + X_M)^2}} \tag{6-38a}$$

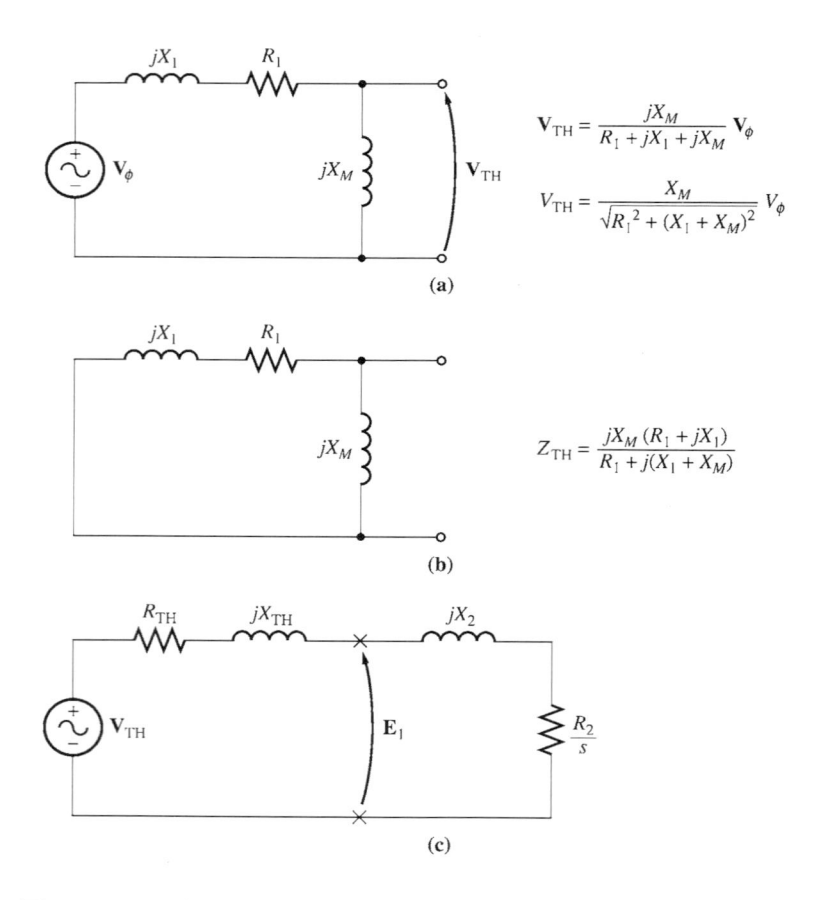

圖 6-17 (a) 感應電動機輸入側電路的戴維寧等效電壓；(b) 輸入側電路的戴維寧等效阻抗；(c) 感應電動機最後的簡化等效電路。

由於激磁阻抗 $X_M \gg X_1$ 且 $X_M \gg R_1$，所以戴維寧電壓的大小大約是

$$\boxed{V_{\mathrm{TH}} \approx V_\phi \frac{X_M}{X_1 + X_M}} \tag{6-38b}$$

此近似值的準確性相當高。

圖 6-17b 所示為將輸入電壓源短路後的輸入側電路，兩個阻抗是並聯的，組成的戴維寧阻抗是

$$Z_{\mathrm{TH}} = \frac{Z_1 Z_M}{Z_1 + Z_M} \tag{6-39}$$

此阻抗可以化簡為

$$Z_{\mathrm{TH}} = R_{\mathrm{TH}} + jX_{\mathrm{TH}} = \frac{jX_M(R_1 + jX_1)}{R_1 + j(X_1 + X_M)} \tag{6-40}$$

因為 $X_M \gg X_1$ 而且 $X_M + X_1 \gg R_1$，所以戴維寧電阻與電抗可以大約近似為

$$\boxed{R_{\mathrm{TH}} \approx R_1 \left(\frac{X_M}{X_1 + X_M}\right)^2} \tag{6-41}$$

$$\boxed{X_{\mathrm{TH}} \approx X_1} \tag{6-42}$$

最後推導的等效電路如圖 6-17c 所示，由此等效電路可以求出電流 $\mathbf{I}_2$ 為

$$\mathbf{I}_2 = \frac{\mathbf{V}_{\mathrm{TH}}}{Z_{\mathrm{TH}} + Z_2} \tag{6-43}$$

$$= \frac{\mathbf{V}_{\mathrm{TH}}}{R_{\mathrm{TH}} + R_2/s + jX_{\mathrm{TH}} + jX_2} \tag{6-44}$$

此電流的大小值為

$$I_2 = \frac{V_{\mathrm{TH}}}{\sqrt{(R_{\mathrm{TH}} + R_2/s)^2 + (X_{\mathrm{TH}} + X_2)^2}} \tag{6-45}$$

因此氣隙功率可以求得為

$$P_{\mathrm{AG}} = 3I_2^2 \frac{R_2}{s}$$

$$= \frac{3V_{\mathrm{TH}}^2 R_2/s}{(R_{\mathrm{TH}} + R_2/s)^2 + (X_{\mathrm{TH}} + X_2)^2} \tag{6-46}$$

而轉子的感應轉矩是

$$\tau_{ind} = \frac{P_{AG}}{\omega_{sync}}$$

$$\tau_{ind} = \frac{3V_{TH}^2 R_2/s}{\omega_{sync}[(R_{TH} + R_2/s)^2 + (X_{TH} + X_2)^2]} \tag{6-47}$$

應感電動機轉矩-速度曲線圖的討論

繪於圖 6-18 與 6-19 之感應電動機轉矩-速度圖，提供了幾項有關感應電動機運轉的重要資訊，總結如下：

1. 電動機在同步速度時的感應轉矩為零，這個事實在先前已討論過。
2. 轉矩-速度曲線在無載與滿載之間幾乎是線性的，在此區域內，轉子電阻遠大於轉子電抗，所以轉子電流、轉子磁場與感應轉矩會隨著轉差率增加而呈線性的增加。
3. 不能超過最大可能產生的轉矩，這個稱為脫出轉矩或崩潰轉矩的值，是電動機滿載轉矩的 2 到 3 倍。本章的下一節將介紹計算脫出轉矩的方法。
4. 電動機的啟動轉矩稍微大於其滿載轉矩，因此感應電動機可以在任何負載，包含滿載的情況下啟動。
5. 注意在給定轉差率的情況下，電動機的轉矩會隨著外加電壓的平方而變化，此項事實可以用來作為感應電動機速度控制的一種型式，這將在以後討論。

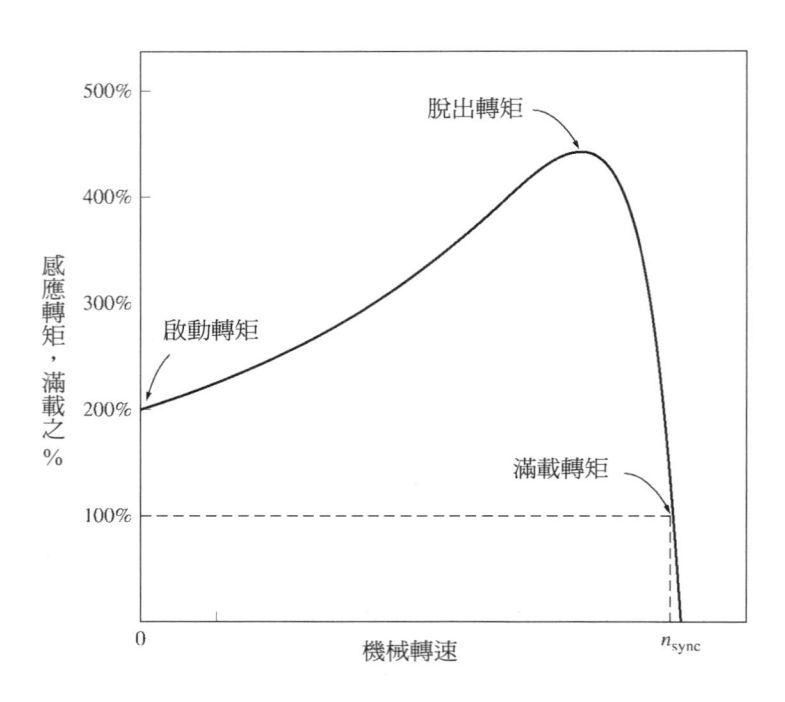

圖 6-18 典型感應電動機轉矩-速度特性曲線圖。

圖 6-19 感應電動機轉矩-速度特性曲線，顯示延伸的操作區域 (煞車區與發電機區)。

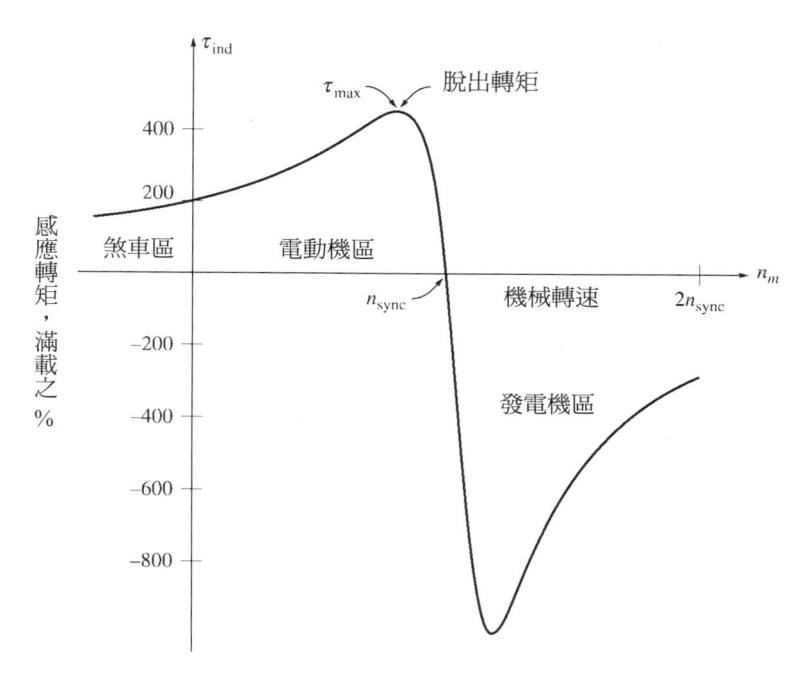

6. 如果感應電動機的轉子轉動得比同步速度快，電動機感應轉矩的方向會相反，且感應電機變為發電機，將機械功率轉換為電功率。把感應電機當作發電機的使用方法將在以後說明。

7. 如果電動機旋轉的方向與磁場方向相反，電動機的感應轉矩會很快地使電動機停止，並驅使它向反方向旋轉。因為使磁場旋轉方向轉向只需簡單地調換定子的任兩相，所以這個特性可以作為迅速停止感應電動機的方法。調換兩相以迅速停止電動機的動作我們稱為**插入** (plugging)。

感應電動機轉換成機械型式的功率等於

$$P_{\text{conv}} = \tau_{\text{ind}} \omega_m$$

此功率曲線如圖 6-20 所示。我們可以看到感應電動機供應最大功率的轉速與產生最大轉矩的速度是不同的；而且，當轉子靜止時當然沒有功率會轉換成機械型式。

感應電動機的最大 (脫出) 轉矩

因為感應轉矩等於 $P_{\text{AG}}/\omega_{\text{sync}}$，所以最大可能的轉矩是發生於氣隙功率最大時。由於氣隙功率等於消耗在電阻 R_2/s 上的功率，所以最大轉矩會發生於當消耗在此電阻的功率

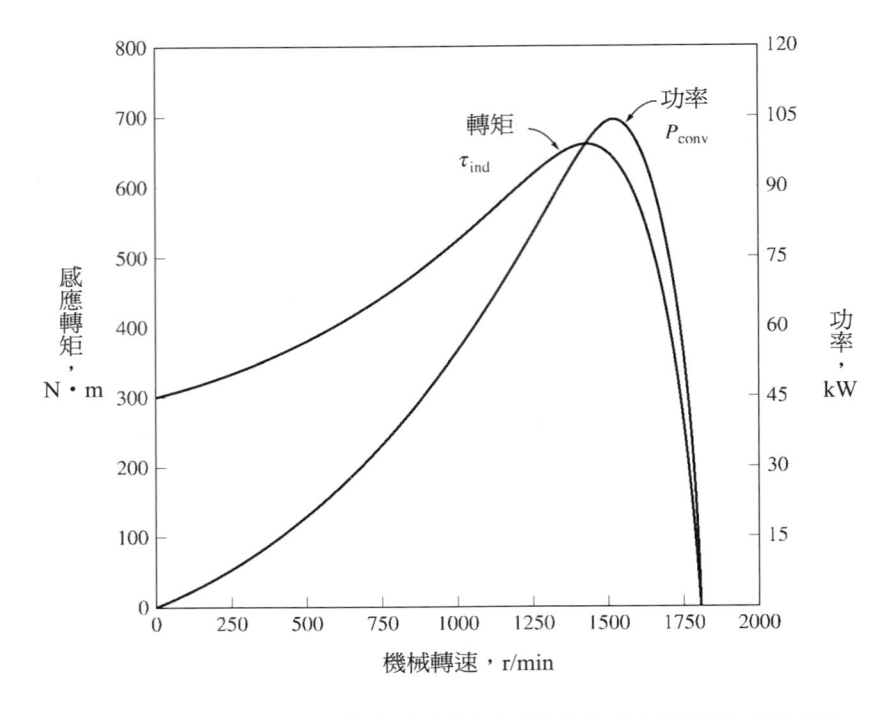

圖 6-20 四極感應電動機的感應轉矩以及轉換功率對電動機速度曲線，轉速單位為 rpm。

為最大時。

什麼時候供應到 R_2/s 的功率為最大？參考圖 6-17c 的簡化等效電路，當負載阻抗的相角固定時，根據最大功率傳輸理論，當負載阻抗的大小等於電源阻抗大小時，傳送到負載電阻 R_2/s 的功率將為最大。電路中的等效電源阻抗為

$$Z_{\text{source}} = R_{\text{TH}} + jX_{\text{TH}} + jX_2 \tag{6-48}$$

所以最大的功率傳送發生於當

$$\frac{R_2}{s} = \sqrt{R_{\text{TH}}^2 + (X_{\text{TH}} + X_2)^2} \tag{6-49}$$

解式 (6-52) 求轉差率，我們可以求得在發生脫出轉矩時的轉差率為

$$\boxed{s_{\max} = \frac{R_2}{\sqrt{R_{\text{TH}}^2 + (X_{\text{TH}} + X_2)^2}}} \tag{6-50}$$

注意上式中換算過後的轉子電阻 R_2 只出現在分子項，所以在最大轉矩時的轉子轉差率直接正比於轉子電阻。

要求得最大轉矩的值，可以將最大轉矩的轉差率表示式代入轉矩方程式中 [式

$$R_1 < R_2 < R_3 < R_4 < R_5 < R_6$$

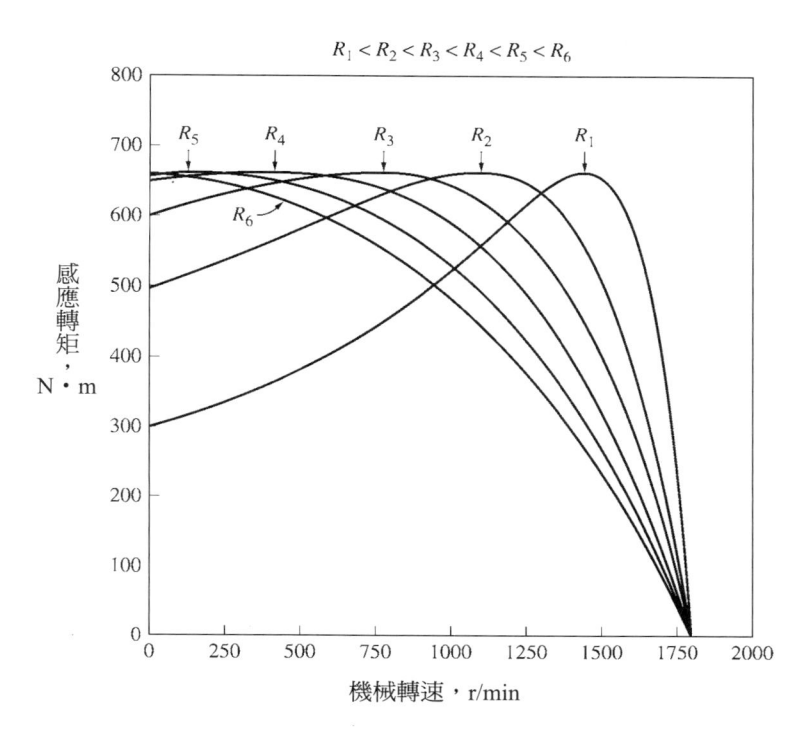

圖 6-21 變動轉子電阻在繞線式轉子感應電動機之轉矩-速度特性上之效應。

(6-47)]，最大或脫出轉矩的方程式可求得為

$$\tau_{max} = \frac{3V_{TH}^2}{2\omega_{sync}[R_{TH} + \sqrt{R_{TH}^2 + (X_{TH} + X_2)^2}]} \qquad (6-51)$$

此轉矩正比於電源電壓的平方，並且與定子阻抗及轉子電抗的大小呈反比關係。電動機的電抗愈小，可以產生的最大轉矩就愈大。注意到發生最大轉矩時之轉差率直接正比於轉子電阻 [式 (6-50)]，但最大轉矩值與轉子電阻值無關 [式 (6-51)]。

繞線式轉子感應電動機的轉矩-速度特性示於圖 6-21。因為轉子電路是經由滑環連接到定子，所以可以外插電阻於轉子電路內。注意圖中當轉子電阻增加時，電動機的脫出轉速會減少，但是最大的轉矩仍維持不變。

我們可以利用繞線式轉子感應電動機的這項特性來啟動很大的負載，如果在轉子電路加入電阻，可以調整最大轉矩的發生是在啟動狀況時。因此，可以得到最大可能的轉矩來啟動重載。另一方面，一旦負載開始旋轉，多餘的電阻就可以從電路中抽出，使得最大轉矩可以維持到接近同步轉速，以供電動機的正常運轉。

例題 6-4

一部雙極 50 Hz 的感應電動機在轉速為 2950 r/min 時，供應 15 kW 到負載。
(a) 電動機的轉差率是多少？
(b) 電動機的感應轉矩為多少 N·m？
(c) 如果轉矩加倍，電動機的轉速會變成多少？
(d) 當轉矩加倍時，電動機要供應多少功率？

解：

(a) 此部電動機的同步速度是

$$n_{sync} = \frac{120 f_{se}}{P} = \frac{120(50 \text{ Hz})}{2 \text{ poles}} = 3000 \text{ r/min}$$

因此，電動機的轉差率為

$$\begin{aligned}s &= \frac{n_{sync} - n_m}{n_{sync}} (\times 100\%) \\ &= \frac{3000 \text{ r/min} - 2950 \text{ r/min}}{3000 \text{ r/min}} (\times 100\%) \\ &= 0.0167 \text{ 或 } 1.67\%\end{aligned} \quad (6\text{-}4)$$

(b) 因為沒有指明機械損失，因此必須假設電動機的感應轉矩等於負載轉矩，而 P_{conv} 必須等於 P_{load}。由此可以算出轉矩為

$$\begin{aligned}\tau_{ind} &= \frac{P_{conv}}{\omega_m} \\ &= \frac{15 \text{ kW}}{(2950 \text{ r/min})(2\pi \text{ rad/r})(1 \text{ min}/60 \text{ s})} \\ &= 48.6 \text{ N·m}\end{aligned}$$

(c) 在低轉差率區，轉矩-速度曲線是線性的，則感應轉矩直接正比於轉差率。因此，若轉矩加倍，則新的轉差率會變成 3.33%，電動機的轉速就可以求出為

$$n_m = (1 - s)n_{sync} = (1 - 0.0333)(3000 \text{ r/min}) = 2900 \text{ r/min}$$

(d) 由電動機供應的功率是

$$\begin{aligned}P_{conv} &= \tau_{ind}\omega_m \\ &= (97.2 \text{ N·m})(2900 \text{ r/min})(2\pi \text{ rad/r})(1 \text{ min}/60 \text{ s}) \\ &= 29.5 \text{ kW}\end{aligned}$$

例題 6-5

一部 460 V，25 hp，60 Hz，四極，Y 接繞線轉子感應電動機，其參考於定子電路之每相阻抗如下：

$$R_1 = 0.641\ \Omega \quad R_2 = 0.332\ \Omega$$
$$X_1 = 1.106\ \Omega \quad X_2 = 0.464\ \Omega \quad X_M = 26.3\ \Omega$$

(a) 試求出此電動機的最大轉矩？會發生於多少轉速與轉差率下？
(b) 試求出此電動機的啟動轉矩？
(c) 當轉子電阻加倍時，求在什麼轉速下會產生最大的轉矩？以及此電動機新的啟動轉矩為何？
(d) 計算並畫出電動機在原本轉子電阻與轉子電阻加倍時之轉矩-速度特性曲線。

解：此電動機的戴維寧電壓為

$$V_{TH} = V_\phi \frac{X_M}{\sqrt{R_1^2 + (X_1 + X_M)^2}} \quad (6\text{-}38a)$$

$$= \frac{(266\ \text{V})(26.3\ \Omega)}{\sqrt{(0.641\ \Omega)^2 + (1.106\ \Omega + 26.3\ \Omega)^2}} = 255.2\ \text{V}$$

戴維寧電阻為

$$R_{TH} \approx R_1 \left(\frac{X_M}{X_1 + X_M}\right)^2 \quad (6\text{-}41)$$

$$\approx (0.641\ \Omega)\left(\frac{26.3\ \Omega}{1.106\ \Omega + 26.3\ \Omega}\right)^2 = 0.590\ \Omega$$

戴維寧電抗為

$$X_{TH} \approx X_1 = 1.106\ \Omega$$

(a) 發生最大轉矩的轉差率可以由式 (6-50) 求出

$$s_{max} = \frac{R_2}{\sqrt{R_{TH}^2 + (X_{TH} + X_2)^2}} \quad (6\text{-}50)$$

$$= \frac{0.332\ \Omega}{\sqrt{(0.590\ \Omega)^2 + (1.106\ \Omega + 0.464\ \Omega)^2}} = 0.198$$

此轉差率對應的機械轉速是

$$n_m = (1 - s)n_{sync} = (1 - 0.198)(1800\ \text{r/min}) = 1444\ \text{r/min}$$

在此轉速下的轉矩為

$$\tau_{max} = \frac{3V_{TH}^2}{2\omega_{sync}[R_{TH} + \sqrt{R_{TH}^2 + (X_{TH} + X_2)^2}]} \tag{6-51}$$

$$= \frac{3(255.2 \text{ V})^2}{2(188.5 \text{ rad/s})[0.590 \text{ }\Omega + \sqrt{(0.590 \text{ }\Omega)^2 + (1.106 \text{ }\Omega + 0.464 \text{ }\Omega)^2}]}$$

$$= 229 \text{ N} \cdot \text{m}$$

(b) 此電動機的啟動轉矩可由式 (6-47) 設 $s=1$ 時求得為

$$\tau_{start} = \frac{3V_{TH}^2 R_2}{\omega_{sync}[(R_{TH} + R_2)^2 + (X_{TH} + X_2)^2]}$$

$$= \frac{3(255.2 \text{ V})^2(0.332 \text{ }\Omega)}{(188.5 \text{ rad/s})[(0.590 \text{ }\Omega + 0.332 \text{ }\Omega)^2 + (1.106 \text{ }\Omega + 0.464 \text{ }\Omega)^2]}$$

$$= 104 \text{ N} \cdot \text{m}$$

(c) 如果轉子電阻加倍，在最大轉矩的轉差率也會加倍，因此，

$$s_{max} = 0.396$$

而且在最大轉矩的轉速為

$$n_m = (1 - s)n_{sync} = (1 - 0.396)(1800 \text{ r/min}) = 1087 \text{ r/min}$$

最大轉矩仍然維持在

$$\tau_{max} = 229 \text{ N} \cdot \text{m}$$

而啟動轉矩變成

$$\tau_{start} = \frac{3(255.2 \text{ V})^2(0.664 \text{ }\Omega)}{(188.5 \text{ rad/s})[(0.590 \text{ }\Omega + 0.664 \text{ }\Omega)^2 + (1.106 \text{ }\Omega + 0.464 \text{ }\Omega)^2]}$$

$$= 170 \text{ N} \cdot \text{m}$$

(d) 我們利用 MATLAB M-檔在計算並畫出電動機在原本轉子電阻與轉子電阻加速時之轉矩-速度特性。M-檔計算戴維寧阻抗利用正確公式算 V_{TH} 與 Z_{TH} [式 (6-38a) 與 (6-40)]，取代近似公式，因為電腦可以執行正確計算。它可利用式 (6-47) 計算感應轉矩與畫出結果。其 M-檔如下：

```
% M-file: torque_speed_curve.m
% M-file create a plot of the torque-speed curve of the
%   induction motor of Example 6-5.

% First, initialize the values needed in this program.
r1 = 0.641;                % Stator resistance
x1 = 1.106;                % Stator reactance
r2 = 0.332;                % Rotor resistance
x2 = 0.464;                % Rotor reactance
```

```
xm = 26.3;                    % Magnetization branch reactance
v_phase = 460 / sqrt(3);      % Phase voltage
n_sync = 1800;                % Synchronous speed (r/min)
w_sync = 188.5;               % Synchronous speed (rad/s)

% Calculate the Thevenin voltage and impedance from Equations
% 6-41a and 6-43.
v_th = v_phase * ( xm / sqrt(r1^2 + (x1 + xm)^2) );
z_th = ((j*xm) * (r1 + j*x1)) / (r1 + j*(x1 + xm));
r_th = real(z_th);
x_th = imag(z_th);

% Now calculate the torque-speed characteristic for many
% slips between 0 and 1.  Note that the first slip value
% is set to 0.001 instead of exactly 0 to avoid divide-
% by-zero problems.
s = (0:1:50) / 50;            % Slip
s(1) = 0.001;
nm = (1 - s) * n_sync;        % Mechanical speed

% Calculate torque for original rotor resistance
for ii = 1:51
   t_ind1(ii) = (3 * v_th^2 * r2 / s(ii)) / ...
         (w_sync * ((r_th + r2/s(ii))^2 + (x_th + x2)^2) );
end

% Calculate torque for doubled rotor resistance
for ii = 1:51
   t_ind2(ii) = (3 * v_th^2 * (2*r2) / s(ii)) / ...
         (w_sync * ((r_th + (2*r2)/s(ii))^2 + (x_th + x2)^2) ;
end

% Plot the torque-speed curve
plot(nm,t_ind1,'Color','b','LineWidth',2.0);
hold on;
plot(nm,t_ind2,'Color','k','LineWidth',2.0,'LineStyle','-.');
xlabel('\bf\itn_{m}');
ylabel('\bf\tau_{ind}');
title ('\bfInduction motor torque-speed characteristic');
legend ('Original R_{2}','Doubled R_{2}');
grid on;
hold off;
```

所得的轉矩-速度曲線如圖 6-22 所示。注意到最大轉矩與啟動轉矩值與 (a) 到 (c) 所計算相符合，且當 R_2 增加時，啟動轉矩增加。 ◀

6.6 感應電動機轉矩-速度特性曲線的變化

例題 6-5 則舉出了一位感應電動機設計者兩難的地方，如果設計高的轉子電阻，可以獲得相當高的啟動轉矩，但是轉差率在正常運轉狀況下也會很高。還記得 $P_{conv} = (1-s)P_{AG}$，所以轉差率愈高，實際上轉換為機械型式的氣隙功率就愈小，因此電動機的效

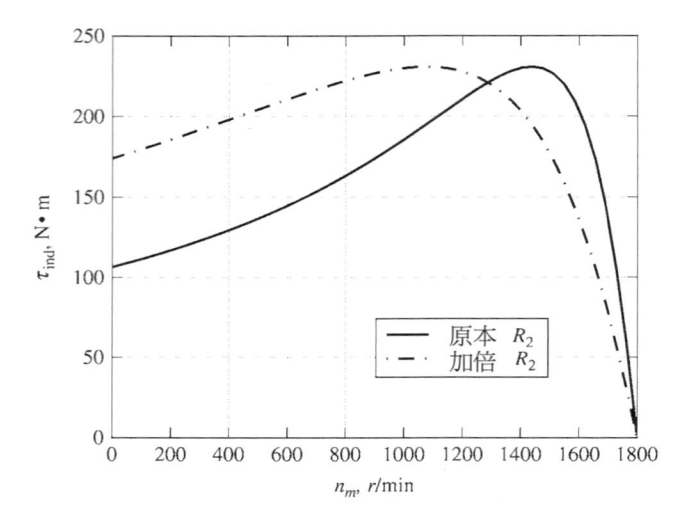

圖 6-22 例題 6-5 電動機之轉矩-速度曲線。

率就愈低。一部具有高轉子電阻的電動機有很好的啟動轉矩，但在正常運轉狀況下卻有較差的效率。相反地，低轉子電阻的電動機有低的啟動轉矩，但其在正常運轉狀況下的效率卻相當高，因此感應電動機的設計者便被強迫必須在高啟動轉矩與高效率這兩個互相衝突的要求之間做一個折衷。

圖 6-23 顯示了期望的電動機特性。圖上畫了兩組繞線式轉子電動機的特性，一個具有高電阻，另一個具有低電阻。在高轉差率時，所要的電動機行為應該像是一高電阻的繞線式轉子電動機曲線；在低轉差率時，它應該表現得像低電阻繞線式轉子電動機的曲線。

很幸運地，我們可以適當地利用在設計感應電動機時轉子存在的漏電抗，來達到此希望的效果。

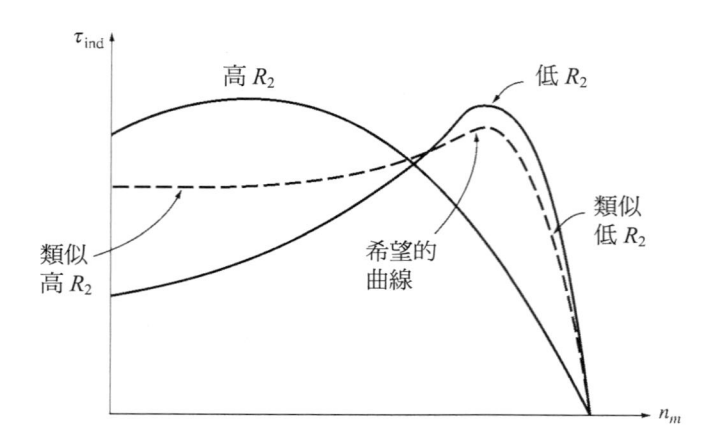

圖 6-23 組合在低轉速 (高轉差率) 的高電阻效應，以及在高轉速 (低轉差率) 的低電阻效應之轉矩-速度特性曲線。

利用鼠籠式轉子的設計來控制電動機特性

感應電動機等效電路中的電抗 X_2，代表轉子漏電抗換算過後的型式。漏電抗就是由於沒有與定子繞組耦合的轉子磁通線所產生的電抗。一般而言，轉子導體棒或導體棒的部分離定子愈遠，其漏電抗就愈大，這是因為導體棒的磁通只有一小部分可以到達定子。因此，如果鼠籠式轉子的導體棒置放於靠近轉子表面的地方，將只有很小的漏磁通，而等效電路中的電抗 X_2 也會很小。相反地，如果轉子導體棒放得較深入轉子表面，漏磁通會較多，而轉子電抗 X_2 也會增加。

例如，圖 6-24a 是轉子薄片的照片，顯示轉子導體棒的切面圖。圖中顯示轉子的導體棒相當大，而且置放於靠近轉子表面處。這樣的設計將導致低電阻 (因為大的截面

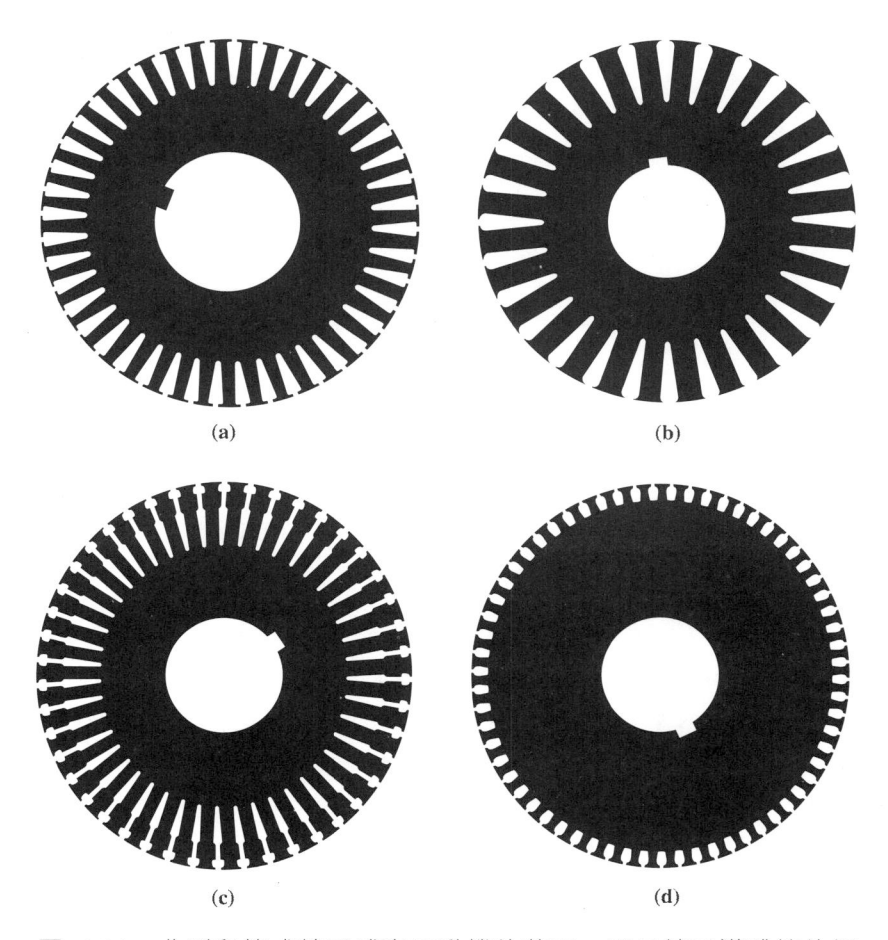

圖 6-24　典型鼠籠式轉子感應電動機的薄層，顯示轉子導體棒的切面：(a) NEMA 設計等級 A——靠近表面大導體棒；(b) NEMA 設計等級 B——大且深入的轉子導體棒；(c) NEMA 設計等級 C——雙鼠籠式轉子設計；(d) NEMA 設計等級 D——靠近表面小導體棒。(Credit: McGraw-Hill Education)

[圖表：不同轉子設計的典型轉矩-速度曲線，顯示等級 A、B、C、D 四條曲線]

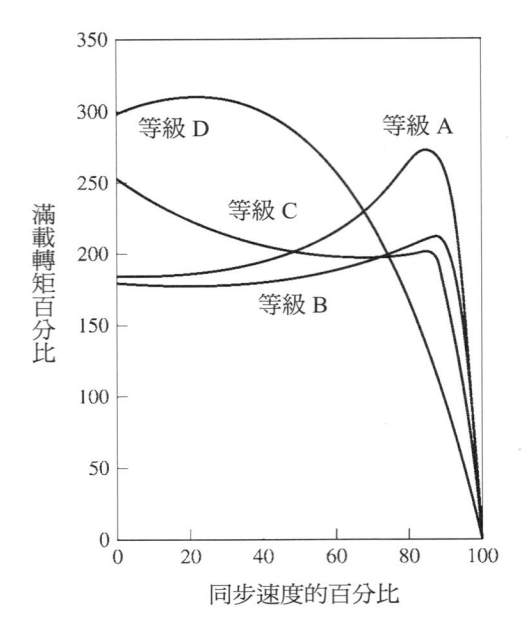

圖 6-25 不同轉子設計的典型轉矩-速度曲線。

積)，以及低漏電抗與 X_2 (因為導體棒的位置靠近定子)。由於轉子電阻小，脫出轉矩會發生於相當接近同步速度的地方 [見式 (6-53)]，因此電動機效率會很高。回顧以下的式子：

$$P_{\text{conv}} = (1 - s)P_{\text{AG}} \tag{6-33}$$

因此只是很少部分的氣隙功率耗損在轉子電阻中。然而，因為 R_2 小，電動機的啟動轉矩也小，導致大的啟動電流。這一型的設計稱為國家電機製造協會 (NEMA) 設計等級 A。它或多或少是一種典型的感應電動機，其特性基本上與一部沒有外加插入電阻的繞線式轉子是相同的。此型電動機的轉矩-速度特性如圖 6-25 所示。

另外，圖 6-24d 顯示了具有小導體棒置放於表面處的感應電動機轉子之切面圖，因為導體棒的截面面積小，所以轉子電阻相當高。由於導體棒靠近定子，轉子漏電抗仍然很小。這種電動機很像是轉子外加插入電阻的繞線式轉子感應電動機，因為轉子電阻大，此電動機的脫出轉矩發生於高轉差率時，且啟動轉矩很高。具有此種轉子架構的鼠籠式電動機稱為 NEMA 設計等級 D，其轉矩-速度特性也顯示於圖 6-25。

深棒式與雙鼠籠式轉子的設計

我們可以利用深的轉子導體棒或雙鼠籠式轉子來產生可變的轉子電阻。基本的概念可以由如圖 6-26 中的深棒式轉子來說明，圖 6-26a 顯示電流流經一個深轉子導體棒的上層部分。因為流過那個區域的電流緊密地耦合到定子，此區域的漏電感就很小。圖

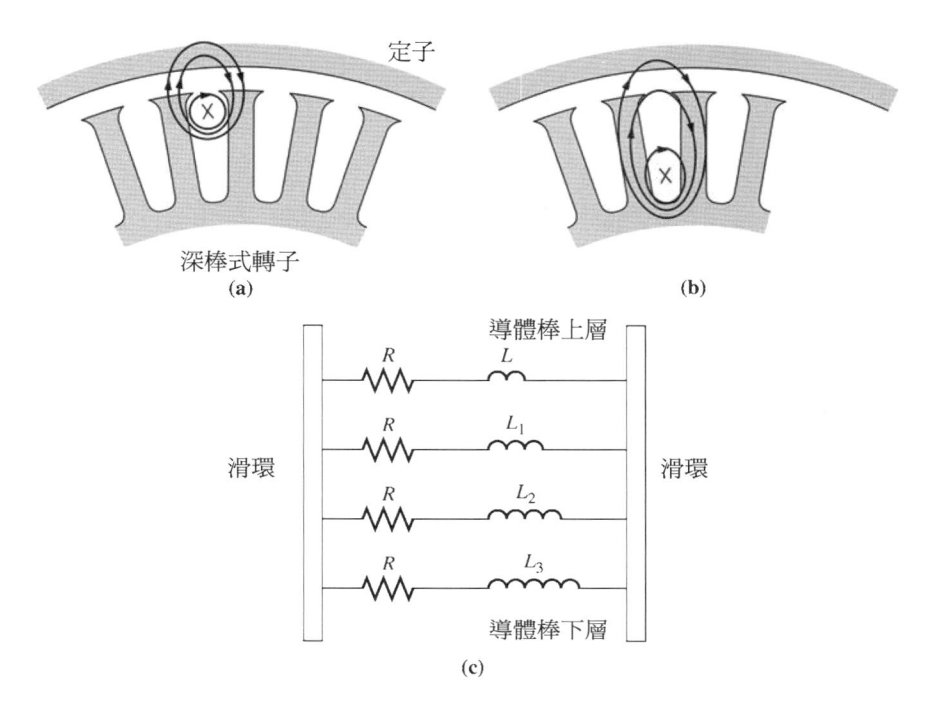

圖 **6-26** 深棒式轉子的磁通交鏈。(a) 當電流流經導體棒上層時，磁通緊密地交鏈至定子，漏電感小；(b) 當電流流經導體棒底部時，磁通鬆散地交鏈到定子，漏電感大；(c) 以進入轉子深度為函數的轉子導體棒之等效電路。

6-26b 顯示電流流經導體棒較深的部分，此處的漏電感就會大一些。因為轉子導體棒的所有部分都是電氣上並聯，導體棒基本上是代表並聯電路的串聯組合，上層部分的電感較小，而低層部分的電感則較大 (圖 6-26c)。

在低轉差率時，轉子的頻率很小，且所有經過導體棒平行路徑的電抗與電阻比較起來小得多。導體棒所有部分的阻抗大致相同，所以流經導體棒所有部分的電流也相等。而大的切面面積使得轉子電阻相當小，在低轉差率時可以有很好的效率。在高轉差率時 (啟動狀況)，轉子導體棒的電抗比電阻大，因此所有的電流被迫流經靠近定子的低電抗區。因為有效的切面變小了，導體轉子電阻比以前大。由於在啟動狀態有較高的轉子電阻，因此啟動轉矩相當高，而且啟動電流比等級 A 的設計小得多。此種架構典型的轉矩-速度特性如圖 6-25 中的設計等級 B 曲線。

雙鼠籠式轉子的截面圖示於圖 6-24c。它由一組深埋於轉子的低電阻大導體棒，以及一組置於轉子表面高電阻小導體棒所組成。它與深棒式轉子很類似，但在低轉差率與高轉差率運轉之間的差異更明顯。在啟動狀況，只有小導體棒有效，所以轉子電阻相當高。這個高電阻會導致大的啟動轉矩。但是在正常的運轉速度，兩種導體棒都有效，因此電阻幾乎與深棒式轉子一樣低。這種雙鼠籠式轉子被用來產生 NEMA 等級 B 與等級

C 的特性。利用此類設計的轉子,其可能的轉矩-速度特性如圖 6-25 所示的設計等級 B 與設計等級 C。

雙鼠籠式轉子的缺點是價格比其他型的鼠籠式轉子貴,但它們比繞線式轉子的設計便宜。這種轉子具有一些繞線式轉子電動機的優點 (高啟動轉矩、低啟動電流以及在正常運轉狀況時效率高),但是其成本低且不需要滑環與電刷的維修。

6.7 感應電動機的啟動

感應電動機並沒有如同步電動機般的啟動問題,在許多情況中,可以很簡單地將感應電動機接到電力線以啟動它們。然而,有時候這樣做不太好,例如,所需的啟動電流可能會引起電力系統的電壓掉落,以致無法接受直接上線啟動。

對鼠籠式感應電動機而言,啟動電流變化範圍很廣,主要根據在啟動狀態時的電動機額定功率與有效的轉子電阻而定。為了估算啟動時的轉子電流,現在所有的鼠籠式電動機在其名牌上都有一個啟動字母碼 (不要與其設計等級字母混淆)。這個字母碼設限了電動機於啟動狀態時可以吸收的電流量。這些限制是以電動機額定馬力為函數的啟動視在功率來表示,圖 6-27 為含括了每一個字母碼每馬力啟動仟伏安的統計表。

要決定一部感應電動機的啟動電流,先從其名牌上讀出其額定電壓、馬力以及字母碼。然後可以求出電動機的啟動視功率為

$$S_{\text{start}} = (\text{額定馬力})(\text{字母碼因數}) \quad \text{(6-52)}$$

而啟動電流可以從下式求得

$$I_L = \frac{S_{\text{start}}}{\sqrt{3}V_T} \quad \text{(6-53)}$$

例題 6-6

試求一部 15 hp,208 V,字母碼 F 的三相感應電動機,其啟動電流為多少?

解:根據圖 6-27,每馬力最大的 kVA 是 5.6,因此,這部電動機最大的啟動 kVA 是

$$S_{\text{start}} = (15 \text{ hp})(5.6) = 84 \text{ kVA}$$

而啟動電流為

$$I_L = \frac{S_{\text{start}}}{\sqrt{3}V_T} \quad \text{(6-53)}$$

$$= \frac{84 \text{ kVA}}{\sqrt{3}(208 \text{ V})} = 233 \text{ A}$$

標定 字母碼	鎖住轉子， kVA/hp	標定 字母碼	鎖住轉子， kVA/hp
A	0–3.15	L	9.00–10.00
B	3.15–3.55	M	10.00–11.00
C	3.55–4.00	N	11.20–12.50
D	4.00–4.50	P	12.50–14.00
E	4.50–5.00	R	14.00–16.00
F	5.00–5.60	S	16.00–18.00
G	5.60–6.30	T	18.00–20.00
H	6.30–7.10	U	20.00–22.40
J	7.10–8.00	V	22.40 以上
K	8.00–9.00		

圖 6-27 NEMA 字母碼表，顯示一部電動機每額定馬力的啟動仟伏安。每一個字母碼往上延伸到，但不包括下一級的最小值 (*Motors* 與 *Generators Company* 允許再複製，*NEMA* 出版 *MG-1*，*NEMA* 版權所有，1987 年)。 ◀

　　如果有需要，可以利用啟動電路來降低感應電動機的啟動電流，但是這樣做也會減少電動機的啟動轉矩。一種減少啟動電流的方法為於啟動過程中將 Δ 接電動機變成 Y 接，電動機的定子繞組由 Δ 接變成 Y 接，其繞組相電壓將由 V_L 減少為 $V_L/\sqrt{3}$，最大的啟動電流也以相同比例減少。當電動機加速到接近全速，定子繞組再恢復原來的 Δ 接 (見圖 6-28)。

改變線頻的速度控制法

　　如果改變加到感應電動機定子上的電頻率，則磁場 n_{sync} 的旋轉速度會隨電頻率改

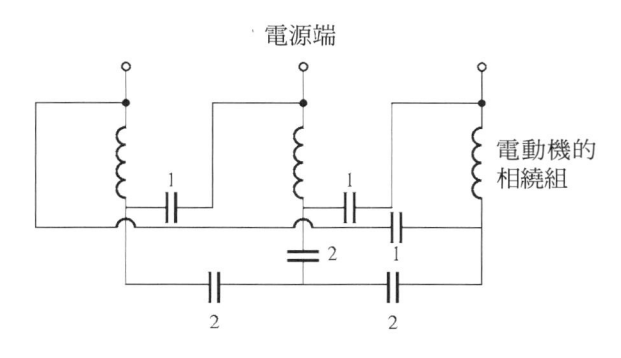

啟動順序：
(a) 閉合 1
(b) 當電動機旋轉後打開 1
(c) 閉合 2

圖 6-28 感應機之 Y-Δ 啟動器。

230 電機機械原理精析

變而成正比的改變，轉矩-速度特性曲線上的無載點也會跟著改變 (見圖 6-29)。電動機在額定狀態的同步速度稱為基準速度，利用變頻控制，我們可以調整電動機的速度為大於或小於基準速度。經過適當設計的變頻感應電動機驅動器彈性很大，它可以控制感應電動機的速度在很大的範圍內變化，小至基準速度的 5%，大至基準速度的 2 倍。但是

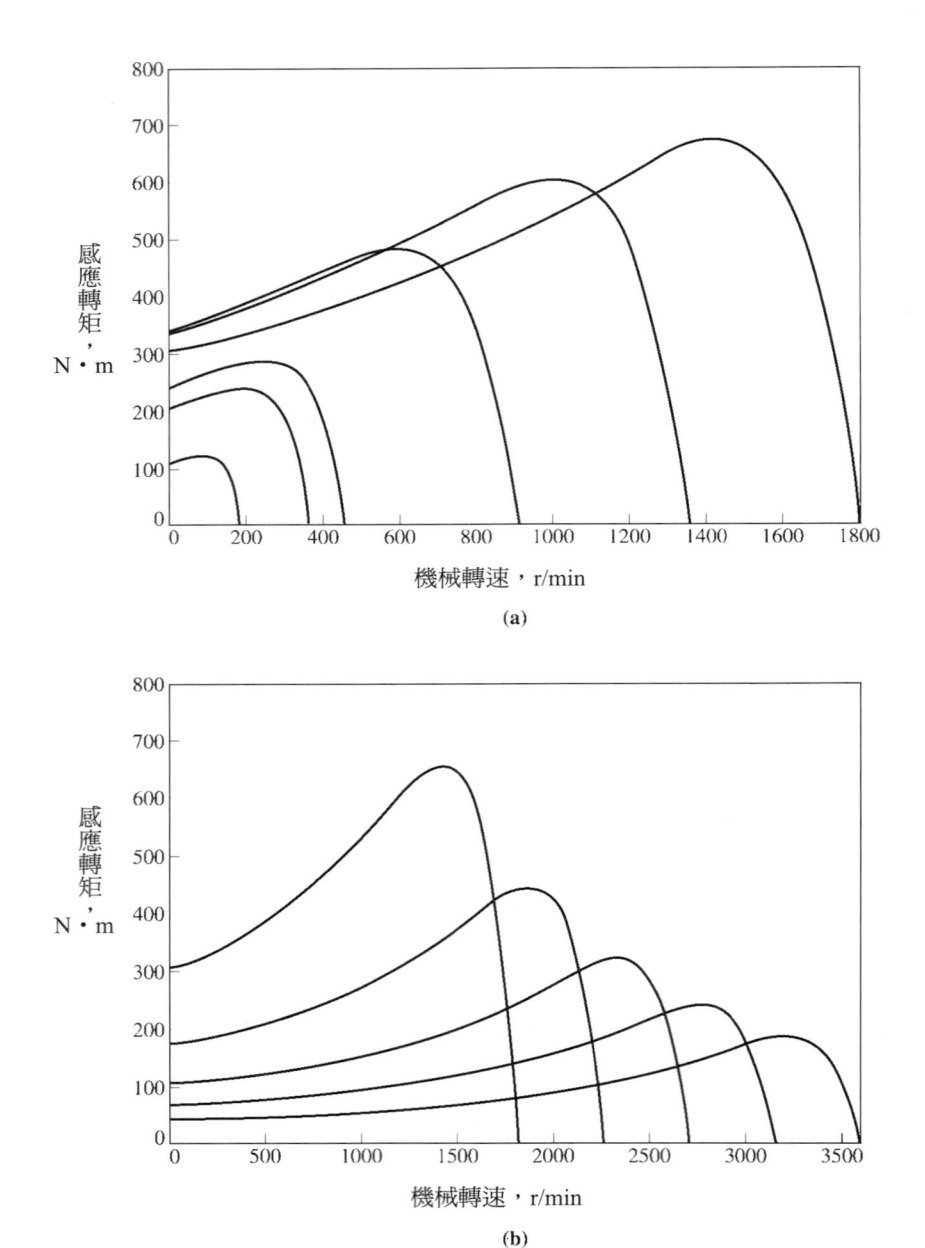

圖 6-29　感應電動機的變頻速度控制：(a) 基準速度以下轉速的轉矩-速度特性曲線組，假設線電壓隨著頻率線性減少；(b) 基準速度以上轉速的轉矩-速度特性曲線組，假設線電壓維持常數。

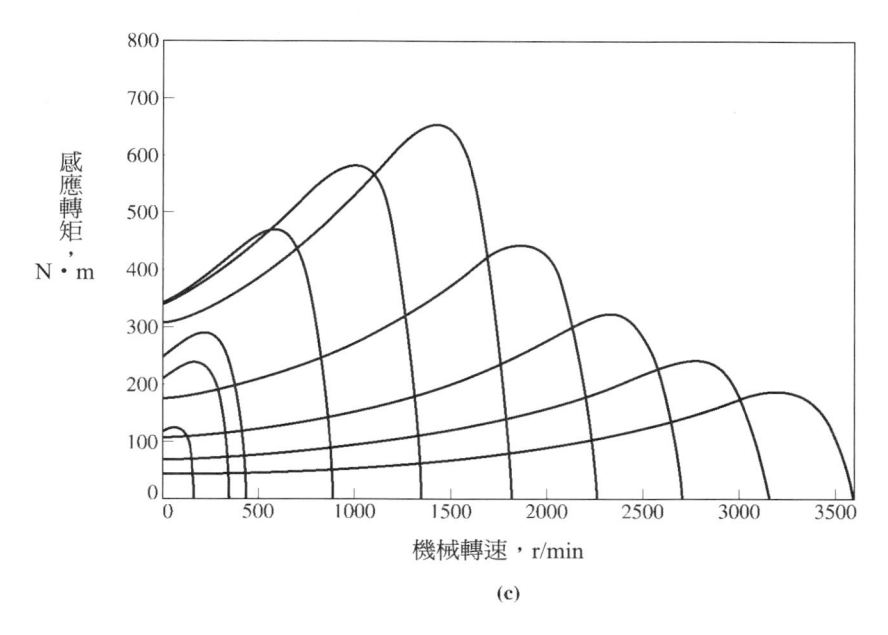

圖 6-29 (續) (c) 所有頻率之下的轉矩-速度特性曲線圖。

在變化頻率時,要注意維持電動機電壓與轉矩在某個限制以上以確保安全的操作。

當電動機運轉於基準速度以下時,要降低加到定子的端電壓以確保正確的運轉。加至定子的端電壓應該隨著定子頻率的減少呈線性的減少,這個過程稱為**降壓** (derating)。如果沒有經過此過程,感應電動機鐵心中的鋼材會飽和,並且會產生額外的磁化電流。

要瞭解降壓的必須性,記住感應電動機基本上是一個旋轉的變壓器。如同任何變壓器一樣,感應電動機鐵心中的磁通量可以從法拉第定律求出

$$v(t) = -N\frac{d\phi}{dt} \tag{1-34}$$

若一電壓 $v(t) = V_M \sin \omega t$ 加於鐵心上,則可解得磁通量 ϕ 為

$$\phi(t) = \frac{1}{N_P} \int v(t)\, dt$$

$$= \frac{1}{N_P} \int V_M \sin \omega t\, dt$$

$$\boxed{\phi(t) = -\frac{V_M}{\omega N_P} \cos \omega t} \tag{6-54}$$

注意,電頻率 ω 出現在上式的分母中,因此,如果加到定子的電頻率減少 10% 而加到定子的電壓大小維持不變,則電動機鐵心的磁通將增加大約 10% 且電動機的磁化電流

將增加。在電動機磁化曲線未飽和的區域中，磁化電流的增加量也將大約是 10%。但是，在電動機磁化曲線的飽和區，卻需要增加更多的磁化電流，才能增加 10% 的磁通量。感應電動機通常都設計運轉於接近其磁化曲線的飽和點，所以因為頻率減少而增加的磁通量將導致電動機中過多的磁化電流。

要避免過多的磁化電流，通常的作法是，當頻率掉到電動機的額定頻率之下時，隨著頻率的減少，成正比的減少加在定子上的電壓。因為外加的電壓 v 出現於式 (6-54) 的分子，而頻率 ω 出現在式 (6-54) 的分母，兩個效果會互相抵消，因此磁化電流不受影響。

當加到感應電動機上的電壓隨著低於基準速度的頻率呈線性變化時，電動機的磁通量將大約維持常數。因此，電動機可以供應的最大轉矩會維持相當高。但是，電動機的最大功率額定必須隨著頻率線性減少，以保護定子電路不過熱。供應到三相感應電動機的功率是

$$P = \sqrt{3} V_L I_L \cos \theta$$

如果電壓 V_L 減少，則最大功率 P 也一定跟著減少，否則電動機的電流會變得過高，電動機將會過熱。

圖 6-29a 顯示一組在基準速度以下轉速的感應電動機轉矩-速度特性曲線，假設定子電壓的大小隨著頻率成線性變化。

當加到電動機的電頻率超過電動機的額定頻率時，定子電壓就必須固定在額定值。雖然在這種情形下，飽和的考慮允許電壓可以提高到額定值以上，為了保護電動機繞組的絕緣，還是將其限制於額定值。電頻率超過基準速度愈高，式 (6-54) 的分母就會愈大。由於分子項在額定頻率以上是維持定值的，在電動機中產生的磁通量會減少且最大轉矩也會跟著減少。圖 6-29b 顯示一組在基準速度以上轉速的感應電動機轉矩-速度特性曲線，假設定子電壓的大小固定不變。

如果在基準速度以下定子電壓隨著頻率線性變化，而在基準速度以上維持於固定的額定值，則產生的轉矩-速度特性組將如圖 6-29c 所示。圖 6-29 中顯示的電動機額定速度是 1800 r/min。

6.8 決定電路模型的參數

要怎麼決定一部實際電動機中的 R_1、R_2、X_1、X_2 與 X_M？在感應電動機上執行一系列類似在變壓器上做的短路以及開路測試，就可以求得這些資料。因為電阻值會隨著溫度而變化，而且轉子電抗也會隨著轉子頻率而變化，因此這些測試必須在精確控制的狀態下執行，有關如何執行每項感應電動機測試以得到正確結果的詳細資料，在 IEEE 標

Chapter 6 感應電動機 233

準 112 中都有說明。

無載測試

感應電動機的無載測試是要測量電動機的旋轉損失,並提供有關其磁化電流的資訊。測試電路如圖 6-30a 所示,瓦特計、電壓計與三個電流計連接到可以自由旋轉的感應電動機。電動機上唯一的負載是摩擦與風損,所以在此電動機中所有的 P_{conv} 都是消耗於機械損失,而且電動機的轉差率很低 (可能低到 0.001 或更少)。此電動機的等效電

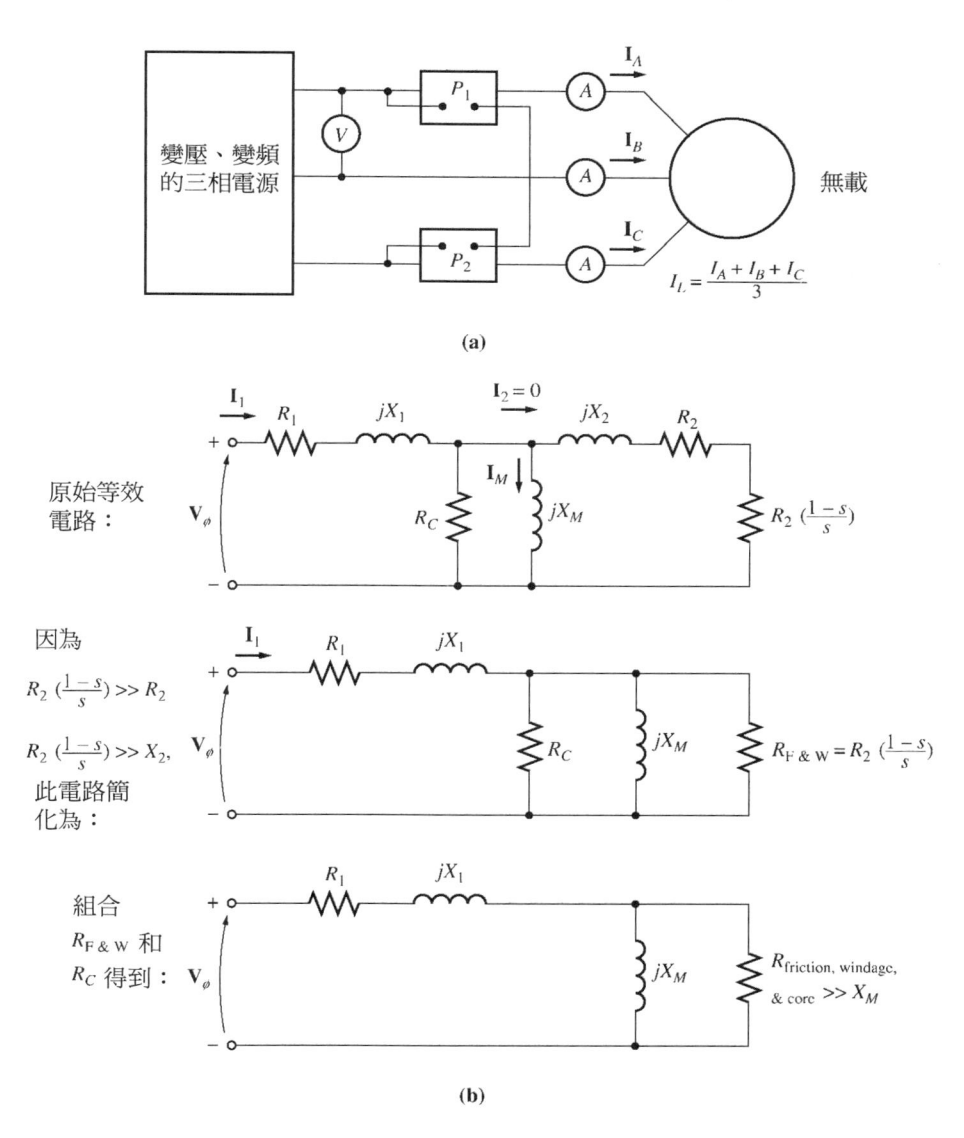

圖 6-30 感應電動機的無載測試:(a) 測試電路;(b) 產生的電動機等效電路。注意在無載時,電動機的阻抗基本上是 R_1、jX_1 與 jX_M 的串聯組合。

路示於圖 6-30b，因為其轉差率很低，符合其轉換功率的電阻，$R_2(1-s)/s$，遠大於符合其轉子銅損的電阻 R_2，也遠大於轉子電抗 X_2。在這種情況下，等效電路可以大致化簡成如圖 6-30b 的最後電路。圖中，輸出電阻與激磁電抗 X_M 和銅損電阻 R_C 並聯。

無載狀況下的電動機，其由量表測量的輸入功率必須等於電動機的損失。因為電流 I_2 非常的小 [由於大的負載電阻 $R_2(1-s)/s$ 的關係]，所以轉子銅損可以忽略。定子銅損則為

$$\boxed{P_{\text{SCL}} = 3I_1^2 R_1} \tag{6-22}$$

所以輸入功率必須等於

$$\begin{aligned} P_{\text{in}} &= P_{\text{SCL}} + P_{\text{core}} + P_{\text{F\&W}} + P_{\text{misc}} \\ &= 3I_1^2 R_1 + P_{\text{rot}} \end{aligned} \tag{6-55}$$

上式中 P_{rot} 是電動機的旋轉損失：

$$P_{\text{rot}} = P_{\text{core}} + P_{\text{F\&W}} + P_{\text{misc}} \tag{6-56}$$

因此，給定電動機的輸入功率，就可以決定其旋轉損失。

在此狀況下描述電動機運轉情形的等效電路，包含了電阻 R_C 與 $R_2(1-s)/s$ 並聯激磁電抗 X_M。因為其氣隙的高磁阻，在感應電動機中要建立磁場所需的電流是相當大的，所以電抗 X_M 比並聯的電阻小得多，並且全部的輸入功率因數也會很小。由於存在落後的大電流，大部分的電壓降會落於電路中的電感性元件上，等效輸入阻抗因此可以估算為

$$\boxed{|Z_{\text{eq}}| = \frac{V_\phi}{I_{1,\text{nl}}} \approx X_1 + X_M} \tag{6-57}$$

如果 X_1 可以用其他方法求出，則電動機的激磁阻抗 X_M 就可以得知。

求定子電阻的直流測試

有一種測試無關 R_2、X_1 和 X_2，可以求出 R_1，此測試稱為直流測試。基本上，把一直流電壓加到感應電動機的定子繞組上，因為電流是直流，在轉子電路上沒有感應電壓也不會產生轉子電流。同時，電動機的電抗在直流時是零。因此，唯一在電動機中可以限制電流的元件就是定子電阻，可以由此求出此電阻。

直流測試的基本電路如圖 6-31 所示，此圖顯示一直流電源連接到 Y 接感應電動機三個端點中的兩點。要執行測試，先將定子繞組中的電流調整到額定值，然後測量端點之間的電壓。將定子繞組的電流調整到額定值，是為了要加熱繞組使得它們的溫度與在正常的運轉時一樣 (記住，繞組電阻是溫度的函數)。

限流電阻

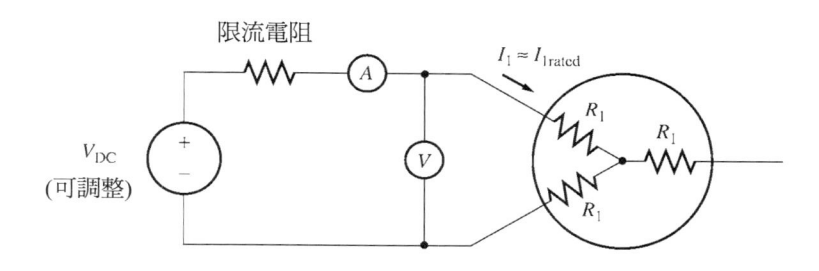

圖 6-31　直流電阻測試電路。

圖 6-31 中的電流流經兩個繞組，所以電流路徑上的總電阻是 $2R_1$。因此，

$$2R_1 = \frac{V_{DC}}{I_{DC}}$$

或

$$\boxed{R_1 = \frac{V_{DC}}{2I_{DC}}} \tag{6-58}$$

求得 R_1 的值，無載時的定子銅損就可以決定，且旋轉損失也可以求出，是無載時的輸入功率與定子銅損之間的差。

用這種方法求得的 R_1 值並不完全正確，因為忽略了當交流電壓加到繞組上時產生的集膚效應。

轉子鎖住測試

第三種可以執行在感應電動機上以決定其電路參數的測試，稱為**轉子鎖住測試** (locked-rotor test)，或有時候稱為**轉子堵住測試** (blocked-rotor test)。在此測試中，轉子是鎖住或堵住的，因此轉子不能動，加一個電壓到電動機上，並測量產生的電壓、電流與功率。

圖 6-32a 顯示轉子鎖住測試的連接法，要執行轉子堵住測試，先加一個交流電壓到定子，然後調整電流使其大約是滿載的值。當電流達到滿載值，測量電動機的電壓、電流與功率。此測試的等效電路如圖 6-32b 所示，注意因為轉子不動，所以轉差率 $s=1$，且轉子電阻 R_2/s 正好等於 R_2 (相當小的值)。由於 R_2 與 X_2 都很小，幾乎所有的輸入電流都會流經它們，而不是流過較大的激磁電抗 X_M。因此，在這些情況下的電路看似 X_1、R_1、X_2 與 R_2 的串聯。

在測試電壓與頻率設立之後，很快地調整電動機的電流到大約額定值。然後在轉子溫度升高太多以前，測量輸入功率、電壓與電流。電動機的輸入功率是

$$P = \sqrt{3} V_T I_L \cos\theta$$

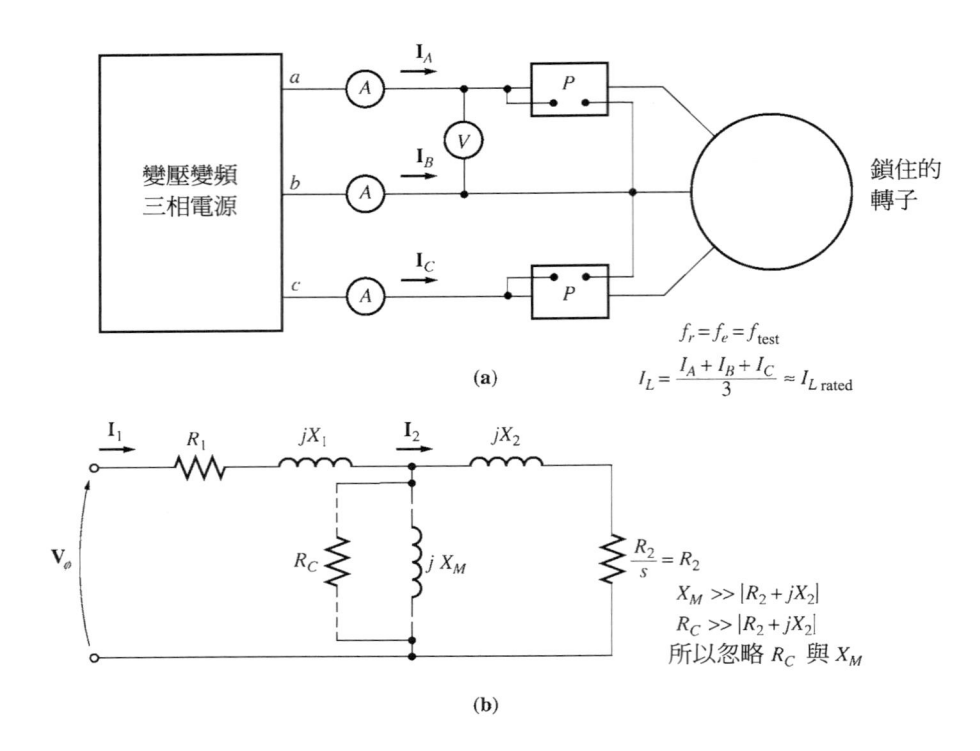

圖 6-32 感應電動機的轉子鎖住測試：(a) 測試電路；(b) 電動機等效電路。

所以可以求出轉子鎖住的功率因數為

$$\text{PF} = \cos\theta = \frac{P_{\text{in}}}{\sqrt{3}V_T I_L} \tag{6-59}$$

而阻抗角度 θ 正好等於 $\cos^{-1}\text{PF}$。

這時電動機電路總阻抗的大小是

$$|Z_{\text{LR}}| = \frac{V_\phi}{I_1} = \frac{V_T}{\sqrt{3}I_L} \tag{6-60}$$

且總阻抗的角度是 θ，因此，

$$\begin{aligned} Z_{\text{LR}} &= R_{\text{LR}} + jX'_{\text{LR}} \\ &= |Z_{\text{LR}}|\cos\theta + j|Z_{\text{LR}}|\sin\theta \end{aligned} \tag{6-61}$$

轉子鎖住電阻 R_{LR} 等於

$$R_{\text{LR}} = R_1 + R_2 \tag{6-62}$$

	以 X_{LR} 為函數所表示的 X_1 和 X_2	
轉子設計	X_1	X_2
繞線式轉子	$0.5\,X_{LR}$	$0.5\,X_{LR}$
A 級設計	$0.5\,X_{LR}$	$0.5\,X_{LR}$
B 級設計	$0.4\,X_{LR}$	$0.6\,X_{LR}$
C 級設計	$0.3\,X_{LR}$	$0.7\,X_{LR}$
D 級設計	$0.5\,X_{LR}$	$0.5\,X_{LR}$

圖 6-33　分離轉子與定子電路電抗的經驗法則。

而轉子鎖住電抗 X'_{LR} 等於

$$X'_{LR} = X'_1 + X'_2 \tag{6-63}$$

上式中 X'_1 與 X'_2 分別是在測試頻率下的定子與轉子電抗。

現在可以求得轉子電阻 R_2 的值為

$$R_2 = R_{LR} - R_1 \tag{6-64}$$

上式中 R_1 可以在直流測試中求得，換算到定子側的總轉子電抗也可以知道。因為電抗直接正比於頻率，在正常運轉頻率之下的等效電抗可以求得為

$$\boxed{X_{LR} = \frac{f_{\text{rated}}}{f_{\text{test}}} X'_{LR} = X_1 + X_2} \tag{6-65}$$

不幸地，沒有簡單的方法可以分開轉子與定子電抗。幾年來，經驗顯示對某類設計的電動機而言，在其轉子與定子電抗之間都有某個比例。圖 6-33 是這些經驗的總和。在實際情況中，怎麼分開 X_{LR} 並不重要，因為在所有轉矩方程式中，電抗都是以 X_1+X_2 的和來表示。

例題 6-7

以下的測試資料，是從一部 7.5 hp，四極 208 V，60 Hz，A 級設計的 Y 接感應電動機上測得的，其額定電流為 28 A。

直流測試：

$$V_{\text{DC}} = 13.6\text{ V} \qquad I_{\text{DC}} = 28.0\text{ A}$$

無載測試：

$$V_T = 208 \text{ V} \qquad f = 60 \text{ Hz}$$
$$I_A = 8.12 \text{ A} \qquad P_{\text{in}} = 420 \text{ W}$$
$$I_B = 8.20 \text{ A}$$
$$I_C = 8.18 \text{ A}$$

轉子鎖住測試：

$$V_T = 25 \text{ V} \qquad f = 15 \text{ Hz}$$
$$I_A = 28.1 \text{ A} \qquad P_{\text{in}} = 920 \text{ W}$$
$$I_B = 28.0 \text{ A}$$
$$I_C = 27.6 \text{ A}$$

(a) 畫出此電動機的單相等效電路。

(b) 試求出在脫出轉矩時的轉差率，以及脫出轉矩值。

解：

(a) 從直流測試的結果，

$$R_1 = \frac{V_{\text{DC}}}{2I_{\text{DC}}} = \frac{13.6 \text{ V}}{2(28.0 \text{ A})} = 0.243 \text{ }\Omega$$

從無載測試結果，

$$I_{L,\text{av}} = \frac{8.12 \text{ A} + 8.20 \text{ A} + 8.18 \text{ A}}{3} = 8.17 \text{ A}$$
$$V_{\phi,\text{nl}} = \frac{208 \text{ V}}{\sqrt{3}} = 120 \text{ V}$$

因此，

$$|Z_{\text{nl}}| = \frac{120 \text{ V}}{8.17 \text{ A}} = 14.7 \text{ }\Omega = X_1 + X_M$$

當 X_1 知道後，就可以求得 X_M，則定子銅損為

$$P_{\text{SCL}} = 3I_1^2 R_1 = 3(8.17 \text{ A})^2 (0.243 \text{ }\Omega) = 48.7 \text{ W}$$

因此，無載旋轉損失為

$$P_{\text{rot}} = P_{\text{in,nl}} - P_{\text{SCL,nl}}$$
$$= 420 \text{ W} - 48.7 \text{ W} = 371.3 \text{ W}$$

從轉子鎖住測試，

$$I_{L,\text{av}} = \frac{28.1 \text{ A} + 28.0 \text{ A} + 27.6 \text{ A}}{3} = 27.9 \text{ A}$$

轉子鎖住阻抗為

$$|Z_{LR}| = \frac{V_\phi}{I_A} = \frac{V_T}{\sqrt{3}I_A} = \frac{25\text{ V}}{\sqrt{3}(27.9\text{ A})} = 0.517\text{ }\Omega$$

而阻抗角度 θ 是

$$\theta = \cos^{-1}\frac{P_{\text{in}}}{\sqrt{3}V_T I_L}$$
$$= \cos^{-1}\frac{920\text{ W}}{\sqrt{3}(25\text{ V})(27.9\text{ A})}$$
$$= \cos^{-1}0.762 = 40.4°$$

因此，$R_{LR} = 0.517\cos 40.4° = 0.394\text{ }\Omega = R_1 + R_2$。因為 $R_1 = 0.243\text{ }\Omega$，$R_2$ 必須等於 $0.151\text{ }\Omega$。在 15 Hz 的等效電抗為

$$X'_{LR} = 0.517\sin 40.4° = 0.335\text{ }\Omega$$

在 60 Hz 的等效電抗為

$$X_{LR} = \frac{f_{\text{rated}}}{f_{\text{test}}}X'_{LR} = \left(\frac{60\text{ Hz}}{15\text{ Hz}}\right)0.335\text{ }\Omega = 1.34\text{ }\Omega$$

對 A 級設計的電動機而言，此電抗可以假設分為相同的轉子與定子，所以

$$X_1 = X_2 = 0.67\text{ }\Omega$$
$$X_M = |Z_{nl}| - X_1 = 14.7\text{ }\Omega - 0.67\text{ }\Omega = 14.03\text{ }\Omega$$

最後的單相等效電路如圖 6-34 所示。

(b) 從此等效電路，可以由式 (6-38b)、式 (6-41) 與 (6-42) 求得戴維寧等效值為

$$V_{\text{TH}} = 114.6\text{ V} \qquad R_{\text{TH}} = 0.221\text{ }\Omega \qquad X_{\text{TH}} = 0.67\text{ }\Omega$$

因此，脫出轉矩的轉差率可以求得為

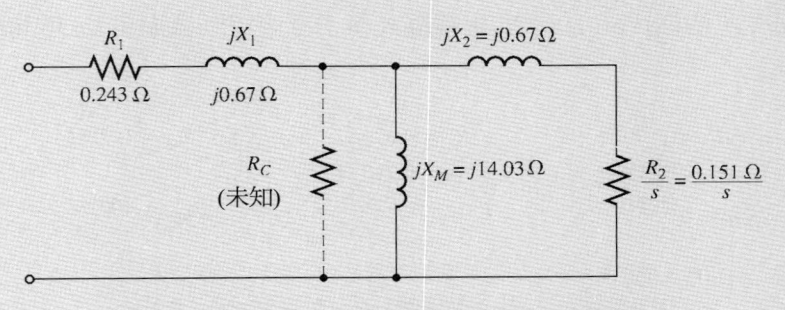

圖 6-34 例題 6-7 的電動機單相等效電路。

$$s_{max} = \frac{R_2}{\sqrt{R_{TH}^2 + (X_{TH} + X_2)^2}} \tag{6-50}$$

$$= \frac{0.151 \ \Omega}{\sqrt{(0.243 \ \Omega)^2 + (0.67 \ \Omega + 0.67 \ \Omega)^2}} = 0.111 = 11.1\%$$

此電動機的最大轉矩則為

$$\tau_{max} = \frac{3V_{TH}^2}{2\omega_{sync}[R_{TH} + \sqrt{R_{TH}^2 + (X_{TH} + X_2)^2}]} \tag{6-51}$$

$$= \frac{3(114.6 \ V)^2}{2(188.5 \ rad/s)[0.221 \ \Omega + \sqrt{(0.221 \ \Omega)^2 + (0.67 \ \Omega + 0.67 \ \Omega)^2}]}$$

$$= 66.2 \ N \cdot m$$

習 題

6-1 一部 220 V，三相，六極，50 Hz 感應電動機運轉於轉差率為 3.5% 的情況下，試求：
(a) 磁場的速度，單位為 rpm
(b) 轉子速度，單位為 rpm
(c) 轉子轉差率速度
(d) 轉子頻率，單位為 Hz

6-2 一部三相，60 Hz 感應電動機，以 715 r/min 的轉速運轉於無載情況下，和以 670 r/min 的轉速運轉於滿載情況下。
(a) 試求此電動機的極數？
(b) 試求額定負載時的轉差率？
(c) 試求四分之一額定負載時的轉速？
(d) 試求四分之一額定負載時的轉子電頻率？

6-3 一部 208 V，四極，60 Hz，Y 接繞線式轉子感應電動機額定為 30 hp，其等效電路元件值為

$R_1 = 0.100 \ \Omega$ $R_2 = 0.070 \ \Omega$ $X_M = 10.0 \ \Omega$
$X_1 = 0.210 \ \Omega$ $X_2 = 0.210 \ \Omega$
$P_{mech} = 500 \ W$ $P_{misc} \approx 0$ $P_{core} = 400 \ W$

當轉差率為 0.05，試求：
(a) 線電流 I_L

(b) 轉子銅損 P_{SCL}
(c) 氣隙功率 P_{AG}
(d) 從電轉換到機械型式的功率 P_{conv}
(e) 感應轉矩 τ_{ind}
(f) 負載轉矩 τ_{load}
(g) 總電動機效率 η
(h) 電動機轉速，單位為 rpm 與弳度／秒

6-4 如習題 6-3 中的電動機，試求脫出轉矩時的轉差率？試求此電動機的脫出轉矩？

6-5 一 60 Hz，四極感應機其氣隙功率為 25 kW，由電轉換到機械型式的功率為 23.2 kW。
(a) 此時電動機之轉差率是多少？
(b) 感應轉矩是多少？
(c) 若在此轉差率下之機械損為 300 W，則負載轉矩是多少？

6-6 一部 460 V，60 Hz，四極，Y 接感應電動機的額定為 25 hp，等效電路的參數為

$R_1 = 0.15\ \Omega$ $R_2 = 0.154\ \Omega$ $X_M = 20\ \Omega$
$X_1 = 0.852\ \Omega$ $X_2 = 1.066\ \Omega$
$P_{F\&W} = 400\ W$ $P_{misc} = 150\ W$ $P_{core} = 400\ W$

當轉差率為 0.02，試求：
(a) 線電流 I_L
(b) 定子功因
(c) 轉子功因
(d) 轉子頻率
(e) 定子銅損 P_{SCL}
(f) 氣隙功率 P_{AG}
(g) 從電能轉換至機械型式的功率 P_{conv}
(h) 感應轉矩 τ_{ind}
(i) 負載轉矩 τ_{load}
(j) 總電機效率 η
(k) 電動機轉速多少 r/min 與 rad/s
(l) 此電動機之啟動電流碼字母為何？

6-7 如習題 6-6 中的電動機，試求其脫出轉矩？試求在脫出轉矩時的轉差率？試求在脫出轉矩時的轉子速度？

6-8 一部 208 V，六極，Y 接，25 hp，B 級設計的感應電動機，在實驗室的測試結果如下：

無載：208 V，24.0 A，1400 W，60 Hz

轉子鎖住：24.6 V，64.5 A，2200 W，15 Hz

直流測試：13.5 V，64 A

試求此電動機的等效電路，並畫轉矩-速度特性曲線。

6-9 一部 460 V，四極，75 hp，60 Hz，Y 接三相感應電動機，設計當運轉於 60 Hz 與 460 V，在轉差率為 1.2% 時達到其滿載感應轉矩，電動機的單相電路模型阻抗為

$R_1 = 0.058\ \Omega$　　$X_M = 18\ \Omega$
$X_1 = 0.32\ \Omega$　　$X_2 = 0.386\ \Omega$

在此機械、鐵心與雜散損失可以省略。

(a) 試求轉子電阻 R_2。
(b) 試求 τ_{max}、s_{max} 與電動機最大轉矩時的轉子速度。
(c) 試求電動機的啟動轉矩。
(d) 此電動機應該設定什麼字母碼因數？

CHAPTER 7

直流電機原理

學習目標

- 瞭解旋轉線圈如何感應電壓。
- 瞭解彎曲的極面如何產生一定磁通，因而有更多的定輸出電壓。
- 瞭解並能利用直流機之感應電壓和轉矩方程式。
- 瞭解換向。
- 瞭解換向所產生的問題，包含電樞反應和 $L\dfrac{di}{dt}$ 效應。
- 瞭解直流機之功率潮流圖。

　　直流電機中，將機械能轉換成電能的稱為發電機，而將電能轉換成機械能的稱為電動機。大部分的直流電機與交流電機一樣，具有交流的電壓和電流——直流電機有直流電輸出，是因為其內部有將交流轉換為直流之設備。這設備稱為換向器，所以直流電機也稱為**換向電機** (commutating machinery)。

7.1 曲線極面間之簡單旋轉迴圈

　　最簡單可能之旋轉直流電機如圖 7-1 所示。它由單一迴圈導線旋轉於固定轉軸所組成。此電機之旋轉部分稱為**轉子** (rotor)，靜止部分稱為**定子** (stator)。此電機之磁場是由如圖 7-1 所示之定子上南北磁極之磁鐵所提供。

　　因為磁通必須走最短路徑通過氣隙，所以它與極面下之轉子面的每處都成垂直。又因為空氣隙寬度一定，所以極面下各處之磁阻是相同的。固定的磁阻意味著極面下各處之磁通密度都是固定的。

243

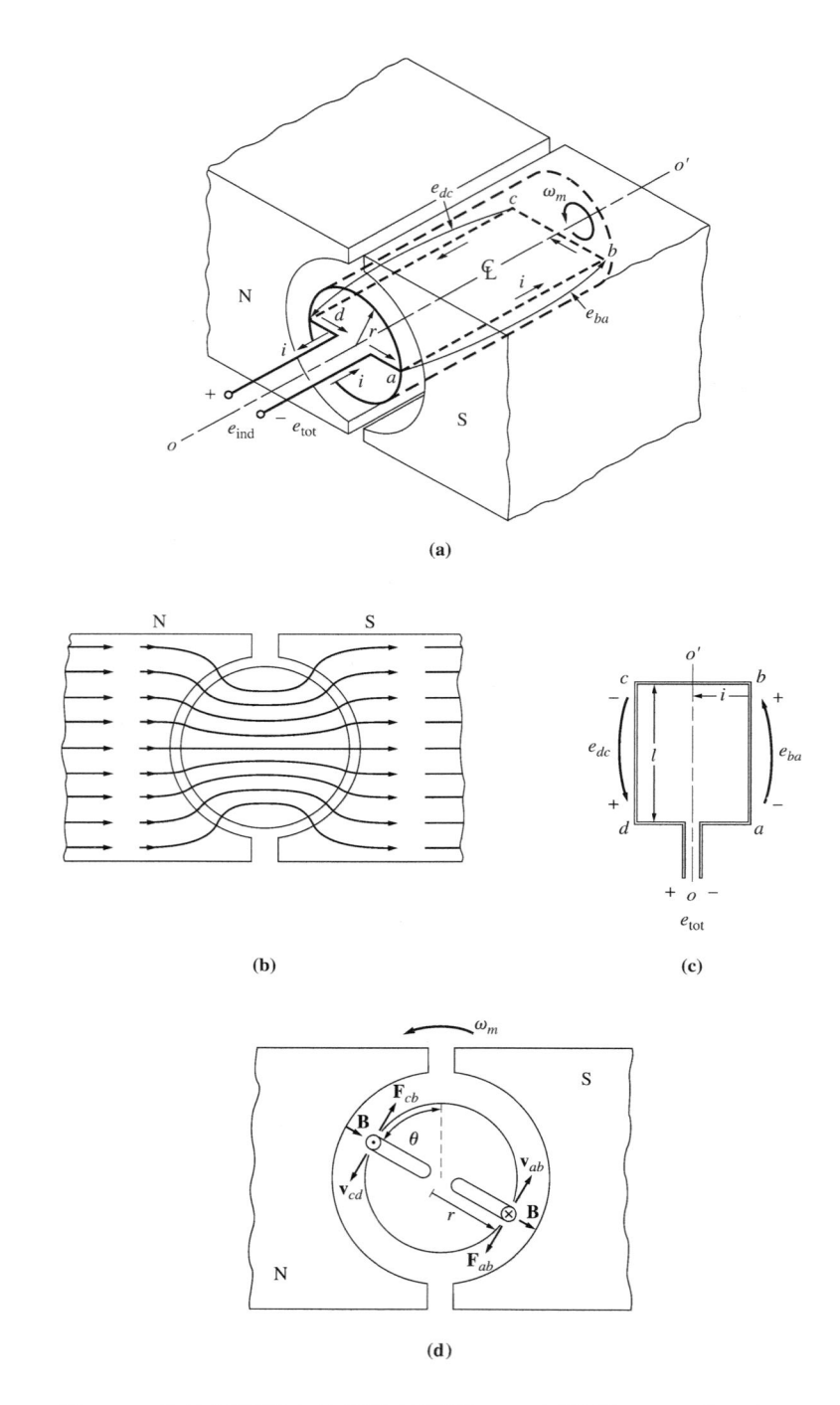

圖 7-1 曲線極面間之簡單旋轉迴圈。(a) 透視圖；(b) 磁場線；(c) 頂視圖；(d) 前視圖。

旋轉迴圈內之感應電壓

如圖 7-2 所示,為了決定線圈上之總電壓 e_{tot},先分別檢查線圈之每一段,然後再將所產生之電壓加起來。每一線段上之電壓由式 (1-43):

$$e_{\text{ind}} = (\mathbf{v} \times \mathbf{B}) \cdot \mathbf{l} \tag{1-43}$$

1. *ab* 線段。此段中,導線之速度與旋轉路徑正切。極面下各處之磁場 **B** 向外與轉子面垂直且通過極面邊緣時為零。極面下,速度 **v** 垂直於 **B**,則 **v**×**B** 之量為進入紙面。因此,此段之感應電壓為

$$\begin{aligned} e_{ba} &= (\mathbf{v} \times \mathbf{B}) \cdot \mathbf{l} \\ &= \begin{cases} vBl & \text{正進入紙面} \quad\quad \text{在極面下} \\ 0 & \quad\quad\quad\quad\quad\quad\quad \text{磁極邊緣} \end{cases} \end{aligned} \tag{7-1}$$

2. *bc* 線段。此段中,**v**×**B** 之量為進或出紙面,而長度 **l** 在紙面上,所以 **v**×**B** 垂直於 **l**。因此 *bc* 段之電壓將為零:

$$e_{cb} = 0 \tag{7-2}$$

3. *cd* 線段。此段中,導線速度與旋轉路徑正切。極面下各處之磁場 **B** 向內垂直於轉子面,且通過極面邊緣時為零。極面下,速度 **v** 垂直於 **B**,而 **v**×**B** 之量為離開紙面。因此此段之感應電壓為

$$\begin{aligned} e_{dc} &= (\mathbf{v} \times \mathbf{B}) \cdot \mathbf{l} \\ &= \begin{cases} vBl & \text{正離開紙面} \quad\quad \text{在極面下} \\ 0 & \quad\quad\quad\quad\quad\quad\quad \text{遠離磁極邊緣} \end{cases} \end{aligned} \tag{7-3}$$

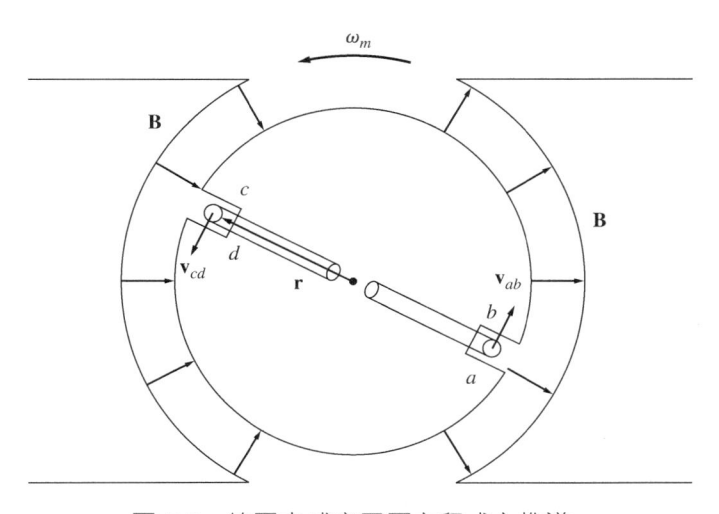

圖 7-2 線圈中感應電壓方程式之推導。

4. *da* 線段。就像 *bc* 線段一樣，**v**×**B** 垂直於 **l**。因此，此段之電壓也將為零：

$$e_{ad} = 0 \tag{7-4}$$

線圈上之總電壓 e_ind 為

$$e_\text{ind} = e_{ba} + e_{cb} + e_{dc} + e_{ad}$$

$$\boxed{e_\text{ind} = \begin{cases} 2vBl & \text{極面下} \\ 0 & \text{遠離磁極邊緣} \end{cases}} \tag{7-5}$$

當線圈轉了 180°，*ab* 線段已移動到 N 極下，而不在 S 極下。此時，線段上之電壓反向，但大小仍固定。產生之電壓 e_tot 之時間函數如圖 7-3 所示。

　　有另一種方式來表示式 (7-5)，它可清楚地表示出單獨的線圈與更大、實際的直流電機之行為的關係。為了推導另一表示式，請看圖 7-4。注意線圈邊緣之正切速度可表示為

$$v = r\omega_m$$

其中 *r* 為旋轉軸至線圈外圍之半徑，而 ω_m 是線圈之角速度。將此式代入式 (7-5)：

$$e_\text{ind} = \begin{cases} 2r\omega_m Bl & \text{極面下} \\ 0 & \text{遠離磁極邊緣} \end{cases}$$

$$e_\text{ind} = \begin{cases} 2rlB\omega_m & \text{極面下} \\ 0 & \text{遠離磁極邊緣} \end{cases}$$

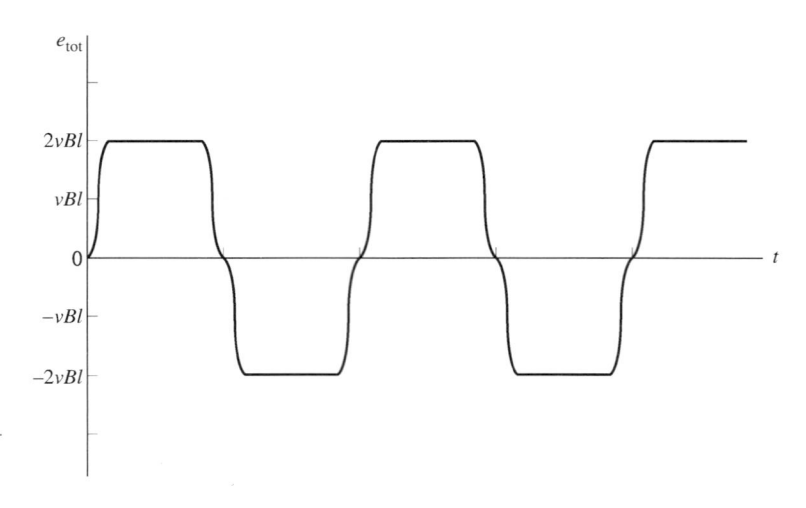

圖 7-3 線圈之輸出電壓。

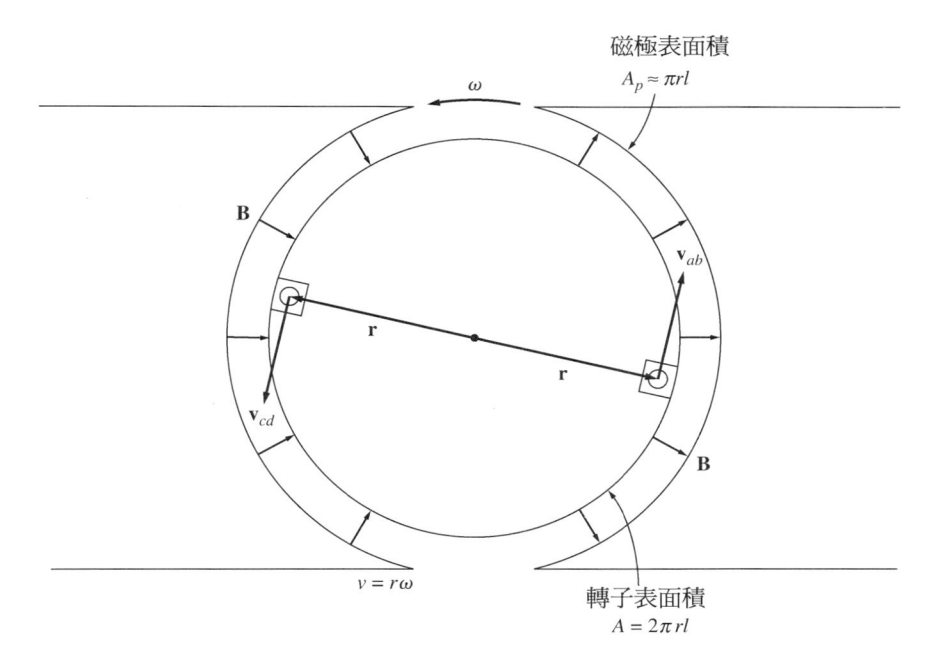

圖 7-4 另一種型式之感應電壓方程式之推導。

注意由圖 7-4 轉子面為一圓柱體，所以轉子表面積 A 等於 $2\pi rl$。因為有兩極，每極下(忽略極間之小間隙)之轉子面積為 $A_P = \pi rl$。因此，

$$e_{\text{ind}} = \begin{cases} \dfrac{2}{\pi} A_P B \omega_m & \text{極面下} \\ 0 & \text{遠離磁極邊緣} \end{cases}$$

因為極面下空氣隙各處之磁通密度 B 是固定的，每極之總磁通恰好是磁極面積乘以它的磁通密度：

$$\phi = A_P B$$

因此，電壓方程式之最後型式為

$$e_{\text{ind}} = \begin{cases} \dfrac{2}{\pi} \phi \omega_m & \text{極面下} \\ 0 & \text{遠離磁極邊緣} \end{cases} \tag{7-6}$$

如此，此電機所產生之電壓等於它的內部磁通與旋轉速度之乘積，再乘以代表此電機結構之一常數。通常，任何實際電機之電壓也依三個相同因素而定：

1. 電機中之磁通

2. 旋轉速度

3. 代表電機構造之常數

旋轉線圈直流輸出電壓之獲得

圖 7-3 所示為旋轉線圈所產生之電壓 e_{tot}。如圖所示,線圈之輸出電壓為一固定正值與一固定負值互相交換。現在此電機如何能做到產生直流電壓而不是交流電壓呢?

有一種方式可以做到,如圖 7-5a 所示。兩個半圓形之導電片加於線圈之端點,且有兩固定接點放於線圈上電壓為零瞬間之角度上,接點短路兩片導電片。這種方式,每次當線圈電壓改變方向,接點也改變連接,使得接點的輸出永遠在相同方向 (見圖 7-5b)。這種連接切換過程稱為換向。旋轉的半圓導電片稱為換向片,而固定的接點稱為**電刷** (brush)。

旋轉線圈之感應轉矩

假設現有一蓄電池加於圖 7-5 之電機。所產生之架構如圖 7-6 所示。當開關閉合且有電流流入,則此線圈能產生多少的轉矩?為了決定此轉矩,請詳細觀察圖 7-6b 之線圈。

決定線圈上轉矩之方法為一次只看線圈之一段,然後再將各段的結果加起來。線圈上一段之力由式 (1-41) 為

$$\mathbf{F} = i(\mathbf{l} \times \mathbf{B}) \tag{1-41}$$

此段之轉矩為

$$\tau = rF \sin \theta \tag{1-6}$$

其中 θ 是 **r** 和 **F** 間之夾角。當線圈位於磁極邊緣時,此轉矩為零。

然而當線圈位於極面下時,轉矩為:

1. *ab* 線段。在 *ab* 段中,電流由蓄電池流出紙面。極面下之磁場由轉子輻射出來,所以導線上之力為

$$\begin{aligned}\mathbf{F}_{ab} &= i(\mathbf{l} \times \mathbf{B}) \\ &= ilB \qquad \text{與運動方向正切}\end{aligned} \tag{7-7}$$

由此力所產生之轉子轉矩為

$$\begin{aligned}\tau_{ab} &= rF \sin \theta \\ &= r(ilB) \sin 90° \\ &= rilB \qquad \text{逆時針方向 (CCW)}\end{aligned} \tag{7-8}$$

(a)

(b)

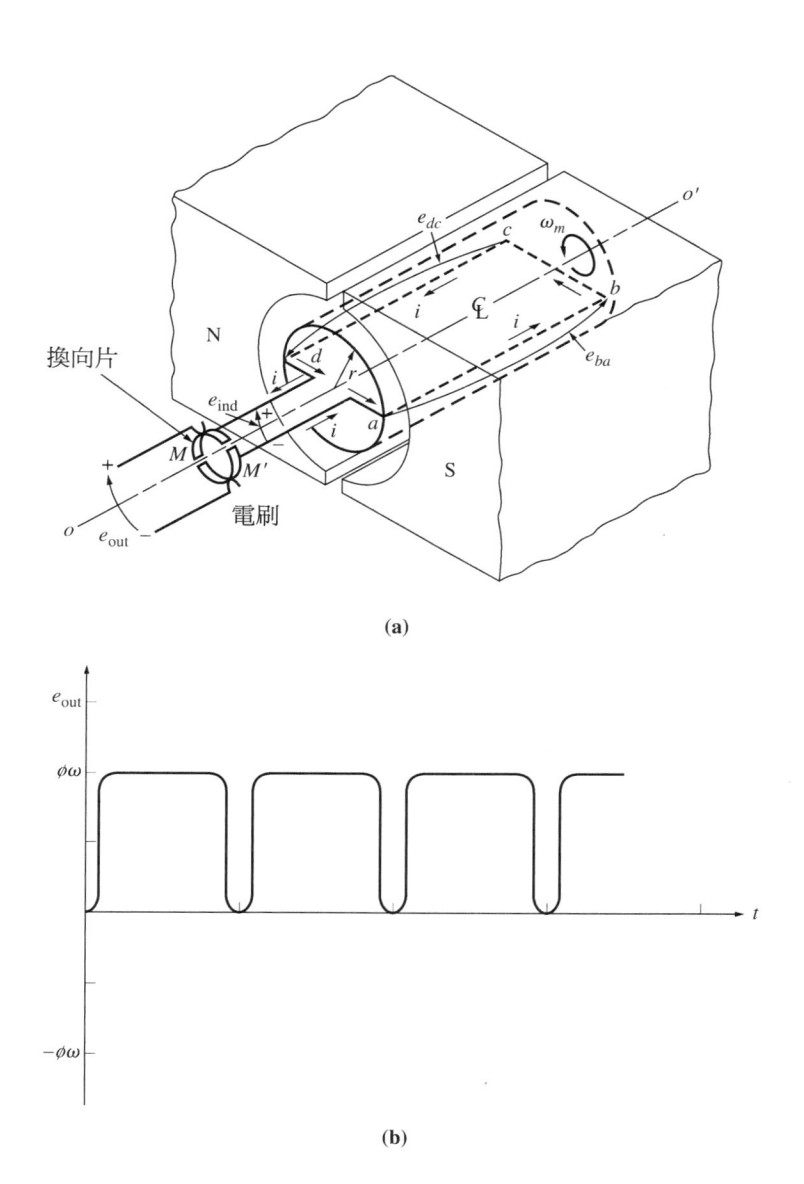

圖 7-5 用換向片電壓和電刷以產生直流電輸出。(a) 透視圖；(b) 產生之輸出電壓。

2. bc 線段。在 bc 中，蓄電池電流由圖之上左側流到下右側。導線上之感應力為

$$\mathbf{F}_{bc} = i(\mathbf{l} \times \mathbf{B})$$
$$= 0 \qquad \text{因為 } \mathbf{l} \text{ 與 } \mathbf{B} \text{ 平行} \qquad (7\text{-}9)$$

因此

$$\tau_{bc} = 0 \qquad (7\text{-}10)$$

3. cd 線段。在 cd 段中，蓄電池之電流直接流入紙面。極面下之磁輻射進入轉子，所以導線上之力為

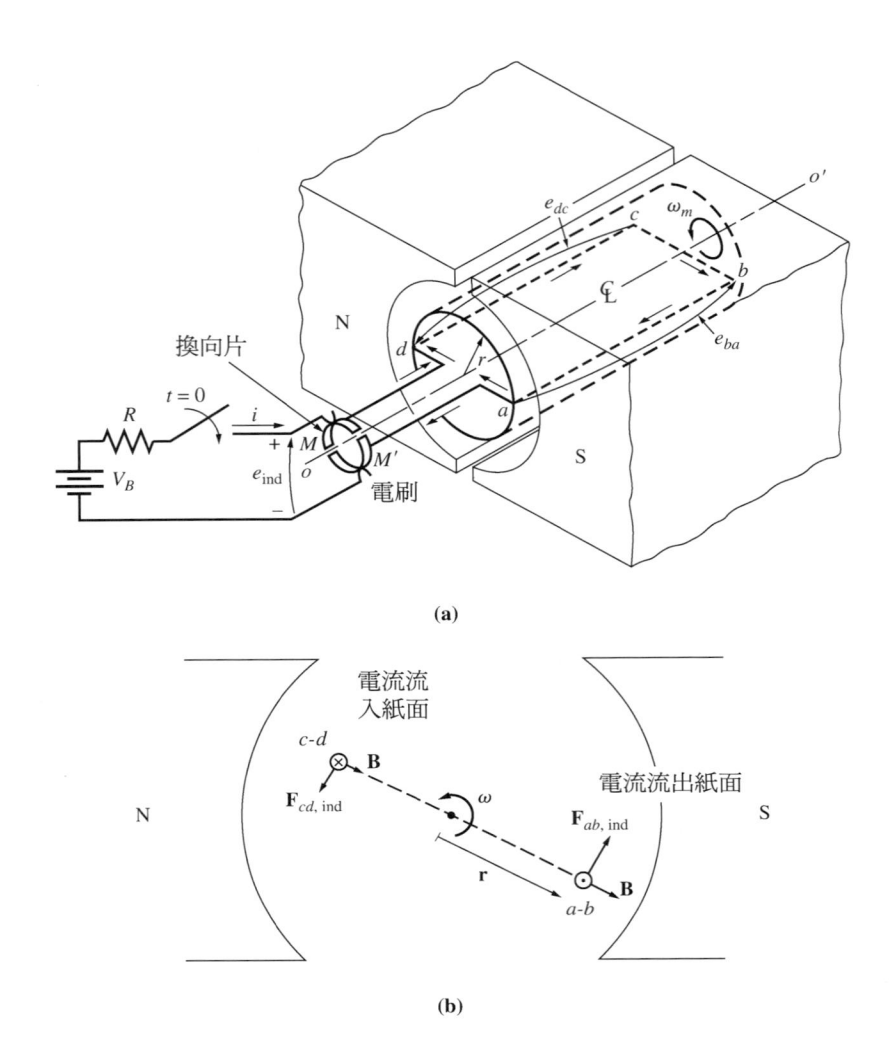

圖 7-6 線圈中感應轉矩方程式之推導。注意：為了清楚，(b) 中之鐵心沒有表示出來。

$$\mathbf{F}_{cd} = i(\mathbf{l} \times \mathbf{B})$$
$$= ilB \quad \text{與運動方向正切} \tag{7-11}$$

由此力所產生之轉力轉矩為

$$\tau_{cd} = rF \sin \theta$$
$$= r(ilB) \sin 90°$$
$$= rilB \quad \text{(CCW)} \tag{7-12}$$

4. da 線段。在 da 段中，蓄電池之電流由圖之上左側流到下右側。導線所感應之力為

$$\mathbf{F}_{da} = i(\mathbf{l} \times \mathbf{B})$$
$$= 0 \quad \text{因為 } \mathbf{l} \text{ 與 } \mathbf{B} \text{ 平行} \tag{7-13}$$

因此，
$$\tau_{da} = 0 \tag{7-14}$$

線圈所產生之總感應轉矩為

$$\tau_{ind} = \tau_{ab} + \tau_{bc} + \tau_{cd} + \tau_{da}$$

$$\boxed{\tau_{ind} = \begin{cases} 2rilB & \text{極面下} \\ 0 & \text{遠離磁極邊緣} \end{cases}} \tag{7-15}$$

使用 $A_P \approx \pi rl$ 和 $\phi = A_P B$，轉矩公式可化簡為

$$\boxed{\tau_{ind} = \begin{cases} \dfrac{2}{\pi} \phi i & \text{極面下} \\ 0 & \text{遠離磁極邊緣} \end{cases}} \tag{7-16}$$

如此，此電機所產生之轉矩為電機之磁通與電流的乘積，再乘以一些代表機械構造(極面涵蓋轉子之百分比)之量。通常，任何實際電機之轉矩依相同的三樣因素而定：

1. 電機之磁通
2. 電機之電流
3. 代表機械構造之常數

例題 7-1

圖 7-6 為一在曲線極面間的簡單的旋轉線圈，此線圈經開關與電池及電阻連接。電阻表示了電機中蓄電池之總電阻與導線電阻之模型。電機之實際尺寸和特性為

$$r = 0.5 \text{ m} \qquad l = 1.0 \text{ m}$$
$$R = 0.3 \, \Omega \qquad B = 0.25 \text{ T}$$
$$V_B = 120 \text{ V}$$

(a) 當開關閉合時發生什麼現象？
(b) 此電機之最大啟動電流是多少？無載時之穩態角速度是多少？
(c) 假設有一負載加於線圈，產生之負載轉矩為 10 N•m。則新的穩態轉速為何？有多少功率加於電機之軸？蓄電池供應多少功率？此電機是電動機還是發電機？
(d) 假設電機不加負載，有一 7.5 N•m 之轉矩與旋轉方向相同加於軸上。新的穩態速度是多少？此電機現在是電動機還是發電機？
(e) 假設此電機為不加負載運轉。若磁通密度減少至 0.20 T，則轉子最後之穩定轉速是多少？

解：

(a) 當圖 7-6 之開關閉合，則線圈會有電流流入。因為線圈最初是靜止的，$e_{\text{ind}} = 0$。因此，電流為

$$i = \frac{V_B - e_{\text{ind}}}{R} = \frac{V_B}{R}$$

此電流流過轉子線圈，產生一轉矩

$$\tau_{\text{ind}} = \frac{2}{\pi}\phi i \quad \text{(CCW)}$$

此感應轉矩產生一逆時針方向之角加速度，所以電機之轉子會開始轉動。但當轉子開始轉動時，電動機所產生之感應電壓為

$$e_{\text{ind}} = \frac{2}{\pi}\phi\omega_m$$

所以電流 i 減少。當電流減少，$\tau_{\text{ind}} = (2/\pi)\phi i\downarrow$ 減少，當 $\tau_{\text{ind}} = 0$ 時獲得穩態，而蓄電池電壓 $= e_{\text{ind}}$。

此與先前所見到的線性直流電機的行為有相同的性質。

(b) 在啟動時，電機之電流為

$$i = \frac{V_B}{R} = \frac{120 \text{ V}}{0.3 \text{ }\Omega} = 400 \text{ A}$$

在無載穩態情況下，感應轉矩 τ_{ind} 必定為零。但 $\tau_{\text{ind}} = 0$ 隱含著電流 i 也必定為零。因為 $\tau_{\text{ind}} = (2/\pi)\phi i$，且磁通 ϕ 不為零。此 $i = 0$ A 之事實意味著蓄電池電壓 $V_B = e_{\text{ind}}$。因此，轉子之轉速為

$$V_B = e_{\text{ind}} = \frac{2}{\pi}\phi\omega_m$$

$$\omega_m = \frac{V_B}{(2/\pi)\phi} = \frac{V_B}{2rlB}$$

$$= \frac{120 \text{ V}}{2(0.5 \text{ m})(1.0 \text{ m})(0.25 \text{ T})} = 480 \text{ rad/s}$$

(c) 若有一 10 N·m 之負載轉矩加於電機軸上，它會開始變慢。但當 ω 減少，$e_{\text{ind}} = (2/\pi)\phi\omega\downarrow$ 減少，且轉子電流增加 $[i = (V_B - e_{\text{ind}}\downarrow)/R]$。當轉子電流增加，$\tau_{\text{ind}}$ 也增加，直到 $|\tau_{\text{ind}}| = |\tau_{\text{load}}|$ 在一較低轉速 ω_m 下。

在穩態時，$|\tau_{\text{load}}| = |\tau_{\text{ind}}| = (2/\pi)\phi i$。因此，

$$i = \frac{\tau_{\text{ind}}}{(2/\pi)\phi} = \frac{\tau_{\text{ind}}}{2rlB}$$

$$= \frac{10 \text{ N} \cdot \text{m}}{(2)(0.5 \text{ m})(1.0 \text{ m})(0.25 \text{ T})} = 40 \text{ A}$$

由克希荷夫電壓定律，$e_{\text{ind}} = V_B - iR$，所以

$$e_{\text{ind}} = 120 \text{ V} - (40 \text{ A})(0.3 \text{ }\Omega) = 108 \text{ V}$$

最後，軸之轉速為

$$\omega_m = \frac{e_{\text{ind}}}{(2/\pi)\phi} = \frac{e_{\text{ind}}}{2rlB}$$

$$= \frac{108 \text{ V}}{(2)(0.5 \text{ m})(1.0 \text{ m})(0.25 \text{ T})} = 432 \text{ rad/s}$$

加到軸之功率為

$$P = \tau\omega_m$$
$$= (10 \text{ N}\cdot\text{m})(432 \text{ rad/s}) = 4320 \text{ W}$$

蓄電池輸出之功率為

$$P = V_B i = (120 \text{ V})(40 \text{ A}) = 4800 \text{ W}$$

此電機當電動機運轉，將電功率轉變為機械功率。

(d) 若於運動方向加一轉矩，轉子會加速。當轉速 ω_m 增加，內部電壓 e_{ind} 增加且超過 V_B，所以電流由金屬棒頂端流出而進入蓄電池。此電機現作發電機用。此電流產生一反運動方向之感應轉矩。如感應轉矩反對外加轉矩，且使 $|\tau_{\text{load}}| = |\tau_{\text{ind}}|$ 在一較高轉速 ω_m 下。

轉子之電流為

$$i = \frac{\tau_{\text{ind}}}{(2/\pi)\phi} = \frac{\tau_{\text{ind}}}{2rlB}$$

$$= \frac{7.5 \text{ N}\cdot\text{m}}{(2)(0.5 \text{ m})(1.0 \text{ m})(0.25 \text{ T})} = 30 \text{ A}$$

內電壓 e_{ind} 為

$$e_{\text{ind}} = V_B + iR$$
$$= 120 \text{ V} + (30 \text{ A})(0.3 \text{ }\Omega)$$
$$= 129 \text{ V}$$

最後，軸之轉速為

$$\omega_m = \frac{e_{\text{ind}}}{(2/\pi)\phi} = \frac{e_{\text{ind}}}{2rlB}$$

$$= \frac{129 \text{ V}}{(2)(0.5 \text{ m})(1.0 \text{ m})(0.25 \text{ T})} = 516 \text{ rad/s}$$

(e) 因為在原始情況下電機不加負載，轉速 $\omega_m = 480$ rad/s。若磁通減少，會有暫態發生。當暫態結束，此電機之轉矩會再度為零，因為軸上仍沒有負載。若 $\tau_{\text{ind}} = 0$，則轉子上之電流必為零，且 $V_B = e_{\text{ind}}$，則軸之轉速為

$$\omega = \frac{e_{\text{ind}}}{(2/\pi)\phi} = \frac{e_{\text{ind}}}{2rlB}$$

$$= \frac{120 \text{ V}}{(2)(0.5 \text{ m})(1.0 \text{ m})(0.20 \text{ T})} = 600 \text{ rad/s}$$

注意當電機之磁通減少，它的轉速增加。這與線性電機之行為相同且跟實際直流電機之性能一樣。 ◂

7.2 簡單之四迴圈直流電機之換向

圖 7-7 所示為一簡單四迴圈兩極之直流電機。此電機有四個完整的迴圈埋於鋼片壓製而成之轉子槽切口內。極面是彎曲的，以提供固定寬度之空氣隙和極面下各處有相同的磁通密度。

此四迴圈以一特殊方法放於電機槽內。每一迴圈之未裝好端為每槽之最外面導線，而每一迴線之「裝好」端則在直接相對的槽中之最裡面導線。圖 7-7b 所示為繞組與電機換向片之連接。注意迴圈 1 接於換向片 a 與 b 之間，迴圈 2 接於換向片 b 和 c 之間等等環繞著轉子。

在圖 7-7 所示之瞬間，迴圈之 1、2、3' 和 4' 端位於 N 極極面下，而 1'、2'、3 和 4 端位於 S 極極面下。在 1、2、3' 和 4' 端之電壓為

$$e_{\text{ind}} = (\mathbf{v} \times \mathbf{B}) \cdot \mathbf{l} \tag{1-43}$$
$$e_{\text{ind}} = vBl \quad \text{正離開紙面} \tag{7-17}$$

在迴圈的 1'、2'、3 和 4 端之電壓為

$$e_{\text{ind}} = (\mathbf{v} \times \mathbf{B}) \cdot \mathbf{l} \tag{1-43}$$
$$= vBl \quad \text{正進入紙面} \tag{7-18}$$

圖 7-7b 所示為全部之結果。在圖 7-7b 中，每個線圈代表迴圈之一邊 (或導體)。若在任一邊之感應電壓為 $e = vBl$，則電刷之總電壓為

$$\boxed{E = 4e \qquad \omega t = 0°} \tag{7-19}$$

注意，有兩條電流的並聯路徑。所有換向架構都存在著兩條或更多的轉子電流並聯路徑之一般特點。

當轉子連續旋轉時，端電壓 E 會發生什麼變化？為求得解答，請看圖 7-8。此圖所

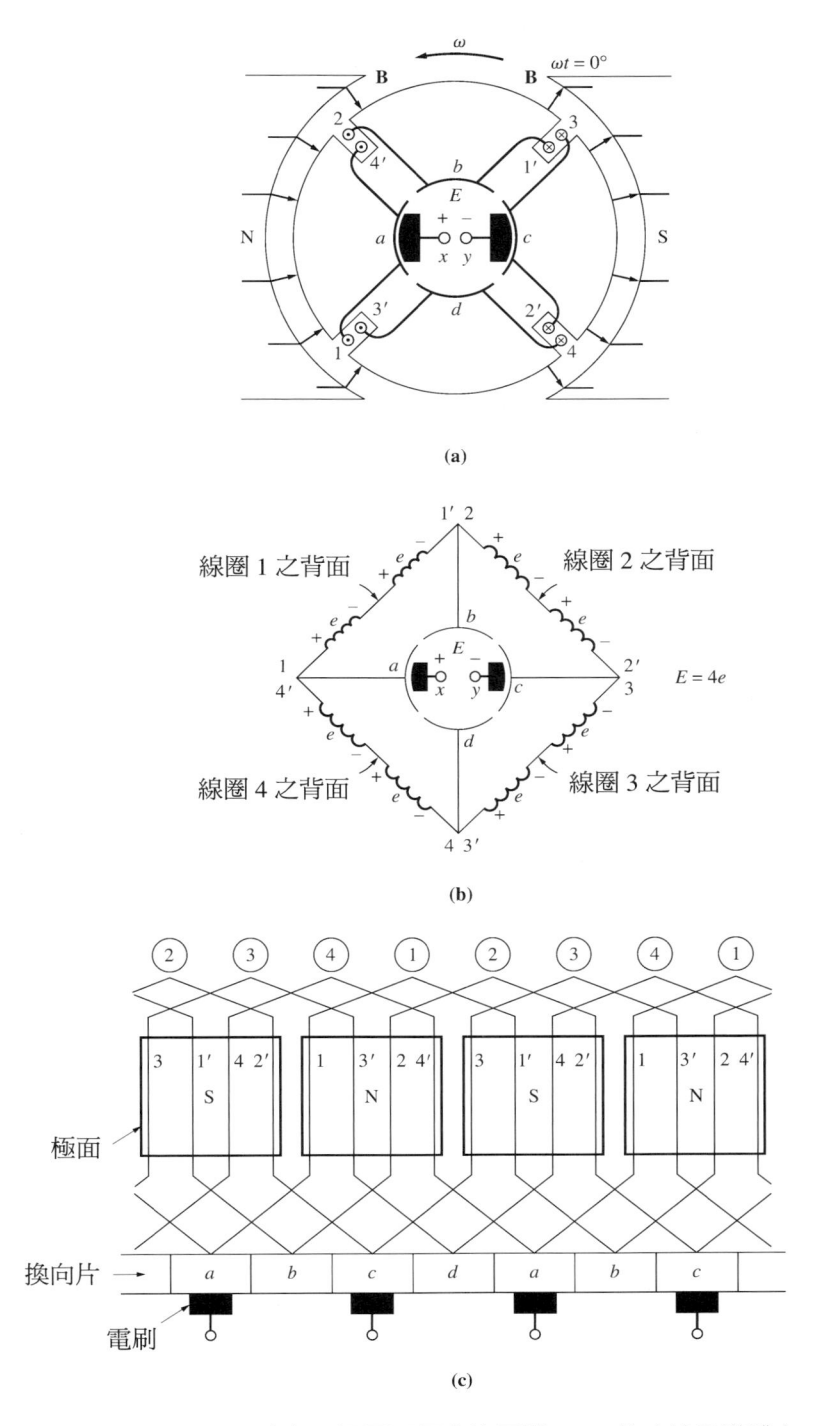

圖 7-7 (a) $\omega t = 0°$ 時之四迴圈兩極直流電機；(b) 此時轉子導體之電壓；(c) 轉子迴圈內部連接之繞組圖。

256 電機機械原理精析

(a)

(b)

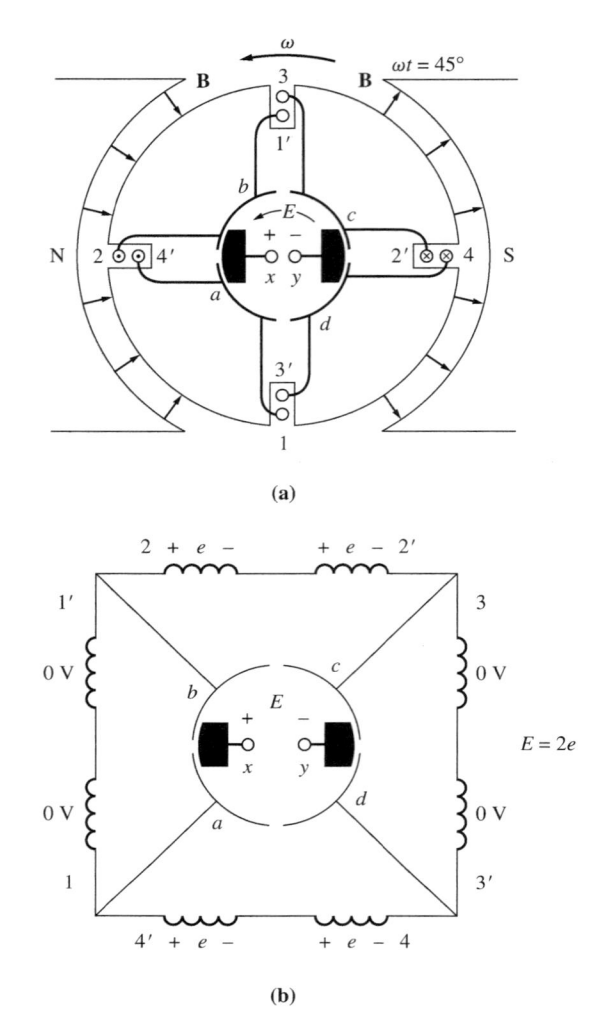

圖 7-8 $\omega t = 45°$ 時，導體上之電壓。

示為電機在 $\omega t=45°$ 時。在此時，迴圈 1 和 3 已旋轉至兩磁極間之間隙，所以兩迴圈上之電壓為零。注意在此瞬間，電刷短路了換向片 ab 和 cd。這剛好發生於迴圈間換向片電壓為零之時刻，所以被短路之換向片不會有問題。在此時，只有迴圈 2 和 4 位於極面下，所以端電壓 E 為

$$E = 2e \qquad \omega t = 45° \tag{7-20}$$

現在若轉子連續旋轉經過另一個 45°。所產生之情況如圖 7-9 所示。此處，迴圈 1'、2、3 和 4' 端位於 N 極極面下，而 1、2'、3' 和 4 端位於 S 極極面下。N 極極面下所建立之電壓為離開紙面，而 S 極極面下之電壓為進入紙面。所產生之電壓如圖 7-9b 所示。現在經過電機之每一並聯路徑有四個載電壓

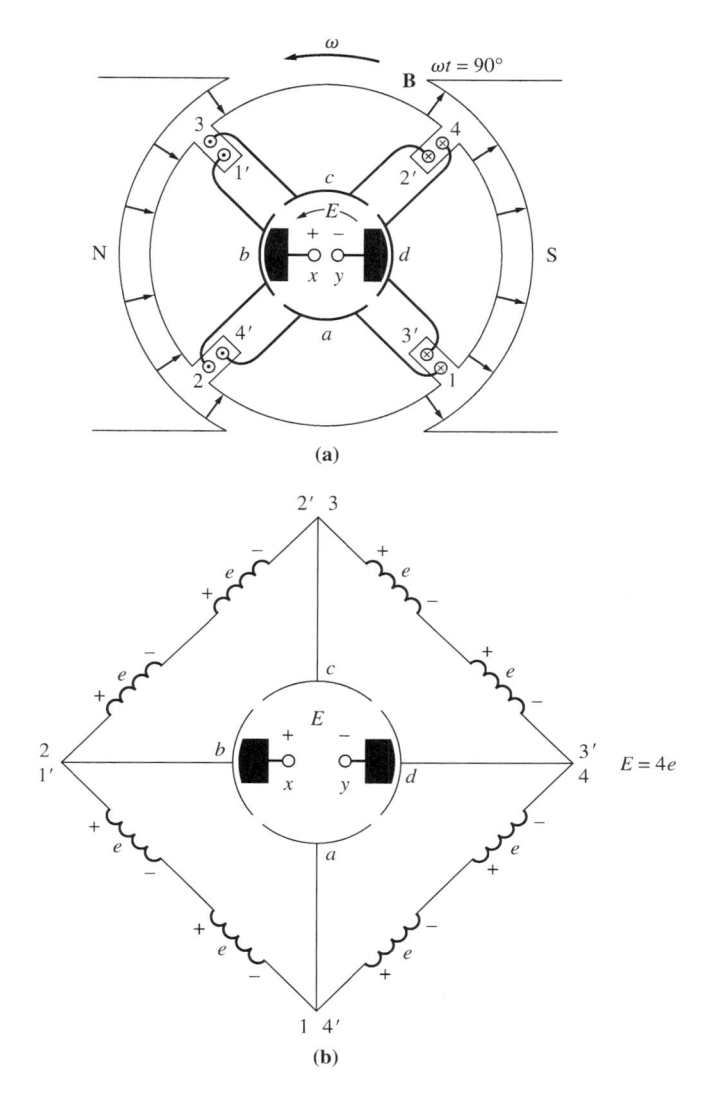

圖 7-9 $\omega t = 90°$ 時，導體上之電壓。

$$E = 4e \qquad \omega t = 90° \tag{7-21}$$

　　比較圖 7-7 與圖 7-9。注意，迴圈 1 和 3 之間的電壓已經反向，但因為它們的連接也反向，所以總電壓仍建立跟以前相同之方向。此事實是每種換向架構之重點。無論何時當迴圈電壓反向，迴圈之連接也跟著變動，而總電壓仍建立在原來的方向上。

　　此電機端電壓之時間函數如圖 7-10 所示。它比 7.1 節中單一旋轉迴圈所產生之電壓更近似一固定直流位準。當轉子上之迴圈數目增加，此近似完美的直流電壓會變得愈來愈好。總之，換向就是在迴圈中之電壓改變極性時去改變電機轉子迴圈之接線，以保持

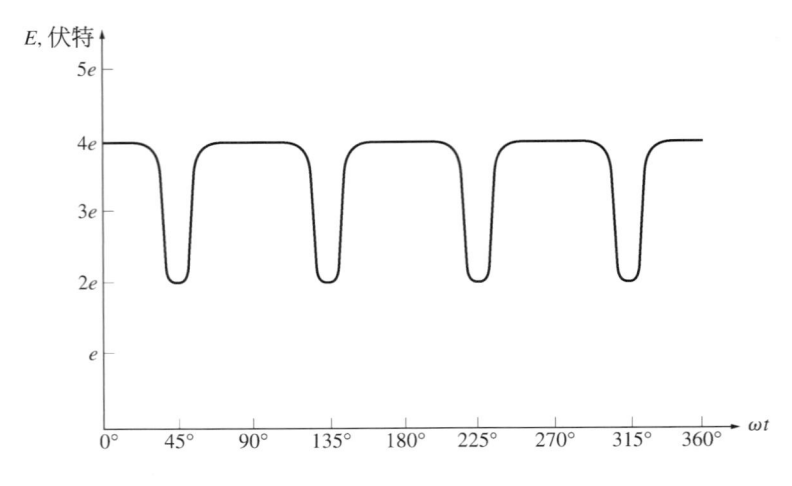

圖 7-10 圖 7-7 之電機所產生之輸出電壓。

一固定直流電壓的輸出。

當在簡單旋轉迴圈的情況下，與迴圈接觸的片段稱為**換向片** (commutator segments)，而騎在移動部分頂部之靜止部分稱為**電刷** (brush)。在實際的電機中換向片是由銅棒製成。電刷則是由含有石墨的混合物製成，所以當它們摩擦到旋轉中的換向片時，只產生很小的摩擦力。

7.3　實際直流電機之換向和電樞構造

轉子線圈

不管繞組與換向片之接線方式如何，大部分的轉子繞組是菱形的線圈所構，而以一個單位插入於電樞槽內 (見圖 7-11)。每個線圈由許多匝 (turn) (迴圈) 的導線組成，每匝均與其他匝及轉子槽絕緣。一匝的每一邊稱為**導體** (conductor)。一電機電樞之導體數為

$$Z = 2CN_C \tag{7-22}$$

其中　Z ＝轉子導體數
　　　C ＝轉子線圈數
　　　N_C ＝每個線圈之匝數

一般情況下，一個線圈佔了 180° 電角度。此意味著當線圈一邊位於一磁極之中央時，線圈的另一邊必定在**相反極性磁極** (opposite polarity) 之中央。實際上之磁極可能不位於 180° 機械角位置，但磁場由一磁極旋至一磁極時，極性是完全相反的。一電機中

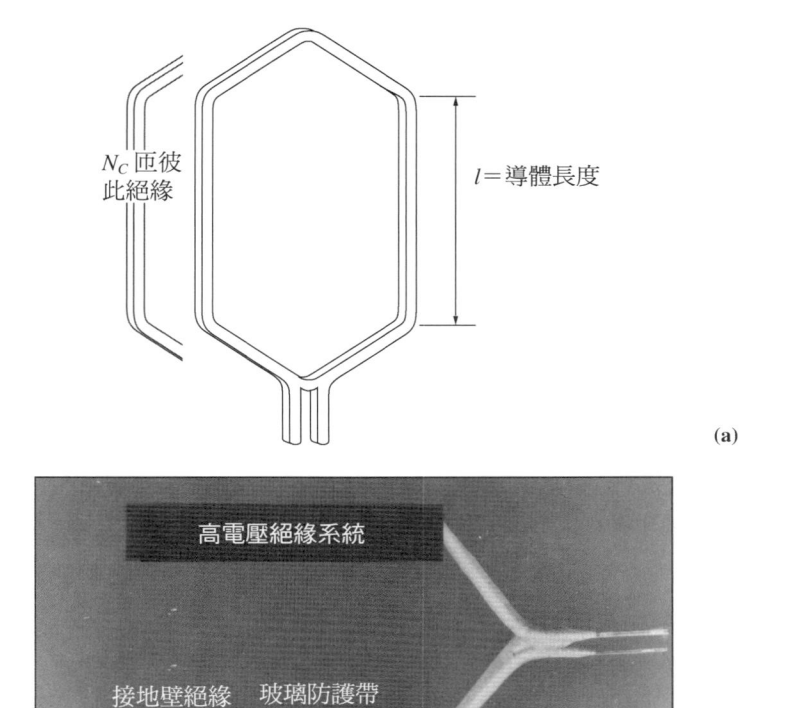

圖 7-11 (a) 典型的轉子線圈外形；(b) 線圈內各匝間之絕緣系統 (照片由 General Electric 公司提供)。

電機角與機械角之關係為

$$\theta_e = \frac{P}{2}\theta_m \qquad (7\text{-}23)$$

其中　θ_e = 電機角，單位為度
　　　θ_m = 機械角，單位為度
　　　P = 電機之磁極數

若一線圈跨於 180° 之電機角，線圈兩邊導體之電壓在所有時間內恰好是大小相等而方向相反。這樣之線圈稱為**全節距線圈** (full-pitch coil)。

有時候一個線圈的跨距不到 180° 之電機角。此種線圈稱為**部分節距線圈** (fractional-pitch coil)，而轉子繞組以此部分節距繞組所繞成的稱為弦繞組。繞組中弦的量可用**節距因數** (pitch factor) p 來描述，可用下式來定義：

$$p = \frac{線圈電機角}{180°} \times 100\% \qquad (7\text{-}24)$$

直流電機中為了改善換向，通常轉子繞組使用小的弦量。

大部分的轉子繞組是雙層繞組，此意味不同線圈之邊會放於每一槽內。每個線圈之一邊在槽之底部，則另一邊會在另一槽之頂部。

與換向片之連接

與一個線圈兩端相連接之換向片間之距離 (以換向片的數目表示) 稱為**換向片節距** (commutator pitch) y_c。若將一線圈 (波繞結構之一組線圈) 的末端連接於它開始連接之換向片的頭，則此種繞組稱為**前進繞組** (progressive winding) (見圖 7-12a)。若一線圈末端連接於開始連接換向片之後，此種繞組稱為**後退繞組** (retrogressive winding) (見圖 7-12b)。若除此其餘均相同，則前進繞的旋轉方向與後退繞的旋轉方向會相反。

最後，電樞繞組依其與換向片連接之順序分類。有兩種基本的電樞繞組連接順序——**疊繞繞組** (lap winding) 和**波繞繞組** (wave winding)。另外，還有第三種型式繞組，稱為**蛙腿繞組** (frog-leg winding)，它是疊繞和波繞之組合。以下將個別介紹這些繞組和它的優缺點。

疊繞繞組

現代直流電機所使用之最簡單繞組型式為單工**串聯** (series) 或稱**疊繞繞組** (lap winding)。一單工繞組是其轉子繞組由一或多匝之導線線圈所組成，而每個線圈之端點

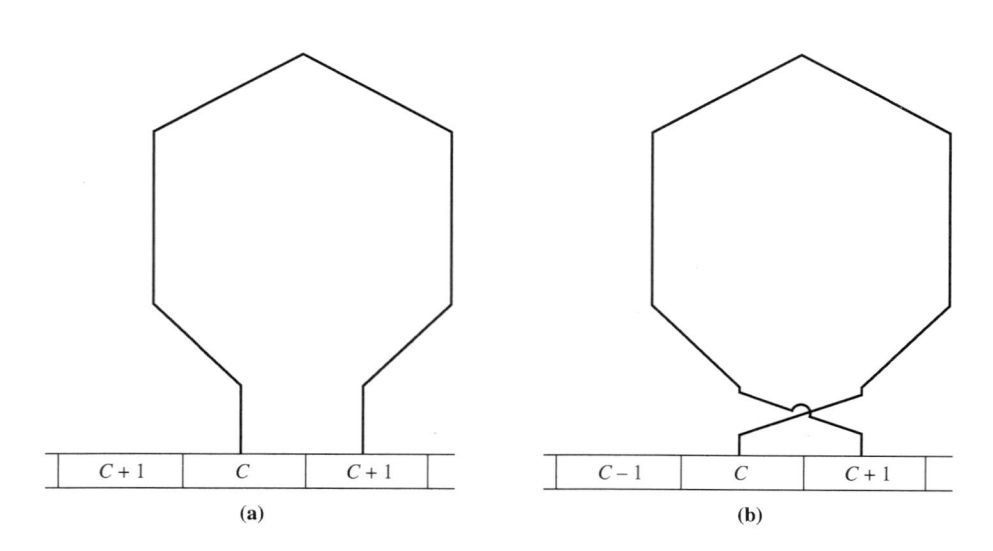

圖 7-12 (a) 前進繞轉子繞組之線圈；(b) 後退繞轉子繞組之線圈。

連接於相鄰之換向片 (圖 7-12)。若線圈之端點與開始連接之換向片之後的換向片連接，稱為前進疊繞 $y_c=1$；若線圈之端點與開始連接之換向片之前的換向片連接，稱為後退疊繞 $y_c=-1$。圖 7-13 所示為一簡單兩極疊繞電機。

單工疊繞有一重要特性就是並聯的電流路徑與電機之極數相等。若 C 是線圈和換向片數，P 是電機之極數，則 P 個並聯電流路徑每個有 C/P 個線圈。有 P 個電流路徑則需有 P 個電刷，以便將每極上之電流分路引出。此觀念可用如圖 7-14 所示之簡單四極電動機來說明。注意此電動機有四個電流路徑，每路徑有相等電壓。有許多電流路徑在一多極電機之事實，使得疊繞適合於低電壓高電流之電機，因為大的電流需要被分成許多不同路徑。電流被分開使得轉子之各個導體維持合理之大小，甚至當總電流變得很大時，也是如此。

四極或多極電機並聯路徑內之環流問題是無法完全解決，但它可藉均壓器 (equalizers) 或均壓繞組 (equalizing winding) 來減少。均壓器為銅棒狀，將其放於直流電壓之疊繞轉子，而使不同之並聯路徑短路在一起以使電壓相等。短路作用是要使環流流動到較小部分之繞組內，如此短路在一起可預防環流流動電刷。這些環流甚至會中和磁通不平衡，而使它們存在於原始位置。圖 7-14 之四極電機加了均壓器後如圖 7-15 所示。

若一疊繞組是雙工，則有兩完全獨立之繞組繞於轉子上，而每一換向片則與兩繞組相連接。因此，在第二個換向片上之線圈端由它開始向下，而 $y_c=\pm 2$ (視繞組為前進或後退繞組而定)。因為每組繞組之電流路徑數與電機之極數相等，雙工疊繞繞組之電流路徑為電機極數之 2 倍。

通常，m-工疊繞繞組之換向片節距 y_c 為

$$\boxed{y_c = \pm m} \quad \text{疊繞繞組} \tag{7-25}$$

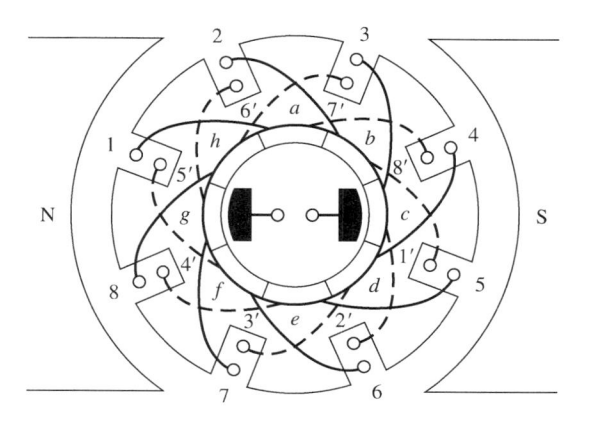

圖 7-13 簡單兩極疊繞直流電機。

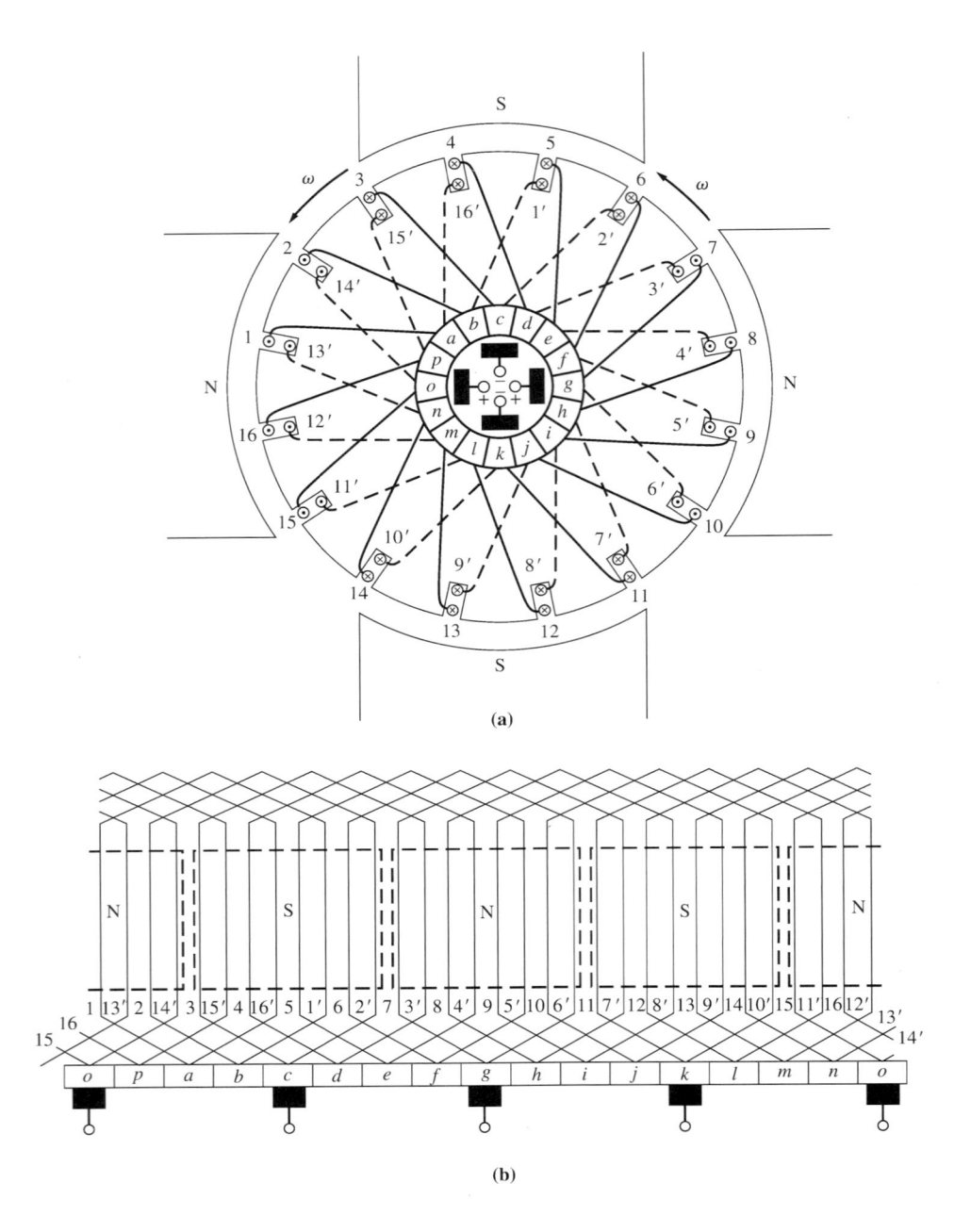

圖 7-14 (a) 四極疊繞直流電動機；(b) 轉子繞組圖。注意：在換向片上之每個繞組末端恰好在其開始連接之後一片，這是前進疊繞。

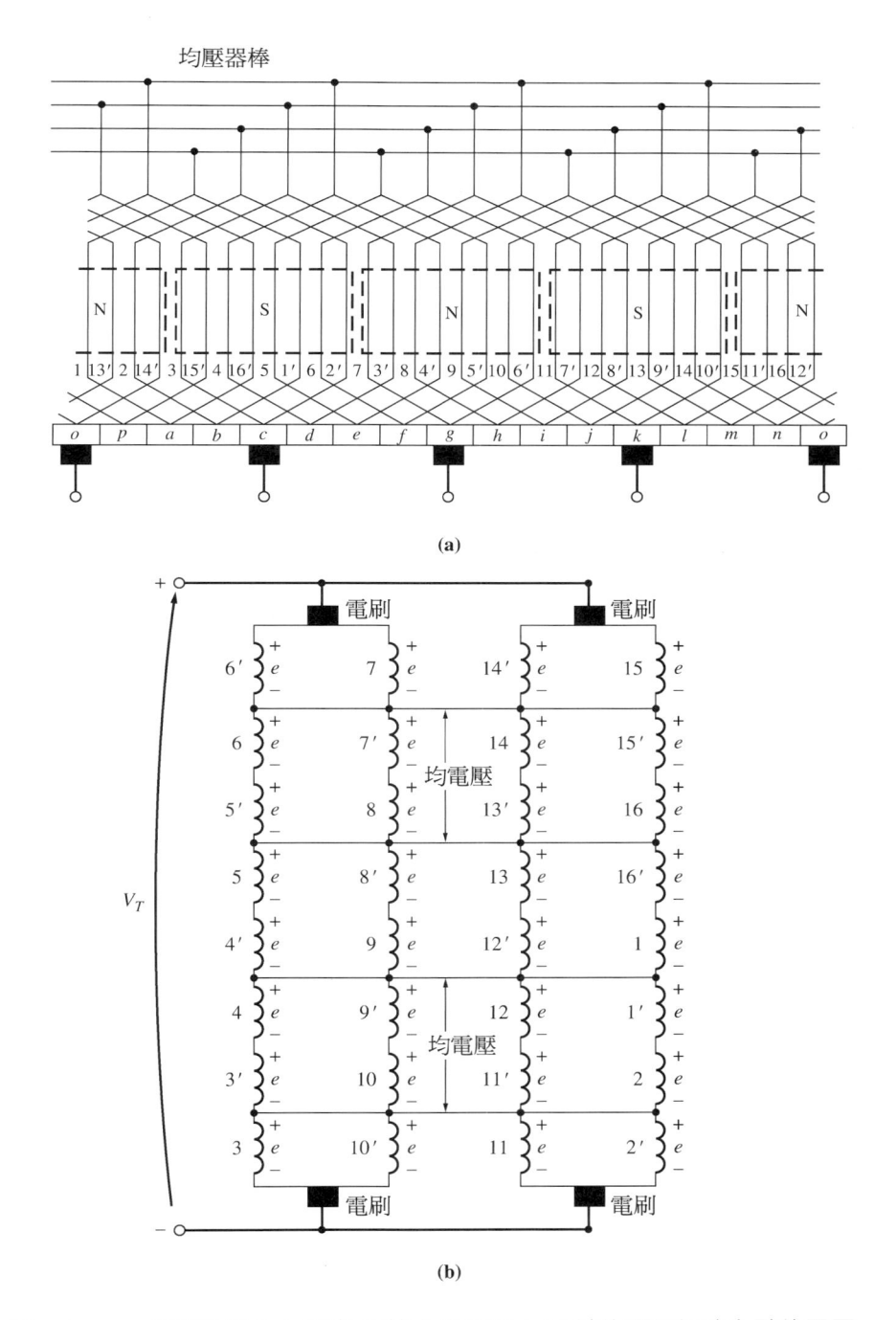

圖 **7-15** (a) 連接於圖 7-14 四極電機之均壓器；(b) 被均壓器短路之點的電壓。

而電流路徑數為

$$a = mP \quad \text{疊繞繞組} \tag{7-26}$$

其中　a ＝轉子之電流路徑數

　　　m ＝繞組之工數 (1、2、3 等)

　　　P ＝電機之極數

波繞繞組

串聯 (series) 或**波繞繞組** (wave winding) 是另一種轉子線圈連接到換向片之方式。圖 7-16 所示為一簡單四極單工波繞電機。在此單工波繞中，每一其他轉子線圈回接至第一個線圈開始接線之相鄰換向片上。因此，相鄰兩換向片間有兩個線圈串聯。另外，由於相鄰換向片間之每對線圈有一個邊在極面下，而所有輸出電壓為每極效應之和，因此不會有電壓不平衡問題。

通常，一 P 極電機，兩相鄰換向片間有 $P/2$ 個線圈串聯。若第 $P/2$ 個線圈連接到第一個線圈之前的換向片，則此繞組為前進繞。若第 $P/2$ 個線圈連接到第一個線圈之後的換向片，則此繞組為後退繞。

在單工波繞中，只有兩電流路徑。每個電流路徑有 $C/2$ 或一半的繞組。此種電機電

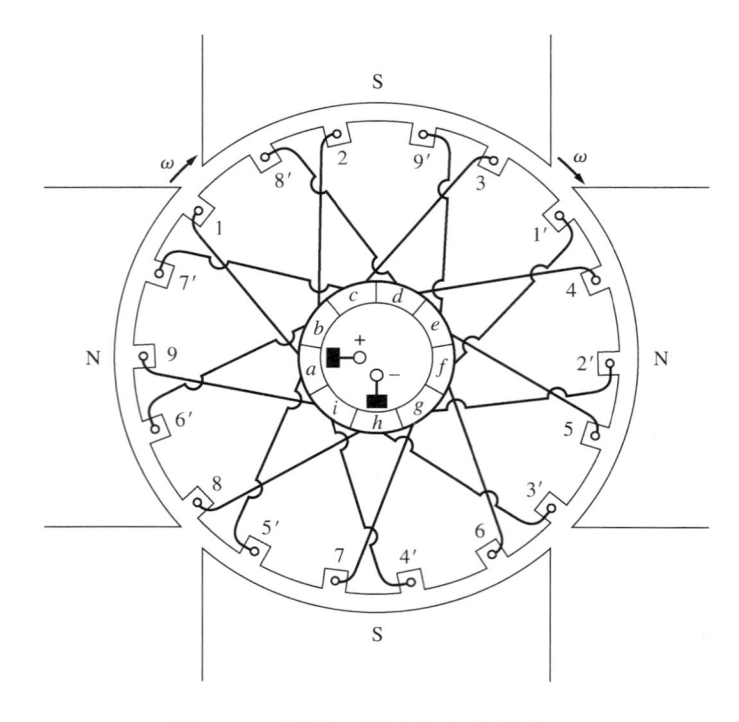

圖 7-16　簡單四極波繞直流電機。

刷放置位置彼此相距均為全節距。

任何單工波繞繞組之換向片節距之表示為

$$y_c = \frac{2(C \pm 1)}{P} \quad \text{單工波繞} \tag{7-27}$$

其中 C 是轉子之線圈數，而 P 是電機之極數。正號表示前進繞，而負號表示後退繞。圖 7-17 所示為一單工波繞繞組。

波繞繞組適合於高壓直流電機，因為換向片間串聯的線圈比疊繞繞組容易建立高電壓。多工波繞繞組為轉子上有多個獨立之波繞繞組。這些額外繞組各有兩個電流路徑，所以在多工波繞繞組中之電流路徑數為

$$a = 2m \quad \text{多工波繞} \tag{7-28}$$

蛙腿繞組

蛙腿繞組 (frog-leg winding) 或稱**自均壓繞組** (self-equalizing winding)，由它線圈的外形而得名，如圖 7-18 所示。它由疊繞和波繞繞組組合而成。

均壓器在一般疊繞繞組是連接於電壓相等的點。波繞繞組所到達之相同極性之連續極面下之各點電壓相等。在相同位置上用均壓器連結在一起。蛙腿式繞或自均壓繞組由波繞和疊繞繞組組成，所以波繞繞組可當成疊繞繞組之均壓器。

蛙腿式電流路徑數為

$$a = 2Pm_{\text{lap}} \quad \text{蛙腿繞組} \tag{7-29}$$

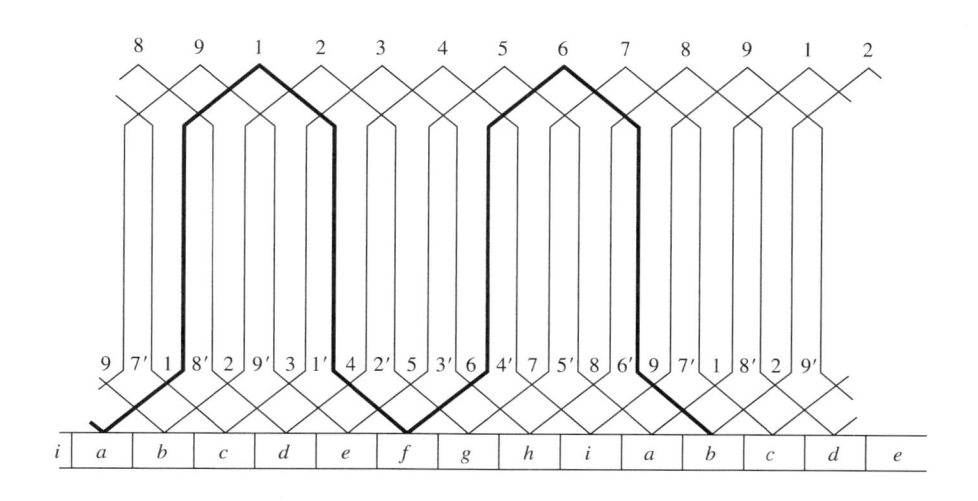

圖 7-17 圖 7-16 中電機轉子繞組。注意：每個第二線圈之末端與第一線圈之後的換向片、串聯連接，此為前進波繞。

線圈

疊繞繞組

波繞繞組

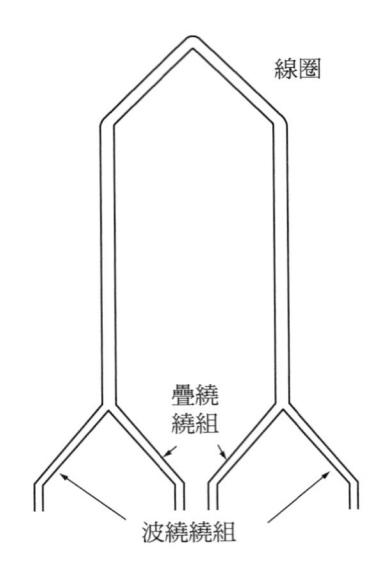

圖 7-18　蛙腿或自均壓繞組線圈。

其中 P 是電機之極數，而 m_{lap} 是疊繞繞組之工數。

7.4　實際電機之換向問題

在實際電機上之換向處理並不像理論上那麼簡單，因為實際世界中有兩個主要效應干擾它：

1. 電樞反應
2. $L\,di/dt$ 電壓

電樞反應

現於電機端連接一負載，電樞繞組會有電流流動。此電流會產生它自己的磁場，此磁場會使原本電機磁極所產生之磁場造成扭曲現象。當電機負載增加時所造成之磁通扭曲稱為**電樞反應** (armature reaction)。它在實際的直流電機中造成兩個嚴重問題。

由電樞反應所引起之第一個問題是**中性面移動** (neutral-plane shift)。電機內**磁中性面** (magnetic neutral plane) 之定義為轉子之導線速度正好平行於磁通線之面，所以此平面上導體之 e_{ind} 正好為零。

為了瞭解中性面移動問題，請看圖 7-19。圖 7-19a 為一二極直流電機。注意，磁通很均勻地分佈於極面下。N 極極面下之轉子繞組產生離開紙面之電壓，而 S 極極面下之導體產生進入紙面之電壓。此電機之中性面正好是垂直的。

現假設有一負載接到電機上，它作用像是發電機。電流會從發電機正端流出，所

以 N 極極面下之導體電流會流出紙面，而 S 極極面下之導體電流會流入紙面。此電流會從轉子繞組產生一磁場，如圖 7-19c 所示。此轉子磁場會影響產生發電機電壓由磁極所產生之原本磁場。在極面某些位置下，它與磁極磁通相減，而在其他位置與磁極磁通相加。全部所產生之氣隙中的磁通如圖 7-19d 與 e 所示。注意轉子上導體感應電壓為零(中性面)之位置已經移動了。

圖 7-19 所示之發電機，磁中性面往旋轉方向移動。若此電機為電動機，轉子上之電流會反向且磁通會往圖所示之相反角落靠攏。結果，磁中性面會往另外方向移動。

當電機加載，中性面會偏移，而被電刷短路之換向片還有電壓。結果被短路的換向片間會產生環流及大的火花，在電刷離開換向片而將電流切斷的時候。最後結果是電刷上有電弧及火花。這是很嚴重的問題，因為它嚴重地縮短電刷的壽命，使換向片凹陷，

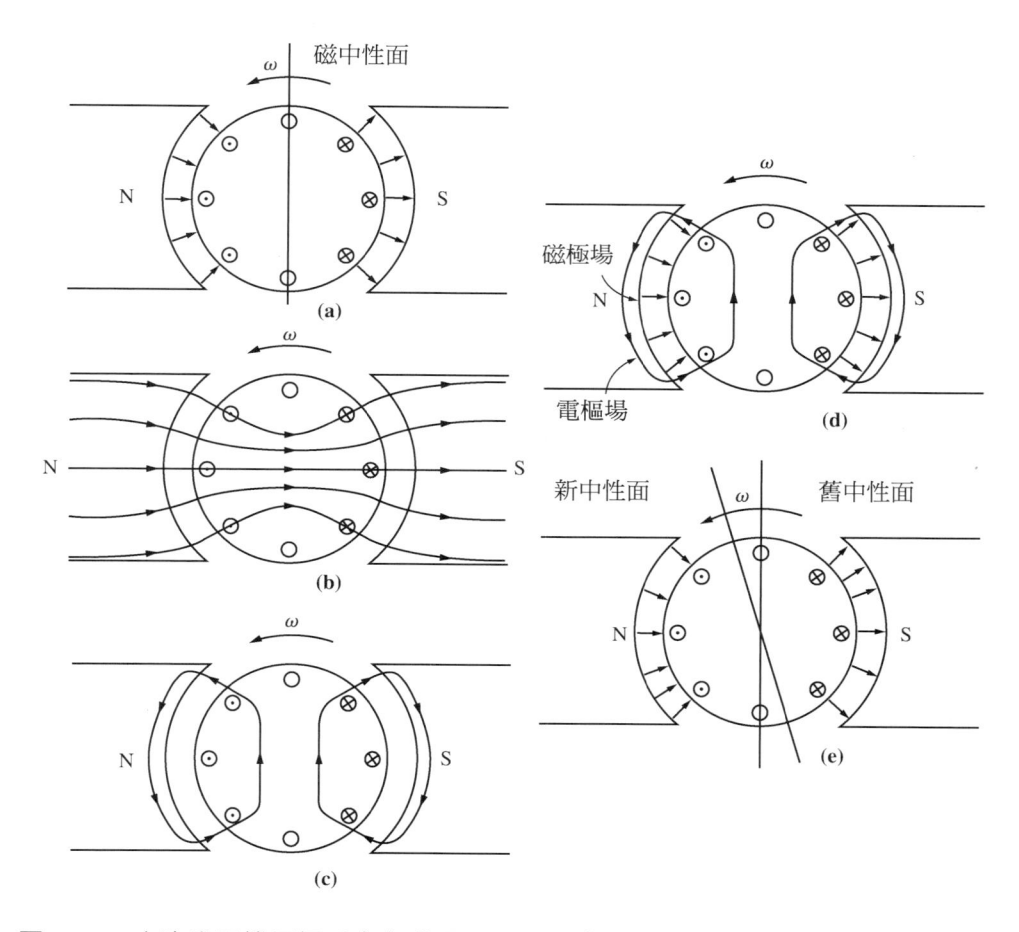

圖 7-19 直流發電機電樞反應之發展。(a) 最初極磁通均勻分佈且磁中性面是垂直的；(b) 氣隙對極磁通分佈之效應；(c) 當負載加於電機時所產生之電樞磁場；(d) 轉子及極磁通均顯示，指示其相加和相減之處；(e) 磁極下所產生之磁通，中性面已往運動方向移動。

以及大幅增加維護費用。注意，此問題不能將電刷固定在克服滿載之中性面位置，因為在無載時，它們仍會產生火花。

電樞反應所造成之第二個主要問題為**磁通減弱** (flux weakening)。大部分電機運轉於磁通密度接近飽和之點。因此，在轉子磁動勢與磁極動勢相加的極面位置上，磁通只發生小量的增加。但在轉子磁動勢與磁極磁動勢相減之極面位置上，磁通有很大的減少。此所得結果，整個極面下之平均磁通是減少的 (見圖 7-20)。

磁通減弱在發電機與電動機均會產生問題。在發電機中，磁通減弱之效應為減少發電機供給負載之電壓。在電動機中，此效應比較嚴重。就如本章前面例子所示，當電動機之磁通減少，它的轉速會增加。但轉速的增加會增加其負載，而產生更大的磁通減

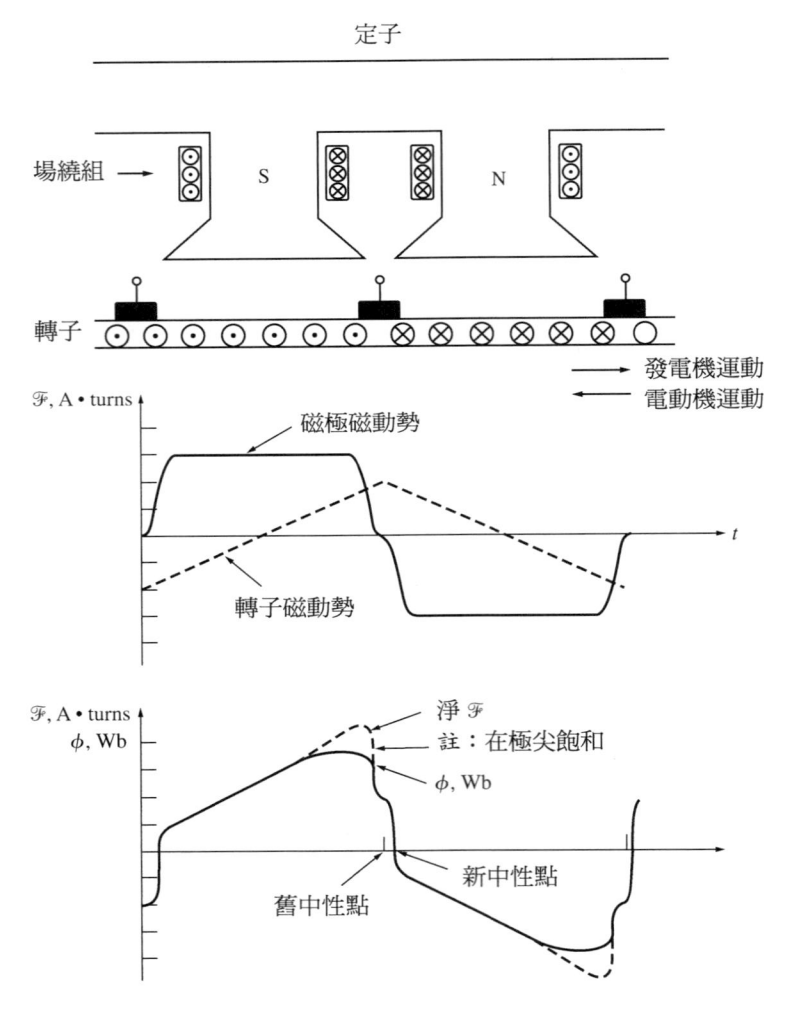

圖 7-20 直流電機極面下之磁通和磁動勢。在磁動勢相減的點，其磁通與鐵心中之淨磁動勢密合，而在磁動勢相加之點，磁飽和限制總磁通出現。且轉子中性點已經偏移。

弱。弱磁會使某些直流分激電動機到達脫速情況；而電動機之轉速會繼續升高，一直到電機切離電源線或毀壞為止。

L di/dt 電壓

第二個主要問題是發生在被電刷所短路的換向片中的 *L di/dt* 電壓，此電壓有時稱為**電感性反衝** (inductive kick)。要瞭解這種問題，見圖 7-21。此圖為一串換向片與它們之間所連接之導體。假設電刷內之電流為 400 A，每個路徑上之電流為 200 A。注意當換向片被短路時，流經換向片之電流必定反向。這種反向要多快速？假設電機以 800 r/

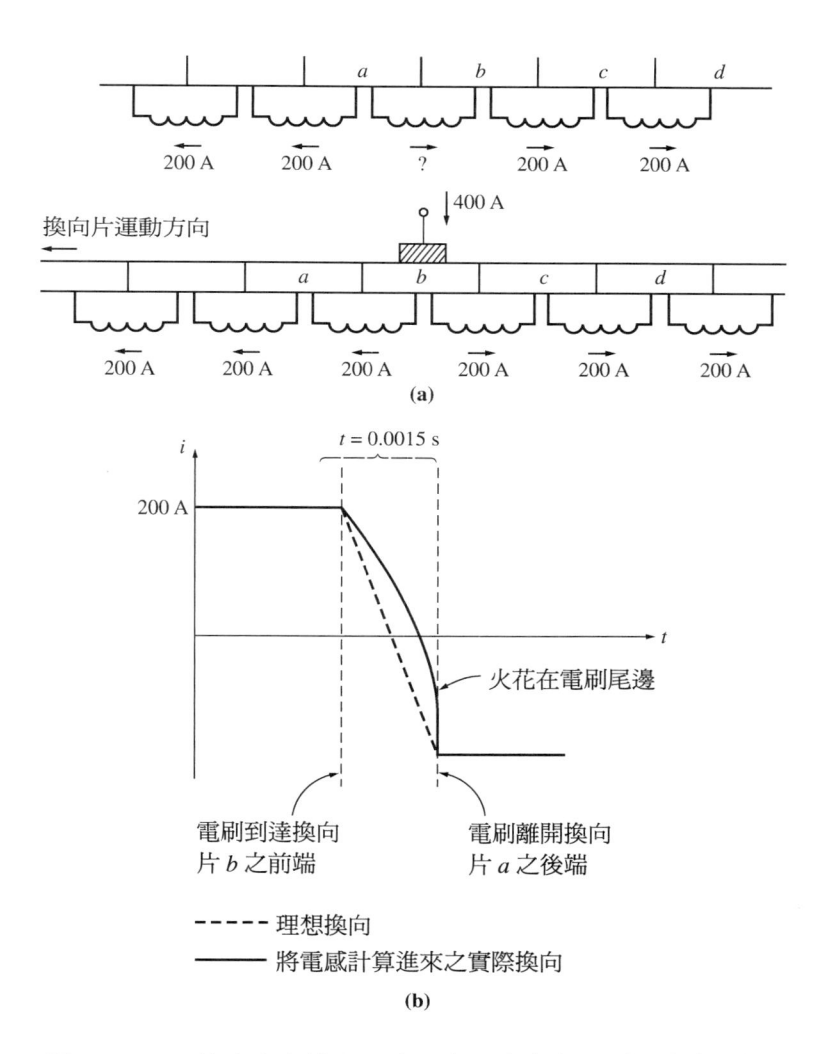

圖 7-21 (a) 換向中之線圈電流反向。注意當電刷短路這兩個換向片時，換向片 *a* 與 *b* 之間的線圈中電流必定反向；(b) 有考慮線圈電感時，理想和實際換向兩者之正在換向中之反向線圈電流之時間函數。

min 之速度運轉,且有 50 個換向片 (典型電動機之合理數目),則每個換向片在電刷下運動,而在 t=0.0015 s 後再度離開。因此,在短路迴圈中電流對時間的變化率之平均為

$$\frac{di}{dt} = \frac{400 \text{ A}}{0.0015 \text{ s}} = 266{,}667 \text{ A/s} \tag{7-30}$$

只要迴圈中有很小的電感存在,在短路的換向片中也會感應一很大的電感性電壓反衝 $v = L\, di/dt$。此大的電壓會在電機之電刷上產生火花,也產生如中性面偏移所造成之同樣的電弧問題。

換向問題之解決方法

目前有發展三種方法可完全或部分地解決電樞反應和 $L\, di/dt$ 電壓問題:

1. 移動電刷
2. 換向或中間極
3. 補償繞組

換向磁極或中間極 因為以上所說之缺點,特別是必須有人在負載改變時去調整電刷位置,所以另一種解決電刷火花問題之方法就發展出來。這種方法之基本想法是,若換向中的導線之電壓能為零,則電刷就不會產生火花。要實現這情況,可在主磁極間之中間設置小的磁極,稱為**換向極** (commutating poles) 或**中間極** (interpoles)。這些換向極放置於正對著正在換向中之導體。由換向極所提供之磁通,正在換向中之線圈的電壓可被抵消。若能恰當抵消,則電刷就不會跳火花。

換向極不會改變電機之運轉,因為它們很小且作用只限於正在換向中之幾根導體。注意在主極面下的電樞反應是不受影響的,因為換向極之效應不會擴展那麼遠。此意味著換向極對電機之弱磁作用是不影響的。

換向片上之電壓在所有負載下是如何被消除的?只要簡單的將中間極繞組與轉子繞組串聯即可,如圖 7-22 所示。當負載增加而使轉子電流增加時,中性面偏移之量與 $L\, di/dt$ 之效應均增加。這些效應使得換向中之導體電壓增加。但是,中間極之磁通也增加,而導體上產生一較大電壓以反對因中性面偏移所產生之電壓。所得之結果就是在廣大範圍內的負載均可抵消它們的效應。注意,中間極可工作於電動機或發電機,因為當電機由電動機變成發電機,在轉子和中間極內之電流皆反向。因此,所產生之電壓仍互相抵消。

中間極之磁通極性為什麼極性?中間極必須在換向中的導體感應一電壓以反對因中性面偏移及 $L\, di/dt$ 效應所產生之電壓。在發電機中,中性面往旋轉方向偏移,意味著正在換向中的導體所產生之電壓與其離開磁極之電壓有相同極性 (見圖 7-23)。為了反對這

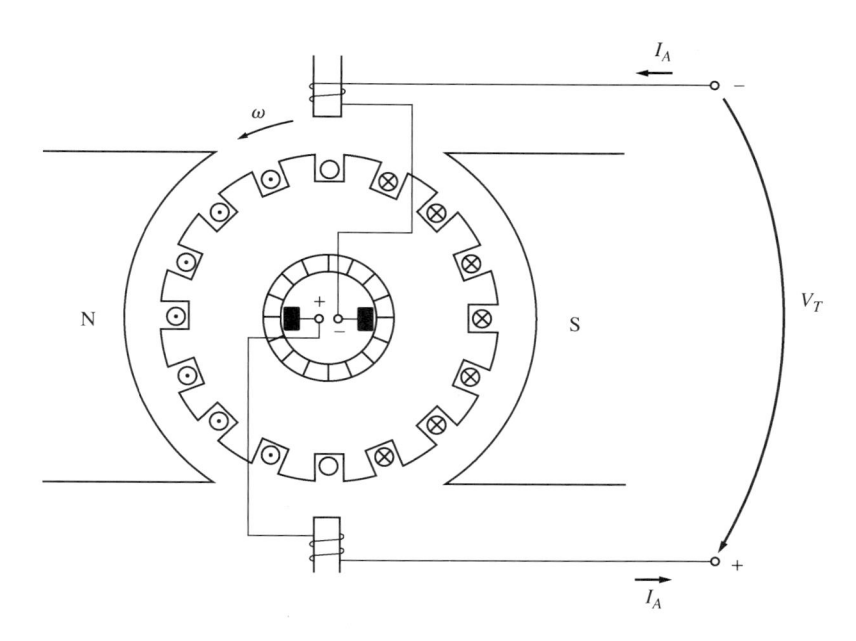

Chapter 7 直流電機原理 271

圖 7-22 有中間極之直流電機。

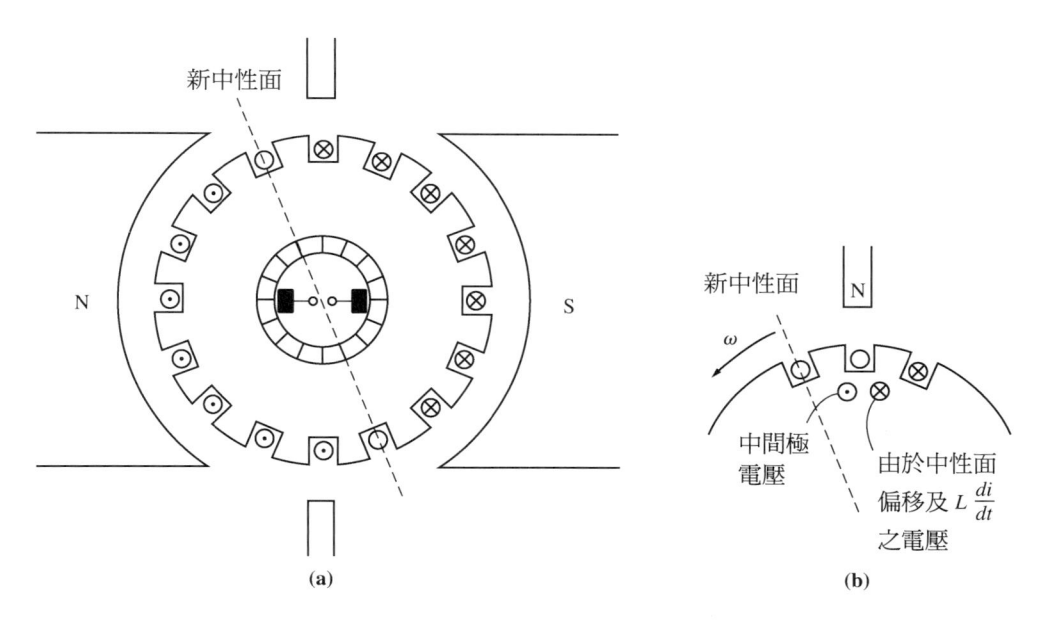

圖 7-23 中間極極性之決定。中間極之磁通必須產生一反對導體中存在之電壓的電壓。

電壓，中間極必須有反向磁通，也就是與將進來之磁極的磁通相同。在電動機中，中性面反旋轉方向移動，正在換向中的導體其磁通與正要到達之磁極的磁通相同。為了反對此電壓，中間極必須與先前之主磁極有相同極性。因此，

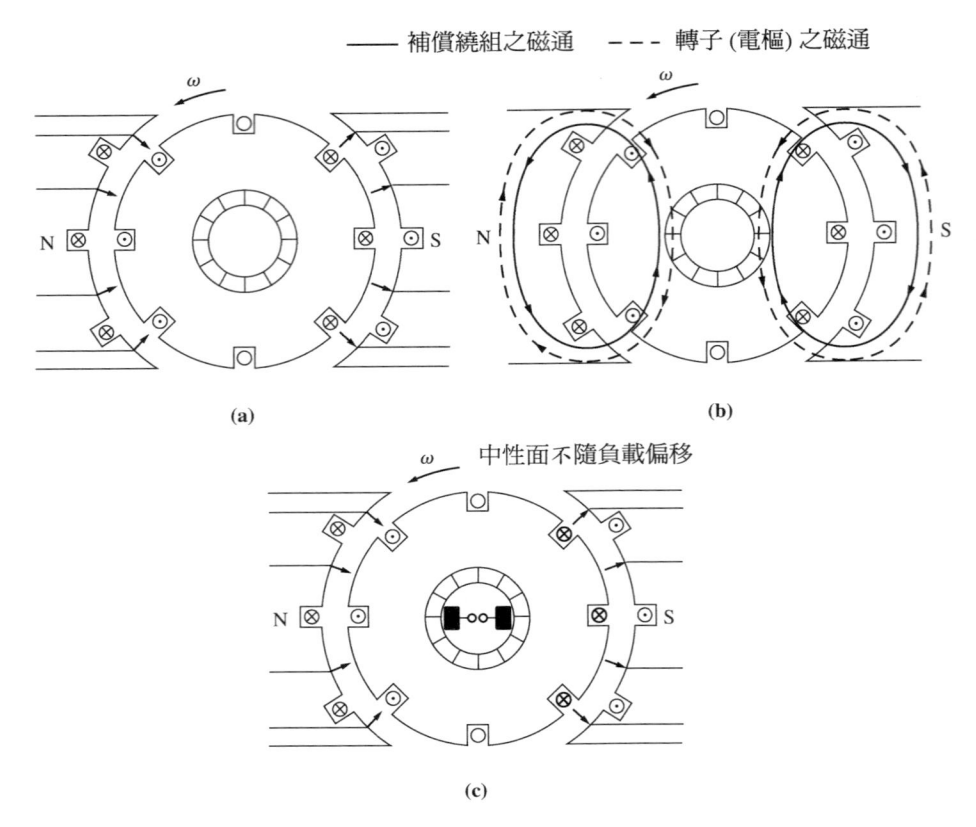

圖 7-24 補償繞組在直流電機之效應。(a) 電機之磁極磁通；(b) 電樞和補償繞組之磁通。注意它們相等且反向；(c) 電機之淨磁通，恰好等於原本之磁極磁通。

1. 在發電機中，中間極必須與下一個將要到來之主磁極同極性。
2. 在電動機中，中間極必須與先前之主磁極有相同極性。

補償繞組　對於負荷重且長期必須使用之電動機而言，弱磁問題是十分嚴重的。為了完全消除電樞反應也就是消除中性面偏移和弱磁問題，另一種不同技巧已發展出來。這第三種方法為放補償繞組於極面槽切口內且平行於轉子導體，以消除電樞反應之扭曲效應。這些繞組與轉子繞組串聯連接，所以無論何時轉子負載改變，在補償繞組內之電流也會改變。圖 7-24 所示為此基本概念。在圖 7-24a 中，只顯示磁極本身之磁通。在圖 7-24b 中，顯示了轉子磁通與補償繞組磁通。圖 7-24c 為這些磁通之和，它恰好等於原本之磁極磁通。

圖 7-25 更詳細的指出補償繞組對直流電機之效應。注意，由於補償繞組所產生之磁動勢會與轉子在極面下每點所產生之磁動勢相等且方向相反。而所得之淨磁動勢為磁極之磁動勢，所以無論電機之負載為何，其磁通都沒改變。

補償繞組之主要缺點為太昂貴，因為它們必須被放入極面內。任何電動機除使用補

Chapter 7　直流電機原理

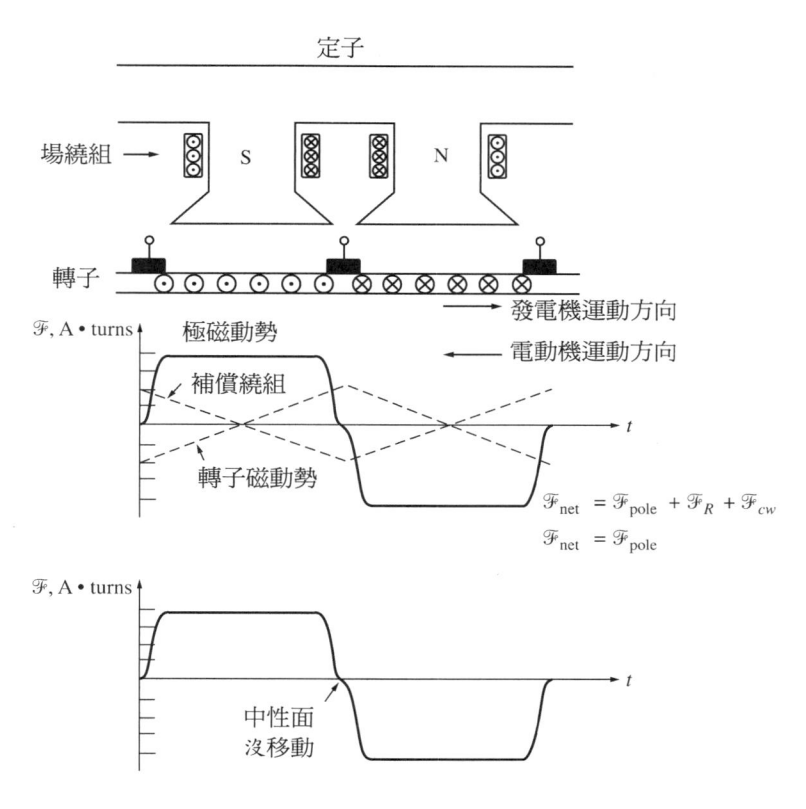

圖 7-25　有補償繞組之直流電機的磁通及磁動勢。

償繞組外還須有中間極,因為補償繞組無法消除 $L\,di/dt$ 效應。然而因為中間極不是很強大,因此它們只能消除 $L\,di/dt$ 電壓,而無法消除因中性偏移所產生之電壓。因為同時裝有補償繞組與中間極之電機較昂貴,所以只有在要求電動機責任較重處才使用它們。

7.5　實際直流電機之內生電壓及感應轉矩方程式

實際直流電機可產生多少電壓?在任何電機中之感應電壓依三個因素而定:

1. 電機之磁通 ϕ
2. 電機轉子之轉速 ω_m
3. 依據電機結構而定之常數

實際電機中轉子繞組內之電壓如何決定?電樞輸出之電壓為每條電流路徑之導體數乘以每根導體上之電壓。極面下任何單一根導體之電壓為

$$e_{\text{ind}} = e = vBl \tag{7-31}$$

因此實際電機電樞之輸出電壓為

$$E_A = \frac{ZvBl}{a} \tag{7-32}$$

其中 Z 是總導體數，a 為電流路徑數。轉子內每根導體之速度可表示成 $v = r\omega_m$，其中 r 是轉子之半徑，所以

$$E_A = \frac{Zr\omega_m Bl}{a} \tag{7-33}$$

此電壓可用更普通型式來表示，因每極之磁通為磁極下之磁通密度乘以磁極的面積：

$$\phi = BA_P$$

轉子之外形像圓柱體，所以它的面積為

$$A = 2\pi rl \tag{7-34}$$

若電機有 P 極，則相對於每極之面積為面積 A 除以極數 P：

$$A_P = \frac{A}{P} = \frac{2\pi rl}{P} \tag{7-35}$$

每極之總磁通為

$$\phi = BA_P = \frac{B(2\pi rl)}{P} = \frac{2\pi rlB}{P} \tag{7-36}$$

因此，電機之內生電壓可表示成

$$E_A = \frac{Zr\omega_m Bl}{a} \tag{7-33}$$

$$= \left(\frac{ZP}{2\pi a}\right)\left(\frac{2\pi rlB}{P}\right)\omega_m$$

$$\boxed{E_A = \frac{ZP}{2\pi a}\phi\omega_m} \tag{7-37}$$

最後，

$$\boxed{E_A = K\phi\omega_m} \tag{7-38}$$

其中

$$\boxed{K = \frac{ZP}{2\pi a}} \tag{7-39}$$

在現代工業上，一般電機轉速之表示是用每分鐘多少轉代替每秒弳。每分鐘之轉數變為每秒弳為

$$\omega_m = \frac{2\pi}{60} n_m \quad (7\text{-}40)$$

所以，以每分鐘之轉數所表示之電壓方程式為

$$\boxed{E_A = K'\phi n_m} \quad (7\text{-}41)$$

其中

$$\boxed{K' = \frac{ZP}{60a}} \quad (7\text{-}42)$$

實際直流電機之電樞所感應之轉矩是多少？任何電機之轉矩依三種因素而定：

1. 電機之磁通 ϕ
2. 電機之電樞 (或轉子) 電流 I_A
3. 依據電機構造而定之常數

實際電機轉子上之轉矩如何決定呢？電樞所產生之轉矩為導體數 Z 乘以每根導體產生之轉矩。極面下任何一根導體之轉矩為

$$\tau_{\text{cond}} = rI_{\text{cond}}lB \quad (7\text{-}43)$$

若電機有 a 條電流路徑，則總電樞電流 I_A 分成 a 條電流路徑，則在單一根導體之電流為

$$I_{\text{cond}} = \frac{I_A}{a} \quad (7\text{-}44)$$

所以，電動機單根導體所感應之轉矩可表示成

$$\tau_{\text{cond}} = \frac{rI_A lB}{a} \quad (7\text{-}45)$$

因為有 Z 根導體，則總感應轉矩為

$$\tau_{\text{ind}} = \frac{ZrlBI_A}{a} \quad (7\text{-}46)$$

電機每極之磁通可表示成

$$\phi = BA_P = \frac{B(2\pi rl)}{P} = \frac{2\pi rlB}{P} \quad (7\text{-}47)$$

所以總感應轉矩可表示成

$$\tau_{\text{ind}} = \frac{ZP}{2\pi a}\phi I_A \quad (7\text{-}48)$$

最後，

$$\tau_{\text{ind}} = K\phi I_A \tag{7-49}$$

其中

$$K = \frac{ZP}{2\pi a} \tag{7-39}$$

以上內生電壓與感應轉矩方程式僅僅是近似的，因為在任一時間內並非所有導體均在極面下，而且並非每極之極面能完全蓋住轉子表面之 $1/P$。為了得到更精確的表示，可用轉子之總導體數代替極面下之導體數。

例題 7-2

一六極直流電機之電樞繞組為雙工疊繞，有六個電刷，每個距離為兩個換向片。電樞有 72 個線圈，每個有 12 匝。每極之磁通為 0.039 Wb，電機運轉在 400 r/min。

(a) 此電機有多少電流路徑？
(b) 它的感應電壓 E_A 是多少？

解：

(a) 電流路徑數為

$$a = mP = 2(6) = 12 \text{ 條電流路徑} \tag{7-26}$$

(b) 感應之電壓為

$$E_A = K'\phi n_m \tag{7-41}$$

且

$$K' = \frac{ZP}{60a} \tag{7-42}$$

電機之導體數為

$$Z = 2CN_C = 2(72)(12) = 1728 \text{ 根導體} \tag{7-22}$$

因此，常數 K' 為

$$K' = \frac{ZP}{60a} = \frac{(1728)(6)}{(60)(12)} = 14.4$$

而電壓 E_A 為

$$E_A = K'\phi n_m$$
$$= (14.4)(0.039 \text{ Wb})(400 \text{ r/min})$$
$$= 224.6 \text{ V}$$

◀

例題 7-3

一 12 極直流發電機，電樞為單工波繞，有 144 個線圈，每個有 10 匝。每匝之電阻為 0.011 Ω。每極之磁通為 0.05 Wb，且運轉於 200 r/min。

(a) 此電機有多少電流路徑？
(b) 感應電壓是多少？
(c) 有效之電樞電阻是多少？
(d) 若有一 1 kΩ 之電阻接於發電機端，則電機軸上所產生之感應反轉矩是多少？(忽略內部電樞電阻。)

解：

(a) 有 $a=2m=2$ 條電流路徑。

(b) 有 $Z=2CN_C=2(144)(10)=2880$ 根導體。

因此，

$$K' = \frac{ZP}{60a} = \frac{(2880)(12)}{(60)(2)} = 288$$

因此，感應電壓為

$$\begin{aligned} E_A &= K'\phi n_m \\ &= (288)(0.05 \text{ Wb})(200 \text{ r/min}) \\ &= 2880 \text{ V} \end{aligned}$$

(c) 有兩條並聯路徑經過轉子，每條路徑有 $Z/2=1440$ 根導體，或是 720 匝。因此，每條電流路徑之電阻為

$$電阻／路徑=(720\text{ 匝})(0.011\text{ Ω／匝})=7.92\text{ Ω}$$

因為有兩條平行路徑，則有效電樞電阻為

$$R_A = \frac{7.92 \text{ Ω}}{2} = 3.96 \text{ Ω}$$

(d) 若一 1000 Ω 之負載接於發電機端點，若 R_A 忽略，則電流 $I=2880$ V/1000 Ω$=2.88$ A。常數 K 為

$$K = \frac{ZP}{2\pi a} = \frac{(2880)(12)}{(2\pi)(2)} = 2750.2$$

因此，軸之反轉矩為

$$\begin{aligned} \tau_{\text{ind}} &= K\phi I_A = (2750.2)(0.05 \text{ Wb})(2.88 \text{ A}) \\ &= 396 \text{ N·m} \end{aligned}$$

7.6 直流電機之電力潮流及損失

直流發電機取機械功率而產生電功率,而直流電動機取電功率而產生機械功率。在其他情況中,並不是所有輸入電機之功率都以有用的型式出現在另一端——此處理過程總是會有損失。

直流電機之效率定義為

$$\eta = \frac{P_{\text{out}}}{P_{\text{in}}} \times 100\% \tag{7-50}$$

電機之輸入功率與輸出功率間之差為發生於內部之損失。因此,

$$\eta = \frac{P_{\text{out}} - P_{\text{loss}}}{P_{\text{in}}} \times 100\% \tag{7-51}$$

直流電機損失

直流電機內所發生之損失可分成五類:

1. 電或銅損 (I^2R 損失)
2. 電刷損失
3. 鐵心損失
4. 機械損失
5. 雜散負載損失

電或銅損　銅損為發生於電機電樞與場繞組之損失。電樞和場繞組之損失為

$$\text{電樞損失:} \quad P_A = I_A^2 R_A \tag{7-52}$$

$$\text{場損失:} \quad P_F = I_F^2 R_F \tag{7-53}$$

其中　P_A = 電樞損失

　　　P_F = 場電路損失

　　　I_A = 電樞電流

　　　I_F = 場電流

　　　R_A = 電樞電阻

　　　R_F = 場電阻

這些計算的電阻通常是正常運轉溫度下之電阻。

電刷損失 電刷壓降損失是電刷接觸電位之損失。它為

$$P_{BD} = V_{BD} I_A \tag{7-54}$$

其中 P_{BD} = 電刷壓降損失
V_{BD} = 電刷壓降
I_A = 電樞電流

電刷損失以此計算之理由為在電樞電流很大時，跨於電刷上之壓降幾乎是定值的。除非有特殊規定，否則電刷壓降通常都假定大約是 2 V。

鐵心損失 鐵心損失是發生在電動機金屬部分之磁滯損和渦流損。這些損失隨磁通密度平方 (B^2) 和旋轉速度之 1.5 次方 ($n^{1.5}$) 而變動。

機械損失 機械損失是直流電機中有關於機械效應之損失。有兩種基本型式之損失：**摩擦** (friction) 損失及**風阻** (windage) 損失。這些損失以旋轉速度之三次方變動。

雜散損失 (或雜項損失) 雜散損失就是不能列入前面幾種各類之損失。不論如何小心地計算各種損失，總有一些會疏忽掉。所有這些損失都集中於雜散損失。大部分電機，雜散損失可以滿載之 1% 來計算。

功率潮流圖

計算功率損失之一種簡便方法就是**功率潮流圖** (power-flow diagram)。圖 7-26a 所示為直流發電機之功率潮流圖。在此圖中，機械功率輸入電機，然後扣掉雜散損失、機械損失和鐵心損失。這些被扣掉後，所剩之功率就是真正轉換成電型式之功率 P_{conv}。此機械功率轉換成

$$P_{\text{conv}} = \tau_{\text{ind}} \omega_m \tag{7-55}$$

而所產生之電功率為

$$P_{\text{conv}} = E_A I_A \tag{7-56}$$

但這並不是出現在電機端點之功率。在到達端點前，還須扣除 I^2R 損失及電刷損失。

在直流電動機情況時，只要將功率潮流圖反向即可，如圖 7-26b 所示為電動機之功率潮流圖。

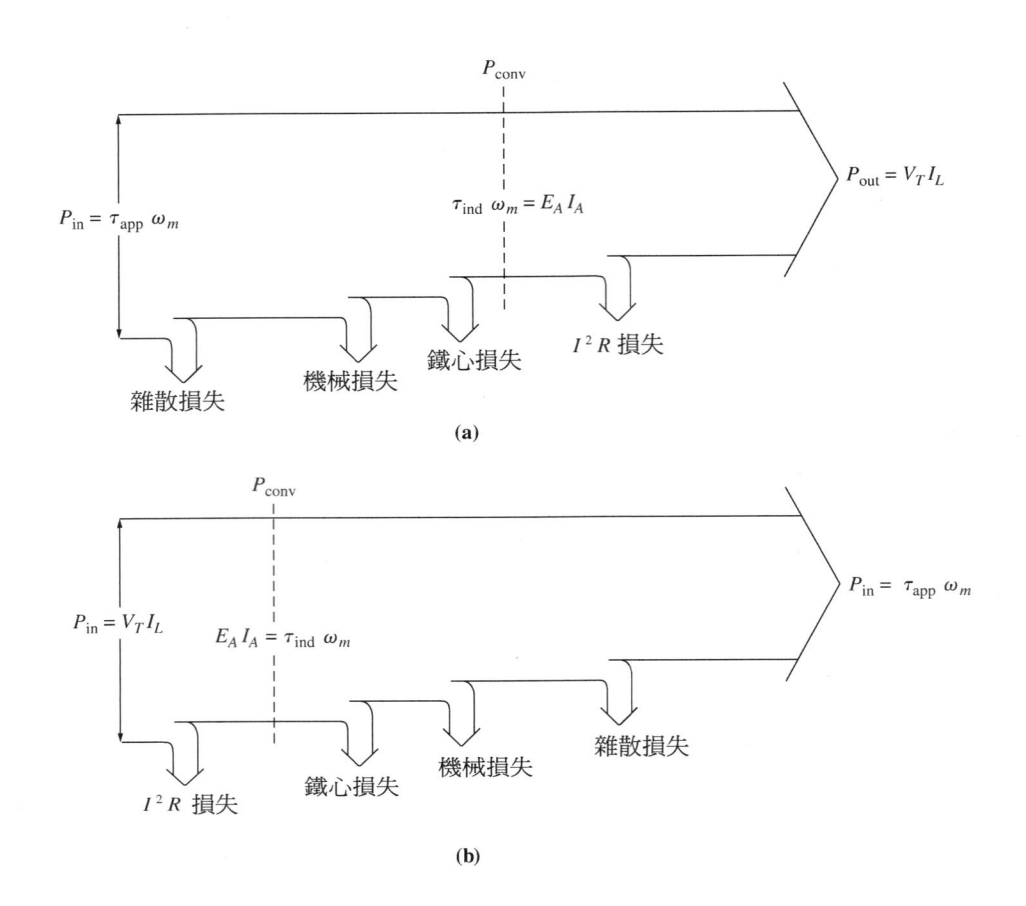

圖 7-26 直流電機之功率潮流圖：(a) 發電機；(b) 電動機。

習　題

7-1 以下之資訊是關於圖 7-6 之簡單旋轉迴圈：

$$B = 0.4 \text{ T} \qquad V_B = 48 \text{ V}$$
$$l = 0.5 \text{ m} \qquad R = 0.4 \text{ }\Omega$$
$$r = 0.25 \text{ m} \qquad \omega = 500 \text{ rad/s}$$

(a) 說明電機是當電動機或發電機運轉？
(b) 電流 i 流入或流出電機？電力潮流是流入或流出電機？
(c) 若轉子之轉速改變至 550 rad/s，則電流是流入或流出電機？
(d) 若轉子之轉速改變至 450 rad/s，則電流會流入或流出電機？

7-2 參考圖 P7-1 之簡單兩極八線圈電機。下列是關於此電機之資訊：

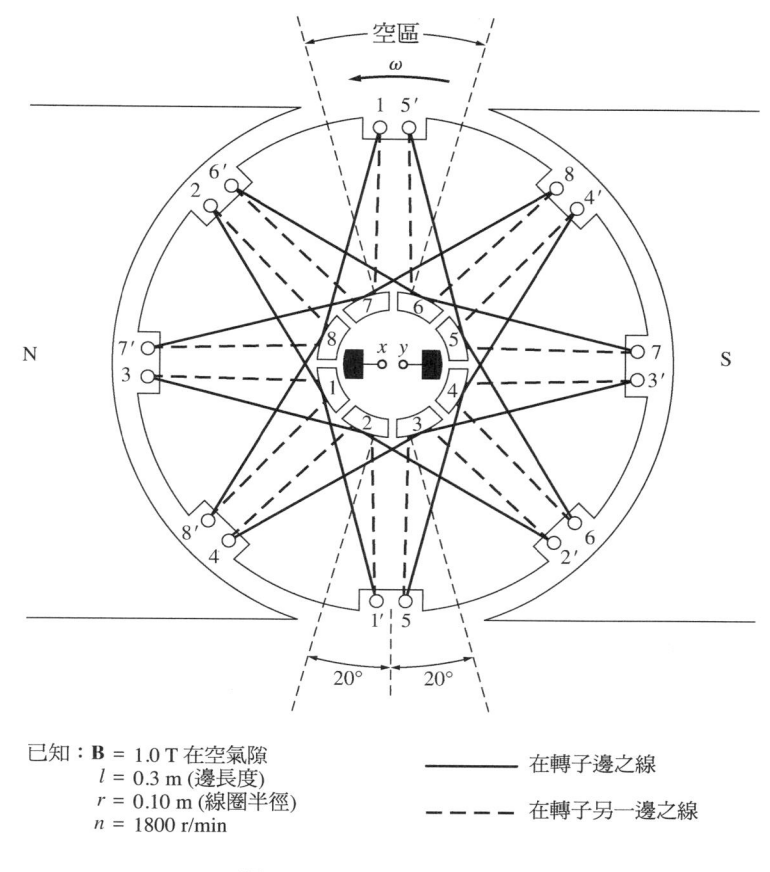

圖 P7-1　習題 7-2 之電機。

$\mathbf{B} = 1.0$ T 在空氣隙

$l = 0.3$ m (線圈邊長度)

$r = 0.10$ m (線圈半徑)

$n = 1800$ r/min　逆時針方向

每個轉子線圈電阻為 0.04 Ω。

(a) 所示之電樞繞組是前進或是後退繞？
(b) 有幾條電流路徑經過電樞？
(c) 電刷電壓之大小與極性為何？
(d) 電樞電阻 R_A 是多少？
(e) 若有 5 Ω 連接於電機之端點，會有多少電流？決定電流時考慮內部電阻。
(f) 感應轉矩之大小及方向為何？
(g) 若轉速與磁通密度固定，畫出以電機所吸收電流為函數之端電壓。

7-3 一 8 極額定電流 120 A 之直流電機。在額定情況下有多少電流流動，若 (a) 單工疊繞；(b) 雙工疊繞；(c) 單工波繞？

7-4 若一 20 極電機的電樞是 (a) 單工疊繞；(b) 雙工波繞；(c) 三工疊繞；(d) 四工波繞，其電樞中有多少並聯電流路徑？

7-5 一 8 極，25 kW，120 V，雙工疊繞電樞之直流發電機有 64 個線圈，每個線圈有 10 匝。它的額定轉速是 3600 r/min。
(a) 在無載時，每極需要多少磁通才能產生額定電壓？
(b) 在額定負載時，每條路徑之電流是多少？
(c) 在額定負載時之感應轉矩是多少？
(d) 此電機需要多少電刷？每個電刷之寬度是多少？
(e) 若每匝之電阻為 0.011 Ω，則電樞電阻 R_A 是多少？

7-6 圖 P7-2 所示為二極小直流電動機，有八個轉子線圈，每個線圈有 10 匝。每極之磁通為 0.006 Wb。
(a) 若電動機連接一 12 V 之直流蓄電池，則無載之轉速是多少？
(b) 若蓄電池之正端連接至最右側之電刷，則旋轉方向為何？
(c) 若電動機加上負載，所以它自蓄電池吸收 600 W 功率，則感應轉矩是多少？(忽略內部電阻。)

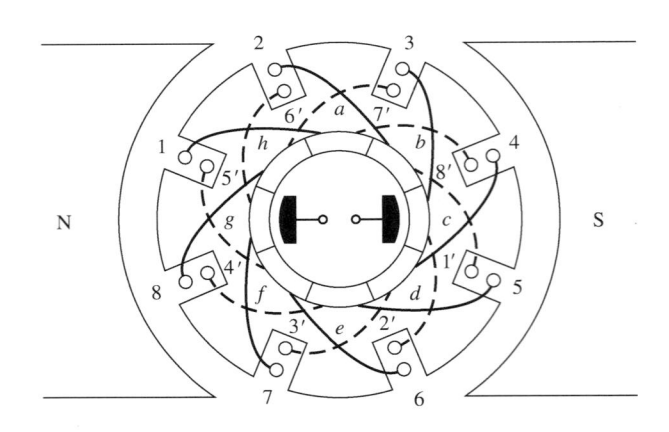

圖 **P7-2** 習題 7-6 之電機。

CHAPTER 8

直流電動機與發電機

學習目標

- 知道一般使用的直流電動機之型式。
- 瞭解直流電動機之等效電路。
- 瞭解如何推導外激、分激、串激和複激式電動機之轉矩-速度特性。
- 能夠在考慮電樞反應效應下,利用磁化曲線作直流電動機非線性分析。
- 瞭解如何控制不同型式直流電動機之速度。
- 瞭解直流串激電動機之特殊特性與適用場合。
- 能夠說明差複激直流電動機之問題。
- 瞭解安全啟動直流電動機的方法。
- 瞭解直流發電機之等效電路。
- 瞭解直流發電機如何在沒有外部電壓源下作啟動。
- 瞭解如何推導外激、分激、串激和複激式直流發電機之電壓-電流特性。
- 能夠在考慮電樞反應效應下,利用磁化曲線作直流發電機非線性分析。

8.1 直流電動機簡介

在目前直流電動機依舊受歡迎有幾個原因。一是在汽車、卡 (貨) 車和飛機上仍使用直流電。當交通工具 (vehicle) 是使用直流電力時,很明顯地,會使用直流電動機。直流電動機另一個應用為需要大範圍改變速度之場合。直到最近電力電子整流器-變頻器大量使用後,直流電動機在速度控制方面的應用才比較不那麼卓越。

直流電動機通常會比較其速度調整率。直流電動機的**速度調整率** (speed regulation, SR) 的定義為

$$SR = \frac{\omega_{m,nl} - \omega_{m,fl}}{\omega_{m,fl}} \times 100\% \tag{8-1}$$

$$\text{SR} = \frac{n_{m,nl} - n_{m,fl}}{n_{m,fl}} \times 100\% \tag{8-2}$$

它是電動機的轉矩-速度特性形狀的大概量測——正的速率調整率意味著負載增加時電動機速率會下降,而負的速率調整率代表電動機速率會因負載增加而上升。速率調整率的大小,說明了轉矩-速度曲線之斜率之陡峭。

一般常用的直流電動機有五種主要的型式:

1. 外激式直流電動機
2. 分激式直流電動機
3. 永磁式直流電動機
4. 串激式直流電動機
5. 複激式直流電動機

8.2 直流電動機的等效電路

直流電動機之等效電路如圖 8-1 所示。在圖中,電樞電路以一理想電壓源 E_A 與一電阻 R_A 來表示。此為整個轉子構造之戴維寧等效電路,包含轉子線圈、中間極與補償

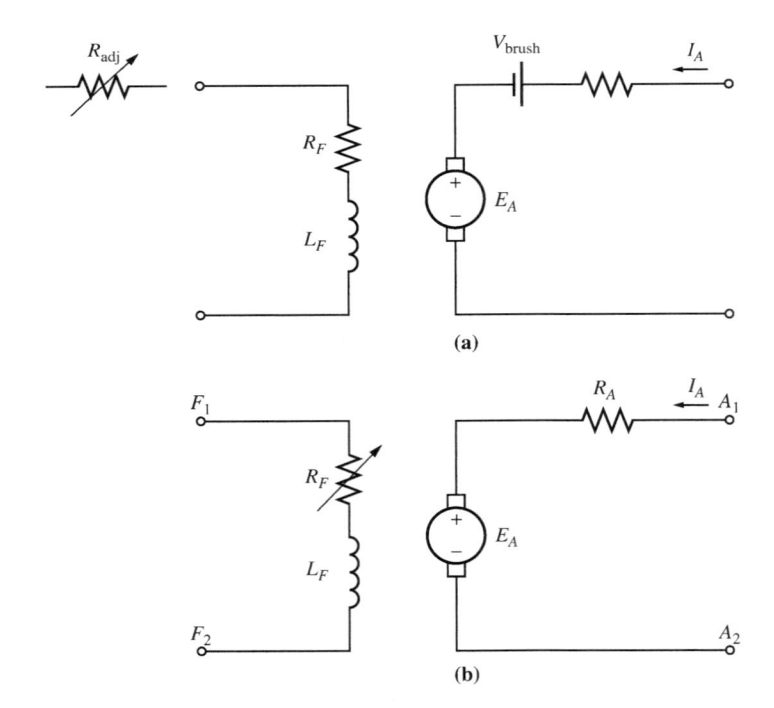

圖 **8-1** (a) 直流電動機的等效電路;(b) 省略電刷壓降以及將 R_{adj} 合併到場電阻之簡化等效電路。

繞組 (若有存在)。電刷壓降由一小的電池 V_{brush} 與電流反方向來表示。產生磁通之場繞組由 L_F 與 R_F 表示。電阻 R_{adj} 表一用來控制場電流大小之外加可變電阻。

此基本等效電路可做一些改變與簡化，電刷壓降通常只佔產生的電壓之很小部分，所以，通常可省略或包含在 R_A 內。又，場繞組電阻有時與可變電阻併在一起，總稱為 R_F (見圖 8-1b)。另一個改變為有些電動機有多個場繞組，所有將會出現在等效電路上。

直流電動機內部產生的電壓可表示為

$$E_A = K\phi\omega_m \quad (7\text{-}38)$$

它感應的轉矩為

$$\tau_{\text{ind}} = K\phi I_A \quad (7\text{-}49)$$

8.3 直流機的磁化曲線

直流電動機或發電機產生的內電勢 E_A 可以式 (7-38) 表示為

$$E_A = K\phi\omega_m \quad (7\text{-}38)$$

E_A 直接和電機的場磁通以及轉速成正比。然而，此電機的內電勢和其場電流有什麼關係？

電機中磁場電流所產生的磁動勢為 $\mathcal{F} = N_F I_F$。根據它的磁化曲線，磁動勢在電機中產生磁通 (圖 8-2)。由於場電流和磁動勢成正比，E_A 和場磁通成正比，因此習慣上將磁化曲線表示成在轉速 ω_0 固定下 E_A 和場電流的關係 (圖 8-3)。

值得一提的是，為了得到電機單位重量的最大功率輸出，大部分的發電機和馬達都被設計在接近磁化曲線的飽和點工作 (即是在曲線的膝點處運轉)。意指在接近滿載時，

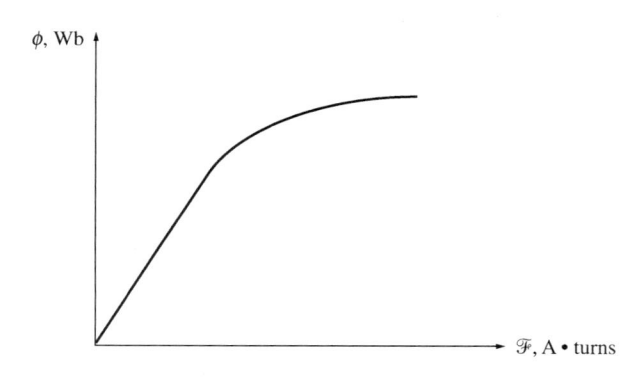

圖 8-2　鐵磁材料的磁化曲線 (ϕ 對 $\mathcal{F}$)。

為了要略微增加 E_A，必須要增加很大的磁場電流。

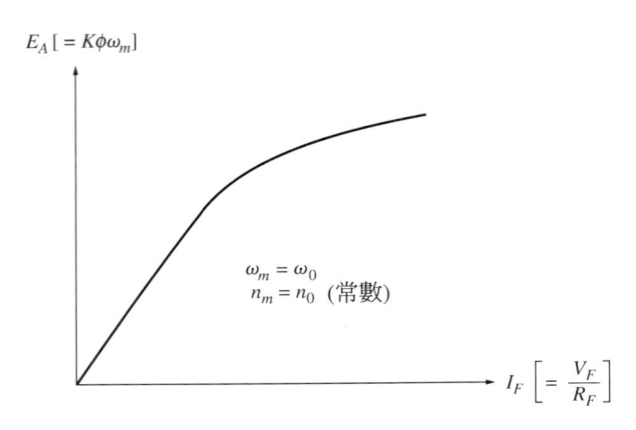

圖 8-3 在固定轉速下表示為 E_A 對 I_F 的磁化曲線。

8.4 外激和分激式直流電動機

外激式直流電動機之等效電路如圖 8-4a 所示，圖 8-4b 為分激式直流電動機之等效電路，外激式直流電動機的場電路是由外部定電壓電源所供應，而直流分激式電動機的場電路是由電動機本身電樞端直接供給電源。當供給電動機的電壓假定是固定時，外激式與分激式電動機是沒什麼差異的。除非有特殊規定，否則分激式電動機所具有的行為，外激式電動機也具有相同特性。

這些電動機的電樞電路克希荷夫電壓定律 (KVL) 方程式為

$$V_T = E_A + I_A R_A \tag{8-3}$$

分激式直流電動機之端點特性

一台機器的端點特性是它的輸出量對其他量之關係圖。對電動機而言，輸出量是軸轉矩與速度，所以，一部電動機的端點特性為輸出轉矩對速度之關係圖。

直流分激電動機對負載的反應為何？假設分激式電動機的軸上負載增加，則負載轉矩 τ_{load} 將超過電動機所感應的轉矩 τ_{ind}，結果電動機速度將會減速。當電動機速度變慢，它的內電勢會下降 ($E_A = K\phi\omega_m\downarrow$)，則電動機的電樞電流 $I_A = (V_T - E_A\downarrow)/R_A$ 會增加。當電樞電流上升，電動機感應的轉矩會增加 ($\tau_{ind} = K\phi I_A\uparrow$)，而最後在一較低的機械轉速 ω_m 下，感應的轉矩將會與負載轉距相等。

分激式直流電動機的輸出特性曲線，可由電動機的感應電壓和轉矩方程式加克希荷

$$I_F = \frac{V_F}{R_F}$$

$$V_T = E_A + I_A R_A$$

$$I_L = I_A$$

(a)

$$I_F = \frac{V_T}{R_F}$$

$$V_T = E_A + I_A R_A$$

$$I_L = I_A + I_F$$

(b)

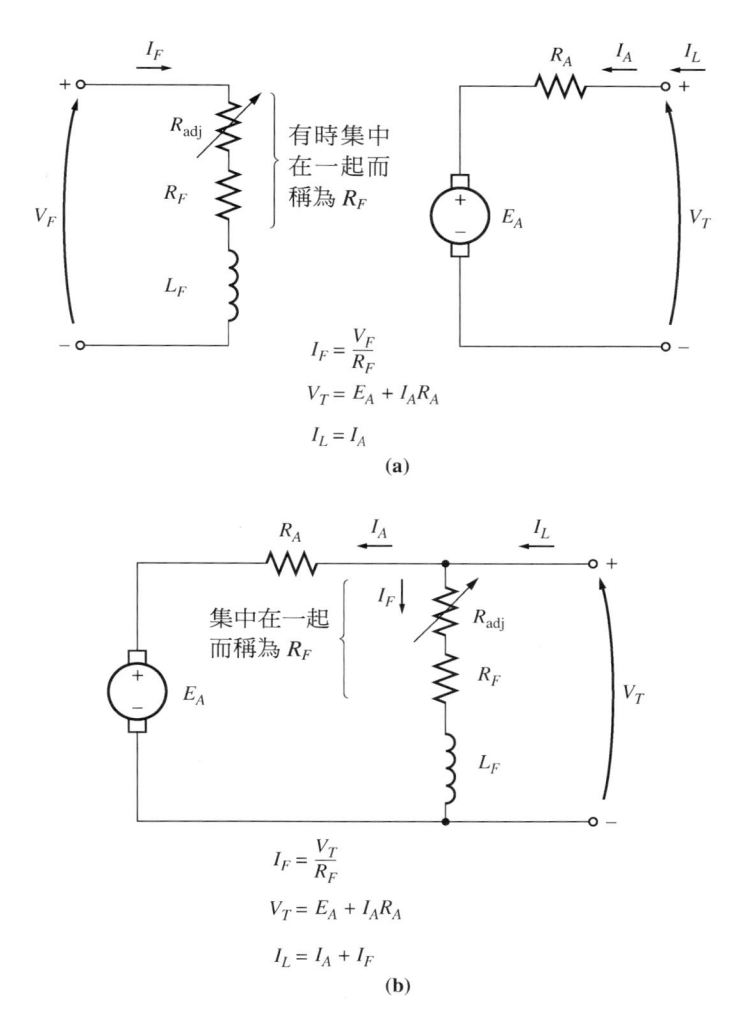

圖 8-4 (a) 外激式直流電動機之等效電路；(b) 分激式直流電動機之等效電路。

夫電壓定律推導得到。分激式電動機的 KVL 方程式為

$$V_T = E_A + I_A R_A \tag{8-3}$$

感應電壓 $E_A = K\phi\omega_m$，則

$$V_T = K\phi\omega_m + I_A R_A \tag{8-4}$$

因為 $\tau_{\text{ind}} = K\phi I_A$，電流 I_A 可表示為

$$I_A = \frac{\tau_{\text{ind}}}{K\phi} \tag{8-5}$$

由式 (8-4) 和 (8-5) 可得

$$V_T = K\phi\omega_m + \frac{\tau_{ind}}{K\phi}R_A \tag{8-6}$$

最後,可解得電動機速度為

$$\omega_m = \frac{V_T}{K\phi} - \frac{R_A}{(K\phi)^2}\tau_{ind} \tag{8-7}$$

此方程式為具有負斜率之直線。分激式直流電動機所得到的轉矩-速度特性如圖 8-5a 所示。

有一點很重要必須瞭解:為了使電動機速度對轉矩作線性變化,表示式內其他各項當負載變化時必須保持固定。由直流電源所供應的端點電壓假定是固定——假如不是固定,則電壓的變動將會影響轉矩-速度曲線的形狀。

另一個影響電動機轉矩-速度曲線形狀的內在因素是電樞反應。若一部電動機有電樞反應,則當負載增加時,去磁效應將會減少磁通。如式 (8-7) 所示,磁通減少效應,在沒有電樞反應下,於所給的任意負載,電動機速度會增加,超過當時負載運轉速度。分激式電動機有電樞反應下之轉矩-速度特性曲線如圖 8-5b 所示。假如電動機有補償繞組,則電動機不會有弱磁問題,而且電機磁通會保持一定。

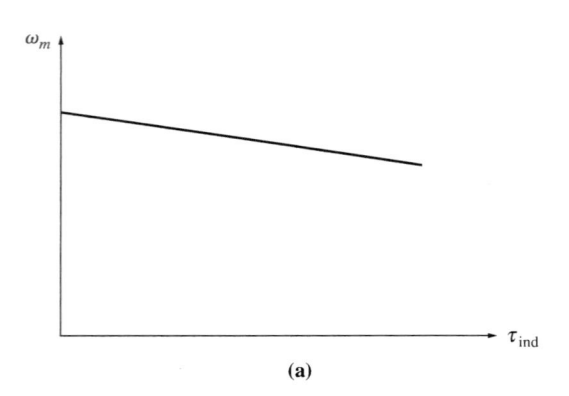

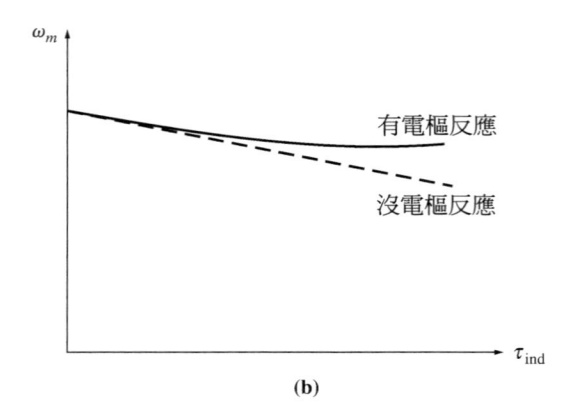

圖 8-5 (a) 有補償繞組消除電樞反應之直流分激或外激式電動機之轉矩-速度特性曲線;(b) 存在電樞反應之轉矩-速度特性曲線。

例題 8-1

一部 50 hp，250 V，1200 r/min 帶有補償繞組之直流分激式電動機，電樞電阻 (包含電刷、補償繞組和中間極) 為 0.06 Ω。場電路總電阻 $R_{adj}+R_F$ 為 50 Ω，所產生無載速度為 1200 r/min，分激磁場繞組與極有 1200 匝 (見圖 8-6)。

(a) 求當電動機的輸入電流為 100 A 時之速度。
(b) 求當電動機的輸入電流為 200 A 時之速度。
(c) 求當電動機的輸入電流為 300 A 時之速度。
(d) 利用這些求得的點畫出電動機的轉矩-速度特性曲線。

解：直流電動機內部產生之電壓利用它每分鐘的旋轉速度來表示為

$$E_A = K'\phi n_m \tag{7-41}$$

因為電動機的場電流是固定的 (因為 V_T 和場電阻兩者固定)，而且因為沒有電樞反應效應，電動機的磁通是固定的。電動機速度與內部產生電壓之間的關係，在不同的負載情況下是這樣

$$\frac{E_{A2}}{E_{A1}} = \frac{K'\phi n_{m2}}{K'\phi n_{m1}} \tag{8-8}$$

常數 K' 可消去，因為對於所給的任意電動機，它為常數 ϕ，磁通中如上所述亦可消去。因此，

$$n_{m2} = \frac{E_{A2}}{E_{A1}} n_{m1} \tag{8-9}$$

無載時，電樞電流為零，所以 $E_{A1}=V_T=250$ V，當速度 $n_{m1}=1200$ r/min。若我們能計算在其他負載下之內電勢，則由式 (8-9) 可求出在此負載下之轉速。

(a) 假如 $I_L=100$ A，則電動機的電樞電流為

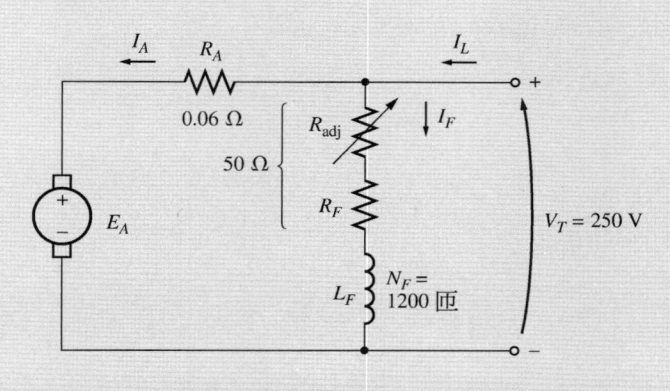

圖 8-6 例題 8-1 之分激式電動機。

$$I_A = I_L - I_F = I_L - \frac{V_T}{R_F}$$
$$= 100 \text{ A} - \frac{250 \text{ V}}{50 \text{ }\Omega} = 95 \text{ A}$$

因而，在此負載下 E_A 為

$$E_A = V_T - I_A R_A$$
$$= 250 \text{ V} - (95 \text{ A})(0.06 \text{ }\Omega) = 244.3 \text{ V}$$

則電動機所產生的速度為

$$n_{m2} = \frac{E_{A2}}{E_{A1}} n_{m1} = \frac{244.3 \text{ V}}{250 \text{ V}} 1200 \text{ r/min} = 1173 \text{ r/min}$$

(b) 假如 $I_L = 200$ A，則電動機的電樞電流為

$$I_A = 200 \text{ A} - \frac{250 \text{ V}}{50 \text{ }\Omega} = 195 \text{ A}$$

因而，在此負載下 E_A 為

$$E_A = V_T - I_A R_A$$
$$= 250 \text{ V} - (195 \text{ A})(0.06 \text{ }\Omega) = 238.3 \text{ V}$$

則電動機所產生的速度為

$$n_{m2} = \frac{E_{A2}}{E_{A1}} n_{m1} = \frac{238.3 \text{ V}}{250 \text{ V}} 1200 \text{ r/min} = 1144 \text{ r/min}$$

(c) 假如 $I_L = 300$ A，則電動機的電樞電流為

$$I_A = I_L - I_F = I_L - \frac{V_T}{R_F}$$
$$= 300 \text{ A} - \frac{250 \text{ V}}{50 \text{ }\Omega} = 295 \text{ A}$$

因而，在此負載下 E_A 為

$$E_A = V_T - I_A R_A$$
$$= 250 \text{ V} - (295 \text{ A})(0.06 \text{ }\Omega) = 232.3 \text{ V}$$

則電動機所產生的速度為

$$n_{m2} = \frac{E_{A2}}{E_{A1}} n_{m1} = \frac{232.3 \text{ V}}{250 \text{ V}} 1200 \text{ r/min} = 1115 \text{ r/min}$$

(d) 為了畫電動機的輸出特性曲線，找出每個速度下所對應的轉矩是必須的。無載時，感應的轉矩 τ_{ind} 很清楚為零。而在其他負載時的感應轉矩可由直流電動機電力轉換的事實求得為

$$P_{\text{conv}} = E_A I_A = \tau_{\text{ind}} \omega_m \qquad (7\text{-}55 \, , \, 7\text{-}56)$$

由此方程式，電動機所感應的轉矩為

$$\tau_{\text{ind}} = \frac{E_A I_A}{\omega_m} \qquad (8\text{-}10)$$

因此，當 $I_L = 100$ A 時之感應轉矩為

$$\tau_{\text{ind}} = \frac{(244.3 \text{ V})(95 \text{ A})}{(1173 \text{ r/min})(1 \text{ min}/60\text{s})(2\pi \text{ rad/r})} = 190 \text{ N} \cdot \text{m}$$

當 $I_L = 200$ A 時之感應轉矩為

$$\tau_{\text{ind}} = \frac{(238.3 \text{ V})(95 \text{ A})}{(1144 \text{ r/min})(1 \text{ min}/60\text{s})(2\pi \text{ rad/r})} = 388 \text{ N} \cdot \text{m}$$

當 $I_L = 300$ A 時之感應轉矩為

$$\tau_{\text{ind}} = \frac{(232.3 \text{ V})(295 \text{ A})}{(1115 \text{ r/min})(1 \text{ min}/60\text{s})(2\pi \text{ rad/r})} = 587 \text{ N} \cdot \text{m}$$

此電動機所產生的轉矩-速度特性曲線畫於圖 8-7。

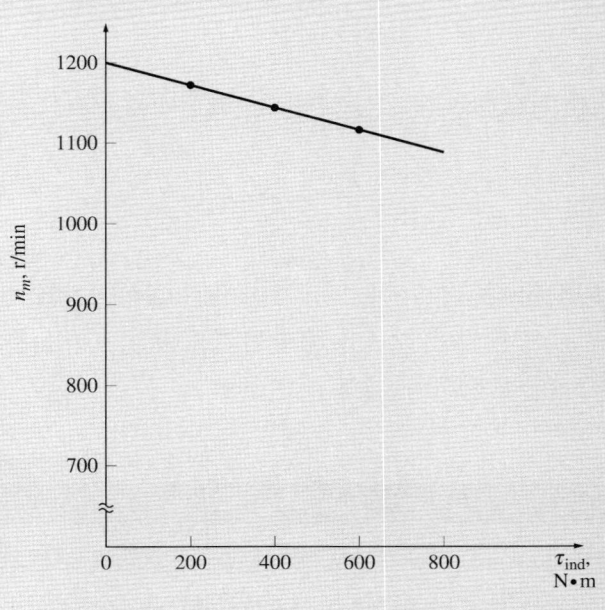

圖 8-7 例題 8-1 電動機之轉矩-速度特性曲線。

分激式直流電動機非線性分析

直流機之磁通 ϕ 與內電勢 E_A 為其磁動勢之非線性函數。因此，任何磁勢之改變將

會造成內電勢之非線性效應。磁動勢主要是由場電流與電樞反應所構成，若它們存在。

因為磁化曲線為在設定的轉速 ω_O 下，E_A 對 I_F 之曲線，所以場電流改變效應，可以直接由磁化曲線求得。若電機有電樞反應，則它的磁通將隨著負載增加而減少。分激式電動機之總磁動勢為場電路磁動勢扣除電樞反應 (AR) 減少之磁動勢：

$$\mathscr{F}_{net} = N_F I_F - \mathscr{F}_{AR} \tag{8-11}$$

因為磁化曲線是由 E_A 對場電流所畫成，它習慣上定義一當所有磁動勢組合所產生相同輸出電壓之等效場電流，則 E_A 可由此等效場電流位在磁化曲線所對的位置求得。分激電動機之等效場電流為

$$I_F^* = I_F - \frac{\mathscr{F}_{AR}}{N_F} \tag{8-12}$$

當利用非線性分析來求內電勢時，另一個效應必須加以考慮。磁化曲線是在某一特定轉速下所求得，通常為在額定轉速下。若電動機運轉在非額定轉速時，其場電流效應應如何求得？

當一直流機之轉速以 rpm 表示時，其感應電勢方程式為

$$E_A = K'\phi n_m \tag{7-41}$$

在一有效場電流下，電機內磁通是固定的，所以內電勢與轉速關係為

$$\boxed{\frac{E_A}{E_{A0}} = \frac{n_m}{n_0}} \tag{8-13}$$

其中 E_{A0} 與 n_0 分別為電壓與轉速之參考值。若由磁化曲線可得知參考條件，則由克希荷夫電壓定律可求得正確 E_A，且由式 (8-13) 可求得真正轉速。下面例子說明磁化曲線，式 (8-12) 與 (8-13) 用來分析具電樞反應之直流電動機。

例題 8-2

一 50 hp，250 V，1200 r/min 沒有補償繞組之直流分激電動機，電樞電阻 (包括電刷與中間極) 為 0.06 Ω。場電路之總電阻 $R_F + R_{adj}$ 為 50 Ω，無載轉速為 1200 r/min。分激場繞組每極有 1200 匝，電樞反應在負載電流 200 A 時產生 840 安·匝之去磁磁動勢。電動機之磁化曲線如圖 8-8 所示。

(a) 求輸入電流為 200 A 時之轉速。
(b) 此電動機除了無補償繞組外，其餘與例題 8-1 完全相同，在負載為 200 A 時之轉速與先前例子

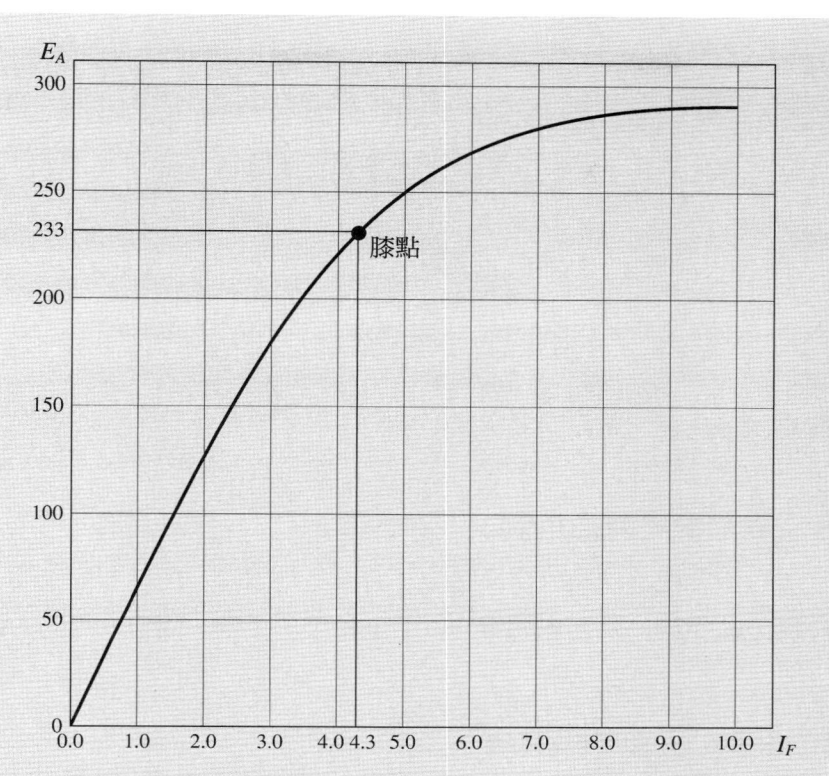

圖 8-8 典型 250 V 直流電動機，轉速在 1200 r/min 時所得之磁化曲線。

相比較為何？

解：

(a) 當 $I_L=200$ A，則電樞電流為

$$I_A = I_L - I_F = I_L - \frac{V_T}{R_F}$$

$$= 200 \text{ A} - \frac{250 \text{ V}}{50 \text{ Ω}} = 195 \text{ A}$$

因此，內電勢為

$$E_A = V_T - I_A R_A$$

$$= 250 \text{ V} - (195 \text{ A})(0.06 \text{ Ω}) = 238.3 \text{ V}$$

在 $I_L=200$ A 時，電動機之去磁磁動勢為 840 安•匝，所以有效分激場電流為

$$I_F^* = I_F - \frac{\mathscr{F}_{AR}}{N_F} \tag{8-12}$$

$$= 5.0 \text{ A} - \frac{840 \text{ A} \cdot \text{turns}}{1200 \text{ turns}} = 4.3 \text{ A}$$

由磁化曲線可知此有效電流在轉速 n_0 為 1200 r/min 時，將產生 233 V 之內電勢 E_{A0}。

若真正之內電勢 E_A 為 238.3 V，但當轉速 E_{A0} 為 1200 r/min 時，此內電勢變為 233 V，則電動機之真正轉速為

$$\frac{E_A}{E_{A0}} = \frac{n_m}{n_0} \tag{8-13}$$

$$n_m = \frac{E_A}{E_{A0}} n_0 = \frac{238.3 \text{ V}}{233 \text{ V}} (1200 \text{ r/min}) = 1227 \text{ r/min}$$

(b) 負載為 200 A 時，例題 8-1 之轉速 n_m=1144 r/min。本例中，電動機之轉速為 1227 r/min。電動機在無電樞反應時之轉速比有電樞反應時高。此轉速之增加是因為電樞反應所造成磁通減弱之現象所引起。◀

分激式直流電動機之轉速控制

分激式直流電動機之轉速如何控制呢？有兩種常用與一種較不常用的控制方法。兩種常用的控制方法在第一及七章簡單的原型電機中已見過。兩種常用的的轉速控制方法是藉：

1. 調整磁場電阻 R_F (亦即調整場磁通)。
2. 調整電樞端點之電壓。

較不常用的控制方法是藉：

3. 在電樞電路上串聯一電阻。

改變場電阻

此種速度控制方法之因果關係簡單整理如下：

1. R_F 增加，使 I_F (=$V_T/R_F\uparrow$) 減少。
2. I_F 減少，ϕ 也跟著減少。
3. ϕ 減少，會造成 E_A (=$K\phi\downarrow \omega_m$) 變小。
4. E_A 變小，使得 $I_A=(V_T-E_A\downarrow)/R_A$ 增加。
5. I_A 增加，使得 τ_{ind} (=$K\phi\downarrow I_A\uparrow$) 增加 ($I_A$ 的變化大於磁通變化)。
6. τ_{ind} 增加，使得 $\tau_{\text{ind}} > \tau_{\text{load}}$，而造成轉速 ω_m 上升。
7. ω_m 增加，$E_A=K\phi\omega_m\uparrow$ 隨即增加。
8. E_A 增加，I_A 會減少。
9. I_A 減少，τ_{ind} 亦隨之減少，直到 $\tau_{\text{ind}}=\tau_{\text{load}}$ 在另一較高轉速 ω_m。

分激式電動機場電阻增加之效應其輸出特性如圖 8-9 所示。注意當磁通減少時，電動

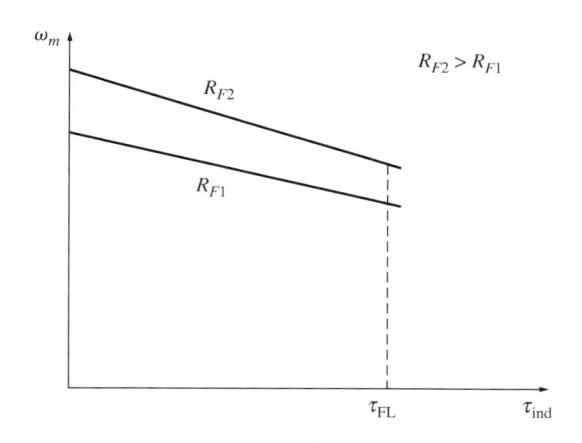

圖 8-9 場電阻轉速控制對於分激電動機之轉矩-速度特性效應：電動機正常操作範圍。

機無載轉速會增加，而轉矩-速度曲線之斜率變得更陡。當然減少 R_F，所有的效應會相反，且電動機之轉速會下降。

改變電樞電壓 第二種轉速控制型式為改變加到電動機電樞之電壓；但不改變加到磁場之電壓。類似圖 8-10 之連接是此種控制方法所必需的。事實上，為了使用電樞電壓控制法，電動機必須由外部激磁。

此種轉速控制方法之因-果關係，簡單整理如下：

1. V_A 增加，使得 I_A [$=(V_A\uparrow -E_A)/R_A$] 增加。
2. I_A 增加，使得 τ_{ind} ($=K\phi I_A\uparrow$) 增加。
3. τ_{ind} 增加，使得 $\tau_{\text{ind}} > \tau_{\text{load}}$，而造成 ω_m 增加。
4. ω_m 增加，使得 E_A ($=K\phi\omega_m\uparrow$) 增加。
5. E_A 增加，使得 I_A [$=(V_A\uparrow -E_A)/R_A$] 減少。
6. I_A 減少，使得 τ_{ind} 減少，直到 $\tau_{\text{ind}}=\tau_{\text{load}}$ 在一較高 ω_m。

外激式電動機增加 V_A 在轉矩-速度特性上之效應，如圖 8-11 所示。注意電動機的無

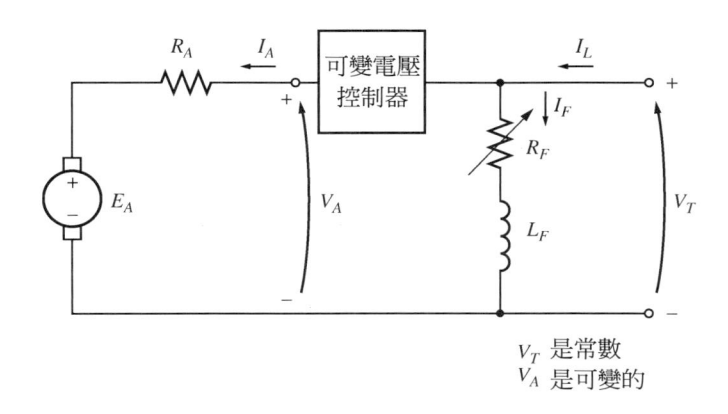

圖 8-10 分激 (或外激) 式直流電動機之電樞電壓控制。

載轉速可藉此控制方法來移動，但曲線斜率仍舊保持固定。

電樞電路串聯電阻 若有一電阻串聯於電樞電路，它會造成電動機的轉矩-速度特性曲線之斜率急劇增加，使得電動機於有載下運轉之轉速更慢 (圖 8-12)。由式 (8-7) 中可很容易看出此事實。內插電阻的速度控制方法是很不經濟的，因為內插電阻的損失很大。因為這原因，所以此方法很少使用。此控速方法只有在電動機幾乎運轉於滿速度，或是在便宜而不需用更好方式之控制法之應用場合。

若電動機操作於它的額定端電壓、功率和場電流，則它將運轉於額定轉速，也就是基速 (base speed)。場電阻控速法，只能控制電動機之轉速高於基速，而無法做低於基速之控制。為了要達到低於基速之場電路控制，需要額外的場電流，而此額外電流可能會燒毀場繞組。

在電樞電壓控速法中，加於外激式直流電動機之電樞電壓愈低，電動機之轉速愈慢，而電樞電壓愈高，轉速愈快。因為電樞電壓增加而造成轉速增加，藉由電樞電壓控制，可得到一最大的速度。而此最大速度發生於當電樞電壓到達它最大允許值時。

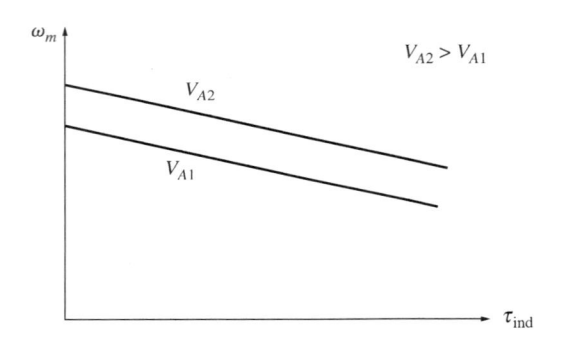

圖 8-11 電樞電壓轉速控制法對直流電動機轉矩-速度特性之效應。

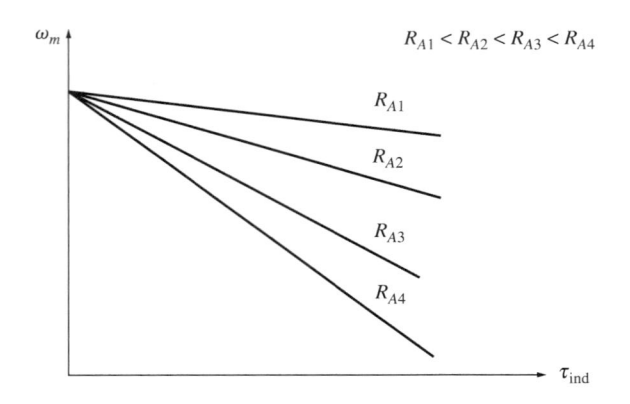

圖 8-12 電樞電阻轉速控制法對於分激式電動機之轉矩-速度特性之效應。

若電動機操作於它的額定電壓、場電流和功率,它將運轉於基速下。電樞電壓控制法,只能做低於基速之控制,而無法做高於基速之控制。電樞電壓控速法若為了達到大於基速之控制,需要額外之電樞電壓,而此額外之電樞電壓可能會損毀電樞電路。

這兩種速度控制技巧很明顯是互補的。電樞電壓控制法適合低於基速之控制,而場電阻或場電流控制法適合高於基速之控制。若結合這兩種控制方法於同一部電動機中,就可能做到其轉速變動的範圍增加至 40:1,甚至更高的比值。很明顯地,在需要速度變動範圍很大之應用場合中,分激或外激電動機是很好的選擇,特別是必須精確的控制速度變動之場合。

這兩種速度控制方法之電動機,它的轉矩和功率之極限有很大差別。此限制因素為電樞所產生之熱,也就是最大電樞電流 I_A 之限制。

在電樞電壓控制法中,電動機之磁通是固定的,所以最大轉矩為

$$\tau_{\max} = K\phi I_{A,\max} \tag{8-14}$$

此最大轉矩是固定的,不論電動機之轉速為何。因為電動機之輸出功率 $P=\tau\omega$,則在電樞電壓控制法之任意轉速下,電動機之最大功率為

$$P_{\max} = \tau_{\max}\omega_m \tag{8-15}$$

所以,利用電樞電壓控制法,電動機之最大輸出功率直接正比於它的運轉速度。

另一方面,利用場電阻控制法時,磁通是可變的。在此法中,電動機磁通之減少,會造成轉速增加。為了不超過電樞電流之限制,當速度增加時,感應轉矩之極限必須減少。因為電動機輸出功率 $P=\tau\omega$,當轉速增加時,轉矩之極限會減少,則在場電流控制下,直流電動機之最大輸出功率是固定的,但最大轉矩與轉速成反比變化。直流分激電動機之功率和轉矩極限於安全運轉下,將其表示成轉速之函數,如圖 8-13 所示。

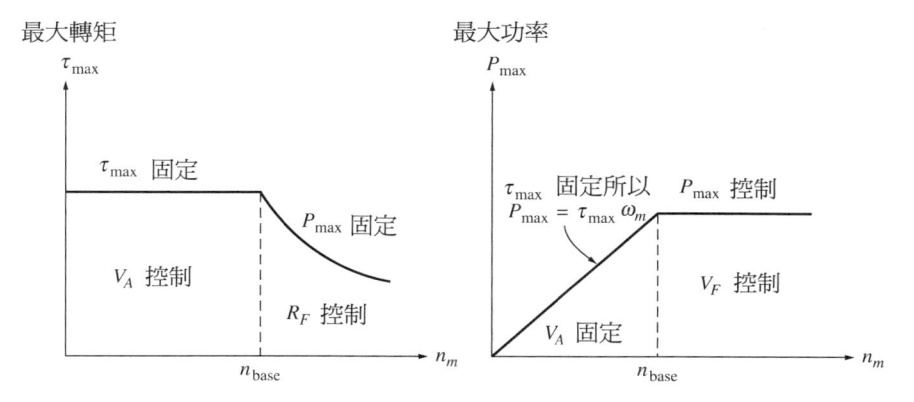

圖 8-13 分激電動機於電樞電壓與場電阻控制下,將功率和轉矩極限表示成轉速之函數。

例題 8-3

圖 8-14a 為 100 hp,250 V,1200 r/min 之直流分激電動機,電樞電阻 0.03 Ω,場電阻 41.67 Ω。因為有補償繞組,所以忽略電樞反應。為了計算方便,機械損失和鐵心損失亦忽略。假設電動機於定轉矩負載下被驅動,線電流 126 A,最初轉速為 1103 r/min。為了簡化問題,假設電樞電流是固定的。

若電機之磁化曲線如圖 8-8 所示,若場電阻增至 50 Ω 時,其轉速為何?

解:

電動機最初線電流為 126 A,則最初電樞電流為

$$I_{A1} = I_{L1} - I_{F1} = 126 \text{ A} - \frac{150 \text{ V}}{41.67 \text{ }\Omega} = 120 \text{ A}$$

因此,內電勢電壓為

$$E_{A1} = V_T - I_{A1}R_A = 250 \text{ V} - (120 \text{ A})(0.03 \text{ }\Omega)$$
$$= 246.4 \text{ V}$$

場電阻增加至 50 Ω 後,場電流變為

$$I_{F2} = \frac{V_T}{R_F} = \frac{250 \text{ V}}{50 \text{ }\Omega} = 5 \text{ A}$$

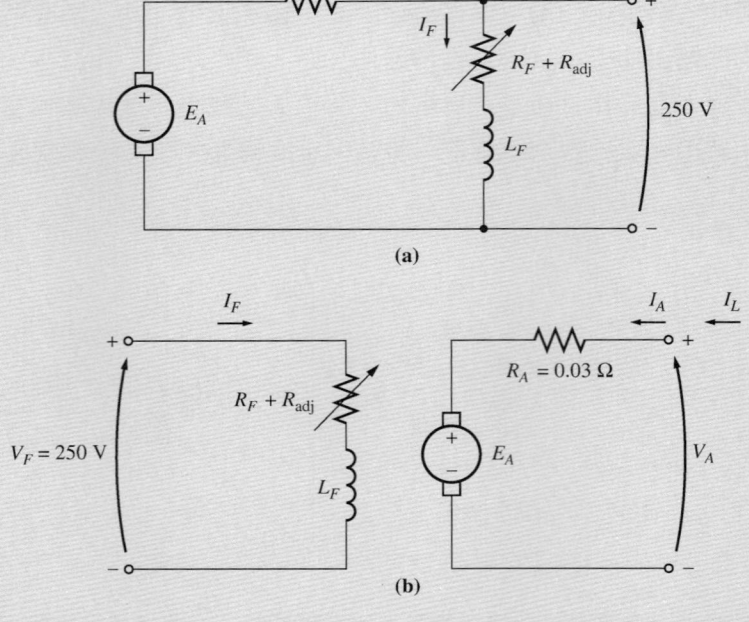

圖 8-14 (a) 例題 8-3 之分激電動機;(b) 例題 8-4 之分激電動機。

兩個不同轉速下內電勢之比例由式 (7-41) 可表為

$$\frac{E_{A2}}{E_{A1}} = \frac{K'\phi_2 n_{m2}}{K'\phi_1 n_{m1}} \tag{8-16}$$

因假設電樞電流固定，$E_{A1}=E_{A2}$，則此式可改寫成

$$1 = \frac{\phi_2 n_{m2}}{\phi_1 n_{m1}}$$

或

$$n_{m2} = \frac{\phi_1}{\phi_2} n_{m1} \tag{8-17}$$

磁化曲線是在所給的轉速下，E_A 對 I_F 所畫成的。因為在曲線中 E_A 的值直接比例於磁通大小，由曲線上所得之內電勢比，會等於磁通比例。在 $I_F=5\,\text{A}$，$E_{A0}=250\,\text{V}$，而當 $I_F=6\,\text{A}$，$E_{A0}=268\,\text{V}$，因此，磁通比為

$$\frac{\phi_1}{\phi_2} = \frac{268\,\text{V}}{250\,\text{V}} = 1.076$$

則電動機新轉速為

$$n_{m2} = \frac{\phi_1}{\phi_2} n_{m1} = (1.076)(1103\,\text{r/min}) = 1187\,\text{r/min}$$ ◀

例題 8-4

將例題 8-3 之電動機連接成外激式，如圖 8-14b 所示。電動機最初運轉於 $V_A=250\,\text{V}$，$I_A=120\,\text{A}$，$n_m=1103\,\text{r/min}$，所加負載為定轉矩負載。若 V_A 減少至 $200\,\text{V}$ 時，電動機之轉矩為多少？

解：電動機之初始線電流為 120 A，電樞電壓 V_A 為 250 V，則內電勢 E_A 為

$$E_A = V_T - I_A R_A = 250\,\text{V} - (120\,\text{A})(0.03\,\Omega) = 246.4\,\text{V}$$

應用式 (8-16) 且磁通 ϕ 是固定，則電動機轉速為

$$\frac{E_{A2}}{E_{A1}} = \frac{K'\phi_2 n_{m2}}{K'\phi_1 n_{m1}} \tag{8-16}$$

$$= \frac{n_{m2}}{n_{m1}}$$

$$n_{m2} = \frac{E_{A2}}{E_{A1}} n_{m1}$$

利用克希荷夫電壓定律可求得 E_{A2}：

$$E_{A2} = V_T - I_{A2} R_A$$

因為轉矩和磁通是固定,則 I_A 也固定,則電壓為

$$E_{A2} = 200\text{ V} - (120\text{ A})(0.03\text{ }\Omega) = 196.4\text{ V}$$

因此,電動機最後轉速為

$$n_{m2} = \frac{E_{A2}}{E_{A1}} n_{m1} = \frac{196.4\text{ V}}{246.4\text{ V}} 1103\text{ r/min} = 879\text{ r/min}$$

場電路開路之效應

當場電阻增加,轉速隨之增加。若場電阻增加至很大,則將發生什麼影響?若電動機運轉時場電路開路,又將發生什麼事?由前面之討論可知,電動機磁通會急遽下降至 ϕ_{res},且 E_A($=K\phi\omega_m$)亦隨之下降。如此會造成電樞電流大量增加,而使得感應轉矩遠大於負載轉矩。最後電動機轉速會一直保持上升。

當傳統分激直流電動機運轉於小激磁,而電樞反應相當嚴重情況下,也會發生類似的效應。若直流電動機之電樞反應相當嚴重,當負載增加時,將造成磁通嚴重減弱,而使電動機轉速上升。然而,大部分負載所具有之轉矩-速度曲線之轉矩隨速度增加,故電動機因轉速增加而增加負載,也因此增加了電樞反應,而使磁通更減弱。此較弱的磁通造成轉速更上升,也使負載更增加等等,一直到電動機超速。這就是所謂脫速(runaway)。

8.5 永磁式直流電動機

永磁式直流電動機 [permanent-magnet dc (PMDC) motor] 是一種磁極為永久磁鐵之直流電動機。在某些應用場合,永磁式比分激式直流電動機提供更多的好處。因為此類電動機不需要外部場電路,相對於分激電動機,它們沒有場電路銅損。因為不需要場繞組,所以它們可做得比相同容量之分激電動機小。

相對於具分激場之直流電動機,PMDC 電動機一般較便宜、容量較小、構造較簡單、效率也較高,這些優勢使它們在許多直流機應用場合很受歡迎。PMDC 的電樞和具有分激場電路的直流機相同,所以它們的成本也類似。但定子上沒有分激場,可減少定子之大小、成本和場電路的損失。

無論如何,PMDC 電動機也有缺點。永久磁鐵無法產生像外部所供應之分激場那樣大的磁通密度,所以,具有相同容量與構造之分激電動機相比,每安培的電樞電流所產生之感應轉矩 τ_{ind},PMDC 電動機會比較小。此外,PMDC 電動機會有去磁化之危險。如第七章所述,直流電動機之電樞電流 I_A 會產生它自己的電樞磁場。電樞磁動勢 (mmf)

減去某極極面下之 mmf 再加上其他部分之磁極之 mmf (見圖 7-19 和 7-20)，會使淨磁通減少。此效應稱為**電樞反應** (armature reaction)。在 PMDC 電動機中，磁極之磁通正好是永久磁鐵之剩磁。若電樞電流變得很大，會有電樞 mmf 使磁極去磁之危險，長久下來會減少且重新適應它自己的剩磁。去磁也可能因電擊或長時間的過載所產生的熱造成，此外，PMDC 所用的材質比一般鋼材還脆弱，所以其定子結構受限於實際轉矩的需求。

8.6 直流串激電動機

串激式直流電動機為較少匝數之場繞組與電樞電路串聯之直流電動機。直流串激電動機之等效電路如圖 8-15 所示。在串激電動機中，電樞電流、場電流和線電流全都相同。此電動機之克希荷夫電壓定律方程式為

$$V_T = E_A + I_A(R_A + R_S) \tag{8-18}$$

串激式直流電動機之感應轉矩

串激電動機之基本行為是由於磁通直接比例於電樞電流之事實，此比例至少一直到飽和到達。當電動機之負載增加時，它的磁通也增加。如稍早所見，磁通增加使得電動機之轉速變慢。此結果使得串激電動機之轉矩-速度特性有很大的落差。

串激電動機之感應轉矩，可由式 (7-49) 表示為

$$\tau_{\text{ind}} = K\phi I_A \tag{7-49}$$

磁通直接比例於它的電樞電流 (至少在鐵心飽和前都是)。因此，磁通可表示成

$$\phi = cI_A \tag{8-19}$$

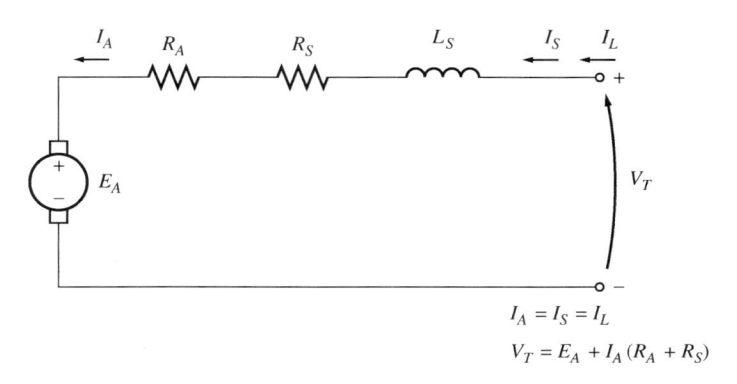

$$I_A = I_S = I_L$$
$$V_T = E_A + I_A(R_A + R_S)$$

圖 8-15 直流串激電動機之等效電路。

其中 c 是比例常數，則感應轉矩變為

$$\tau_{\text{ind}} = K\phi I_A = KcI_A^2 \tag{8-20}$$

換句話說，串激電動機之感應轉矩是比例於它的電樞電流之平方。由此關係可知，每安培的電樞電流，串激電動機所提供之轉矩比其他直流電動機大。因它常應用於需要較大轉矩之場所。例如卡車之啟動電動機、電梯電動機，和牽引機之運轉電動機。

直流串激電動機之端點特性

線性磁化曲線之假設，意味著此電動機之磁通可用式 (8-19) 表示：

$$\phi = cI_A \tag{8-19}$$

利用此方程式，可導出串激電動機之轉矩-速度特性曲線。

串激電動機轉矩-速度特性之推導，由克希荷夫電壓定律開始：

$$V_T = E_A + I_A(R_A + R_S) \tag{8-18}$$

由式 (8-20)，電樞電流可表示成

$$I_A = \sqrt{\frac{\tau_{\text{ind}}}{Kc}}$$

又 $E_A = K\phi\omega_m$。代入式 (8-18) 可得

$$V_T = K\phi\omega_m + \sqrt{\frac{\tau_{\text{ind}}}{Kc}}(R_A + R_S) \tag{8-21}$$

若能將此式之磁通消去，可得到電動機之轉矩與速度之直接關係。為了消去磁通，注意到

$$I_A = \frac{\phi}{c}$$

感應轉矩方程式可改寫成

$$\tau_{\text{ind}} = \frac{K}{c}\phi^2$$

因此，電動機之磁通可改寫成

$$\phi = \sqrt{\frac{c}{K}}\sqrt{\tau_{\text{ind}}} \tag{8-22}$$

式 (8-22) 代入式 (8-21)，並且化簡速度可得

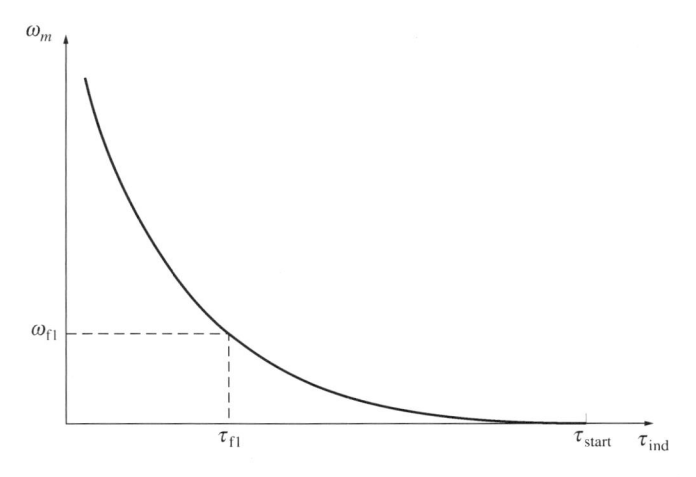

圖 8-16 直流串激電動機之轉矩-速度特性曲線。

$$V_T = K\sqrt{\frac{c}{K}}\sqrt{\tau_{\text{ind}}}\omega_m + \sqrt{\frac{\tau_{\text{ind}}}{Kc}}(R_A + R_S)$$

$$\sqrt{Kc}\sqrt{\tau_{\text{ind}}}\omega_m = V_T - \frac{R_A + R_S}{\sqrt{Kc}}\sqrt{\tau_{\text{ind}}}$$

$$\omega_m = \frac{V_T}{\sqrt{Kc}\sqrt{\tau_{\text{ind}}}} - \frac{R_A + R_S}{Kc}$$

所得到之轉矩-速度關係為

$$\omega_m = \frac{V_T}{\sqrt{Kc}}\frac{1}{\sqrt{\tau_{\text{ind}}}} - \frac{R_A + R_S}{Kc} \tag{8-23}$$

如此，我們瞭解串激電動機之轉速與轉矩之平方根成倒數變化。這是十分不平常關係！理想的轉矩-速度特性如圖 8-16 所示。

由方程式中可看出串激電動機之一個缺點。當電動機之轉矩變為零，它的轉速會變成無窮大。實際上，因為機械性能關係，轉矩不完全變為零，鐵心和雜散損失必須克服。總之，若無其他負載加於電動機，它的轉速將快到足以將本身摧毀。所以串激電動機絕不可無載運轉；而且不可用皮帶與其他負載連接。若是發生皮帶斷裂，則電動機將無載運轉，如此會造成嚴重後果。

例題 8-5

圖 8-15 為 250 V 直流串激電動機，加有補償繞組，總串聯電阻 $R_A + R_S$ 為 0.08 Ω。串激場每極有 25 匝，磁化曲線如圖 8-17 所示。

(a) 當電樞電流為 50 A 時，求電動機之轉速與感應轉矩。

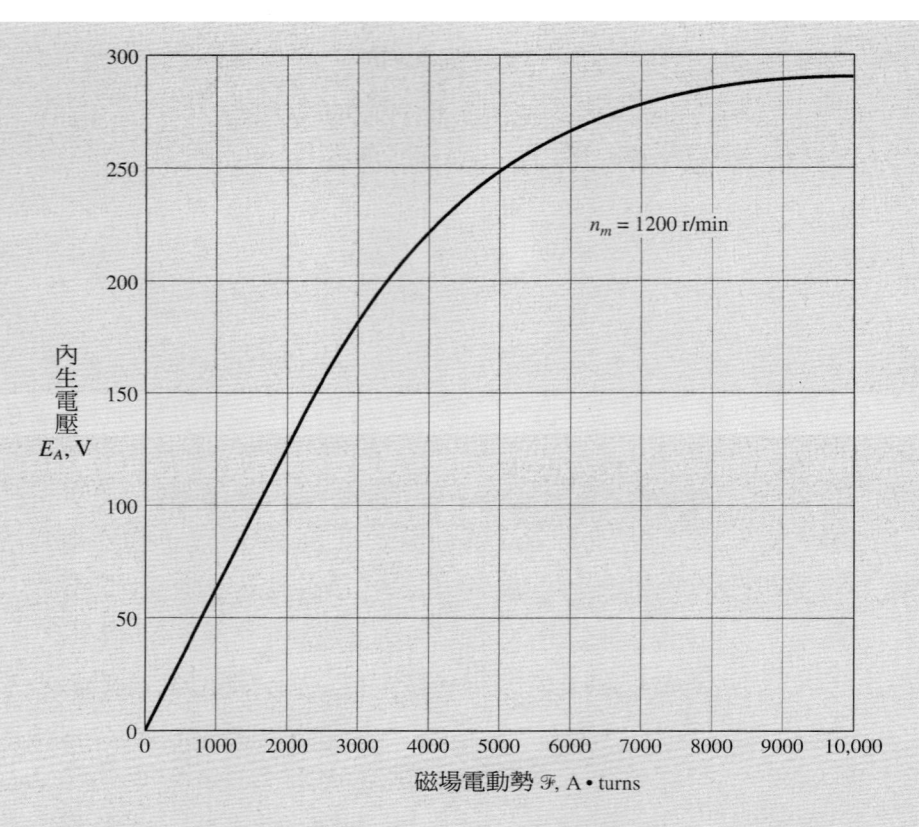

圖 8-17 例題 8-5 電動機之磁化曲線。此曲線是在轉速 $n_m = 1200$ r/min 時所得到。

(b) 計算並畫出轉矩-轉速特性曲線。

解：

(a) 為了分析串激電動機在飽和時之行為，沿著操作曲線取幾個點，並且求出這些點之轉矩和轉速。注意磁化曲線是在磁動勢 (安 • 匝) 對 E_A 在轉速 1200 r/min 之情況下所得到的，所以在計算 E_A 時，必須用在 1200 r/min 時之等效值去決定電動機之真正轉速。

當 $I_A = 50$ A，

$$E_A = V_T - I_A(R_A + R_S) = 250 \text{ V} - (50\text{A})(0.08 \text{ }\Omega) = 246 \text{ V}$$

因為 $I_A = I_F = 50$ A，則磁動為

$$\mathscr{F} = NI = (25 \text{ 匝})(50 \text{ A}) = 1250 \text{ 安} \cdot \text{匝}$$

由磁化曲線在 $\mathscr{F} = 1250$ 安 • 匝，$E_{A0} = 80$ V，為了得到正確電動機轉速，由式 (8-13)，

$$n_m = \frac{E_A}{E_{A0}} n_0$$

$$= \frac{246 \text{ V}}{80 \text{ V}} 120 \text{ r/min} = 3690 \text{ r/min}$$

為了求在此轉速下之感應轉矩，利用 $P_{\text{conv}} = E_A I_A = \tau_{\text{ind}} \omega_m$。因此，

$$\tau_{\text{ind}} = \frac{E_A I_A}{\omega_m}$$

$$= \frac{(246 \text{ V})(50 \text{ A})}{(3690 \text{ r/min})(1 \text{ min}/60 \text{ s})(2\pi \text{ rad/r})} = 31.8 \text{ N} \cdot \text{m}$$

(b) 為了計算完整的轉矩-速度特性，必須重複 (a) 之步驟在不同的電樞電流下，一 MATLAB M-檔用來計算串激電動機之轉矩-速度特性，如下所示。注意到此題所用之磁化曲線以場磁動勢取代有效場電流。

```
% M-file: series_ts_curve.m
% M-file create a plot of the torque-speed curve of the
%   the series dc motor with armature reaction in
%   Example 8-5.

% Get the magnetization curve.  This file contains the
% three variables mmf_values, ea_values, and n_0.
load fig8_22.mat

% First, initialize the values needed in this program.
v_t = 250;              % Terminal voltage (V)
r_a = 0.08;             % Armature + field resistance (ohms)
i_a = 10:10:300;        % Armature (line) currents (A)
n_s = 25;               % Number of series turns on field

% Calculate the MMF for each load
f = n_s * i_a;

% Calculate the internal generated voltage e_a.
e_a = v_t - i_a * r_a;

% Calculate the resulting internal generated voltage at
% 1200 r/min by interpolating the motor's magnetization
% curve.
e_a0 = interp1(mmf_values,ea_values,f,'spline');

% Calculate the motor's speed from Equation (8-13).
n = (e_a ./ e_a0) * n_0;

% Calculate the induced torque corresponding to each
% speed from Equations (7-55) and (7-56).
t_ind = e_a .* i_a ./ (n * 2 * pi / 60);

% Plot the torque-speed curve
plot(t_ind,n,'Color','k','LineWidth',2.0);
hold on;
```

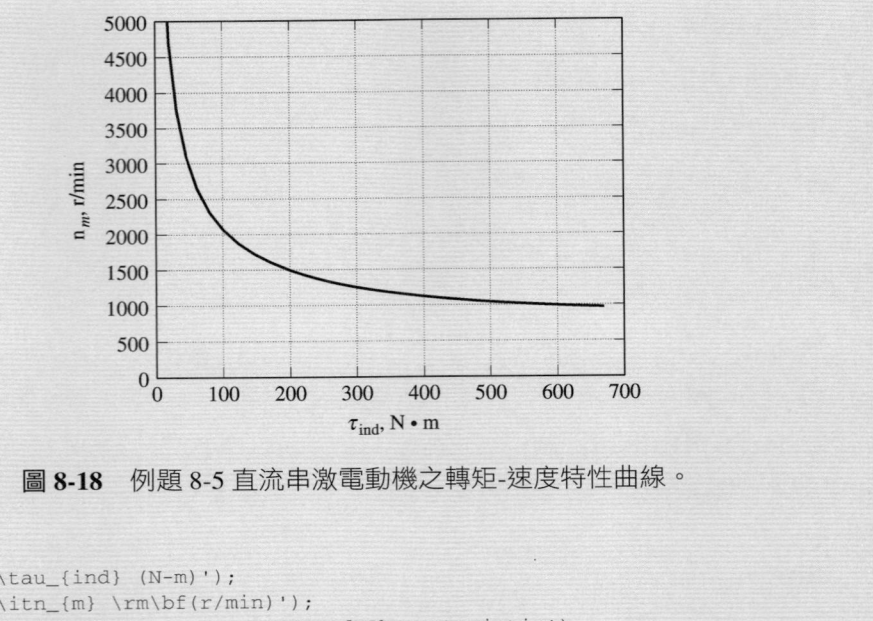

图 8-18 例题 8-5 直流串激电动机之转矩-速度特性曲线。

```
xlabel('\bf\tau_{ind} (N-m)');
ylabel('\bf\itn_{m} \rm\bf(r/min)');
title ('\bfSeries DC Motor Torque-Speed Characteristic');
axis([ 0 700 0 5000]);
grid on;
hold off;
```

所得特性曲线如图 8-18 所示，注意到在小的转矩时有严重的超速现象。

直流串激电动机之转速控制

不像分激电动机，只有一个有效的方法来改变串激电动机之转速。此方法就是改变串激电动机之端点电压。若端点电压增加，式 (8-23) 之第一项会增加，结果在所给的任何转矩下，会得到较高转速。

8.7 复激式直流电动机

复激式直流电动机为具有分激与串激场之电动机。如图 8-19 所示。两个场线圈上点（·）的用法和在变压器中一样：电流流入点代表正的磁动势。若电流流入两个场线圈的点，则两磁动势相加以产生一更大的总磁动势，此情况称为**积复激** (cumulative compounding)。若电流流入其中一个场线圈，另一个为流出，则所得到的磁动势为相减。在图 8-19 中，圆的点表示积复激，方的点代表差复激。

直流复激电动机之克希荷夫电压定律方程式为

$$V_T = E_A + I_A(R_A + R_S) \tag{8-24}$$

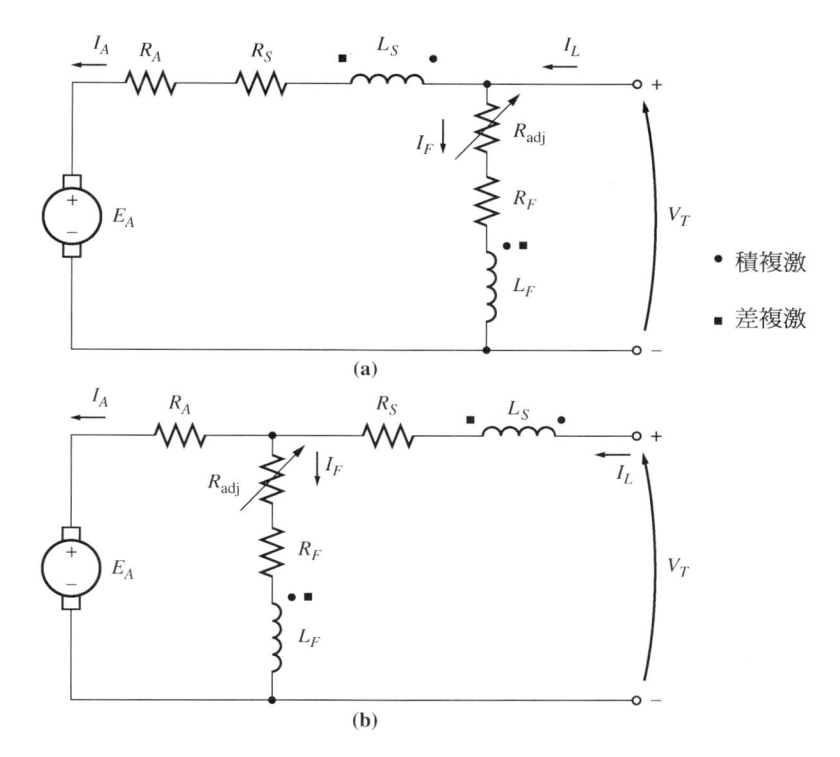

圖 8-19 複激式直流電動機之等效電路：(a) 長分激連接；(b) 短分激連接。

複激電動機之電流關係為

$$I_A = I_L - I_F \tag{8-25}$$

$$I_F = \frac{V_T}{R_F} \tag{8-26}$$

淨磁動勢與有效分激場電流為

$$\mathscr{F}_{\text{net}} = \mathscr{F}_F \pm \mathscr{F}_{\text{SE}} - \mathscr{F}_{\text{AR}} \tag{8-27}$$

和

$$I_F^* = I_F \pm \frac{N_{SE}}{N_F} I_A - \frac{\mathscr{F}_{\text{AR}}}{N_F} \tag{8-28}$$

其中方程式之正號代表積複激，而負號代表差複激。

積複激直流電動機之轉矩-速度特性

在積複激直流電動機中，有一磁通分量是固定，而另一分量比例於它的電樞電流(也就是它的負載)。因此，積複激電動機之啟動轉矩比分激電動機高(因分激式磁通固定)，但比串激電動機低(因串激式磁通比例於電樞電流)。

因此，積複激直流電動機結合了分激與串激電動機之優點。像串激電動機有大的啟動轉矩；又擁有分激電動機無載時不會超速之優點。

於輕載時，串激場響應很小，所以電動機行為近似於分激電動機。重載時，串激磁通變得相當重要，並且轉矩-速度特性曲線看起來很像是串激電動機的特性。各種型式電動機之轉矩-速度特性之比較如圖 8-20 所示。

差複激直流電動機之轉矩-速度特性

在差複激直流電動機中，分激磁動勢與串激磁動勢彼此是相減的。此隱含著當負載增加時，I_A 增加且電動機之磁通會減少。但當磁通減少，轉速會上升，轉速增加使得負載更增加，負載更增加，造成 I_A 更增加，而使磁通更減小，也使得轉速更增加。結果會使得差複激電動機不穩定且會發生脫速現象。此不穩定比分激電動機之電樞反應更糟。最嚴重的是此現象使得差複激電動機於所有的應用中幾乎都是不穩定的。

更糟的是，沒有辦法自行啟動。在要啟動時，電樞電流和串激場電流很大。因為串激場磁通與分激場磁通相減。此串激場會使磁極之極性反向。因為大的電樞電流使得電動機仍靜止或是變慢而使電樞發熱。當此種電動機已被啟動，它的串激場必須短路，所

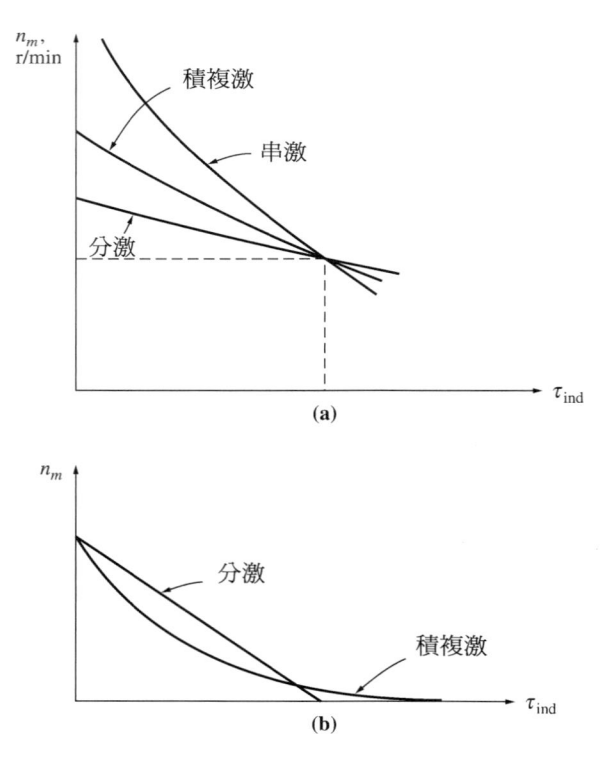

圖 8-20 (a) 在小的滿載額定下，積複激直流電動機之轉矩-速度特性與串激和分激電動機之比較；(b) 於相同之無載轉速下，積複激電動機之轉矩-速度特性與分激電動機之比較。

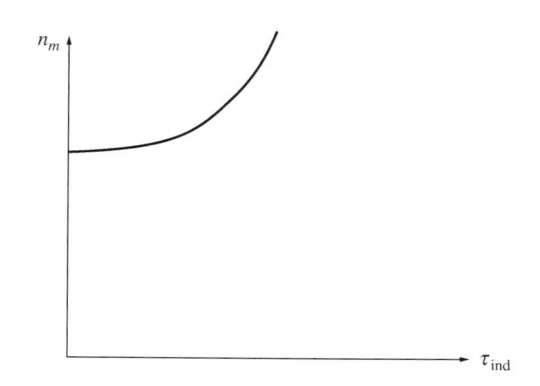

圖 8-21 差複激直流電動機之轉矩-速度特性。

以在已啟動後，它的行為就像一般分激電動機。典型差複激電動機之端點特性如圖 8-21 所示。

例題 8-6

一 100 hp，250 V 具補償繞組之複激式直流電動機，內電阻包括串激繞組為 0.04 Ω。分激場每極有 1000 匝，串激場每極有 3 匝。電動機如圖 8-22 所示，圖 8-8 為它的磁化曲線。無載時調整場電阻使電動機運轉於 1200 r/min。鐵心損失、機械損失和雜散損失均忽略。

(a) 求無載時之分激場電流。
(b) 若此電動機為積複激，求 $I_A=200$ A 時之轉速。
(c) 若此電動機為差複激，求 $I_A=200$ A 時之轉速。

解：

(a) 無載時，電樞電流為零，所以內電勢會等於 V_T，亦即是 250 V。由磁化曲線 5 A 的場電流將產生 250 V 的電壓 E_A 在 1200 r/min 時。因此，分激場電流為 5 A。

(b) 當電樞電流為 200 A，它的內電勢為

$$E_A = V_T - I_A(R_A + R_S)$$
$$= 250 \text{ V} - (200 \text{ A})(0.04 \text{ Ω}) = 242 \text{ V}$$

積複激電動機之有效場電流為

$$I_F^* = I_F + \frac{N_{SE}}{N_F}I_A - \frac{\mathscr{F}_{AR}}{N_F} \tag{8-28}$$

$$= 5 \text{ A} + \frac{3}{1000}200 \text{ A} = 5.6 \text{ A}$$

由磁化曲線，$E_{A0}=262$ V 在轉速 $n_0=1200$ r/min。因此，電動機之轉速為

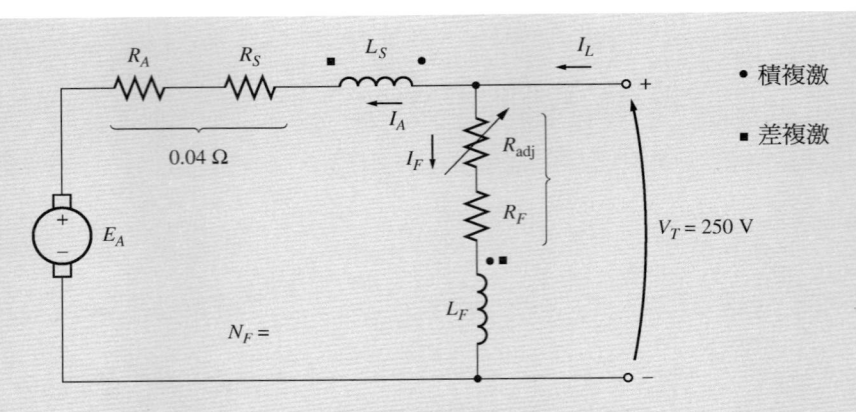

圖 8-22 例題 8-6 之複激式直流電動機。

$$n_m = \frac{E_A}{E_{A0}} n_0$$
$$= \frac{242 \text{ V}}{262 \text{ V}} 1200 \text{ r/min} = 1108 \text{ r/min}$$

(c) 若為差複激時，有效場電流為

$$I_F^* = I_F - \frac{N_{SE}}{N_F} I_A - \frac{\mathscr{F}_{AR}}{N_F} \tag{8-28}$$
$$= 5 \text{ A} - \frac{3}{1000} 200 \text{ A} = 4.4 \text{ A}$$

由磁化曲線，$E_{A0} = 236$ V 在轉速 $n_0 = 1200$ r/min。因此，電動機轉速為

$$n_m = \frac{E_A}{E_{A0}} n_0$$
$$= \frac{242 \text{ V}}{236 \text{ V}} 1200 \text{ r/min} = 1230 \text{ r/min}$$

注意，積複激電動機之轉速因負載而減少，而差複激電動機之轉速因負載而增加。 ◀

8.8　直流電動機啟動器

直流電動機啟動問題

　　為了使直流電動機有適當的性能，於啟動期間必須保護電動機避免於實際損壞。啟動時，電動機不轉動，所以 $E_A = 0$ V。因為一般直流電動機之內電阻與它的容量 (中容量電動機之 3% 至 6%) 相比是相當小，所以會有很大的電流流過電樞。

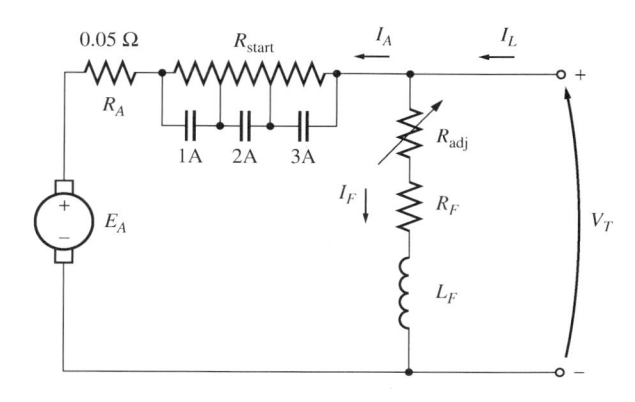

圖 8-23 啟動電阻與電樞串聯之分激電動機。當接
點 1A、2A 和 3A 閉合時,啟動電阻會被短路掉。

　　解決啟動期間電流過大的問題,可在電樞串聯一**啟動電阻** (starting resistor) 去限制電流,直到 E_A 建立起來為止。此電阻不可永久留在電路上,因為它會造成很大的損失,而且會因負載增加而使轉矩-速度特性嚴重下降。

　　圖 8-23 為裝有啟動電阻之分激電動機,此電阻可分段切離電路藉著閉合接點 1A、2A 和 3A。為了使電動機啟動,有兩件事是必須的:第一是挑選所需電阻之大小與段數,以便將啟動電流限制在所要的範圍內;第二是設計一控制電路在適當時機下旁路掉電阻。

例題 8-7

　　圖 8-23 為 100 hp,250 V,350 A 直流分激電動機,電樞電阻 0.05 Ω。希望設計一啟動器電路,限制最大啟動電流為額定電流 2 倍,並且在電樞電流下降至低於它的額定值時,將電阻切斷。
(a) 需要多少段的啟動電阻以限制電流在規定範圍內?
(b) 每段之電阻值為多少?每段之電壓為多少時須把電阻切離?

解:
(a) 首先連接至電源線之啟動電阻必須選擇使電流等於電動機額定電流之 2 倍。當電動機轉速開始上升,將有一內電勢 E_A 產生。因為此電壓反對電動機之端電壓,故內電勢增加時,電動機電流會減少。當電流低於額定電流時,一部分之啟動電阻必須拿掉,以增加啟動電流為額定電流之 200%。當電動機轉速連續上升,E_A 也一直上升,而電樞電流連續下降。當電流再度降至額定電流時,另一部分之啟動電阻必須被切離。重複此過程,一直到該段啟動電阻小於電動機電樞電路之電阻為止。在該點電動機之電樞電阻會自己限制電流在一安全值內。

需要多少段來完成電流限制呢？定義 R_{tot} 為啟動電路之原本電阻。則 R_{tot} 為每段啟動電阻與電樞電阻之和：

$$R_{tot} = R_1 + R_2 + \cdots + R_A \tag{8-29}$$

現在定義 $R_{tot,i}$ 為 1 到 i 段已被短路後剩下之啟動電阻。在 1 到 i 段被移去後留下之電阻為

$$R_{tot,i} = R_{i+1} + \cdots + R_A \tag{8-30}$$

注意最初之啟動電阻為

$$R_{tot} = \frac{V_T}{I_{max}}$$

在啟動電路的第一段，電阻 R_1 必須被切離，當電流 I_A 降至

$$I_A = \frac{V_T - E_A}{R_{tot}} = I_{min}$$

當此部分之電阻切離後，電樞電流必須跳回到

$$I_A = \frac{V_T - E_A}{R_{tot,1}} = I_{max}$$

因為 $E_A (= K\phi\omega_m)$ 直接比例於電動機轉速，無法瞬間改變，在電阻切離瞬間，$V_T - E_A$ 必須是常數。因此，

$$I_{min} R_{tot} = V_T - E_A = I_{max} R_{tot,1}$$

或是在第一段電阻切離後留下之電阻為

$$R_{tot,1} = \frac{I_{min}}{I_{max}} R_{tot} \tag{8-31}$$

以此類推，在第 n 段電阻切離後，留下之電阻為

$$R_{tot,n} = \left(\frac{I_{min}}{I_{max}}\right)^n R_{tot} \tag{8-32}$$

當 $R_{tot,n}$ 小於或等於內部電樞電阻 R_A 時，啟動的程序就算完成了。在此點，R_A 會限制電流至所要的值。在 $R_A = R_{tot,n}$ 之邊界

$$R_A = R_{tot,n} = \left(\frac{I_{min}}{I_{max}}\right)^n R_{tot} \tag{8-33}$$

$$\frac{R_A}{R_{tot}} = \left(\frac{I_{min}}{I_{max}}\right)^n \tag{8-34}$$

解得 n

$$n = \frac{\log(R_A/R_{tot})}{\log(I_{min}/I_{max})} \tag{8-35}$$

其中 n 必須取整數值，因為不可能有小數段。若 n 有小數部分，則當最後一段之啟動電阻移去時，電樞電流將會上升到比 I_{max} 小之值。

在此問題中，I_{min}/I_{max} 之比 $=0.5$，且 R_{tot} 為

$$R_{tot} = \frac{V_T}{I_{max}} = \frac{250\text{ V}}{700\text{ A}} = 0.357\text{ }\Omega$$

所以

$$n = \frac{\log(R_A/R_{tot})}{\log(I_{min}/I_{max})} = \frac{\log(0.05\text{ }\Omega/0.357\text{ }\Omega)}{\log(350\text{ A}/700\text{ A})} = 2.84$$

所需段數為三。

(b) 電樞電路包含電樞電阻 R_A 和三啟動電阻 R_1、R_2 和 R_3，如圖 8-23 所示之排列。

最初，$E_A = 0$ V 且 $I_A = 700$ A，所以

$$I_A = \frac{V_T}{R_A + R_1 + R_2 + R_3} = 700\text{ A}$$

因此，總電阻為

$$R_A + R_1 + R_2 + R_3 = \frac{250\text{ V}}{700\text{ A}} = 0.357\text{ }\Omega \tag{8-36}$$

此總電阻將會留在電路上，直到電流降至 350 A。此發生當

$$E_A = V_T - I_A R_{tot} = 250\text{ V} - (350\text{ A})(0.357\text{ }\Omega) = 125\text{ V}$$

當 $E_A = 125$ V，I_A 已降至 350 A，而此時該是切離第一段電阻 R_1 的時候。當 R_1 電阻切離後，電流會跳回 700 A。因此

$$R_A + R_2 + R_3 = \frac{V_T - E_A}{I_{max}} = \frac{250\text{ V} - 125\text{ V}}{700\text{ A}} = 0.1786\text{ }\Omega \tag{8-37}$$

此總電阻將會留在電路上，直到 I_A 再度降至 350 A。此發生當 E_A 到達

$$E_A = V_T - I_A R_{tot} = 250\text{ V} - (350\text{ A})(0.1786\text{ }\Omega) = 187.5\text{ V}$$

當 $E_A = 187.5$ V，I_A 已降至 350 A，而此時該是切離第三段啟動電阻 R_2 之時候。當 R_2 切離後，電流又跳回 700 A。因此

$$R_A + R_3 = \frac{V_T - E_A}{I_{max}} = \frac{250\text{ V} - 187.5\text{ V}}{700\text{ A}} = 0.0893\text{ }\Omega \tag{8-38}$$

此總電阻將留在電路上直到 I_A 再度降至 350 A。此發生當 E_A 到達

$$E_A = V_T - I_A R_{\text{tot}} = 250 \text{ V} - (350 \text{ A})(0.0893 \text{ }\Omega) = 218.75 \text{ V}$$

當 $E_A = 218.75$ V，I_A 已降至 350 A，而此時該是切離第三段啟動電阻 R_3 之時候。當 R_3 切離後，只剩電樞電阻留下。現在，只剩 R_A 來限制電動機之電流到

$$I_A = \frac{V_T - E_A}{R_A} = \frac{250 \text{ V} - 218.75 \text{ V}}{0.05 \text{ }\Omega}$$
$$= 625 \text{ A} \quad (\text{比允許最大值小})$$

由此點起，電動機可自行加速。

由式 (8-34) 到 (8-36)，所需之電阻值為

$$R_3 = R_{\text{tot},3} - R_A = 0.0893 \text{ }\Omega - 0.05 \text{ }\Omega = 0.0393 \text{ }\Omega$$
$$R_2 = R_{\text{tot},2} - R_3 - R_A = 0.1786 \text{ }\Omega - 0.0393 \text{ }\Omega - 0.05 \text{ }\Omega = 0.0893 \text{ }\Omega$$
$$R_1 = R_{\text{tot},1} - R_2 - R_3 - R_A = 0.357 \text{ }\Omega - 0.1786 \text{ }\Omega - 0.0393 \text{ }\Omega - 0.05 \text{ }\Omega = 0.1786 \text{ }\Omega$$

且當 E_A 到達 125、187.5 和 218.75 V 時，R_1、R_2 和 R_3 被切離。 ◀

8.9　直流電動機效率之計算

為了計算直流電動機之效率，以下的損失必須決定：

1. 銅損
2. 電刷壓降損失
3. 機械損失
4. 鐵心損失
5. 雜散損失

電動機之銅損為電樞與場電路之 I^2R 損失。知道電流與兩電阻之大小即可求出銅損。為了決定電樞電路之電阻，將轉子堵住，使它無法轉動且加一小的直流電壓給電樞端。調整電壓直到電樞電流與額定電流相等。所供給的電壓與產生的電樞電流之比就是 R_A。因測試時 R_A 隨溫度改變，故電流應該大約等於滿載時之電流，滿載電流運轉時，電樞繞組不會運轉於正常的溫度。

場電阻之決定是加額定電壓至場電路，量測所產生之場電流。場電阻 R_F 正好是場電壓與場電流之比。

電刷壓降損一般是與銅損一起計算。若是分開處理，則它們可由使用電刷一小部分的接觸電位對所使用的特別型式之電流的圖形電流來決定。電刷壓降損失正好是電刷壓降 V_{BD} 和電樞電流 I_A 之乘積。

鐵心損失與機械損失通常是一起決定。若電動機可於無載和額定轉速時自由旋轉，則沒有功率輸出。因為電動機無載，I_A 很小而使電樞銅損可忽略。因此若由輸入功率扣掉場電阻銅損，所剩之輸入功率必為機械損失和鐵心損失之和。這些損失稱為**無載旋轉損** (no-load rotational losses)。只要電動機之轉速維持在測得這些損失之轉速，無載旋轉損是機械損失與鐵心損失之一很好的估計。例題 8-8 為一計算電動機效率之範例。

例題 8-8

一 50 hp，250 V，1200 r/min 直流分激電動機，額定電樞電流 170 A，額定場電流 5 A。當轉子被堵住，10.2 V (不包括電刷) 之電樞電壓產生 170 A 電流，250 V 之場電壓產生 5 A 之場電流。假設電刷電壓為 2 V。無載時之端電壓 240 V，電樞電流為 13.2 A，場電流 4.8 A，電動機轉速為 1150 r/min。

(a) 在額定情況下，電動機輸出多少功率？
(b) 電動機之效率為多少？

解：電樞電阻大約為

$$R_A = \frac{10.2 \text{ V}}{170 \text{ A}} = 0.06 \text{ }\Omega$$

場電阻為

$$R_F = \frac{250 \text{ V}}{5 \text{ A}} = 50 \text{ }\Omega$$

因此，滿載電樞 I^2R 損失為

$$P_A = (170 \text{ A})^2(0.06 \text{ }\Omega) = 1734 \text{ W}$$

場電路 I^2R 損失為

$$P_F = (5 \text{ A})^2(50 \text{ }\Omega) = 1250 \text{ W}$$

滿載時之電刷損失為

$$P_{\text{brush}} = V_{BD}I_A = (2 \text{ V})(170 \text{ A}) = 340 \text{ W}$$

滿載與無載之旋轉損基本上是相同的，因為無載和滿載轉速不會相差太大。這些損失可藉著決定輸入到電樞之無載功率和假設電樞銅損與電刷損失忽略下而被確定，也就是無載的電樞輸入功率會等於旋轉損失。

$$P_{\text{tot}} = P_{\text{core}} + P_{\text{mech}} = (240 \text{ V})(13.2 \text{ A}) = 3168 \text{ W}$$

(a) 在額定負載下電動機之輸入功率為

$$P_{\text{in}} = V_T I_L = (250 \text{ V})(175 \text{ A}) = 43,750 \text{ W}$$

輸出功率為

$$\begin{aligned} P_{\text{out}} &= P_{\text{in}} - P_{\text{brush}} - P_{\text{cu}} - P_{\text{core}} - P_{\text{mech}} - P_{\text{stray}} \\ &= 43{,}750 \text{ W} - 340 \text{ W} - 1734 \text{ W} - 1250 \text{ W} - 3168 \text{ W} - (0.01)(43{,}750 \text{ W}) \\ &= 36{,}820 \text{ W} \end{aligned}$$

其中雜散損失為輸入功率之 1%。

(b) 滿載時之效率為

$$\eta = \frac{P_{\text{out}}}{P_{\text{out}}} \times 100\%$$
$$= \frac{36{,}820 \text{ W}}{43{,}750 \text{ W}} \times 100\% = 84.2\%$$

8.10 直流發電機簡介

直流電機當發電機來使用就叫直流發電機。正如前幾章所說，發電機和馬達除了功率流向不同外並沒有差別。根據不同的場磁通建立方式，直流發電機可分為五種主要之型式：

1. **他激式發電機**。在他激式發電機中，場磁通由外界之電源供給而不由發電機供給。
2. **分激式發電機**。在分激式發電機中，直接將磁場電路跨接在發電機的兩端。
3. **串激式發電機**。在串激式發電機中，將磁場電路和發電機的電樞串聯。
4. **積複激發電機**。在積複激發電機中，同時有分激和串激磁場，兩者具有相同的極性。
5. **差複激發電機**。在差複激發電機中，同時有分激和串激磁場，但是兩者的極性相反。

直流發電機之特性可比較其電壓、功率額定、效率以及電壓調整率。**電壓調整率**(voltage regulation, VR) 之定義如下：

$$\boxed{\text{VR} = \frac{V_{\text{nl}} - V_{\text{fl}}}{V_{\text{fl}}} \times 100\%} \tag{8-39}$$

其中 V_{nl} 是發電機之無載端電壓，V_{fl} 則是發電機之滿載端電壓。電壓調整率是對發電機之電壓-電流特性曲線之形狀的一種粗略測量──正電壓調整率代表下降的特性曲線，

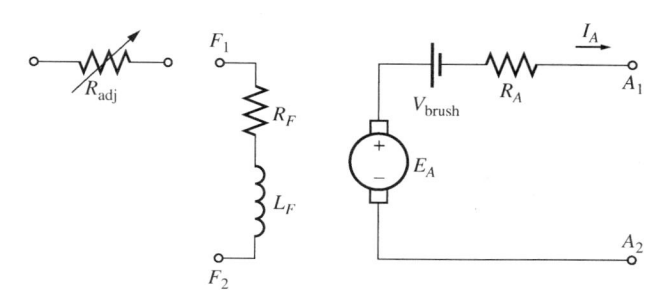

圖 8-23 直流發電機的等效電路。

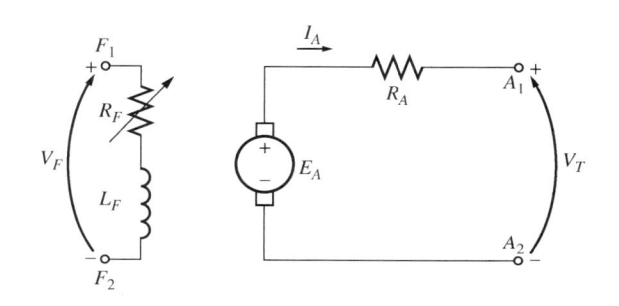

圖 8-24 簡化後的等效電路，R_F 和 R_{adj} 已合併。

負電壓調整率則代表上升的特性曲線。

　　直流發電機之等效電路如圖 8-23 所示，而一簡化的等效電路如圖 8-24 所示。它們與直流電動機類似，除了電流方向與電刷損失是相反的。

8.11　他激式發電機

　　他激式發電機的場電流是由發電機外部之獨立直流電壓源所提供。圖 8-25 是其等效電路。V_T 是由發電機兩端測到的電壓，I_L 是由發電機端點流出之線電流。E_A 是發電機的內電勢，I_A 是電樞電流。在他激式發電機中：

$$I_A = I_L \tag{8-40}$$

他激式直流發電機的端點特性

　　對一元件來說，其端點特性就是將不同輸出間的關係繪成圖形的表示法。而對直流發電機而言，所謂的不同輸出即是指發電機的端電壓和線電流。他激式發電機的特性曲線即是在固定轉速 ω 下 V_T 對 I_L 的圖形。根據克希荷夫電壓定律，端電壓

$$V_T = E_A - I_A R_A \tag{8-41}$$

318 電機機械原理精析

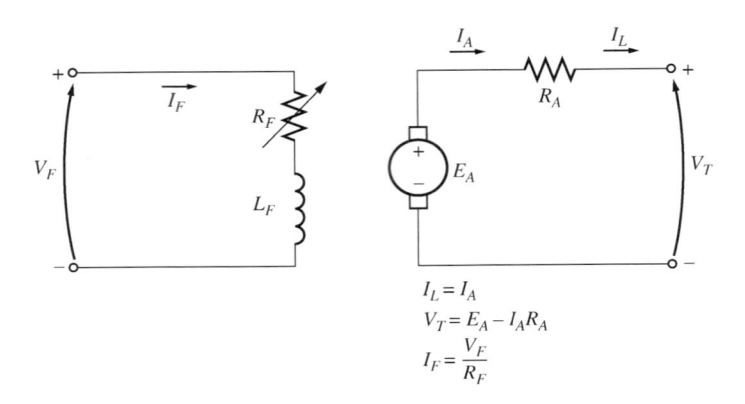

圖 8-25 他激式發電機的等效電路。

對他激式發電機而言，E_A 和 I_A 沒有關係，所以其特性曲線如圖 8-26a 所示為一直線。

當負載增加時，I_L（或 I_A）也增加，因此 $I_A R_A$ 壓降增加，端電壓下降。

不過，特性曲線並非完全是直線。若是發電機沒有裝補償繞組，電流 I_A 的增加會加大電樞反應而減弱場磁通。因為 $E_A = K\phi\downarrow\omega_m$，$\phi$ 下降故 E_A 下降，端電壓也下降，形成如圖 8-26b 的特性曲線。除非特別聲明，否則均假設發電機有裝置補償繞組。但是在沒有補償繞組時，瞭解電樞反應對特性曲線的影響是很重要的。

端電壓的控制

欲控制他激式發電機的端電壓 V_T 可藉由改變發電機內電勢 E_A 而達成。根據 $V_T =$

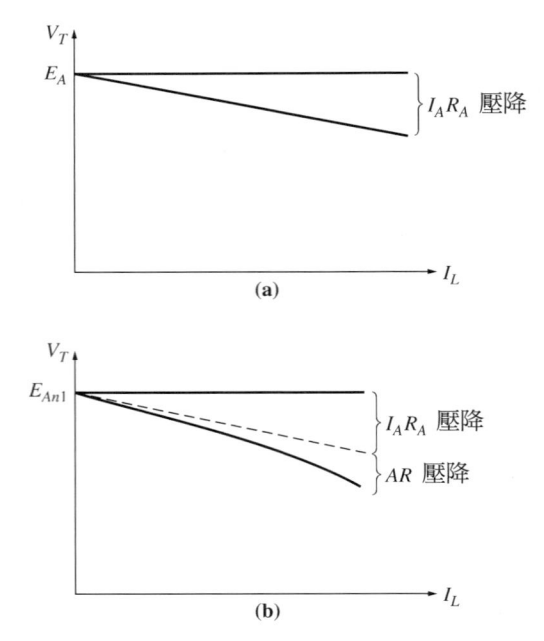

圖 8-26 他激式直流發電機的特性曲線：(a) 有；(b) 沒有補償繞組。

$E_A - I_A R_A$，E_A 增加則 V_T 增加，E_A 減少則 V_T 減少。而內電勢 $E_A = K\phi\omega_m$，所以要控制發電機之電壓有兩種方法：

1. 改變轉速。ω 增加，則 $E_A = K\phi\omega_m \uparrow$ 增加，$V_T = E_A \uparrow - I_A R_A$ 也增加。
2. 改變場電流。若 R_F 減少，則 $I_F = V_F / R_F \downarrow$ 增加，所以電機中的場磁通 ϕ 也增加。而 $E_A = K\phi \uparrow \omega_m$ 隨之增加。故 $V_T = E_A \uparrow - I_A R_A$ 增加。

在許多應用的場合，原動機的轉速無法做太大的變動，所以通常藉由改變磁場電流來控制端電壓。圖 8-27a 所示為他激式發電機供應一電阻性負載的情形。圖 8-27b 是減少磁場電阻時，端電壓變化的情形。

他激式直流發電機的非線性分析

他激式發電機的總磁動勢為磁場的磁動勢減去因電樞反應 (AR) 產生的磁動勢：

$$\mathscr{F}_{\text{net}} = N_F I_F - \mathscr{F}_{\text{AR}} \tag{8-42}$$

如同直流電動機，它習慣上定義一**等效磁場電流** (equivalent field current)，而此電流所產生的電壓即是電機內所有磁動勢的合成電壓。所以求出了等效磁場電流，便可在磁化

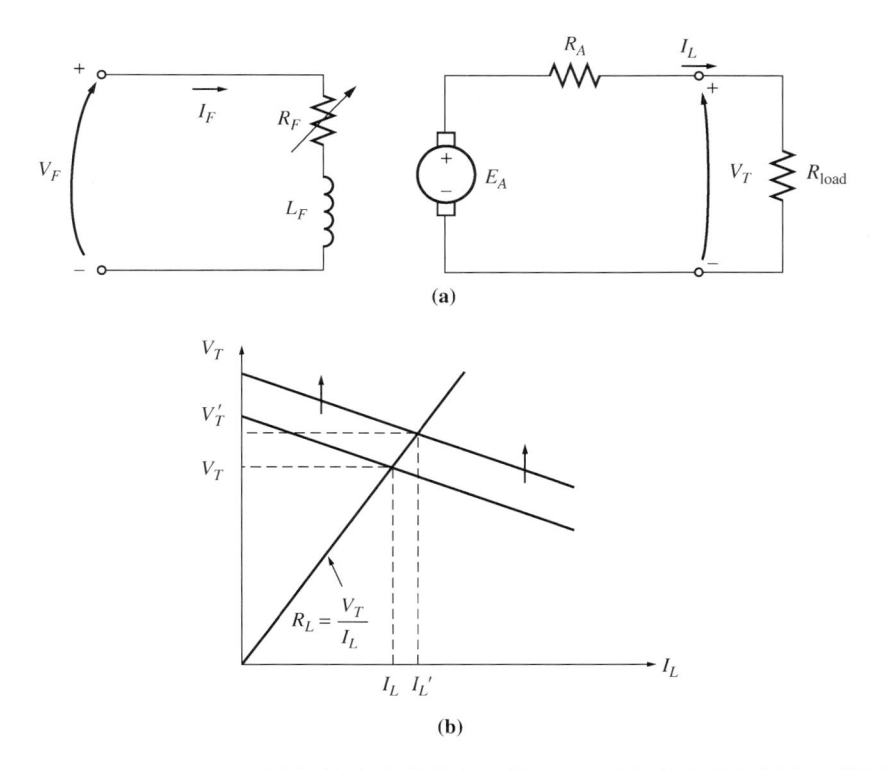

圖 8-27 (a) 具電阻性負載的他激式發電機；(b) 減少磁場電阻對發電機輸出電壓的影響。

曲線上找出相對應的 E_{A0} 值。對他激式發電機而言，等效磁場電流為

$$I_F^* = I_F - \frac{\mathscr{F}_{AR}}{N_F} \tag{8-43}$$

又，磁化曲線的轉速與實際發電機的轉速間之差，可由式 (8-13) 計算得到

$$\frac{E_A}{E_{A0}} = \frac{n_m}{n_0} \tag{8-13}$$

例題 8-9

某個有補償繞組的他激式直流發電機。其額定為 172 kW，430 V，400 A，1800 r/min。如圖 8-28 所示。圖 8-29 是其磁化曲線。電機的其他數據為

$R_A = 0.05\ \Omega$ $V_F = 430$ V

$R_F = 20\ \Omega$ $N_F = 1000$ 匝／極

$R_{adj} = 0$ 到 300 Ω

(a) 如果將磁場電路中的可變電阻 R_{adj} 調至 63 Ω，使原動機在 1600 r/min 下運轉，求發電機的無載端電壓。

(b) 如果接上 360 A 的負載至輸出端，求端電壓？假設發電機有補償繞組。

(c) 若有一 360 A 負載接於端點，但發電機無補償繞組，求其端電壓？假設此時電樞反應為 450 安·匝。

(d) 欲將端電壓提升至 (a) 所求之值，須做何種調整？

(e) 欲恢復電壓到無載時的值，需多少場電流？（若發電機有補償繞組。）所需的電阻 R_{adj} 是多少？

解：

(a) 總磁場電阻為

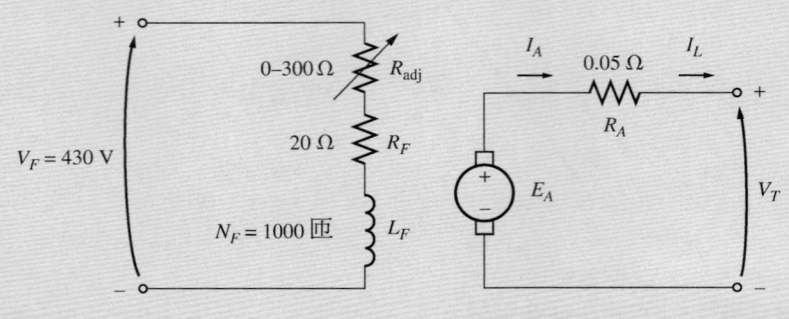

圖 8-28 例題 8-9 中的他激式發電機。

Chapter 8　直流電動機與發電機

圖 8-29　例題 8-9 的磁化曲線。

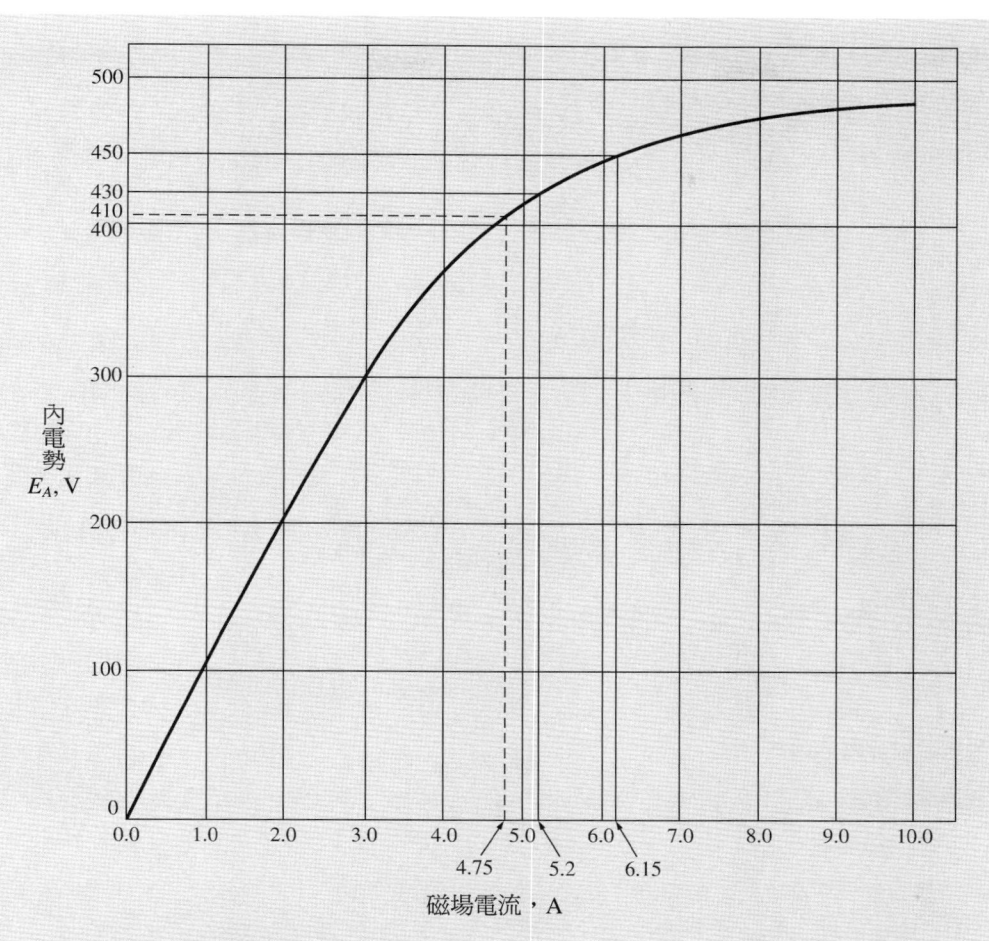

注意：當場電流為零時，E_A 大約是 3V。

$$R_F + R_{adj} = 83\ \Omega$$

磁場電流：

$$I_F = \frac{V_F}{R_F} = \frac{430\ \text{V}}{83\ \Omega} = 5.2\ \text{A}$$

如磁化曲線所示，這樣大小的磁場電流在轉速為 1800 r/min 時所產生之電壓 $E_{A0} = 430$ V。但是實際轉速 $n_m = 1600$ r/min，欲求內電勢 E_A：

$$\frac{E_A}{E_{A0}} = \frac{n_m}{n_0} \tag{8-13}$$

$$E_A = \frac{1600\ \text{r/min}}{1800\ \text{r/min}}\,430\ \text{V} = 382\ \text{V}$$

由於無載時 $V_T=E_A$，所以輸出電壓為 382 V。

(b) 接上 360 A 之負載，發電機端電壓為

$$V_T = E_A - I_A R_A = 382 \text{ V} - (360 \text{ A})(0.05 \text{ }\Omega) = 364 \text{ V}$$

(c) 若一 360 A 負載接至發電機端點且發電機有 450 安·匝之電樞反應，則有效場電流為

$$I_F^* = I_F - \frac{\mathscr{F}_{AR}}{N_F} = 5.2 \text{ A} - \frac{450 \text{ A} \cdot \text{turns}}{1000 \text{ turns}} = 4.75 \text{ A}$$

由磁化曲線，$E_{A0}=410$ V，所以在 1600 r/min 時之內部電壓為

$$\frac{E_A}{E_{A0}} = \frac{n_m}{n_0} \tag{8-13}$$

$$E_A = \frac{1600 \text{ r/min}}{1800 \text{ r/min}} 410 \text{ V} = 364 \text{ V}$$

因此，發電機之端電壓為

$$V_T = E_A - I_A R_A = 364 \text{ V} - (360 \text{ A})(0.05 \text{ }\Omega) = 346 \text{ V}$$

由於電樞反應使得電壓降低。

(d) 因為發電機端電壓下降，欲回復到原來的值，必須提升端電壓。亦即增加 E_A，可令 R_{adj} 減小，使得磁場電流增加。

(e) 端電壓回升至 382 V，其 E_A 為

$$E_A = V_T + I_A R_A = 382 \text{ V} + (360 \text{ A})(0.05 \text{ }\Omega) = 400 \text{ V}$$

在 $n_m=1600$ r/min 時，$E_A=400$ V，欲求在 1800 r/min 下之 E_{A0}。

$$\frac{E_A}{E_{A0}} = \frac{n_m}{n_0} \tag{8-13}$$

$$E_{A0} = \frac{1800 \text{ r/min}}{1600 \text{ r/min}} 400 \text{ V} = 450 \text{ V}$$

由磁化曲線可知，此時的場電流 $I_F=6.15$ A，再求 R_{adj}。

$$R_F + R_{adj} = \frac{V_F}{I_F}$$

$$20 \text{ }\Omega + R_{adj} = \frac{430 \text{ V}}{6.15 \text{ A}} = 69.9 \text{ }\Omega$$

$$R_{adj} = 49.9 \text{ }\Omega \approx 50 \text{ }\Omega$$

8.12　分激式直流發電機

分激式發電機乃是將磁場電路直接跨接在發電機的兩端，而自己供應自己磁場電流的直流發電機。其等效電路如圖 8-30 所示，在此電路中，電樞電流同時供應給磁場和發電機所接之負載。

$$I_A = I_F + I_L \tag{8-44}$$

而根據克希荷夫電壓定律：

$$V_T = E_A - I_A R_A \tag{8-45}$$

和他激式發電機比較起來，分激式發電機的優點是不須額外的電源供給磁場電路。

分激式發電機中的電壓建立

發電機電壓的建立必須依靠磁極的**剩磁** (residual flux)。當發電機開始啟動時，所產生的內電勢為

$$E_A = K\phi_{res}\omega_m$$

此內電勢呈現在發電端，雖然可能僅有一兩伏，但仍能使電流流入磁場繞組 ($I_F = V_T\uparrow / R_F$)，此電流在磁極中產生磁動勢，進而增加場磁通，又造成 $E_A = K\phi\uparrow\omega_m$ 增加，使端電壓增加，而端電壓的增加又造成 I_F 增加，再增加 ϕ，使端電壓再增加。

圖 8-31 便是磁通建立的過程，注意當磁極飽和後，將限制 V_T 繼續上升而達一極限值。

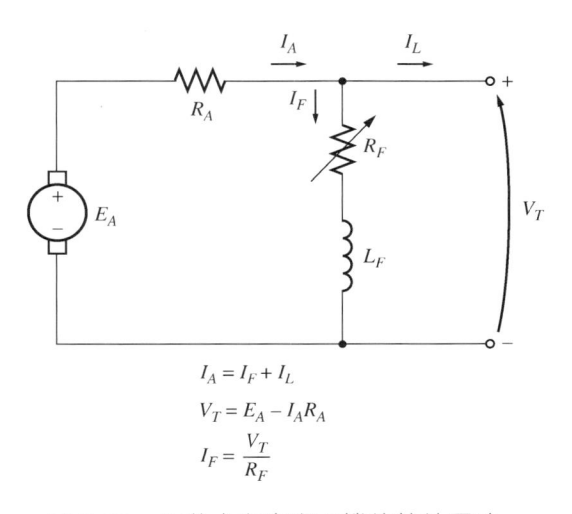

$$I_A = I_F + I_L$$
$$V_T = E_A - I_A R_A$$
$$I_F = \frac{V_T}{R_F}$$

圖 8-30　分激式直流發電機的等效電路。

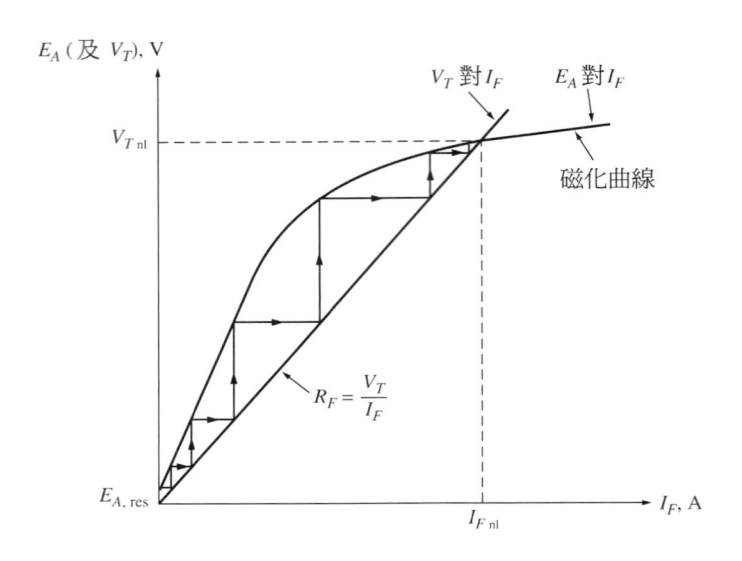

圖 8-31 分激式發電機的電壓建立。

　　圖 8-31 用分段的方式說明電壓建立的方法，可以明顯看出發電機內電勢和磁場電流間有正回授的關係。而事實上電壓並非如此一步一步增加的，E_A 和 I_F 幾乎立即增加至穩定狀態。

　　分激式發電機在啟動時基於某些因素，其電壓無法建立之原因可能為：

1. 發電機中沒有剩磁，則在啟動時 $\phi_{res}=0$，$E_A=0$，端電壓永遠無法建立。發生此種問題時，可以將磁場繞組和電樞電路分開，外接直流電源供應電流給磁場繞組，經過一段時間後將電源移走，這時磁極中已有剩磁，便可以正常啟動了。此法又稱「充磁法」。

2. 發電機旋轉方向相反或磁場反接，在此兩種情形下，剩磁建立之內電勢 E_A 產生磁場電流，但是磁通方向和剩磁相反，ϕ_{res} 下降，端電壓無法建立。發生此種情形時，可以改變旋轉方向，或是將磁場反接，或對磁極逆向充磁皆可。

3. 磁場電阻大於臨界電阻。參考圖 8-32 便可瞭解這個問題。正常情形下，分激式發電機的電壓建立於磁化曲線和磁場電阻線的交點。如 R_2 的磁場電阻線幾乎和磁化曲線平行，因此在 R_F 或 I_A 上一點小變動便能使 E_A 改變很大，而 R_2 電阻值便稱為**臨界電阻** (critical resistance)。如果 R_F 大於臨界電阻 (如圖中的 R_3)，則穩態操作下的電壓將維持在剩磁所建立的小電壓，故電壓無法建立。解決此問題的方法是減小 R_F。

　　因為在磁化曲線中的電壓是原動機轉速的函數，而臨界電阻值也隨轉速而改變。一般說來，轉速愈慢，則臨界電阻值愈小。

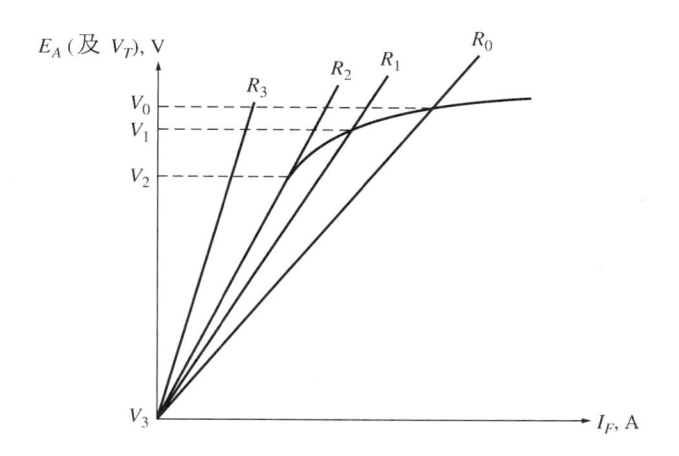

圖 8-32　分激磁場電阻對發電機無載端電壓的效應，若 $R_F > R_2$ (臨界電阻)，則發電機端電壓無法建立。

分激式直流發電機的輸出特性

分激式直流發電機和他激式直流發電機的輸出特性並不一樣，因為場電流的大小是由輸出電壓決定的。欲瞭解分激式發電機的輸出特性，可從無載開始慢慢增加負載來觀察。

當發電機負載增加時，I_L 增加，而 $I_A = I_F + I_L\uparrow$ 也增加。I_A 的增加造成電樞電阻上之壓降 $I_A R_A$ 增加，因此 $V_T = E_A - I_A\uparrow R_A$ 減少，此點和他激式發電機相同。但是當 V_T 減小時，分激式發電機的磁場電流也會隨著減少，造成場磁通減少，使得 E_A 下降，又造成 $V_T = E_A\downarrow - I_A R_A$ 下降。其輸出特性如圖 8-33 所示。和他激式發電機的 $I_A R_A$ 壓降比較起來，其電壓降較多，換句話說，分激式發電機的電壓調整率較差。

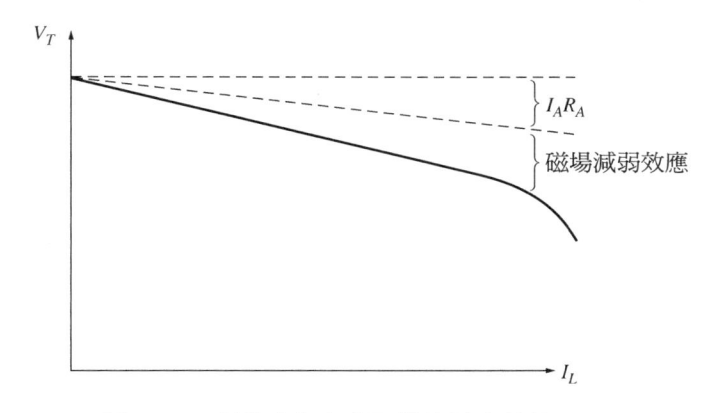

圖 8-33　分激式直流發電機的輸出特性。

8.13 串激式直流發電機

圖 8-34 是串激式發電機的等效電路，由此圖可知電樞電流、磁場電流、線電流均相等，根據克希荷夫電壓定律可得

$$V_T = E_A - I_A(R_A + R_S) \tag{8-46}$$

串激式直流發電機的輸出特性

串激式發電機的磁化曲線和其他型式的發電機十分相似，而無載時沒有磁場電流，因此 V_T 僅為由剩磁建立的幾伏特。當負載增加時，磁場電流增加，E_A 快速上升。但是 $I_A(R_A+R_S)$ 壓降也在增加，不過一開始 E_A 增加的速度較 $I_A(R_A+R_S)$ 快，故 V_T 漸增。當磁場趨近飽和時，E_A 近似常數。之後 $I_A(R_A+R_S)$ 漸大，V_T 開始下降。

圖 8-35 是其輸出特性曲線，由圖可看出串激式發電機是很差的定電壓源，其電壓調整率為一很大的負值。

串激式發電機僅供適合此種陡峭特性曲線的設備使用。例如電焊機。電焊機使用的串激式發電機都設計成有很大的電樞反應，其特性曲線如圖 8-36 所示。電焊機的兩電

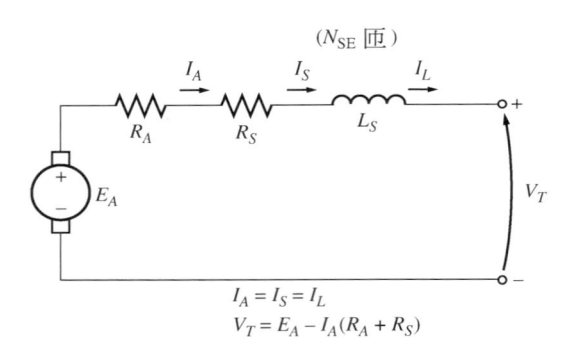

圖 8-34　串激發電機的等效電路圖。

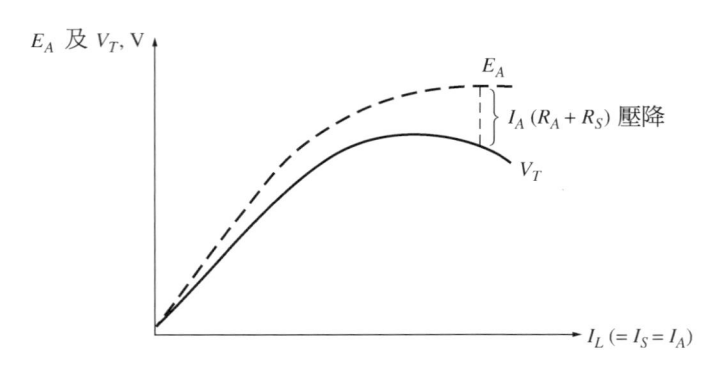

圖 8-35　串激式發電機的輸出特性曲線。

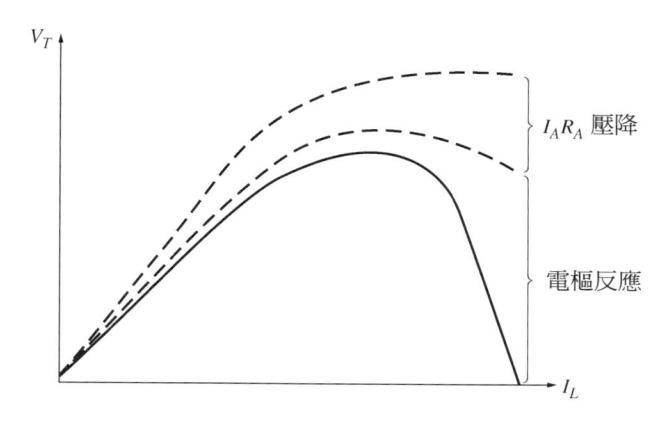

圖 8-36 適用於電焊機的串激發電機的特性曲線。

極在電焊前接觸在一起，此時有很大的電流通過。當作業員把兩電極分開時，發電機電壓很快的上升，但電流仍很大。這個電壓使兩電極間空氣隙的電弧繼續保持著，以便供焊接使用。

8.14 積複激直流發電機

積複激直流發電機就是同時具有串激和分激磁場的發電機，而這兩種磁場的磁動勢方向相同。圖 8-37 是積複激發電機的等效電路，其為「長並式」(long-shunt) 連接。圖中的點記號和變壓器的點記號意義相同：電流流入具點記號的一端會產生正的磁動勢。注意電樞電流流入串激場繞組具點記號的一端，而分激場電流 I_F 也流入分激場繞組的正端，因此電機的總磁動勢為

$$\mathcal{F}_{\text{net}} = \mathcal{F}_F + \mathcal{F}_{\text{SE}} - \mathcal{F}_{\text{AR}} \tag{8-47}$$

其中 $\mathcal{F}_F$ 為分激場磁動勢，$\mathcal{F}_{\text{SE}}$ 為串激場磁動勢，而 $\mathcal{F}_{\text{AR}}$ 為電樞反應磁動勢。而電機的等效分激磁場電流可由下式得出

$$N_F I_F^* = N_F I_F + N_{\text{SE}} I_A - \mathcal{F}_{\text{AR}}$$

$$I_F^* = I_F + \frac{N_{\text{SE}}}{N_F} I_A - \frac{\mathcal{F}_{\text{AR}}}{N_F} \tag{8-48}$$

而電機中其他電壓、電流的關係為

$$I_A = I_F + I_L \tag{8-49}$$

$$I_A = I_L + I_F$$
$$V_T = E_A - I_A(R_A + R_S)$$
$$I_F = \frac{V_T}{R_F}$$
$$\mathcal{F}_{net} = N_F I_F + N_{SE} I_A - \mathcal{F}_{AR}$$

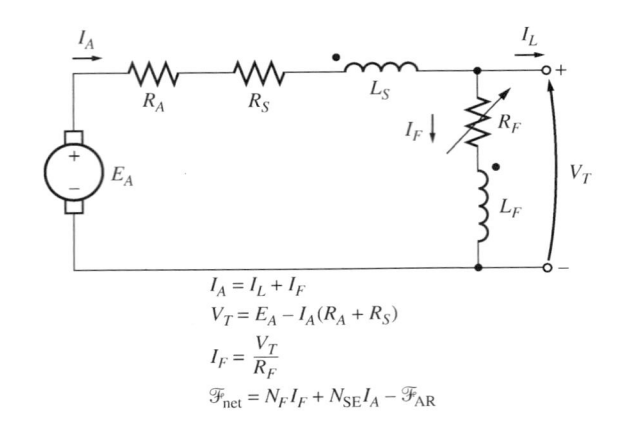

圖 8-37 長並式連接之積複激發電機的等效電路。

$$\boxed{V_T = E_A - I_A(R_A + R_S)} \tag{8-50}$$

$$\boxed{I_F = \frac{V_T}{R_F}} \tag{8-51}$$

積複激直流發電機的輸出特性

　　假設發電機上之負載增加。於是當負載電流 I_L 漸增，因為 $I_A = I_F + I_L \uparrow$，電樞電流 I_A 也漸增，此時電機中有兩種效應發生：

1. I_A 增加時，$I_A(R_A + R_S)$ 壓降也增加，造成端電壓 $V_T = E_A - I_A \uparrow (R_A + R_S)$ 下降。
2. I_A 增加，串激磁場的磁動勢 $\mathcal{F}_{SE} = N_{SE} I_A$ 也增加。因此總磁動勢 $\mathcal{F}_{tot} = N_F I_F + N_{SE} I_A \uparrow$ 的增加使得電機中磁通量增加，造成 E_A 上升，而此效應使得 $V_T = E_A \uparrow - I_A(R_A + R_S)$ 增加。

　　上述兩效應的效果恰好相反，前者減少 V_T，而後者則使 V_T 上升。要決定哪一個效應較顯著，可根據串激場繞組的匝數決定，分成以下三種情形來討論：

1. 串激場繞組的匝數很少時 (N_{SE} 很小)。電阻壓降對 V_T 影響較大，端電壓如同分激式發電機一般隨負載增加而下降，但下降趨勢較為緩慢。此種情形電機之滿載端電壓較無載端電壓低，稱為**欠複激** (undercompounded) (圖 8-38)。
2. 串激繞組匝數較多 (N_{SE} 較大)。負載剛增加時，磁場增強效應較佔優勢，端電壓隨負載增加而上升。但負載增加至磁飽和附近時，電阻壓降效應較佔優勢，使端電壓有先升後降的情形。而當串激繞組之匝數恰使發電機的滿載端電壓等於無載端電壓時，稱為**平複激** (flat-compounded)。

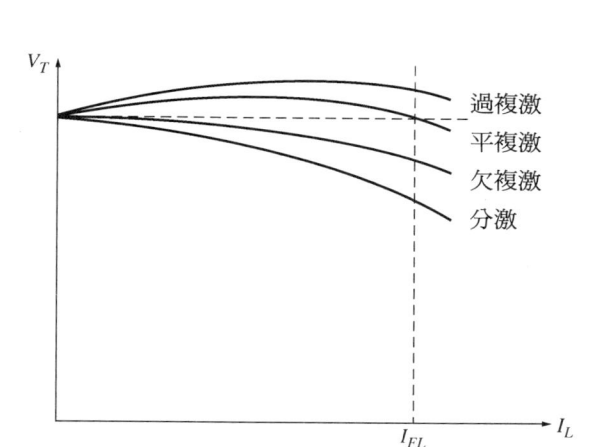

圖 8-38 積複激直流發電機的輸出特性曲線。

3. 串激繞組匝數再增加（N_{SE} 大）。磁場增強效應持續更久才被電阻壓降效應所主導，造成滿載端電壓高於無載端電壓的情形，稱為**過複激** (overcompounded)。

所有可能如圖 8-38 所示。

積複激發電機的電壓控制

控制積複激發電機之電壓的方法和分激式發電機是一樣的：

1. 改變轉速。ω 增加使 $E_A = K\phi\omega_m\uparrow$ 上升，因此端電壓 $V_T = E_A\uparrow - I_A(R_A + R_S)$ 上升。
2. 改變磁場電流。令 R_F 減小使 $I_F = V_T/R_F\downarrow$ 上升，因此總磁動勢增加。$\mathcal{F}_{tot}$ 的增加帶動 ϕ 上升，$E_A = K\phi\uparrow\omega_m$ 也升高，因此 V_T 上升。

8.15 差複激直流發電機

差複激直流發電機和積複激發電機一樣，同時具有分激和串激磁場，不同的是其兩磁場的磁動勢是相減的。圖 8-39 是其等效電路圖，注意電樞電流是流出串激繞組的打點端，而分激磁場的電流卻是流入繞組之打點端，因此電機的淨磁動勢為

$$\mathcal{F}_{net} = \mathcal{F}_F - \mathcal{F}_{SE} - \mathcal{F}_{AR} \tag{8-52}$$

$$\mathcal{F}_{net} = N_F I_F - N_{SE} I_A - \mathcal{F}_{AR} \tag{8-53}$$

而串激場與電樞反應造成的等效分激場電流為

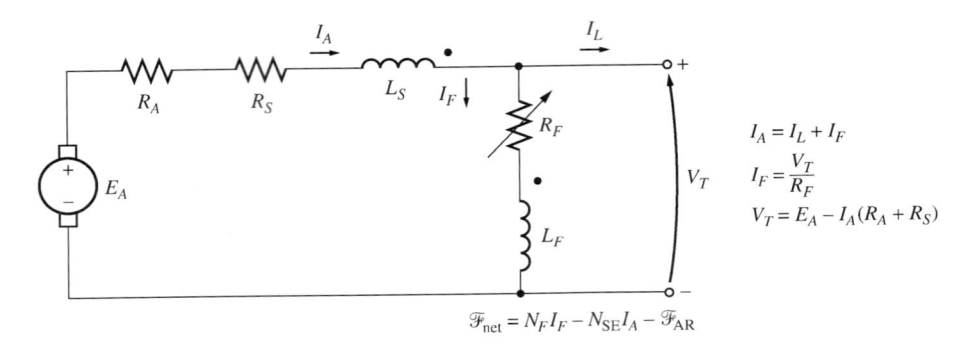

$$I_{eq} = -\frac{N_{SE}}{N_F}I_A - \frac{\mathscr{F}_{AR}}{N_F} \tag{8-54}$$

全部的有效的分激場電流為

$$I_F^* = I_F + I_{eq} \tag{8-55a}$$

或

$$I_F^* = I_F - \frac{N_{SE}}{N_F}I_A - \frac{\mathscr{F}_{AR}}{N_F} \tag{8-55b}$$

就像積複激發電機，差複激發電機有長並式及短並式兩種接法。

差複激直流發電機的輸出特性

加上負載後差複激發電機和積複激發電機一樣會有兩種效應發生，但此時兩效應之方向相同：

1. I_A 增加，$I_A(R_A+R_S)$ 壓降增加，因此 $V_T = E_A - I_A\uparrow (R_A+R_S)$ 下降。
2. I_A 增加，串激場磁動勢 $\mathscr{F}_{SE} = N_{SE}I_A$ 增加，因此電機中的淨磁動勢（$\mathscr{F}_{tot} = N_F I_F - N_{SE}I_A\uparrow$）減少，$\phi$ 下降，造成 E_A 下降，V_T 也隨之減少。

上述兩種效應都使 V_T 下降，因此負載增加時，端電壓會急劇下降，造成如圖 8-40 的輸出特性曲線。

差複激發電機的電壓控制

雖然差複激發電機的壓降特性很差，但在接上負載時，仍可控制其端電壓，調整端電壓的控速技巧與分激式和積複激發電機所用技巧一樣：

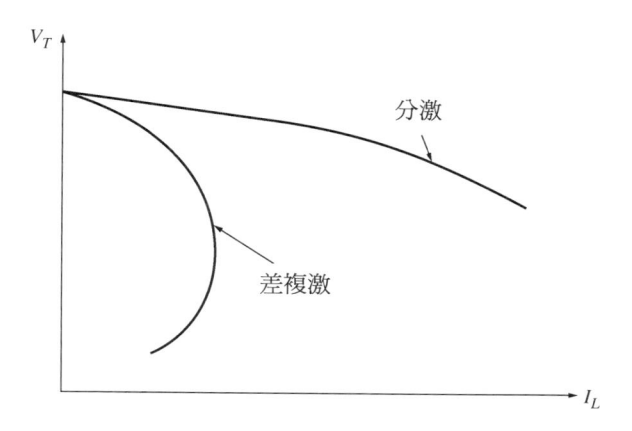

圖 8-40 差複激發電機的輸出特性曲線。

1. 改變轉速 ω_m。
2. 改變磁場電流 I_F。

習　題

習題 8-1 到 8-8 參照以下之直流電動機：

$$P_{\text{rated}} = 30 \text{ hp} \qquad I_{L,\text{rated}} = 110 \text{ A}$$
$$V_T = 240 \text{ V} \qquad N_F = 2700 \text{ 匝／極}$$
$$n_{\text{rated}} = 1800 \text{ r/min} \qquad N_{\text{SE}} = 14 \text{ 匝／極}$$
$$R_A = 0.19 \text{ Ω} \qquad R_F = 75 \text{ Ω}$$
$$R_S = 0.02 \text{ Ω} \qquad R_{\text{adj}} = 100 \text{ 到 } 400 \text{ Ω}$$

滿載時之旋轉損＝3550 W。

磁化曲線如圖 P8-1 所示。

在習題 8-1 到 8-7 假設可連接成分激式電動機，其等效電路如圖 P8-2 所示。

8-1 若電阻 R_{adj} 調整到 175 Ω，則無載情況下之電動機轉速是多少？

8-2 假設無電樞反應，則滿載之轉速為何？電動機之速率調整率是多少？

8-3 若電動機於滿載運轉且 R_{adj} 增加至 250 Ω，則電動機之新轉速為何？比較 R_{adj} = 175 Ω 時之滿載轉速與 R_{adj} = 250 Ω 時之滿載轉速 (假設無電樞反應)。

8-4 假設電動機運轉於滿載下且 R_{adj} 為 175 Ω，若電樞反應為 2000 安・匝，則電動機之轉速是多少？與習題 8-2 之比較為何？

8-5 若 R_{adj} 可在 100 到 400 Ω 間調整，則可能之最大與最小無載轉速是多少？

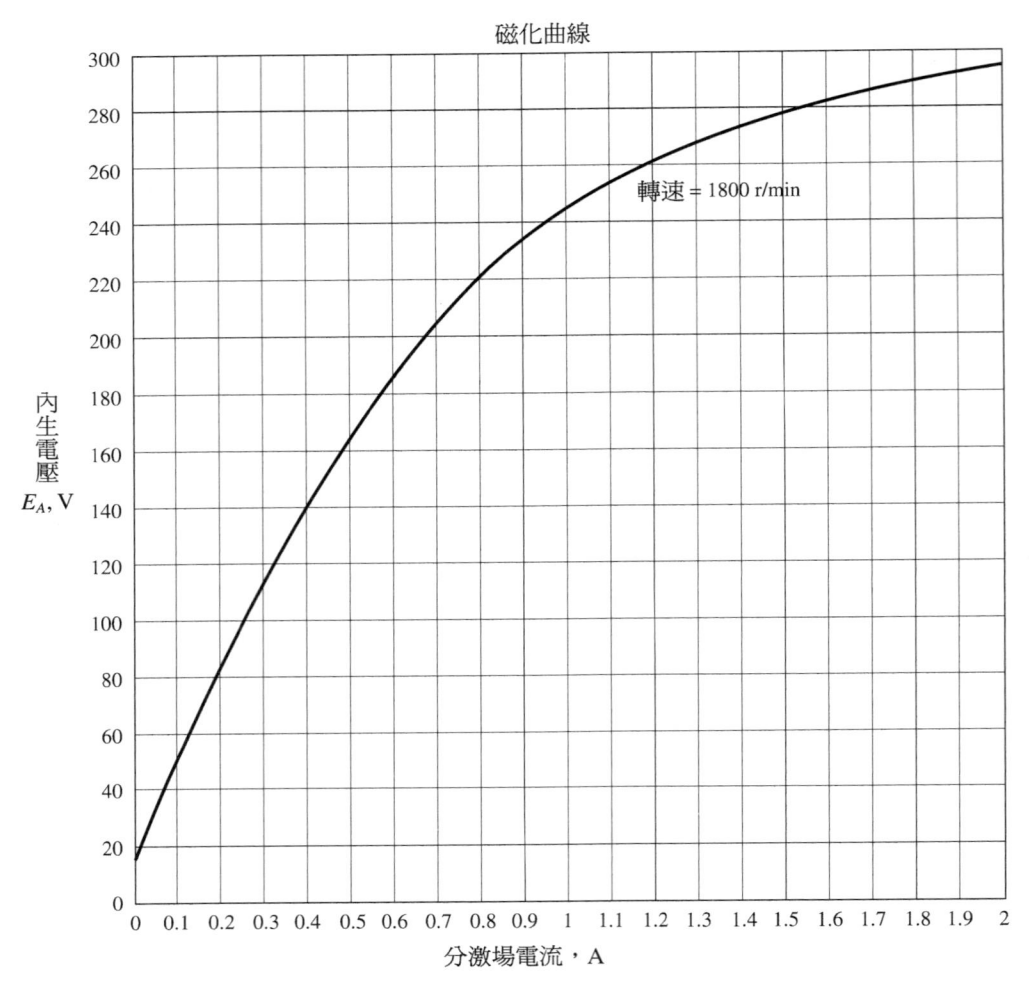

圖 P8-1　習題 8-1 到 8-8 之磁化曲線。此曲線是在 1800 r/min 之轉速下所得到。

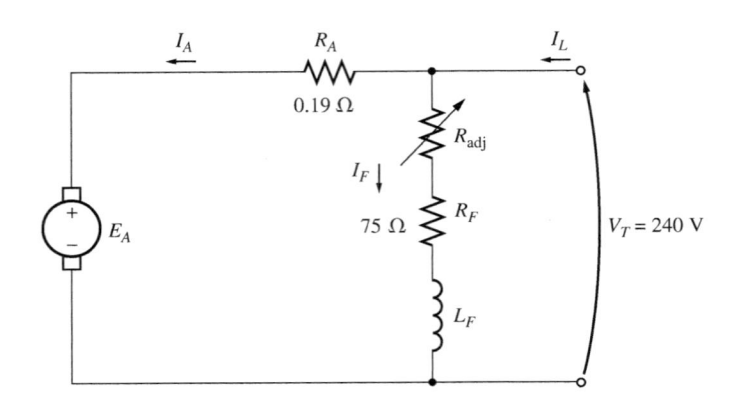

圖 P8-2　習題 8-1 到 8-7 之分激式電動機等效電路。

8-6 若直接加電壓 V_T 來啟動,則啟動電流是多少?此啟動電流與滿載電流相比為何?

8-7 畫出此電動機之轉矩-速度特性曲線假設沒有電樞反應,與假設有 1200 安·匝之全載電樞反應 (假設電樞反應隨著電樞電流線性增加)。

8-8 若電動機連接成如圖 P8-3 所示之積複激電動機,且 $R_{adj} = 175\ \Omega$:
 (a) 無載轉速為何?
 (b) 滿載轉速為何?
 (c) 速率調整率是多少?
 (d) 計算並畫出轉矩-速度特性曲線 (忽略電樞效應)。

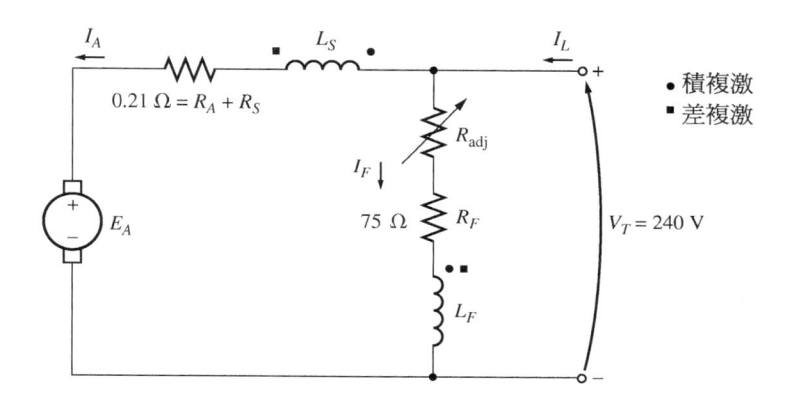

圖 P8-3　習題 8-8 複激電動機之等效電路。

8-9 一 15 hp,120 V 串激電動機,電樞電阻 $0.1\ \Omega$ 串激場電阻 $0.08\ \Omega$。在滿載下,輸入電流 115 A,額定轉速 1050 r/min。圖 P8-4 為其磁化曲線。鐵心損失為 420 W,在滿載下機械損失 460 W。假設機械損失是隨轉速的三次方變化,而鐵心損失是固定的。
 (a) 滿載下電動機之效率為何?
 (b) 當電動機運轉於電樞電流 70 A 時之轉速與效率是多少?
 (c) 畫此電動機之轉矩-速度特性曲線。

習題 8-10 到 8-13 為 240 V,100 A 有分激和串激繞組之直流電動機。特性為

$$R_A = 0.14\ \Omega \qquad N_F = 1500\ 匝$$
$$R_S = 0.05\ \Omega \qquad N_{SE} = 15\ 匝$$
$$R_F = 200\ \Omega \qquad n_m = 3000\ \text{r/min}$$
$$R_{adj} = 0\ 到\ 300\ \Omega,現為\ 120\ \Omega$$

此電動機有補償繞組和中間極。磁化曲線在 3000 r/min 時,如圖 P8-5 所示。

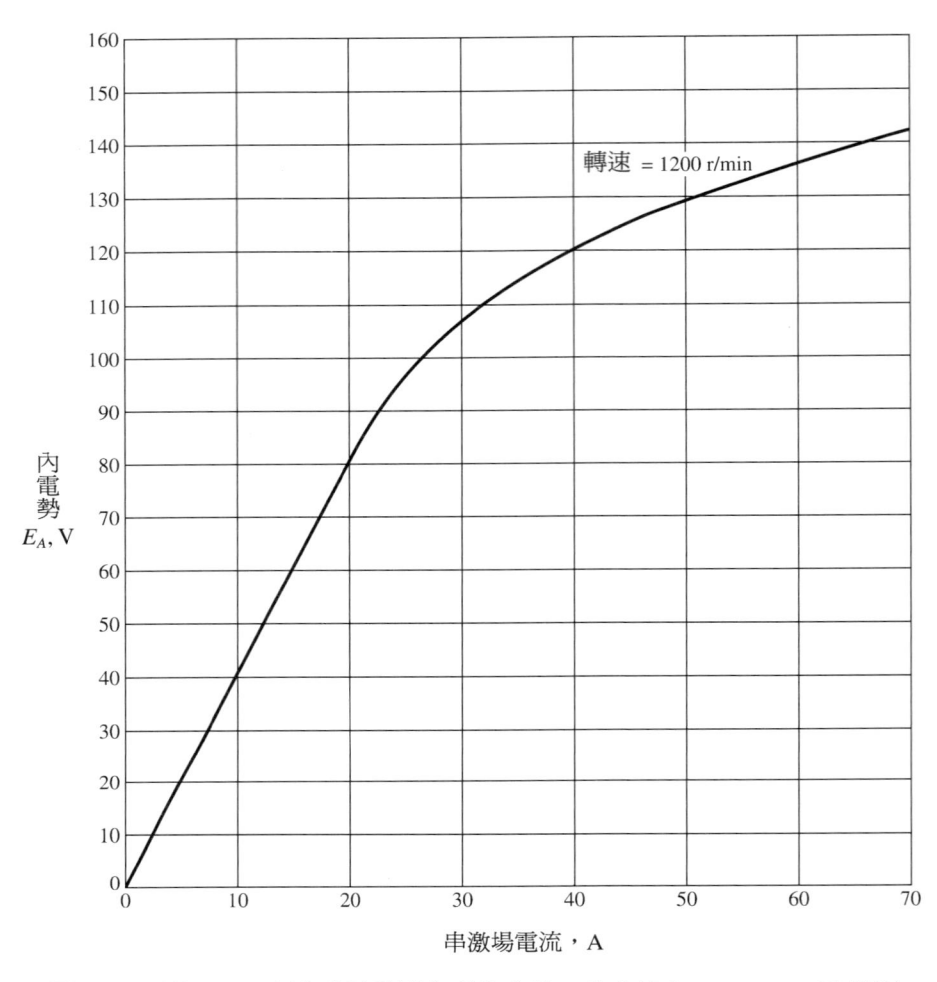

圖 **P8-4** 習題 8-9 串激式電動機之磁化曲線。此曲線在 1200 r/min 時得到。

8-10 將其接成分激式電動機。
(a) 當 $R_{adj} = 120\ \Omega$ 時之無載轉速為何？
(b) 滿載轉速是多少？
(c) 速率調整是多少？
(d) 畫此電動機之轉矩-速度特性曲線。
(e) 無載下，調整 R_{adj} 可得到什麼範圍之轉速？

8-11 將其接成積複激電動機，且 $R_{adj} = 120\ \Omega$。
(a) 無載轉速為何？
(b) 滿載轉速為何？
(c) 速率調整率是多少？
(d) 畫轉矩-速度特性曲線。

磁化曲線

転速 = 3000 r/min

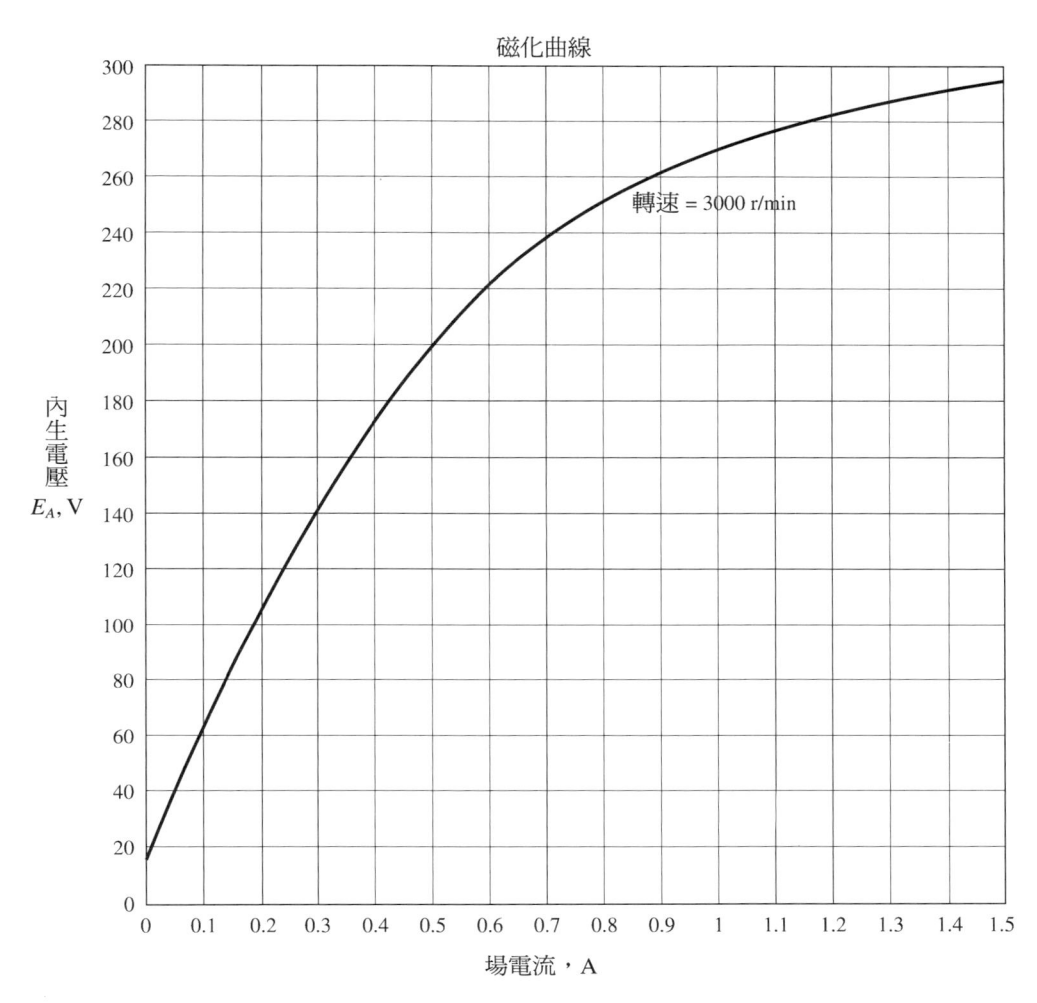

內生電壓 E_A, V

場電流，A

圖 P8-5　習題 8-10 到 8-13 直流電動機之磁化曲線。此曲線在 3000 r/min 時得到。

8-12　若將其接成差複激式電動機，$R_{adj} = 120\ \Omega$。推導其轉矩-速度特性曲線。

8-13　將分激場拿掉，而使此電機成為串激式電動機。推導其轉矩-速度特性曲線。

8-14　一 20 hp，240 V，75 A 之分激式電動機，它有一自動啟動器電路馬達的電樞電阻 0.12 Ω，分激場電阻 40 Ω。電動機以不超過 250% 的額定電樞電流下啟動，且電流很快的降至額定值，一段啟動電阻就被切離。則需要多少段啟動電阻，且每段電阻值是多少？

8-15　一 10 hp，120 V，1000 r/min 之分激式電動機，當運轉於滿載時之電樞電流為 70 A。電樞電阻 $R_A = 0.12\ \Omega$，場電阻 $R_F = 40\ \Omega$。場電路之可調電阻 R_{adj} 可於 0 到 200 Ω 間變化，目前為 100 Ω。電樞反應可忽略。此電動機於 1000 r/min 之轉速下之磁化曲線如下表所示：

E_A, V	5	78	95	112	118	126
I_F, A	0.00	0.80	1.00	1.28	1.44	2.88

(a) 當電動機運轉於上面所規定之額定情況下之轉速是多少？
(b) 額定時電動機之輸出功率為 10 hp，則其輸出轉矩是多少？
(c) 滿載時之銅損及旋轉損失是多少 (忽略雜散損)？
(d) 滿載時之電動機效率是多少？
(e) 若電動機於無載情況下，且不改變其端電壓或 R_{adj}，則其無載轉速是多少？
(f) 假設 (e) 所述電動機運轉於無載情況下，若場電路開路，則將發生什麼狀況？在此情況下若忽略電樞反應，則電動機之最後穩態速度是多少？
(g) 此電動機可能之無載轉速範圍為何？場電阻 R_{adj} 之可調範圍為何？

8-16 一三相同步電機以機械式耦合至一分激式直流電機，形成一電動機-發電機組，如圖 P8-6 所示。此直流機連接至一 240 V 之直流電力系統，且交流機連接至 480 V，60 Hz 之無限匯流排。

此直流機有四極額定為 50 kW，240 V，0.03 標么 (per-unit) 之電樞電阻。交流機為四極 Y 接，額定為 50 kVA，480 V，0.8 PF，飽和同步電抗每相 3.0 Ω。

除了直流機的電樞電阻損失，其他損失均可忽略，並假設兩機之磁化曲線皆為線性。

(a) 開始交流機供應 50 kVA，0.8 PF 落後功率至交流電力系統。
　1. 直流電力系統可供應多少功率給直流動機？
　2. 直流機可產生多大內電勢 E_A？
　3. 交流機可產生多大內電勢 E_A？
(b) 若交流機場電流減少 5%，則此改變對電動-發電機組所供應之實功影響為何？對所供應虛功影響為何？計算在此情況下交流機所供應或消耗之實與虛功率，畫出場電流改變前與改變後交流機之相量圖。
(c) 在 (b) 情況下，若直流機之場電流減少 1%，則由電動-發電機組所供應之實功與虛功的影響為何？計算在此情況下，交流機所供應或消耗的實功與虛功率，並畫出直流機場電流改變前與後之交流機相量圖。
(d) 由前面結果，回答以下問題：
　1. 如何透過交流-直流電動-發電機組來控制實功率潮流？
　2. 如何藉由交流機來控制虛功供應或消耗而不會影響實功率潮流？

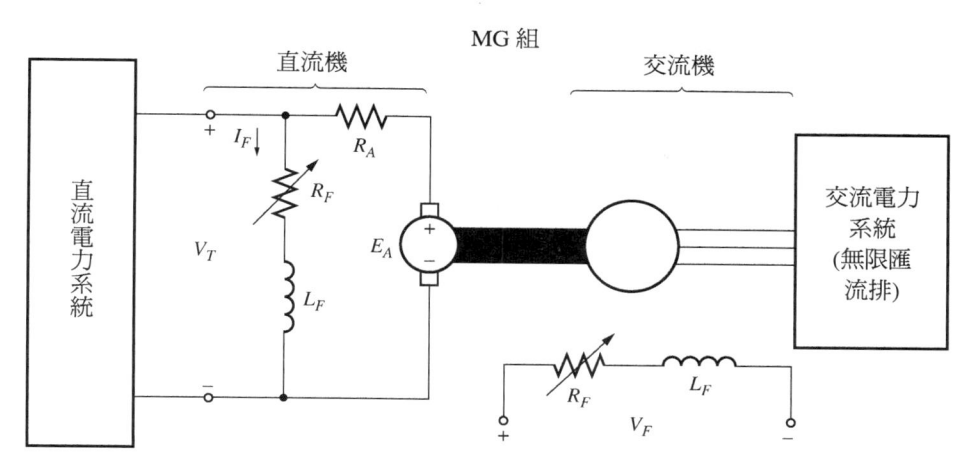

圖 P8-6　習題 8-16 之發動機-發電機組。

CHAPTER 9

單相及特殊用途電動機

學習目標

- 瞭解為何萬用電動機被稱為「萬用」。
- 瞭解由單相感應電動機之脈動磁場來建立單方向的轉矩是可行的。
- 瞭解如何啟動一單相感應機。
- 瞭解分相式、電容啟動和蔽極式單相感應機之特性。
- 能夠計算單相感應機的感應轉矩。
- 瞭解磁阻和磁滯電動機的基本操作。
- 瞭解步進馬達的操作。
- 瞭解無刷直流電動機的操作。

9.1 萬用電動機

要設計一部單相電機，最簡單的方法可能是拿一部直流電機而將其接於交流電源運轉。為了使串激直流電動機能在交流輸入下有效的工作，電動機的磁極及定子框架必須完全由薄鋼片組成。如果不這麼做，鐵心損失將十分的嚴重。我們常將磁極及定子均以薄鋼片組成的電動機稱為**萬用電動機** (universal motor)，因為他們可以同時操作於直流或交流電源之下，如圖 9-1 所示。

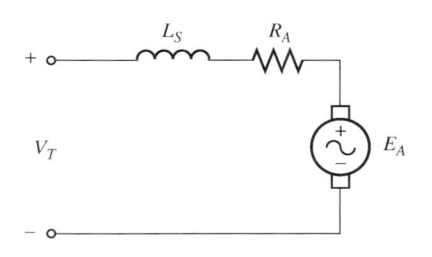

圖 9-1 萬用電動機的等效電路。

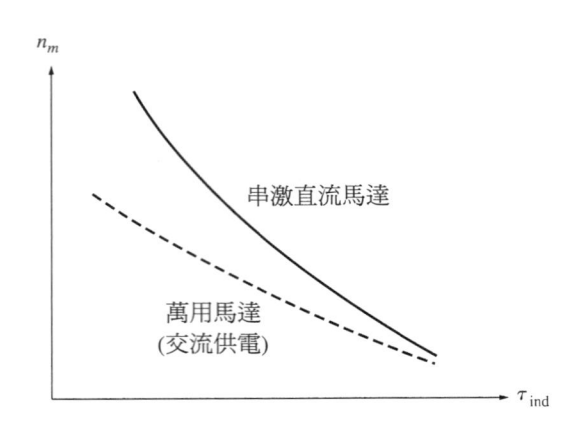

圖 9-2　萬用電動機操作於直流及交流電源時之轉矩-速度特性比較。

典型的萬用電動機轉矩-速度特性曲線如圖 9-2 所示。基於以下的兩個原因，此曲線將與由直流電源驅動之同一電動機特性曲線有所不同：

1. 電樞與磁場線圈在 50 Hz 或在 60 Hz 之下會有很大的電抗。這會造成輸入電壓在這些電抗上有明顯的壓降。如此一來，在交流輸入情況下的內電壓 E_A 將比直流輸入情況下低。由於 $E_A = K\phi\omega_m$，若電樞電流與感應轉矩給定時，交流操作下之電動機將比直流操作下慢。
2. 另外，由於交流電壓的峯值是均方根值的 $\sqrt{2}$ 倍，因此磁飽和可能會在電動機電流達到峯值時產生。這飽和現象會在給定的電流準位下減少電動機磁通的均方根值，進而降低電動機之感應轉矩。而對直流電動機而言，磁通的降低將相對地造成轉速增加，這個效應將對第一點所造成之速度減低提供部分的補償。

萬用電動機的應用

萬用電動機之轉矩-速度特性曲線的下降，較直流串激電動機陡峭，因此它較不適合於定轉速的應用。但是，萬用電動機體積較小，且每安培可提供的轉矩較任何單相電動機均為大，因此適用於需要重量輕及高輸出轉矩的場合。典型萬用電動機的應用場合為真空吸塵器、鑽孔機、手工具及廚房用具等。

萬用電動機的速度控制

與直流串機電動機相同，控制萬用電動機速度之最佳方法為控制其輸入電壓之均方根值。輸入電壓之均方根值愈高，電動機之轉速將愈快。典型萬用電動機之轉矩-速度特性曲線對速度變化情形，如圖 9-3 所示。

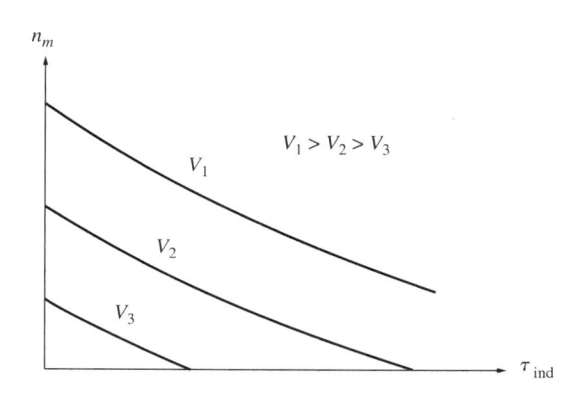

圖 9-3　改變萬用電動機的端電壓對轉矩-速度特性曲線造成的影響。

9.2　單相感應電動機之簡介

　　單相感應電動機有一極不利的缺點，由於它的定子上只有單相繞組，單相感應電動機將不會產生旋轉磁場。相對地，它只能產生一隨時間脈動的磁場，先變大，然後變小，但總是停留在固定的方向。由於單相感應電動機沒有旋轉磁場，因此單相感應電動機沒有啟動的轉矩。

　　當轉子固定不動時，定子上的磁通首先變大然後變小，但總是固定在同一個方向。由於定子磁場並不旋轉，定子磁場與轉子便沒有相對運動。也就是說，轉子沒有因相對運動而產生的電壓及電流，同時也就不會有感應轉矩。

單相感應電動機的雙旋轉磁場理論

　　單相感應電動機的雙旋轉磁場理論，基本上是將靜止的脈動磁場分解成兩個大小相同卻旋轉方向相反的磁場。這兩個磁場將分別影響感應電動機，同時電動機所生的淨轉矩則為此兩磁場所感應出的轉矩之總和。

　　圖 9-4 說明了如何將靜止的脈動磁場分解成兩個同大小，但旋轉方向相異的旋轉磁場。靜止磁場的磁通密度如下式所示：

$$\mathbf{B}_S(t) = (\mathbf{B}_{\max} \cos \omega t)\hat{\mathbf{j}} \qquad (9\text{-}1)$$

順時針方向旋轉的磁場可以下式表示：

$$\mathbf{B}_{\mathrm{CW}}(t) = \left(\frac{1}{2} B_{\max} \cos \omega t\right)\hat{\mathbf{i}} - \left(\frac{1}{2} B_{\max} \sin \omega t\right)\hat{\mathbf{j}} \qquad (9\text{-}2)$$

逆時針方向旋轉的磁場則可以表示成

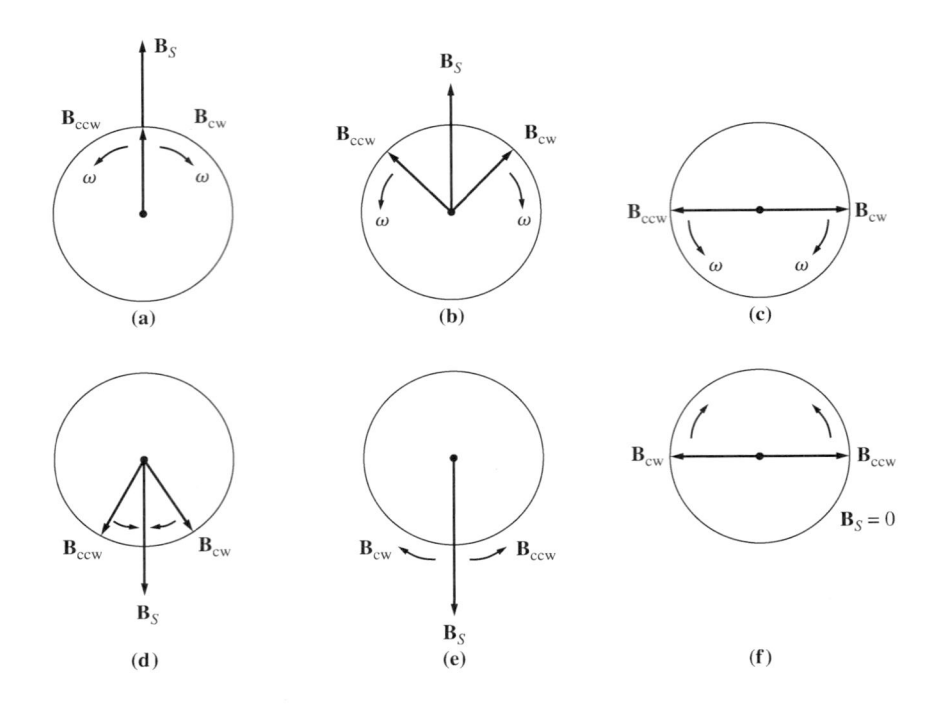

圖 9-4 將單相脈動磁場分解成兩個同大小，但旋轉方向相異的旋轉磁場。注意任何時刻兩磁場的和均在垂直平面上。

$$\mathbf{B}_{\text{CCW}}(t) = \left(\frac{1}{2}B_{\max}\cos\omega t\right)\hat{\mathbf{i}} + \left(\frac{1}{2}B_{\max}\sin\omega t\right)\hat{\mathbf{j}} \tag{9-3}$$

注意到順時針與逆時針方向旋轉的磁場的總和即為靜止的脈動磁場 $\mathbf{B}_S$：

$$\mathbf{B}_S(t) = \mathbf{B}_{\text{CW}}(t) + \mathbf{B}_{\text{CCW}}(t) \tag{9-4}$$

　　三相感應電動機對應於單一旋轉磁場的轉矩-速度特性曲線如圖 9-5a 所示。兩個旋轉磁場都會對單向感應電動機產生影響，所以電動機中產生的淨轉矩將為兩轉矩-速度特性曲線的相減。圖 9-5b 為淨轉矩的曲線，值得注意的是在轉速為零時，並沒有感應轉矩，因此電動機沒有啟動轉矩。

　　另一方面，在單相感應電動機中，順向和逆向的磁場均是由同一個電流所產生。電動機中順向及逆向的磁場均構成定子電壓的一部分，而且等效上可看成是串聯的。由於兩個磁場均存在，正向旋轉磁場 (有很高的等效轉子電阻 R_2/s) 將限制電動機的定子電流 (此電流會同時產生正向及反向的磁場)。由於供應反向定子磁場的電流會被限制在一個小的值，且由於反向磁場與正向磁場中有很大的角度差，因此在同步轉速附近，由反向磁場產生的轉矩非常小。圖 9-6 所示為單相感應電動機較精確的轉矩特性曲線。

　　圖 9-6 所示只是單相感應電動機的平均淨轉矩，除此之外，電動機中上有 2 倍定子

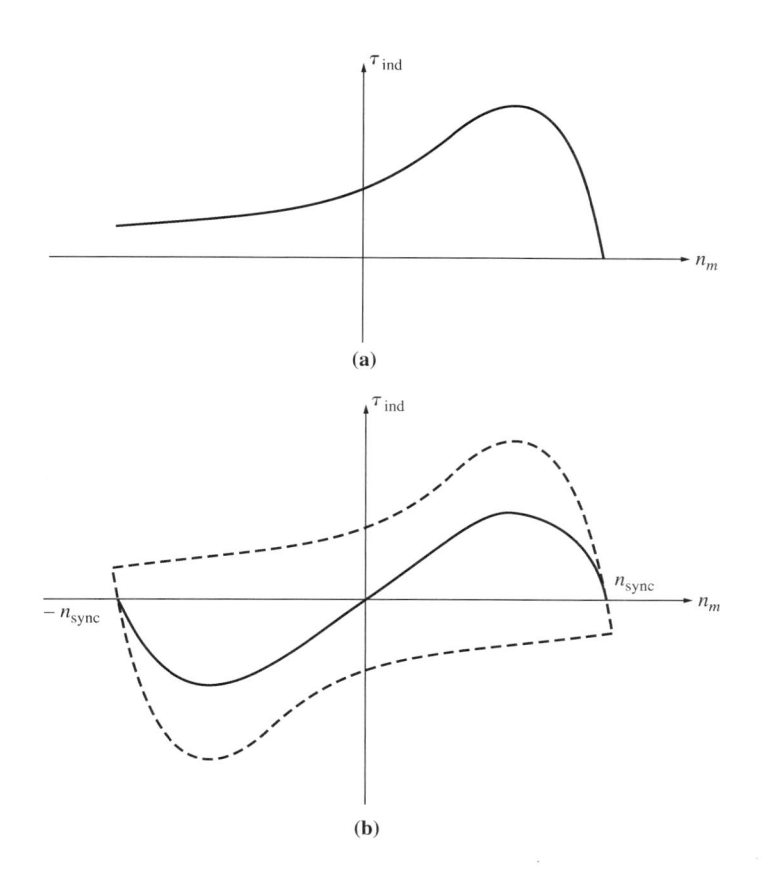

圖 9-5 (a) 三相感應電動機的轉矩-速度特性曲線；(b) 兩個同大小但反向的定子旋轉磁場產生的轉矩-速度特性曲線。

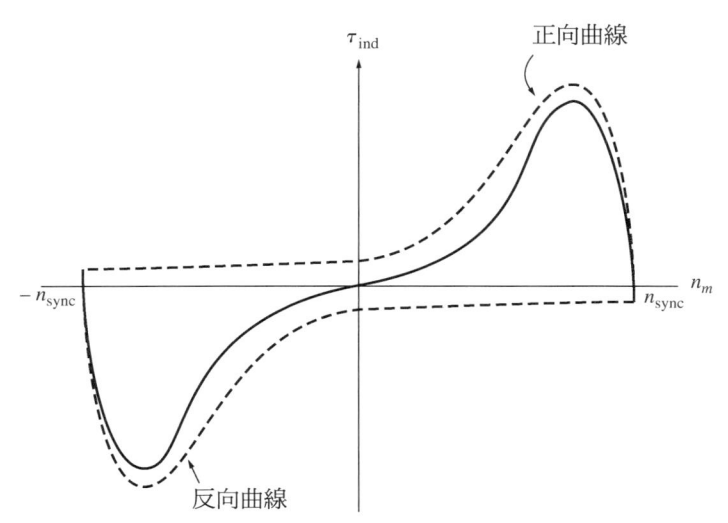

圖 9-6 單向電動機的轉矩-速度特性曲線。此圖將反向旋轉磁場的電流限制考慮進來。

頻率的轉矩脈動。這些轉矩脈動的成因乃是因為在每週期中，正向與反向磁場會互相交會兩次。這些脈動轉矩並不會產生平均轉矩，但它們會造成電動機的振動，這也是單相感應電動機較同大小的三相感應電動機噪音大的原因。由於輸入電動機的功率總是脈動

的型式，這些轉矩脈動不可能消除，所以電動機設計者必須使電動機的機械結構能承受這些脈動。

單相感應電動機的交磁理論

單相感應電動機的交磁理論，以另一種完全不同的觀點來探討單相感應電動機。本理論主要考慮當轉子轉動時，定子磁場將會在轉子導體上感應出電壓及電流。

考慮一個已經以某種方法使得轉子開始轉動的單相感應電動機，如圖 9-7a 所示，轉子的導體上將感應出電壓，而電壓的峯值將出現在轉子線圈在定子線圈的正下方時。轉子電壓會使得轉子中有電流流動，由於轉子上的極大電抗，電流將落後電壓約 90°。而由於轉子的轉速接近同步速度，轉子電流的 90° 落後將造成峯值電流與峯值電壓間的 90° 相角差。產生的轉子磁場如圖 9-7b 所示。

由於轉子上的損失，轉子磁場會比定子磁場略小，且在空間與時間上均與定子磁場相差 90°。如果在不同的時間將此兩磁場加入，將可得到一個逆時針方向旋轉的磁場 (見圖 9-8)。若電動機中有如此的一個旋轉磁場，單相感應電動機將產生一個同方向的淨轉矩，此一轉矩將使得電動機持續轉動。

若電動機原先是順時針轉動的，產生的淨轉矩將是順時針方向，同時會使得電動機持續轉動。

9.3　單相感應電動機的啟動

一般有三種方法可用來啟動一單相感應電動機，同時單相感應電動機也依此來分類。這三種啟動方法依序為：

1. 分相繞組法
2. 電容啟動繞組
3. 蔽極啟動法

分相繞組法

分相繞組法是在單相感應電動機中裝置兩組繞組：一為主繞組 (*M*)；而另一為輔助繞組 (*A*) (見圖 9-9)。這兩個繞組在電氣上相差 90°，輔助繞組將在電動機到達一預設之速度時，由離心開關切離。輔助繞組較主繞組有較高的電阻／電抗比，因此輔助繞組上的電流將會超前於主繞組電流。通常要得到較高 R/X 比，可在輔助繞組上使用較細的線。由於輔助繞組主要是用來啟動，並不須持續的承受滿載的電流，因此使用較細的線

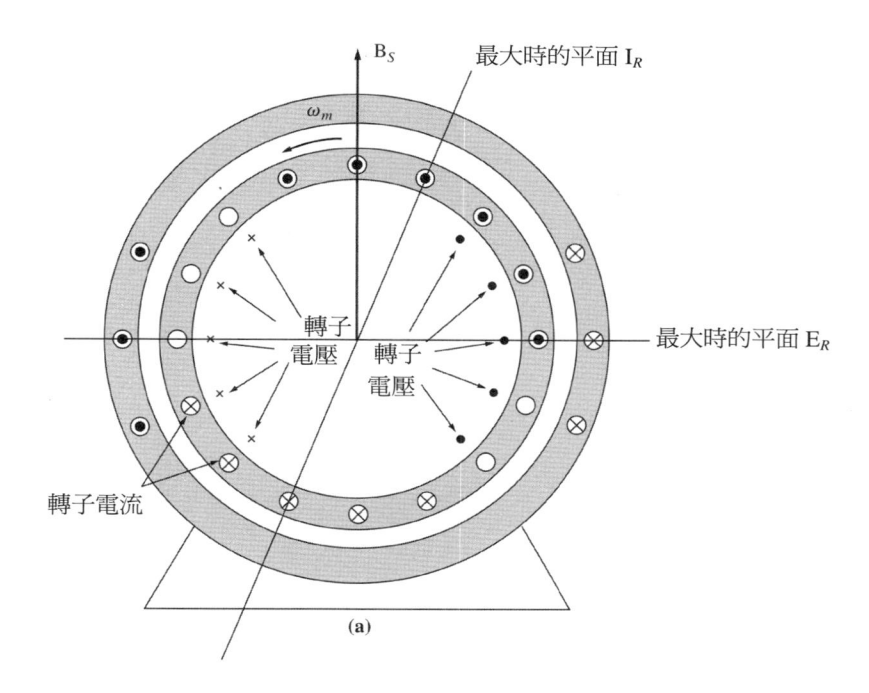

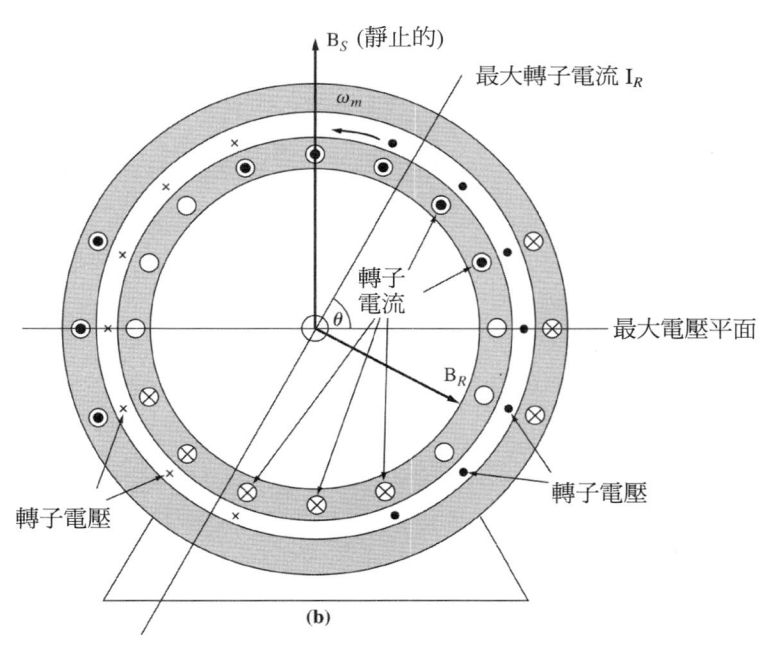

圖 9-7 (a) 以交磁理論解釋之單向感應電動機中的感應轉矩。如果定子磁場是脈動的，它將會依圖上的標示在轉子導體上感應電壓。無論如何，轉子電流落後於轉子電壓幾乎 90°。而若轉子是轉動的，轉子電流的峯值將會落後於電壓一個角度；(b) 此一轉子電流將產生落後定子旋轉磁場一個角度的轉子旋轉磁場。

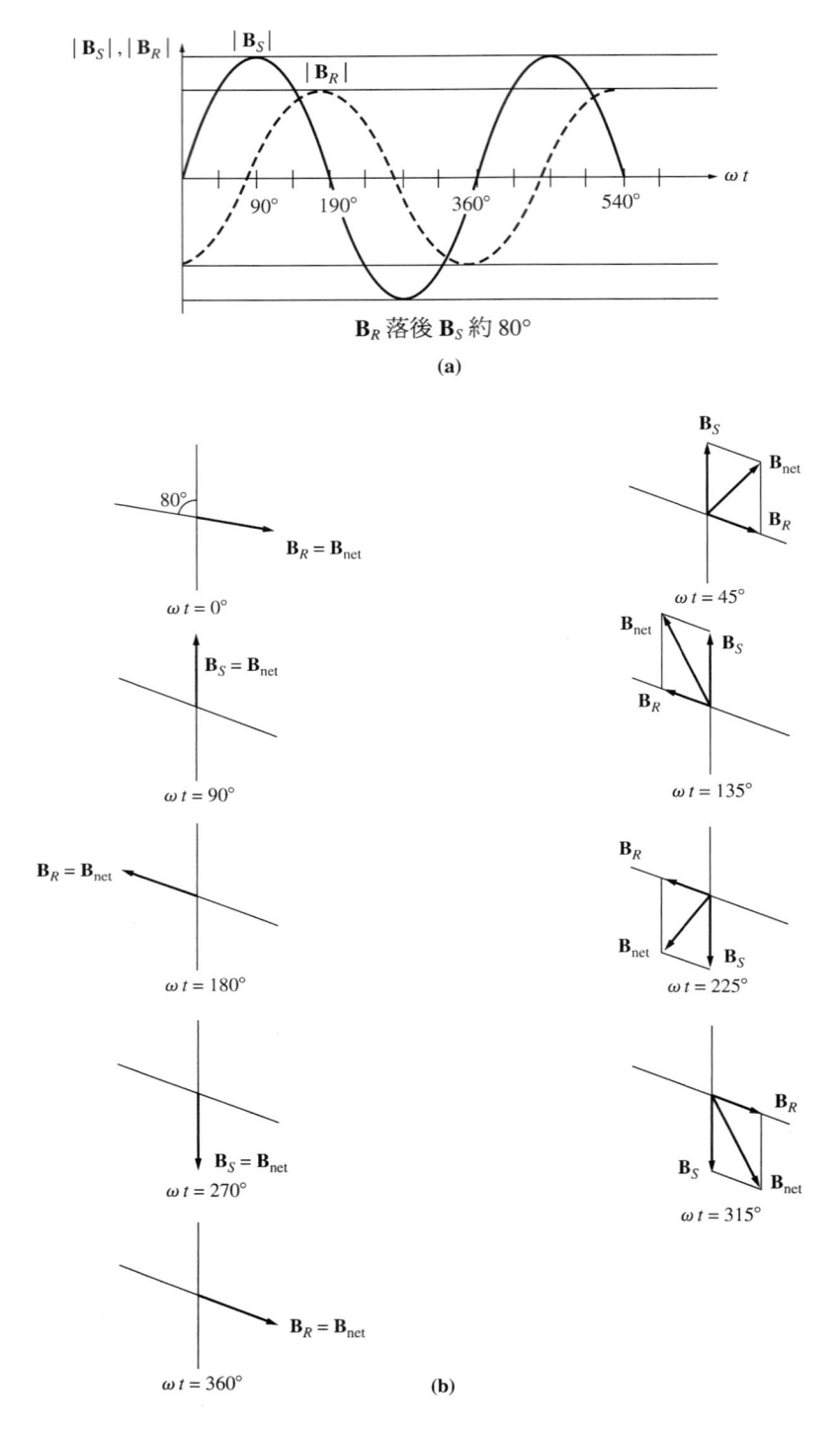

圖 9-8 (a) 旋轉磁場的大小對時間的函數；(b) 不同時間下轉子與定子磁場之向量和，此圖顯示淨磁場是反轉的。

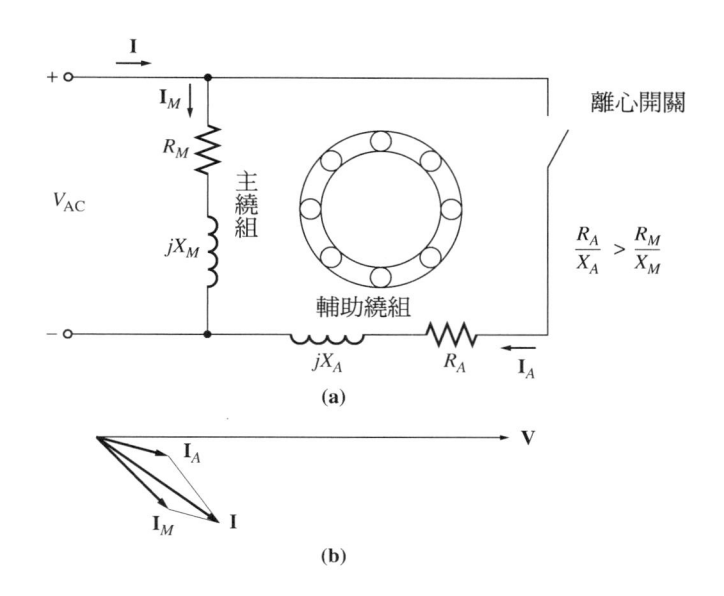

圖 9-9　(a) 分相感應電動機；(b) 啟動時電動機中的電流。

是可接受的。

由圖 9-10 可瞭解輔助繞組的功能。由於輔助繞組的電流超前於主繞組電流，因此輔助繞組的磁場峯值 B_A 亦會超前於主繞組的磁場峯值 B_M。由於 B_A 之峯值較 B_M 早產生，如此將產生一逆時針旋轉的淨磁場。換句話說，輔助繞組使得兩個反向旋轉的定子磁場大小不相同，藉此在電動機中產生了淨啟動轉矩。典型的轉矩-速度特性曲線如圖 9-10c 所示。

分相電動機可在相當小的啟動電流下提供適當的啟動轉矩，因此這種電動機大部分應用在不需很高啟動轉矩的場合。諸如風扇、吹風機及離心式抽水機等。有許多分數馬力級的分相電動機可供使用，且並不昂貴。

電容啟動電動機

在某些應用場合中，分相電動機所提供的啟動轉矩並不足以啟動電動機上所連接的負載，這時便需要電容啟動電動機 (圖 9-11)。在電容啟動電動機中，電容與電動機中的輔助繞組串聯。適當的選擇電容的大小，可使得輔助繞組的磁動勢等於主繞組的磁動勢，且輔助繞組的電流超前主繞組 90°。當這兩個繞組在空間上相差 90° 時，電流的 90° 相角差將會產生一固定大小的定子旋轉磁場，而電動機將予以三相電源啟動之特性相同。在這種情況下，電動機的啟動轉矩將會達額定值的 300% 以上 (見圖 9-12)。

電容啟動電動機較分相電動機昂貴，故多用於需要較高啟動轉矩的場合，典型的應用為壓縮機、幫浦、冷氣機及其他需要高啟動轉矩的設備。

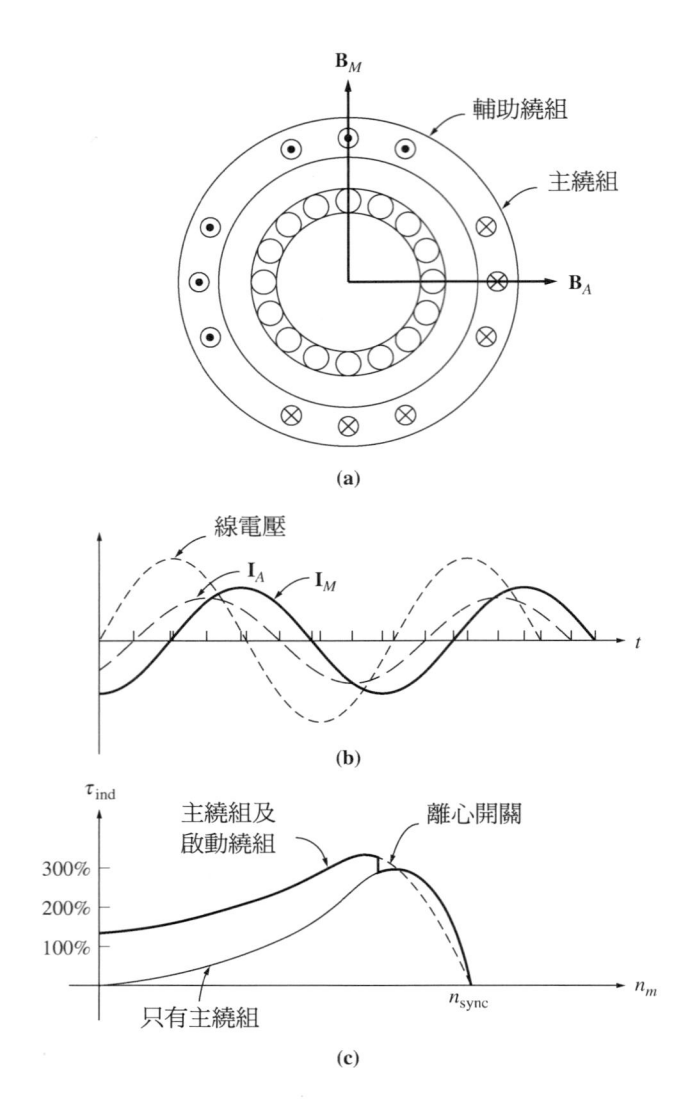

圖 9-10　(a) 主磁場和輔助磁場的關係；(b) 由於 I_A 之峯值超前於 I_M，將有一個逆時針的淨旋轉磁場。所產生的轉矩-速度特性曲線如 (c) 所示。

永久分相電容及電容啟動電容運轉電動機

　　由於啟動電容對電動機的轉矩-速度特性曲線有很大的改善，因此有時會將一小電容永久的留在電動機電路中。如果適當的選擇電容大小，電動機將與三相感應電動機相同，在某一特定的負載下有一完美的固定大小之旋轉磁場。以這個方式設計的電動機，通常稱為永久分相電容電動機或電容啟動-運轉電動機 (圖 9-13)。由於永久分相電容電動機並不須開關來將輔助繞組切離，它將較電容啟動電動機構造簡單。在正常的負載情況下，永久分相電容電動機較傳統的單相感應電動機有效率，有更高的功因及更平滑的轉矩曲線。

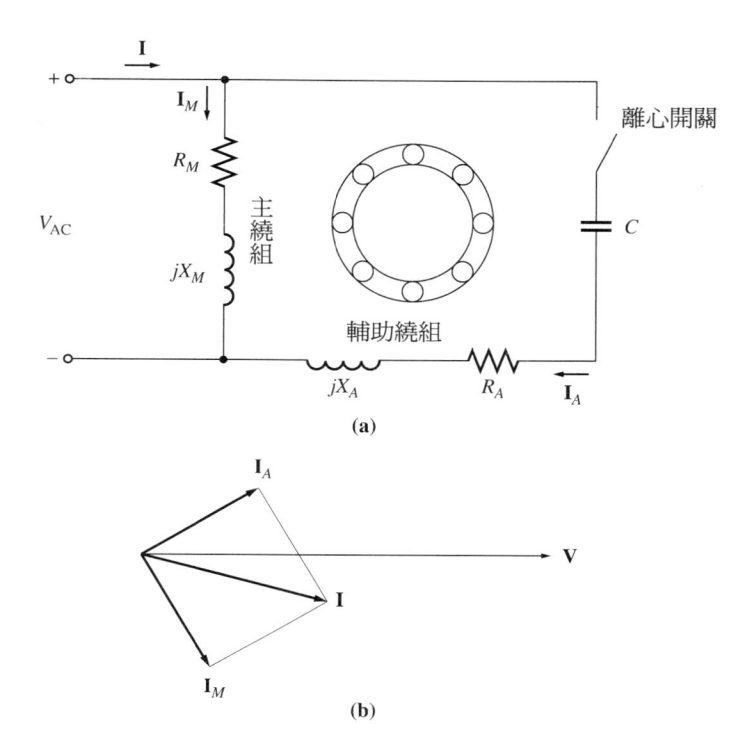

圖 9-11　(a) 電容啟動感應電動機；(b) 啟動時電動機中的電流角。

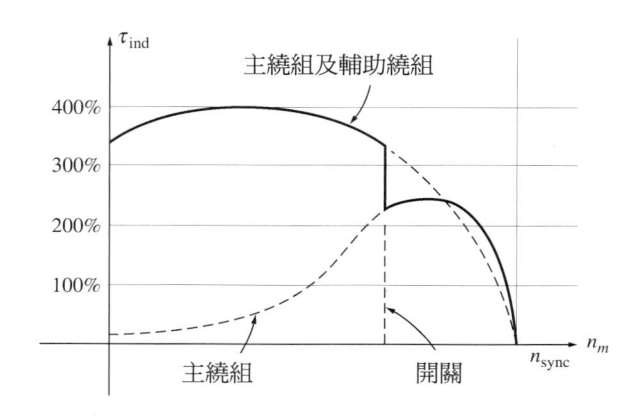

圖 9-12　電容啟動感應電動機的轉矩-速度特性曲線。

　　無論如何，由於永久分相電容電動機的電容必須調整，使得正常負載時主繞組與輔助繞組的電流達到平衡，因此其啟動轉矩將較電容啟動電動機為低。由於啟動電流比正常電流大很多，一個使得正常負載時電流平衡的電容，將導致啟動時電流的非常不平衡。

　　如果同時需要高啟動轉矩及良好的運轉狀況，有時必須在輔助繞組上使用兩個電

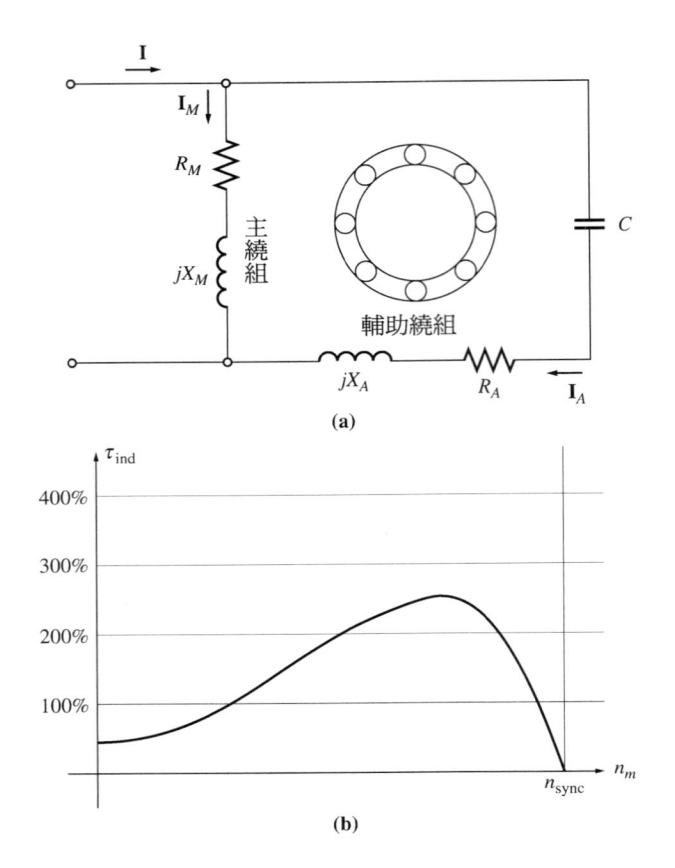

圖 9-13 (a) 永久電容分相電動機；(b) 此一電動機之轉矩-速度特性曲線。

容器。裝置兩個電容的電動機通常稱為*電容啟動電容運轉電動機*或*雙值電容電動機* (見圖 9-14)。較大的電容用於啟動，可以保證啟動時主繞組電流及輔助繞組電流的大略平衡及提供非常高的啟動轉矩。當電動機運轉至某一特定速度時，離心開關打開，輔助繞組上只剩下一較小的永久電容，此一電容足以使得正常負載下的電流平衡，同時使得電動機可以較有效率的提供高轉矩及高功因。永久電容大約是啟動電容的 10% 至 20% 大小。

9.4 單相感應電動機之電路模型

本節主要是以雙旋轉磁場理論來導出電動機的等效電路，更嚴謹的說，本節只探討了雙旋轉磁場理論的某一個特例下所導出的等效電路。我們將探討單相感應電動機中只有主繞組時的等效電路。

要探討單相感應電動機，最好的方法就是由它靜止的狀態來開始分析。當電動機靜

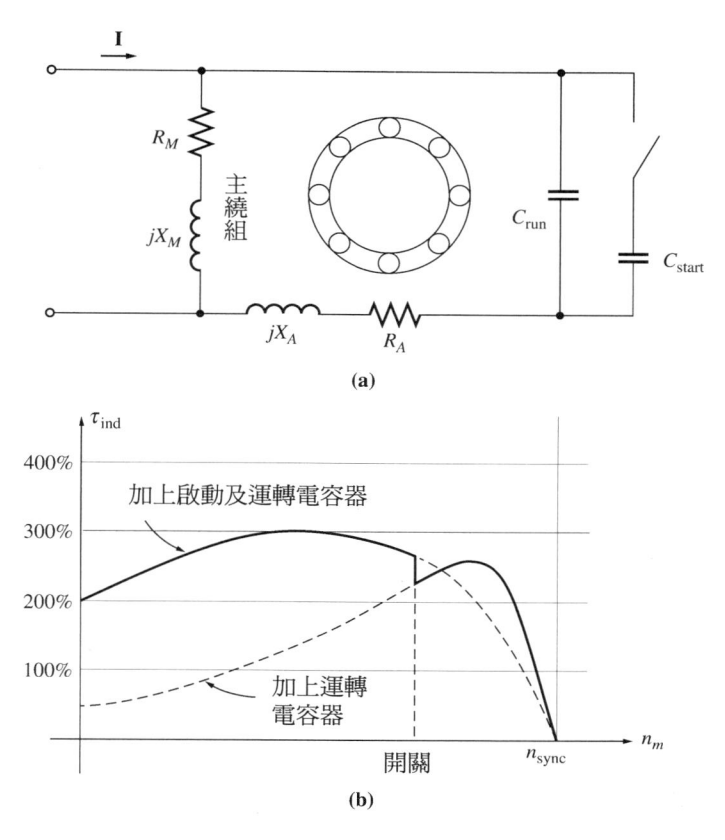

圖 9-14 (a) 電容啟動，電容運轉電動機；(b) 此一電動機之轉矩-速度特性曲線。

止時，它就像是一個二次側短路的單相變壓器，因此其等效電路將如圖 9-15a 所示，與變壓器的等效電路相同。在圖 9-15a 中，R_1 與 X_1 為定子線圈之電阻及電抗，X_M 為磁化電抗，R_2 與 X_2 則為轉子線圈之電阻及電抗。電動機的鐵心損失將與機械損及雜散損失合併成電動機之旋轉損，而沒有表示在圖中。

電動機在靜止時，氣隙中之脈動磁通可以分成兩個同大小但反向旋轉的磁場。由於這兩個磁場的大小相同，它們在轉子電路上的電阻及電抗上所產生的壓降亦會相等。我們可以將轉子分成兩個部分藉以表示出兩個磁場的影響。這樣的分析下之電動機等效電路如圖 9-15b 所示。

對正向的磁場而言，轉子旋轉的速度及正向旋轉磁場速度的標么差即為轉差率 s，此一轉差率的定義與三相感應電動機中所定義之轉差率相同。因此，在此部分的轉子電阻將變成 $0.5R_2/s$。

正相旋轉磁場的旋轉速度是 n_{sync}，反相旋轉磁場的旋轉速度則為 $-n_{\text{sync}}$。也就是說，正向旋轉磁場速度及反向旋轉磁場速度的標么差為 2。由於轉子是以低於正向旋轉磁場一個轉差率的速度旋轉，因此轉子旋轉速度與反向旋轉磁場速度的標么差為 2－

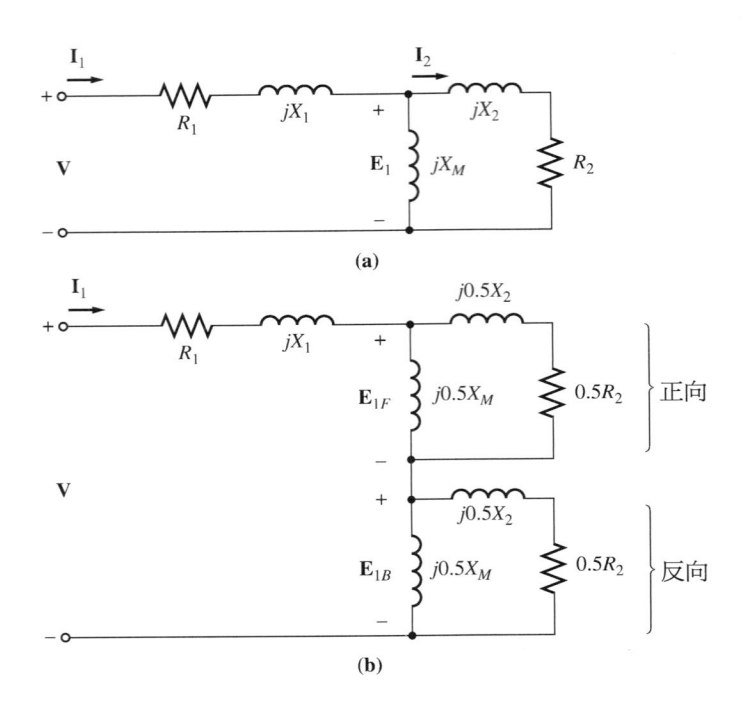

圖 9-15 (a) 單相感應電動機靜止時之等效電路。只有主繞組內有能量；(b) 正向及反向磁場效應分開之等效電路。

s。相對於此部分的轉子電阻將變成 $0.5R_2/(2-s)$。

最後我們可得到如圖 9-16 所示的等效電路圖。

單相感應電動機等效電路之電路分析

圖 9-17 為可供參考的單向感應電動機之功率流向圖。

為了要使輸入電動機的電流之計算變得簡單些，我們定義了兩個阻抗，Z_F 及 Z_B，其中 Z_F 為相對於正向旋轉磁場所有阻抗之等效阻抗，Z_B 則為相對於反向旋轉磁場所有阻抗之等效阻抗 (見圖 9-18)。這兩個阻抗可以由下式獲得

$$Z_F = R_F + jX_F = \frac{(R_2/s + jX_2)(jX_M)}{(R_2/s + jX_2) + jX_M} \tag{9-5}$$

$$Z_B = R_B + jX_B = \frac{[R_2/(2-s) + jX_2](jX_M)}{[R_2/(2-s) + jX_2] + jX_M} \tag{9-6}$$

使用 Z_F 及 Z_B，流入電動機定子線圈的電流變成

$$\mathbf{I}_1 = \frac{\mathbf{V}}{R_1 + jX_1 + 0.5Z_F + 0.5Z_B} \tag{9-7}$$

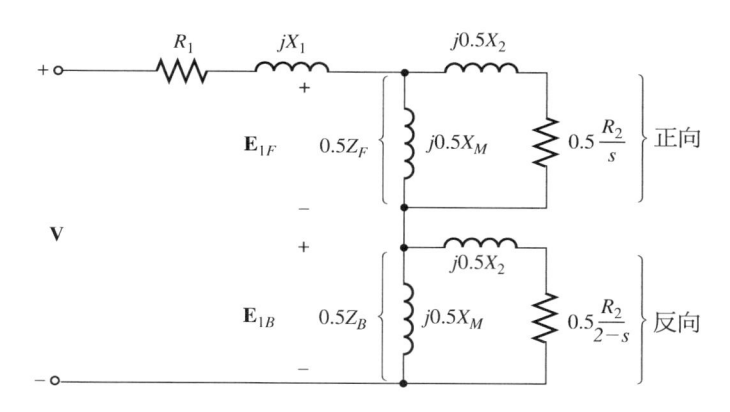

圖 9-16 單相感應電動機某一速度下之等效電路。只有主繞組內有能量。

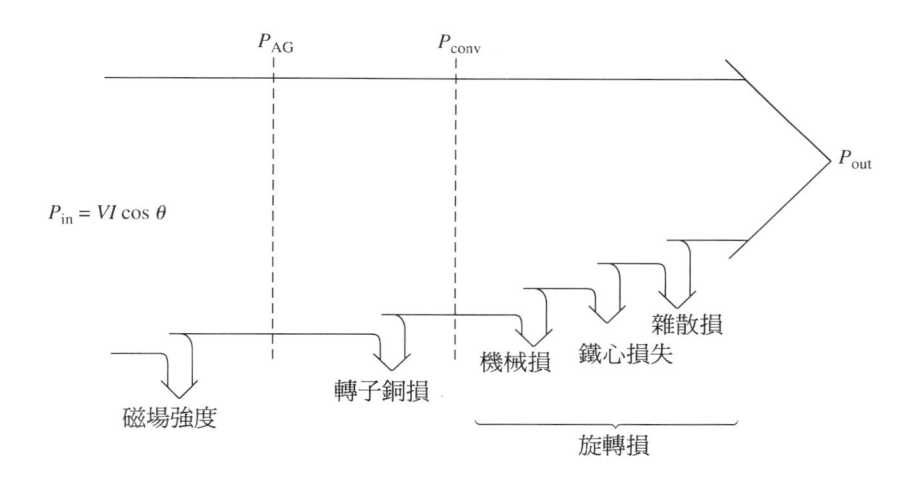

圖 9-17 單相感應電動機的功率潮流圖。

　　對三相感應電動機而言，每相的氣隙功率即為消耗在轉子電阻 $0.5R_2/s$ 上之功率。依此類推，正向旋轉磁場在單相感應電動機中所產生之氣隙功率為消耗於正向成分轉子電阻 $0.5R_2/s$ 上的功率，而反向旋轉磁場在單相感應電動機中所產生之氣隙功率則為消耗於反向成分轉子電阻 $0.5R_2/(2-s)$ 上的功率。因此，電動機的氣隙功率可由正向電阻 $0.5R_2/s$ 所產生的功率、反向電阻 $0.5R_2/(2-s)$ 的功率，以及上述兩者之差值計算出來。

　　在上述的計算中，最難的部分應是在計算分別流入兩個轉子電阻的電流大小。幸運地，我們可以作一些簡化而使計算變得可能。首先注意到等效阻抗 Z_F 中只含有一個電阻 R_2/s。由於 Z_F 是原來電路的等效阻抗，因此 Z_F 上所消耗的功率即為原電路所消耗的功率，又因為 Z_F 中只含有一個電阻，因此電阻 R_2/s 上的消耗功率即為 Z_F 上所消耗的功率。因此，正向旋轉磁場上產生的氣隙功率可表示成

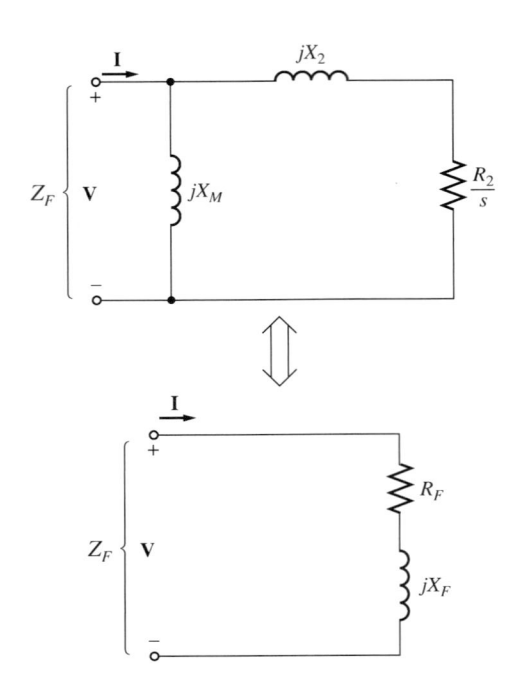

圖 9-18 串聯的 R_F 及 jX_F 為正向電路之戴維寧等效電路，也就是說，R_F 必須消耗與 R_2/s 一樣多的能量。

$$P_{\text{AG},F} = I_1^2(0.5\, R_F) \tag{9-8}$$

同樣地，反向旋轉磁場上產生的氣隙功率可表示成

$$P_{\text{AG},B} = I_1^2(0.5\, R_B) \tag{9-9}$$

上列兩式的優點在於只須計算出 I_1 便可同時計算出正向及反向的功率。

單相感應電動機中的總和氣隙功率為

$$P_{\text{AG}} = P_{\text{AG},F} - P_{\text{AG},B} \tag{9-10}$$

三相感應電動機中的感應轉矩可由下式獲得

$$\tau_{\text{ind}} = \frac{P_{\text{AG}}}{\omega_{\text{sync}}} \tag{9-11}$$

其中 P_{AG} 即為式 (9-10) 中所定義的淨氣隙功率。

轉子銅損可由正向旋轉磁場產生的轉子銅損與反向旋轉磁場產生的轉子銅損的和而求得

$$P_{\text{RCL}} = P_{\text{RCL},F} + P_{\text{RCL},B} \tag{9-12}$$

對三相感應電機而言，轉子銅損為轉差率乘以氣隙功率。相同地，單相感應電機的正向轉子銅損為

$$P_{\text{RCL},F} = sP_{\text{AG},F} \tag{9-13}$$

反向轉子銅損則為

$$P_{\text{RCL},B} = sP_{\text{AG},B} \tag{9-14}$$

雖然這兩項轉子損失式在不同的頻率下得到，轉子的總損失仍為此兩者之加總。

單相感應電動機中電功率所產生的機械功率，將與三相感應電機中所推導的相同，以下式表示：

$$P_{\text{conv}} = \tau_{\text{ind}} \omega_m \tag{9-15}$$

由於 $\omega_m = (1-s)\omega_{\text{sync}}$，上式可改寫成

$$P_{\text{conv}} = \tau_{\text{ind}}(1-s)\omega_m \tag{9-16}$$

由式 (9-11)，$P_{\text{AG}} = \tau_{\text{ind}}\omega_{\text{sync}}$，所以 P_{conv} 可以表示成

$$P_{\text{conv}} = (1-s) P_{\text{AG}} \tag{9-17}$$

如同三相應感電機中所討論的，主軸輸出功率並不等於 P_{conv}，兩者間還差了電機的旋轉損失。以單相感應電機而言，必須在 P_{conv} 中將鐵心損失、機械損及雜散損減掉以求得 P_{out}。

例題 9-1

一個 1/3 hp，110 V，60 Hz，六極，分相感應電動機之阻抗如下：

$$R_1 = 1.52\ \Omega \qquad X_1 = 2.10\ \Omega \qquad X_M = 58.2\ \Omega$$
$$R_2 = 3.13\ \Omega \qquad X_2 = 1.56\ \Omega$$

此一電動機的鐵心損失為 35 W，摩擦、風損及雜散損為 16 W。電動機操作在額定電壓及頻率下，啟動繞組已切離，電動機的轉差率為 5%。依此情況求出下列的量：

(a) 以 rpm 表示的轉速
(b) 定子電流
(c) 定子功率因數
(d) 輸入功率 P_{in}
(e) 氣隙功率 P_{AG}

(f) 轉換功率 P_{conv}

(g) 感應轉矩 τ_{ind}

(h) 輸出功率 P_{out}

(i) 負載轉矩 τ_{load}

(j) 效率

解：當轉差率為 5% 時的正向及反向阻抗為

$$Z_F = R_F + jX_F = \frac{(R_2/s + jX_2)(jX_M)}{(R_2/s + jX_2) + jX_M} \tag{9-5}$$

$$= \frac{(3.13\ \Omega/0.05 + j1.56\ \Omega)(j58.2\ \Omega)}{(3.13\ \Omega/0.05 + j1.56\ \Omega) + j58.2\ \Omega}$$

$$= \frac{(62.6\angle 1.43°\ \Omega)(j58.2\ \Omega)}{(62.6\ \Omega + j1.56\ \Omega) + j58.2\ \Omega}$$

$$= 39.9\angle 50.5°\ \Omega = 25.4 + j30.7\ \Omega$$

$$Z_B = R_B + jX_B = \frac{[R_2/(2-s) + jX_2](jX_M)}{[R_2/(2-s) + jX_2] + jX_M} \tag{9-6}$$

$$= \frac{(3.13\ \Omega/1.95 + j1.56\ \Omega)(j58.2\ \Omega)}{(3.13\ \Omega/1.95 + j1.56\ \Omega) + j58.2\ \Omega}$$

$$= \frac{(2.24\angle 44.2°\ \Omega)(j58.2\ \Omega)}{(1.61\ \Omega + j1.56\ \Omega) + j58.2\ \Omega}$$

$$= 2.18\angle 45.9°\ \Omega = 1.51 + j1.56\ \Omega$$

以下的值可利用來求電動機中之電流、功率及轉矩：

(a) 電動機的同步轉速

$$n_{sync} = \frac{120 f_{se}}{P} = \frac{120(60\ Hz)}{6\ pole} = 1200\ r/min$$

由於電動機操作於轉差率為 5%，電動機的機械轉速為

$$n_m = (1-s)n_{sync}$$

$$n_m = (1-0.05)(1200\ r/min) = 1140\ r/min$$

(b) 電動機中的定子電流為

$$\mathbf{I}_1 = \frac{\mathbf{V}}{R_1 + jX_1 + 0.5Z_F + 0.5Z_B} \tag{9-7}$$

$$= \frac{110\angle 0°\ V}{1.52\ \Omega + j2.10\ \Omega + 0.5(25.4\ \Omega + j30.7\ \Omega) + 0.5(1.51\ \Omega + j1.56\ \Omega)}$$

$$= \frac{110\angle 0°\ V}{14.98\ \Omega + j18.23\ \Omega} = \frac{110\angle 0°\ V}{23.6\angle 50.6°\ \Omega} = 4.66\angle -50.6°\ A$$

(c) 電動機中定子之功率因數為

$$PF = \cos(-50.6°) = 0.635 \quad \text{落後}$$

(d) 電動機的輸入功率為

$$P_{in} = VI \cos\theta$$
$$= (110 \text{ V})(4.66 \text{ A})(0.635) = 325 \text{ W}$$

(e) 正向氣隙功率為

$$P_{AG,F} = I_1^2 (0.5 R_F) \tag{9-8}$$
$$= (4.66 \text{ A})^2 (12.7 \text{ }\Omega) = 275.8 \text{ W}$$

反向氣隙功率為

$$P_{AG,B} = I_1^2 (0.5 R_B) \tag{9-9}$$
$$= (4.66 \text{ A})2(0.755 \text{ V}) = 16.4 \text{ W}$$

總和氣隙功率為

$$P_{AG} = P_{AG,F} - P_{AG,B} \tag{9-10}$$
$$= 275.8 \text{ W} - 16.4 \text{ W} = 259.4 \text{ W}$$

(f) 轉換成的機械功率為

$$P_{conv} = (1-s) P_{AG} \tag{9-17}$$
$$= (1 - 0.05)(259.4 \text{ W}) = 246 \text{ W}$$

(g) 電動機中的感應轉矩為

$$\tau_{ind} = \frac{P_{AG}}{\omega_{sync}} \tag{9-11}$$

$$= \frac{259.4 \text{ W}}{(1200 \text{ r/min})(1 \text{ min}/60 \text{ s})(2\pi \text{ rad/r})} = 2.06 \text{ N}\cdot\text{m}$$

(h) 輸出功率為

$$P_{out} = P_{conv} - P_{rot} = P_{conv} - P_{core} - P_{mech} - P_{stray}$$
$$= 246 \text{ W} - 35 \text{ W} - 16 \text{ W} = 195 \text{ W}$$

(i) 電動機的負載轉矩為

$$\tau_{load} = \frac{P_{out}}{\omega_m}$$

$$= \frac{195 \text{ W}}{(1140 \text{ r/min})(1 \text{ min}/60 \text{ s})(2\pi \text{ rad/r})} = 1.63 \text{ N}\cdot\text{m}$$

(j) 最後，電動機的效率為

$$\eta = \frac{P_{\text{out}}}{P_{\text{in}}} \times 100\% = \frac{195 \text{ W}}{325 \text{ W}} \times 100\% = 60\%$$

9.5　其他型式的電動機

步進電動機

步進電動機 (stepper motor) 是設計成當接受控制單元的一個信號脈衝時，便前進固定角度的同步電動機，通常一個脈衝將使電動機前進 7.5° 或 15°。此類的電動機多用於控制系統中，因為電動機的主軸或其他機械結構可以被很準確的控制。

圖 9-19 所示為一簡單的步進電動機及其相關的控制單元。圖 9-20 則用來解釋步進電動機的操作。圖中可看到此一電動機有兩極三相的定子及永久磁鐵式的轉子。當 a 相加上電壓而 b 相及 c 相不加電壓時，由圖 9-20b 可以看到轉子上將產生一轉矩，以使轉子與定子磁場 $\mathbf{B}_S$ 成一直線。

現在假設將加在 a 相上的電壓除去並在 c 相上加一負的電壓，對原來的定子磁場而言，新的定子磁場轉了 60°，同時轉子也轉了 60°。繼續此種型式，我們將可建出一個表示出輸入定子的電壓及轉子位置間相互關係的表。當控制單元的脈衝產生的定子電壓如表 9-1 所示的順序時，步進電動機將隨著每一個脈衝而前進 60°。

當增加步進電動機的極數時，每一步所前進的度數將可減少。由式 (3-31) 可看出機械角度、極數及電角度間的關係為

$$\theta_m = \frac{2}{P} \theta_e \tag{9-18}$$

由於以表 9-1 而言，每一步前進 60°，當極數增加時，每一步前進的機械角度將減少。例如，當極數變成八極時，電動機主軸每一次前進的角度將變成 15°。

步進電動機的速度可以由式 (9-18) 及控制單元每單位時間輸入的脈衝數決定。式 (9-18) 決定了機械角度及電角度之間的關係，若對式子兩邊作微分，我們可以得到電動機中機械轉速及電轉速的關係：

$$\omega_m = \frac{2}{P} \omega_e \tag{9-19a}$$

或

$$n_m = \frac{2}{P} n_e \tag{9-19b}$$

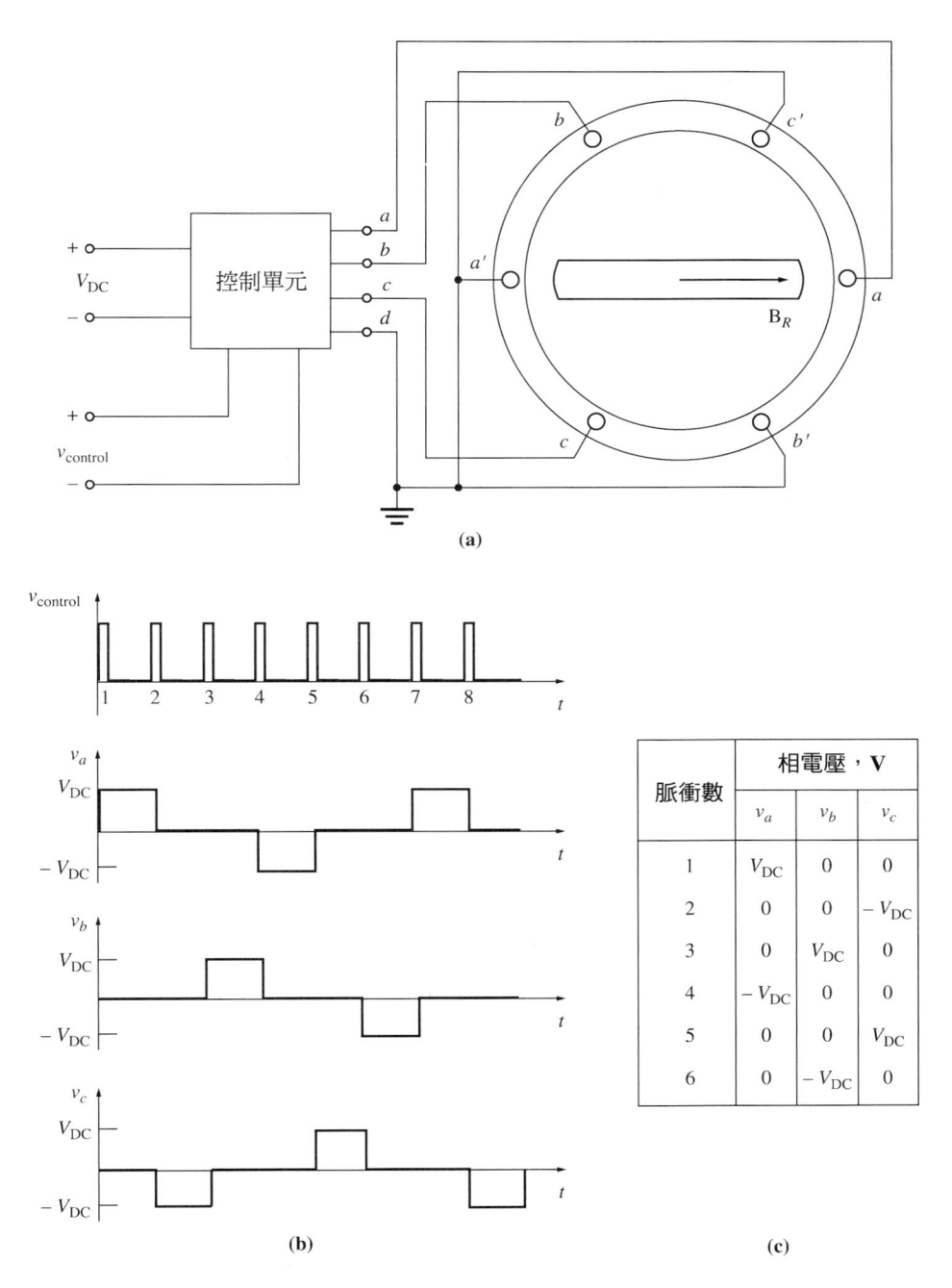

脈衝數	相電壓，V		
	v_a	v_b	v_c
1	V_{DC}	0	0
2	0	0	$-V_{DC}$
3	0	V_{DC}	0
4	$-V_{DC}$	0	0
5	0	0	V_{DC}
6	0	$-V_{DC}$	0

圖 9-19 (a) 簡單的三相步進電動機及其控制單元。控制單元的輸入為一直流電源及一連串的脈衝；(b) 當一連串的脈衝控制信號輸入時，控制單元的輸出電壓；(c) 脈衝數與控制單元輸出電壓的關係表。

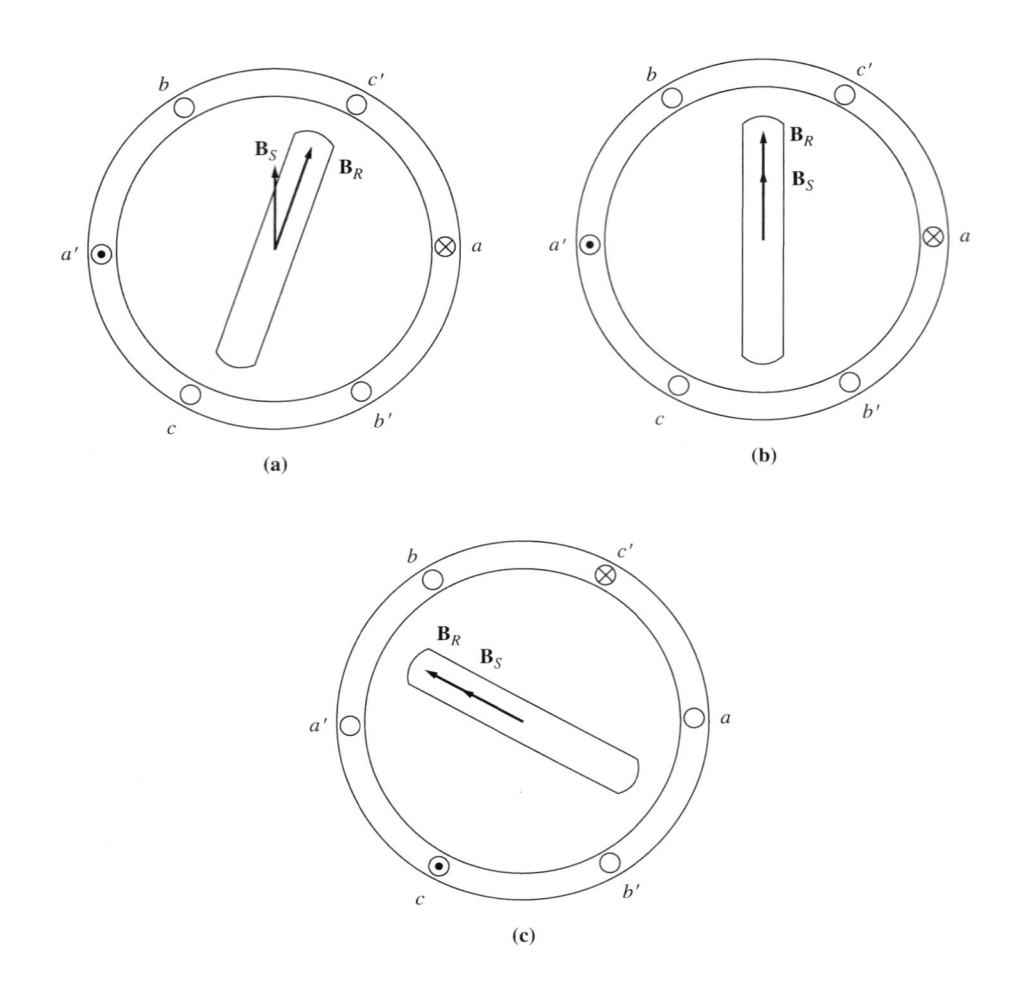

圖 9-20　步進電動機的操作。(a) 在 a 相的定子輸入電壓 V，產生 a 相電流進而產生定子磁場 $\mathbf{B}_S$。$\mathbf{B}_R$ 與 $\mathbf{B}_S$ 之間的交互作用會產生轉子上的反向轉矩；(b) 當轉子磁場與定子磁場連成一直線後，淨轉矩降為零；(c) 在 c 相的定子輸入電壓 $-V$，產生 c 相電流進而產生定子磁場 $\mathbf{B}_S$。$\mathbf{B}_R$ 與 $\mathbf{B}_S$ 之間的交互作用會產生轉子上的反向轉矩。使轉子可以固定在新的位置上。

由於電氣上每旋轉一圈將產生六個脈衝，電動機的轉速與每分鐘脈衝數的關係將變成

$$n_m = \frac{1}{3P} n_{\text{pulses}} \tag{9-20}$$

其中 n_{pulses} 為每分鐘的脈衝數。

式 (9-20) 可以做一些改變以適用於所有的步進電動機。通常而言，若我們以 N 代表定子的相數，則當電動機電氣上旋轉一圈時，將產生 $2N$ 個脈衝。也就是說，式 (9-20) 可以改寫成

表 9-1　兩極步進電動機中之轉子位置與電壓的關係

輸入脈波數	相電壓 a	b	c	轉子位置
1	V	0	0	0°
2	0	0	−V	60°
3	0	V	0	120°
4	−V	0	0	180°
5	0	0	V	240°
6	0	−V	0	300°

$$n_m = \frac{1}{NP} n_{\text{pulses}} \tag{9-21}$$

步進電動機在控制系統及定位系統中相當有用，因為我們不須由電動機上回授任何信號，便可以精確的知道步進電動機的轉速及位置。舉例而言，若有一控制系統送每分鐘 1200 個脈衝給圖 9-19 中所示的二極步進電動機，則此一電動機的速度將為

$$n_m = \frac{1}{3P} n_{\text{pulses}} \tag{9-20}$$

$$= \frac{1}{3(2 \text{ poles})}(1200 \text{ pulses/min})$$

$$= 200 \text{ r/min}$$

例題 9-2

一個三相永磁式的步進電動機必須符合下列的要求以應用於一特殊的場合下，它的每一脈衝的移動角度必須為 7.5°，且它必須達到的轉速為 300 r/min，試問：

(a) 此一電動機須多少極？
(b) 當電動機速度必須是 300 r/min 時，控制單元所送出的脈衝數必須為何？

解：
(a) 對一個三相的步進電動機而言，每一個脈衝將使電動機前進電角度 60°。相對於所要求的機械角度。利用式 (9-18) 解 P，可得 P 為

$$P = 2\frac{\theta_e}{\theta_m} = 2\left(\frac{60°}{7.5°}\right) = 16 \text{ poles}$$

(b) 利用式 (9-21) 解 n_{pulses}，可得 n_{pulses} 為

$$n_{\text{pulses}} = NPn_m$$
$$= (3 \text{ phases})(16 \text{ poles})(300 \text{ r/min})$$
$$= 240 \text{ pulses/s}$$

無刷直流馬達

在過去 25 年來，此種馬達藉著組合具有轉子感測器與固態電子切換電路之類似永磁式步進馬達已被發展成功。這種馬達稱為**無刷直流馬達** (brushless dc motor)，因為只需直流電源即可運轉，而不需換向器與電刷。圖 9-21 所示為一小的無刷直流馬達。

構成無刷直流馬達之基本元件有：

1. 永磁式轉子
2. 三、四或多相繞組之定子
3. 轉子位置感測器
4. 控制轉子繞組相位之電子電路

無刷直流馬達功能是由以固定直流電壓激磁一定子線圈而來，當一線圈被激磁，定子會產生一磁場 $\mathbf{B}_S$，且轉子上所產生的轉矩為

$$\tau_{\text{ind}} = k\mathbf{B}_R \times \mathbf{B}_S$$

此轉矩使得轉子與定子磁場排成一列。在圖 9-21a 中，定子磁場 $\mathbf{B}_S$ 指向左方，而永磁式轉子磁場 $\mathbf{B}_R$ 指向上，結果在轉子上產生逆時針方向轉矩，使得轉子往左運動。

若線圈 a 一直被激磁，則轉子將轉動直到兩磁場排成一線為止，就像步進馬達一樣。無刷直流馬達運轉關鍵在於它有**位置感測器** (position sensor)，所以控制電路知道何時轉子會與定子磁場成一線。在那時刻下，線圈 a 被消磁，而線圈 b 被激磁，使得轉子再產生逆時針方向轉矩，而繼續旋轉。若以 a、b、c、d、$-a$、$-b$、$-c$、$-d$ 等順序連續激磁這些線圈，則馬達將可連續運轉。

電子控制電路是用來控制馬達的速度與方向。此種設計為馬達接直流電源即可運轉，且其轉速與方向是完全可控的。

無刷直流馬達僅用於小容量外，最高為 20 W 左右，但在此應用範圍內有許多優點，包括：

1. 高效率
2. 壽命長且可靠度高
3. 少或不用維修

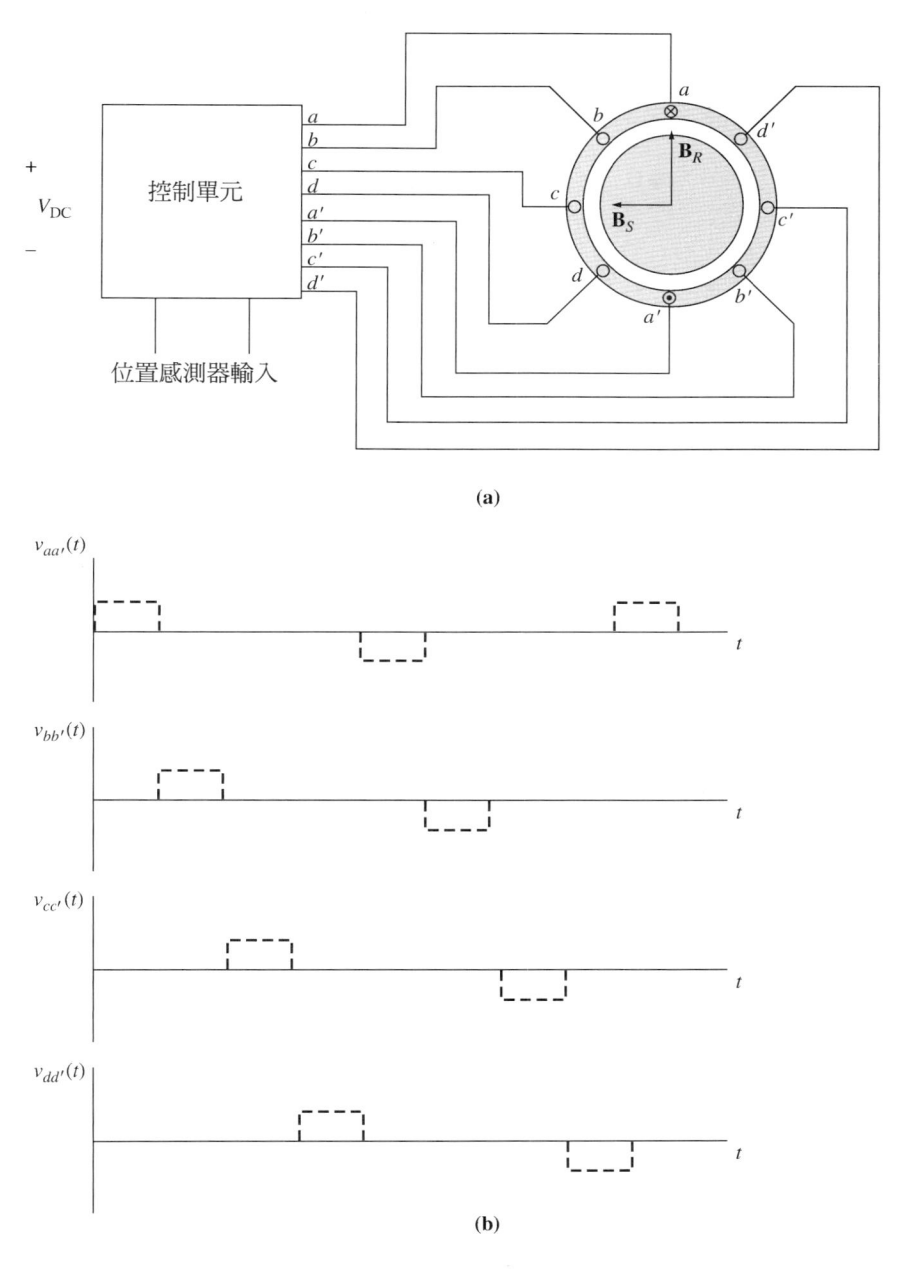

圖 9-21 (a) 簡單無刷直流馬達與它的控制單元。控制單元的輸入是由直流電源與比例於目前轉子位置之信號所組成；(b) 加到定子線圈之電壓。

4. 相較於有碳刷直流馬達，其 RF 雜訊很少
5. 高轉速 (超過 50,000 r/min)

而其主要缺點為比有碳刷直流馬達昂貴。

習 題

9-1 一部 120 V，1/4 hp，60 Hz，四極，分相感應電動機具有下列的阻抗：

$$R_1 = 2.00\ \Omega \qquad X_1 = 2.56\ \Omega \qquad X_M = 60.5\ \Omega$$
$$R_2 = 2.80\ \Omega \qquad X_2 = 2.56\ \Omega$$

當轉差率為 0.05 時，電動機的旋轉損為 51 瓦。假設旋轉損在電動機的正常操作範圍內保持一定。試問當轉差率為 0.05 時，求此電動機的

(a) 輸入功率
(b) 氣隙功率
(c) 轉換功率 P_{conv}
(d) 輸出功率 P_{out}
(e) 感應轉矩 τ_{ind}
(f) 負載轉矩 τ_{load}
(g) 整體效率
(h) 定子功率因數

9-2 一部 220 V，1.5 hp，50 Hz，六極電容啟動感應機，有下列的阻抗：

$$R_1 = 1.30\ \Omega \qquad X_1 = 2.01\ \Omega \qquad X_M = 105\ \Omega$$
$$R_2 = 1.73\ \Omega \qquad X_2 = 2.01\ \Omega$$

當轉差率為 0.05 時，電動機的旋轉損為 291 W。假設旋轉損在電動機的正常操作範圍內保持一定。試問當轉差率為 5% 時，求此電動機：

(a) 定子電流
(b) 定子功率因數
(c) 輸入功率
(d) 氣隙功率 P_{AG}
(e) 轉換功率 P_{conv}
(f) 輸出功率 P_{out}
(g) 感應轉矩 τ_{ind}
(h) 負載轉矩 τ_{load}
(i) 整體效率

索引

英文部首
teaser 變壓器　teaser transformer　89

一劃
一次側線圈　primary coil　49
一次繞組　primary winding　43

二劃
二次繞組　secondary winding　43
力　force　3
力矩　torque　5

三劃
三次繞阻　tertiary winding　43
三相功率　three-phase power　87
三燈泡法　three-light-bulb method　150

四劃
中性面移動　neutral-plane shift　266
中間極　interpoles　270
中轉差率區　moderate-slip region　212
互磁通　mutual flux　49
內角　internal angle　130, 136
內部阻抗　internal machine impedance　138
內鐵式　core form　44
分域　domains　22
欠複激　undercompounded　328
欠激磁　underexcited　179
牛頓旋轉定律　Newton's law of rotation　4

五劃
主變壓器　main transformer　89
凸　salient　126
凸極　salient pole　126
凸極式　salient poles　111
功率潮流圖　power-flow diagram　122, 279
匝數比　turns ratio　45
外鐵式　shell form　44
平滑極　non-salient pole　126
平複激　flat-compounded　328
未飽和同步電抗　unsaturated synchronous reactance　139
未飽和區　unsaturation region　16
永磁式直流電動機　permanent-magnet dc (PMDC) motor　300

六劃
全節距線圈　full-pitch coil　259
共同電流 I_C　common current　73
共同電壓 V_C　common voltage　73

365

共同繞組　common winding　73
同步　synchronous　126
同步電抗　synchronous reactance　131
同步電容器　synchronous capacitors/condensers　185
同步儀　synchroscope　151
同步機　synchronous machine　97
自均壓繞組　self-equalizing winding　265

七　劃

串聯　series　260, 264
串聯電流 I_{SE}　series current　74
串聯電壓 V_{SE}　series voltage　73
串聯繞組　series winding　73
位置感測器　position sensor　362
低轉差率區　low-slip region　212
冷次定律　Lenz's law　24
即臨發電機　oncoming generator　150
均壓器　equalizers　261
均壓繞組　equalizing winding　261
步進電動機　stepper motor　358
每相等效電路　per-phase equivalent circuit　133
角度　angle　5

八　劃

並聯條件　paralleling conditions　149
兩相功率　two-phase power　87
初始速度　initial speed　36
定子　stator　243, 97
定子繞組　stator winding　125
法拉第定律　Faraday's law　23
波繞繞組　wave winding　260, 264

九　劃

前進繞組　progressive winding　260
後退繞組　retrogressive winding　260
相反極性磁極　opposite polarity　258

相同的功率因數　same power factor　47
相序　phase sequence　149
相對導磁係數　relative permeability　7
降壓　derating　231
風阻　windage　122, 279

十　劃

原動機　prime mover　134, 151
氣隙功率　air-gap power　205
能量　energy　22
逆時針方向　counterclockwise, CCW　2
配電變壓器　distribution transformer　44
高轉差率區　high-slip region　213
鬼相　ghost phase　84

十一　劃

啟動電阻　starting resistor　311
基準值　base　63
強制磁動勢　coercive magnet motive　22
旋轉變壓器　rotating transformer　196
理想變壓器　ideal transformer　45
脫出轉矩　pullout torque　173
速度調整率　speed regulation, SR　123, 283
部分節距線圈　fractional-pitch coil　259

十二　劃

剩磁　residual flux　22, 323
單位變壓器　unit transformer　44
場繞組　field winding　125
插入　plugging　217
換向片　commutator segments　258
換向片節距　commutator pitch　260
換向極　commutating poles　270
換向電機　commutating machinery　243
減免額定　derating　90
渦流　eddy current　25
渦流損失　eddy current loss　23, 56
無刷直流馬達　brushless dc motor　362

無負載旋轉損　no-load rotational loss　122
無限匯流排　infinite bus　155
無載旋轉損　no-load rotational losses　315
發電機　generator　1
發電機操作　generator action　29
短路比　short-circuit ratio　140
短路特性　short-circuit characteristic, SCC　137
短路試驗　short-circuit test　60, 137
短路環圈　shorting ring　191
等效磁場電流　equivalent field current　319
虛功率　reactive power　178
蛙腿繞組　frog-leg winding　260, 265
距離　distance　4
開路特性　open-circuit characteristic, OCC　137
開路試驗　open-circuit test　58, 137
順時針方向　clockwise, CW　2

十三 劃

感應機型　induction machine　97
節距因數　pitch factor　259
萬用電動機　universal motor　339
過複激　overcompounded　329
過激磁　overexcited　179
電刷　brush　248
電動機　motor　1
電感性反衝　inductive kick　269
電樞反應　armature reaction　128, 266, 301
電樞繞組　armature winding　125
電機機械　electrical machine　1
電壓調整率　voltage regulation, VR　122, 142, 316
飽和曲線　saturation curve　16
飽和區　saturation region　16
鼠籠式轉子　squirrel-cage rotor　191

十四 劃

滿載電壓調整率　full-load voltage regulation　66
漏磁通　leakage flux　49, 56
磁中性面　magnetic neutral plane　266
磁化曲線　magnetization curve　16
磁化電流　magnetization current　51
磁交鏈　flux linkage　25, 48
磁動勢　magnetomotive force, mmf　8
磁通減弱　flux weakening　268
磁滯　hysteresis　21
磁滯迴線　hysteresis loop　21
磁滯損失　hysteresis losses　23, 56
磁導　permeance　9
銅損　copper losses　56

十五 劃

線電壓　line voltage　149

十六 劃

導體　conductor　258
激磁電流　excitation current　54
磨擦　friction　122, 279
積複激　cumulative compounding　306
輸入繞組　input winding　43
輸出繞組　output winding　43
靜態穩定限度　static stability limit　136

十七 劃

臨界電阻　critical resistance　324
點法則　dot convention　46

十八 劃

繞線式轉子　wound rotor　191
轉子　rotor　97, 243
轉子堵住測試　blocked-rotor test　235
轉子繞組　rotor winding　125

轉差率　slip　196
轉矩　torque　3
轉矩角　torque angle　130, 136
轉動慣量　moment of inertia　4

二十一劃以後

鐵心損失　core losses　23
鐵心損失電流　core-loss current　51
鐵磁材料　ferromagnetic materials　6
疊片　lamination　25
疊繞繞組　lap winding　260
變電變壓器　substation transformer　44
變壓器　transformer　43